駿台受験シリーズ

国公立標準問題集 第3版
CanPass
数学Ⅰ・A・Ⅱ・B・C
［ベクトル］

桑田 孝泰・古梶 裕之 共著

問題編

駿台文庫

駿台受験シリーズ

国公立標準問題集 第3版
CanPass
数学Ⅰ・A・Ⅱ・B・C
[ベクトル]

桑田 孝泰・古梶 裕之　共著

駿台文庫

目　次

（各章の収録大学名は五十音順）

第1章　整数と論証

1

[A]横浜市立大学，[B]愛媛大学，[C]福岡教育大学 | ★☆☆ | 各10分

［A］ $\dfrac{148953}{298767}$ を約分して，既約分数にせよ．

［B］ 1次不定方程式 $275x+61y=1$ のすべての整数解を求めよ．

［C］ $23x+13y=5$ を満たす整数 x，y の組で $|x|+|y|$ が最小になるものを求めよ．

2

[A]岩手大学，[B]大分大学 | ★☆☆ | 各10分

［A］ 自然数 n に関する次の命題を証明せよ．

(1) n を3で割った余りが1ならば，n^2 を3で割った余りは1である．

(2) n が3の倍数であることは，n^2 が3の倍数であるための必要十分条件である．

［B］ $\dfrac{5\sqrt{2}}{3}$ が無理数であることを示せ．

3

熊本大学 | ★★☆ | 15分

x，y を整数とするとき，次の問いに答えよ．

(1) x^5-x は30の倍数であることを示せ．

(2) x^5y-xy^5 は30の倍数であることを示せ．

4

広島大学 | ★★☆ | 25分

(1)　x, y が4で割ると1余る自然数ならば，積 xy も4で割ると1余ることを証明せよ．

(2)　0以上の偶数 n に対して，3^n を4で割ると1余ることを証明せよ．

(3)　1以上の奇数 n に対して，3^n を4で割った余りが1でないことを証明せよ．

(4)　m を0以上の整数とする．3^{2m} の正の約数のうち4で割ると1余る数全体の和を m を用いて表せ．

5

群馬大学 | ★★☆ | 20分

$2 \leqq p < q < r$ を満たす整数 p, q, r の組で

$$\frac{1}{p}+\frac{1}{q}+\frac{1}{r} \geqq 1$$

となるものをすべて求めよ．

6

[A]愛媛大学，[B]京都教育大学 | ★★☆ | 各15分

[A]　等式 $3x^2+y^2+5z^2-2yz-12=0$ を満たす整数の組 (x, y, z) をすべて求めよ．

[B]　a, x を自然数とする．$x^2+x-(a^2+5)=0$ を満たす a, x の組をすべて求めよ．

7

お茶の水女子大学 | ★★★ | 25分

正の整数 n に対し n の正の約数すべての和を $\sigma(n)$ とおく．ただし，1 と n も n の約数とする．次の問いに答えよ．

(1) 素数 p，正の整数 a に対し，$n=p^a$ とおく．$\sigma(n)$ を p と a で表せ．

(2) 相異なる素数 p，q，正の整数 a，b に対し，$n=p^a$，$m=q^b$ とおく．このとき，$\sigma(nm)=\sigma(n)\sigma(m)$ が成立することを証明せよ．

(3) 正の整数 a について 2^a-1 が素数とする．このとき，$n=2^{a-1}(2^a-1)$ とおくと，$\sigma(n)=2n$ が成立することを証明せよ．

8

千葉大学 | ★★☆ | 20分

直角三角形 ABC は，∠C が直角で，各辺の長さは整数であるとする．辺 BC の長さが 3 以上の素数 p であるとき，次の問いに答えよ．

(1) 辺 AB，CA の長さを p を用いて表せ．

(2) $\tan\angle A$ と $\tan\angle B$ は，いずれも整数にならないことを示せ．

9

富山県立大学｜★★★｜20分

3次方程式 $x^3-x^2+2x-1=0$ の実数解は無理数であることを，背理法を用いて示せ．

10

京都教育大学｜★★★｜25分

以下で，整数 u が11の倍数であるとは，$u=11k$ を満たす整数 k が存在することをいう．

(1) n が負でない整数であるとき，$10^{2n+1}+1$ および $10^{2n}-1$ が11の倍数であることを示せ．

(2) 自然数 m の10進表示を $a_la_{l-1}\cdots\cdots a_2a_1$（各 a_i は0以上9以下の整数）とする．$a_1-a_2+a_3-a_4+\cdots\cdots+(-1)^{l+1}a_l$ が11の倍数であれば，m も11の倍数であることを示せ．

第2章　数と式

11

[A]岩手大学，[B]愛媛大学 | ★☆☆ | 各10分

［A］　1から49までの自然数からなる集合を全体集合Uとする．Uの要素のうち，50との最大公約数が1より大きいもの全体からなる集合をV，また，Uの要素のうち，偶数であるもの全体からなる集合をWとする．いまAとBはUの部分集合で，次の2つの条件を満たすものとする．

（ア）　$A\cup\overline{B}=V$

（イ）　$\overline{A}\cap\overline{B}=W$

このとき，集合Aの要素をすべて求めよ．ただし，$\overline{A}$と$\overline{B}$はそれぞれAとBの補集合とする．

［B］　10000以下の自然数のうち，8の倍数の集合をA，12の倍数の集合をB，16の倍数の集合をCとする．$A\cap B\cap C$の要素の個数を求めよ．

12

[A]広島市立大学，[B]鹿児島大学 | ★☆☆ | 5分／15分

［A］　正の整数m，nが$\dfrac{1}{m}+\dfrac{1}{n}<\dfrac{1}{50}$を満たすとき，$m$，$n$の少なくとも一方は100より大きいことを証明せよ．

［B］　実数x，yに関する次の各命題の真偽を述べよ．真ならば証明し，偽ならば反例をあげよ．

(1)　$x\geqq y$ならば$x^2\geqq y^2$である．

(2)　$x\geqq 0$，$y\geqq 0$，$x^2\geqq y^2$ならば$x\geqq y$である．

13

[A][B]群馬大学｜★★☆｜各15分

［A］　a，x は実数で a は定数とする．x についての条件 p，q を

$$p : x > a \qquad q : x(x-1)(x-2) > 0$$

とするとき，次の問いに答えよ．

(1)　p が q の十分条件となる定数 a の値の範囲を求めよ．

(2)　p が q の必要条件となる定数 a の値の範囲を求めよ．

［B］　次の＿＿＿＿＿に，必要条件である，十分条件である，必要十分条件である，必要条件でも十分条件でもない，のうち，最も適当であるものをあてはめよ．また，その理由を書け．

(1)　$|x+1|>|x-1|>|x-2|$ は $-1<x<2$ であるための＿＿＿＿＿．

(2)　$|x+1|<|x-1|<|x-2|$ は $x<-1$ であるための＿＿＿＿＿．

14

[A]茨城大学，[B]山梨大学，[C]小樽商科大学｜★★☆｜各10分

［A］　n を3以上の自然数とする．整式 x^n を x^2-4x+3 で割ったときの余りを求めよ．

［B］　整式 $P(x)$ は $(x-1)^2$ で割ると $5x-7$ 余り，$x-2$ で割ると10余る．$P(x)$ を $(x-1)^2(x-2)$ で割ったときの余りを求めよ．

［C］　$x_0=\dfrac{\sqrt{6}+\sqrt{2}}{2}$ が方程式 $x^4-4x^2+1=0$ の解であることを利用して，

$f(x)=x^6-3x^4+x^2$ のとき，$f(x_0)$ の値を求めると $f(x_0)=$ $\boxed{}$．

15　[A]琉球大学，[B]徳島大学，[C]岡山県立大学｜★☆☆｜各10分

［A］ $\dfrac{2}{\sqrt{3}-1}$ の整数部分を a，小数部分を b とする．このとき，a^2+ab+b^2 と

$\dfrac{1}{a-b-1}-\dfrac{1}{a+b+1}$ の値を求めよ．

［B］ $\dfrac{2a-1}{2+\sqrt{2}}=b-2\sqrt{2}$ を満たす有理数 a，b を求めよ．

［C］ $\dfrac{1}{a}+\dfrac{1}{b}+\dfrac{1}{c}=\dfrac{1}{a+b+c}$ が成り立つとき，次の問いに答えよ．

(1) $(a+b)(b+c)(c+a)$ の値を求めよ．

(2) $\dfrac{1}{a^7}+\dfrac{1}{b^7}+\dfrac{1}{c^7}=\dfrac{1}{a^7+b^7+c^7}$ が成り立つことを示せ．

16　[A]宮城教育大学，[B]福岡教育大学｜★★☆｜各15分

［A］ 実数 a，b，c が $a\neq c$，$b\neq 0$ を満たすとき，不等式

$(a^2+b^2)(b^2+c^2)>(b^2+ac)^2$ が成り立つことを示せ．

［B］ a，b，c，x，y，z を実数とする．

(1) $(a^2+b^2+c^2)(x^2+y^2+z^2)\geqq(ax+by+cz)^2$ が成り立つことを示せ．

(2) $x+y+z=1$ のとき，$x^2+y^2+z^2$ の最小値を求めよ．

17

新潟大学 | ★★☆ | 20分

a, b, c, d を正の実数とする．このとき，次の問いに答えよ．

(1) 不等式 $\sqrt{ab} \leqq \dfrac{a+b}{2}$ を示せ．

(2) 不等式 $\sqrt[4]{abcd} \leqq \dfrac{a+b+c+d}{4}$ を示せ．

(3) 不等式 $\sqrt[4]{ab^3} \leqq \dfrac{a+3b}{4}$ を示せ．

18

大阪教育大学 | ★★★ | 25分

a, b, c を自然数とするとき，次の不等式を示せ．

(1) $2^{a+b} \geqq 2^a + 2^b$

(2) $2^{a+b+c} \geqq 2^a + 2^b + 2^c + 2$

(3) $2^{a+b+c} \geqq 2^{a+b} + 2^{b+c} + 2^{c+a} - 4$

第3章　2次関数，2次方程式，2次不等式，高次方程式

19

広島市立大学｜★★☆｜15分

a，b，c を定数とし，$a>0$ であるとする．2次関数 $f(x)=ax^2+bx+c$ $(-1\leqq x\leqq 1)$ の最小値を求めよ．

20

信州大学｜★★☆｜15分

連立1次方程式

$$\begin{cases}(a-1)x+y=1\\(a+1)x+(2a-1)y=3\end{cases}\quad\cdots\cdots(*)$$

が解を無数にもつとき，次の問いに答えよ．ただし，a は定数とする．

(1)　a の値を定めよ．

(2)　$(*)$ の解 $(x,\ y)$ のなかで x^3+y^3 の値を最小とするものを求めよ．

21

［A］愛媛大学，［B］岩手大学｜★☆☆｜各８分

［A］　次の連立不等式を解け．

$$\begin{cases} 4x^2-4x-15<0 \\ x^2-2x\geqq 0 \end{cases}$$

［B］　２次不等式 $x^2+(a-3)x+a>0$ がすべての実数 x について成り立つように，実数 a の値の範囲を求めよ．

22

奈良女子大学｜★★☆｜15分

m を実数とする．x についての２次方程式 $x^2+(m-1)x+m^2+m-2=0$ が異なる実数解 α，β をもつとする．次の問いに答えよ．

(1)　m の値の範囲を求めよ．

(2)　$\alpha^2+\beta^2$ を m を用いて表せ．

(3)　$\alpha^2+\beta^2$ がとり得る値の範囲を求めよ．

23

東京学芸大学｜★★☆｜20分

3次方程式 $x^3+ax^2+bx+c=0$ の3つの解を α, β, γ とする．次の問いに答えよ．

(1) $\alpha+\beta+\gamma=-a$, $\alpha\beta+\beta\gamma+\gamma\alpha=b$, $\alpha\beta\gamma=-c$ が成り立つことを示せ．

(2) $\alpha+\beta+\gamma=1$, $\alpha^2+\beta^2+\gamma^2=3$, $\alpha^3+\beta^3+\gamma^3=7$ のとき，$\alpha^4+\beta^4+\gamma^4$ の値を求めよ．

24

千葉大学｜★★☆｜15分

m を実数とする．関数 $y=|x|(x-4)-x-m$ のグラフが x 軸と相違なる3点で交わるような m の値の範囲を求めよ．

25

静岡文化芸術大学｜★★☆｜15分

2次方程式 $-x^2+(a-3)x+2a-3=0$ が異なる2個の実数解をもち，その解がいずれも1より小さくなるような，定数 a の値の範囲を求めよ．

26

首都大学東京｜★★☆｜20分

実数 a，b に対して，$f(x)=(a+8b)x^2-8bx+b$ とする．「$0\leqq x\leqq 1$ ならば $f(x)>0$」が成り立つ点 $(a,\ b)$ の範囲を求め，ab 平面上に図示せよ．

27

お茶の水女子大学｜★★★｜25分

(1)　$y=x+\dfrac{1}{x}$ とおき，$x^3+\dfrac{1}{x^3}$，$x^4+\dfrac{1}{x^4}$ をそれぞれ y の多項式として表せ．

(2)　$\alpha^6+\alpha^5-9\alpha^4-10\alpha^3-9\alpha^2+\alpha+1=0$ を満たすすべての複素数 α を求めよ．

28

岩手大学｜★★☆｜25分

実数を係数とする３次方程式 $x^3+ax^2+bx+3=0$ が $1+\sqrt{2}i$ を解にもつとき，次の問いに答えよ．ただし，i は虚数単位とする．

(1)　係数 a，b の値を求めよ．

(2)　他の２つの解を求めよ．

(3)　３つの解を α，β，γ とする．$\alpha^5+\beta^5+\gamma^5$ の値を求めよ．

第4章　三角比と図形

29

千葉大学｜★★☆｜25分

△ABCにおいて，頂点Aから直線BCに下ろした垂線の長さは1，頂点Bから直線CAに下ろした垂線の長さは $\sqrt{2}$，頂点Cから直線ABに下ろした垂線の長さは2である．このとき，△ABCの面積と，内接円の半径，および，外接円の半径を求めよ．

30

大阪教育大学｜★★☆｜25分

AB＝AC，BC＝1，∠ABC＝72°の三角形ABCを考える．∠ABCの二等分線と辺ACの交点をDとする．次の問いに答えよ．

(1)　ADの長さとACの長さを求めよ．

(2)　cos72°を求めよ．

(3)　三角形ABDの内接円の半径を r，三角形CBDの内接円の半径を s とするとき，$\dfrac{r}{s}$ の値を求めよ．

31

首都大学東京｜★☆☆｜15分

半径 R の円周上に点A，B，C，Dがこの順で反時計回りに並んでいる．線分AB，AC，BC，CDの長さはそれぞれ1，$\sqrt{5}$，$\sqrt{2}$，2である．次の問いに答えよ．

(1)　$\cos B$ を求めよ．ここで，B は∠ABCを表す．

(2)　円の半径 R を求めよ．

(3)　$\cos D$ を求めよ．ここで，D は∠ADCを表す．

(4)　線分ADの長さを求めよ．

32

静岡大学｜★★☆｜25分

△ABCの辺BC上に点D，辺AC上に点Eがあり，四角形ABDEが円Oに内接している．AE＝DE，AB＝$\frac{42}{5}$，AC＝14，BD＝$\frac{6}{5}$であるとき，次の問いに答えよ．

(1)　線分AEと線分CDの長さを求めよ．

(2)　円Oの半径を求めよ．

33

愛媛大学｜★★☆｜25分

次の条件を満たす三角形ABCはどのような三角形か．(1)，(2)，(3)それぞれの場合について，理由をつけて答えよ．ただし，三角形ABCにおいて，頂点A，B，Cに向かい合う辺BC，CA，ABの長さをそれぞれa，b，cで表す．また，∠A，∠B，∠Cの大きさをそれぞれA，B，Cで表す．

(1)　$\frac{b}{\sin A}=\frac{a}{\sin B}$　　(2)　$\frac{a}{\cos A}=\frac{b}{\cos B}$　　(3)　$\frac{b}{\cos A}=\frac{a}{\cos B}$

34

群馬大学 | ★★★ | 25分

三角錐OABCにおいて

$$AB=2\sqrt{3},\ OA=OB=OC=AC=BC=\sqrt{7}$$

とする．このとき，三角錐OABCの体積を求めよ．

35

お茶の水女子大学 | ★★★ | 30分

aを正の数とし，次のような条件を満たす四面体OABCを考える．

$$\angle AOB=\angle AOC=90^\circ,\ OB=4,\ BC=5,\ OC=3,\ OA=a$$

(1) $\angle BAC=\theta$とおく．$\cos\theta$をaを用いて表せ．

(2) $\triangle ABC$の面積をaを用いて表せ．

(3) 球S_1が四面体OABCのすべての面と接しているとする．この球S_1の半径をaを用いて表せ．

(4) 四面体OABCのすべての頂点が球S_2の表面上にあるとする．この球S_2の半径をaを用いて表せ．

36

宮城教育大学｜★★☆｜25分

右図のように，水平な平野のある地点Aからある山の頂上の点Tを見上げる角（ATと水平面のなす角）を測ったところ，α $(0°<\alpha<90°)$ であった．次にこの地点Aから東にp（メートル）進んだ地点Pと，地点Aから西にq（メートル）進んだ地点Qから山の頂上の点Tを見上げる角を測ったところ，ともにβ $(0°<\beta<90°)$ であった．ただし，A，P，Qは同じ水平面上にあるとし，$p>0$，$q>0$とする．次の問いに答えよ．

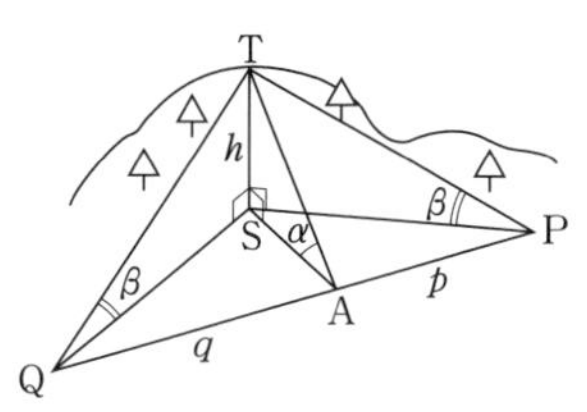

(1)　山の頂上の点Tから，Aを通る水平面に垂線を下ろし，水平面との交点をSとするとき

$$\mathrm{PS}=\mathrm{QS}$$

であることを示せ．

(2)　(1)で定めた点Sに対して，$\mathrm{AS}=a$（メートル），$\mathrm{PS}=\mathrm{QS}=b$（メートル）とおくとき

$$b^2-a^2=pq$$

が成り立つことを示せ．

(3)　地点Aと山の頂上の点Tの標高差h（メートル）をp，q，$\tan\alpha$，$\tan\beta$を用いて表せ．

37

［A］高崎経済大学，［B］首都大学東京｜★★☆｜各 20 分

［A］ あるクラスに男子 4 名(A，B，C，D)，女子 5 名(E，F，G，H，I)，計 9 名の生徒がいる．次の問いに答えよ．

このクラスでは，右図のように先生 1 名を含めて 10 名で 1 つの丸いテーブルを囲んで座っている．このとき，以下の並び方について答えよ．

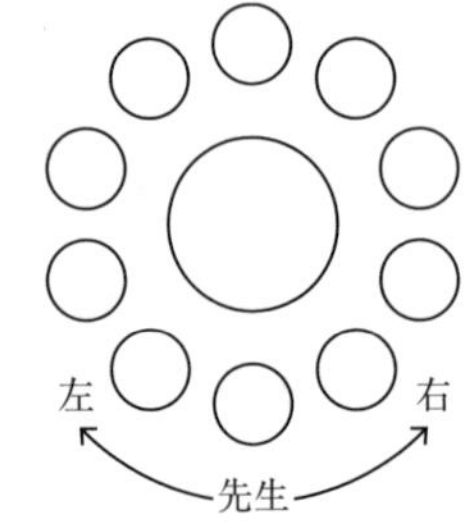

(1) 先生の右隣りに男子生徒が座る並び方は何通りあるか．

(2) 先生の両隣りに男子生徒が座る並び方は何通りあるか．

(3) 女子生徒同士が隣り合わないように座る並び方は何通りあるか．

いま，このクラスで 4 名の発表者を選ぶことになった．このとき，次の発表者の選び方について答えよ．

(4) 生徒全員からの発表者の選び方は何通りあるか．

(5) 男子生徒から 2 名かつ女子生徒から 2 名の発表者の選び方は何通りあるか．

［B］ A，B，C，D，E の 5 人をいくつかの組に分ける．ただし，組同士は区別せず，どの組も 1 人以上を含んでいるとする．このとき，次の問いに答えよ．

(1) A が 3 人の組に含まれるような分け方は何通りあるか求めよ．

(2) A が 2 人の組に含まれるような分け方は何通りあるか求めよ．

(3) 5 人を組に分ける方法は全部で何通りあるか求めよ．

38

［A］島根県立大学，［B］宇都宮大学｜★★☆｜各20分

［A］　右の図のような道路網がある．次の問いに答えよ．

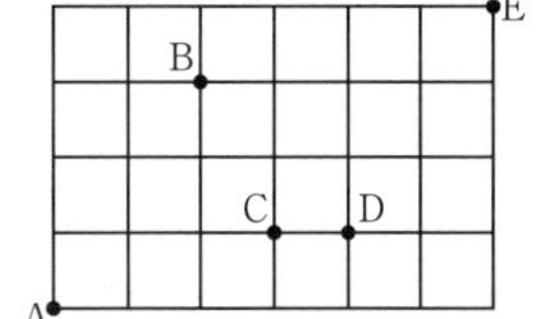

(1)　A地点からE地点へ行く最短の経路は何通りあるか．

(2)　A地点からB地点を経由してE地点へ行く最短の経路は何通りあるか．

(3)　C地点とD地点の間の区間が通行止めになっているとき，A地点からE地点へ行く最短の経路は何通りあるか．

［B］　0以上の整数a，b，c，d，nについて，次の問いに答えよ．

(1)　$a+b=n$を満たすa，bの組$(a,\ b)$は全部で何個あるか，nを用いて表せ．

(2)　$a+b+c=n$を満たすa，b，cの組$(a,\ b,\ c)$は全部で何個あるか，nを用いて表せ．

(3)　$a+b+c+d=n$を満たすa，b，c，dの組$(a,\ b,\ c,\ d)$は全部で何個あるか，nを用いて表せ．

39

[A]愛媛大学，[B][C]弘前大学 | ★★☆ | 各10分

[A]　$\left(\dfrac{x}{2}-y\right)^{12}$ の展開式において，x^5y^7 の係数を求めよ．

[B]　$\left(1+x-\dfrac{2}{x^2}\right)^7$ の展開式における定数項を求めよ．

[C]　$(1+x)^n$ を展開したとき，次数が奇数である項の係数の和を求めよ．ただし，n は正の整数とする．

40

[A]京都教育大学，[B]首都大学東京 | ★★☆ | 20分

[A]　赤玉が5個，白玉が4個，青玉が3個入っている袋がある．この袋から玉を3個同時にとり出すとき，次の確率を求めよ．

(1)　3個とも同じ色である．

(2)　3個の色がすべて異なる．

[B]　表面に「1点」と書かれたカードが5枚，「5点」と書かれたカードが3枚，「10点」と書かれたカードが2枚，合わせて10枚のカードがある．この10枚のカードを裏返してよくまぜてから3枚をとり出す．3枚のカードの点数の合計を N 点とする．次の問いに答えよ．

(1)　$N<10$ となる確率 p_1 を求めよ．

(2)　$N\geqq 20$ となる確率 p_2 を求めよ．

(3)　$10\leqq N<20$ となる確率 p_3 を求めよ．

(4)　3枚とも同じ点数となる確率 p_4 を求めよ．

41

千葉大学｜★★☆｜25分

1からnまでの番号が書かれたn枚のカードがある．このn枚のカードの中から1枚をとり出し，その番号を記録してからもとに戻す．この操作を3回くり返す．記録した3個の番号が3つとも異なる場合には大きい方から2番目の値をXとする．2つが一致し，1つがこれと異なる場合には，2つの同じ値をXとし，3つとも同じならその値をXとする．

(1)　確率$P(X \leqq k)$ $(k=1,\ 2,\ \cdots\cdots,\ n)$を求めよ．

(2)　確率$P(X=k)$ $(k=1,\ 2,\ \cdots\cdots,\ n)$を求めよ．

42

大阪府立大学｜★★★｜30分

複数の参加者がグー，チョキ，パーを出して勝敗を決めるジャンケンについて，次の問いに答えよ．ただし，各参加者は，グー，チョキ，パーをそれぞれ$\dfrac{1}{3}$の確率で出すものとする．

(1)　4人で一度だけジャンケンをするとき，1人だけが勝つ確率，2人が勝つ確率，3人が勝つ確率，引き分けになる確率をそれぞれ求めよ．

(2)　n人で一度だけジャンケンをするとき，r人が勝つ確率をnとrを用いて表せ．ただし，$n \geqq 2$，$1 \leqq r < n$とする．

(3)　$\displaystyle\sum_{r=1}^{n-1} {}_n\mathrm{C}_r = 2^n - 2$が成り立つことを示し，$n$人で一度だけジャンケンをするとき，引き分けになる確率をnを用いて表せ．ただし，$n \geqq 2$とする．

43

滋賀大学｜★★☆｜25分

あなたと友人がそれぞれ１枚の硬貨を投げて，表・裏の出方で座標平面上の点Aおよび点Bを動かす．あなたは点Aを，硬貨の表が出たら x 軸方向に１進め，裏が出たら y 軸方向に１進める．友人は点Bを，硬貨の表が出たら x 軸方向に -1 進め，裏が出たら y 軸方向に -1 進める．最初，点Aは $(0,\ 0)$ に，点Bは $(5,\ 3)$ にあるものとする．このとき，次の問いに答えよ．

(1)　あなたが硬貨を３回投げたとき，点Aが $(2,\ 1)$ にある確率を求めよ．

(2)　n を自然数とし，あなたが硬貨を $2n$ 回投げたとき，点Aが直線 $y=x$ 上にある確率を P_1，直線 $y=x+2$ 上にある確率を P_2 とする．P_1，P_2 を求めよ．

(3)　あなたと友人がそれぞれ硬貨を４回投げたとき，点Aと点Bが同じ座標にある確率を求めよ．

44

富山大学｜★★☆｜25分

青球６個と赤球 n 個 $(n \geqq 2)$ が入っている袋から，３個の球を同時にとり出すとき，青球が１個で赤球が２個である確率を P_n とする．

(1)　P_n を n の式で表せ．

(2)　$P_n > P_{n+1}$ を満たす最小の n を求めよ．

(3)　P_n を最大にする n の値を求めよ．

45

名古屋市立大学｜★★☆｜25分

袋Aの中に5個の白玉と1個の赤玉が入っており，袋Bの中に3個の白玉が入っている．Aから無作為に1個の玉をとり出しBに移した後，Bから無作為に1個の玉をとり出しAに移す．この操作をn回くり返した後に，Aに赤玉が入っている確率をP_nとおく．次の問いに答えよ．

(1)　P_{n+1}をP_nで表せ．

(2)　P_nを求めよ．

46

[A]琉球大学，[B]岐阜薬科大学｜★★☆｜各20分

［A］　袋の中に赤玉4個と白玉6個が入っている．Aが玉を2個とり出し，とり出した玉の色を確認して，もし2個とも赤玉なら赤玉1個を，それ以外の場合は白玉1個を袋に戻し，次にBがその袋から玉を2個とり出す．次の問いに答えよ．

(1)　Aが白玉2個をとり出し，かつBが赤玉2個をとり出す確率を求めよ．

(2)　Bが赤玉2個をとり出す確率を求めよ．

(3)　Bがとり出した玉が赤玉2個であったとき，Aがとり出した玉が白玉2個である条件つき確率を求めよ．

［B］　ある病気Xにかかっている人が4%いる集団Aがある．病気Xを診断する検査で，病気Xにかかっている人が正しく陽性と判定される確率は80%である．また，この検査で病気Xにかかっていない人が誤って陽性と判定される確率は10%である．次の問いに答えよ．

(1)　集団Aのある人がこの検査を受けたところ陽性と判定された．この人が病気Xにかかっている確率はいくらか．

(2)　集団Aのある人がこの検査を受けたところ陰性と判定された．この人が実際には病気Xにかかっている確率はいくらか．

47　[A]福島大学，[B]静岡大学，[C]宮崎大学｜★★☆｜20分／20分／30分

［A］　表・裏の出る確率が共に$\frac{1}{2}$の硬貨が4枚ある．この4枚の硬貨を同時に投げる．次の問いに答えよ．

(1)　表の出る枚数の期待値を求めよ．

(2)　表の出た枚数と裏の出た枚数が同じならば100点，4枚すべてが表ならば50点，4枚すべてが裏ならば30点，それ以外の場合は0点とする．このとき，得点の期待値を求めよ．

［B］　2人でサイコロを1つずつ投げ，出た目の大きい方が勝ち，同じなら引き分けというゲームを行う．それぞれのゲームにおいて得点は，勝った方が3点，負けた方が0点，引き分けの場合は双方1点とする．このゲームをA，B，Cの3人が総当たりで行い，総得点を競うものとする．このとき，次の問いに答えよ．

(1)　AとBがゲームを行ったとき，Aが勝つ確率と引き分けになる確率をそれぞれ求めよ．

(2)　Aの総得点の期待値を求めよ．

(3)　Aの総得点がB，Cそれぞれの総得点より多くなる確率を求めよ．

［C］ 白球6個と黒球4個がある．はじめに，白球6個を横1列に並べる．次に，1から6の目がそれぞれ$\frac{1}{6}$の確率で出るサイコロを1つ投げて，出た目の数がaであれば，並んでいる球の左からa番目の球の左に黒球を1個入れるという操作を4回繰り返す．

例えば，1回目に1の目，2回目に5の目，3回目に5の目，4回目に2の目が出た場合の球の並びの変化は右の図のようになる．

はじめ	○○○○○○
1回目の操作の後	●○○○○○○
2回目の操作の後	●○○○○●○○
3回目の操作の後	●○○○○●●○○
4回目の操作の後	●●○○○○●●○○

最終的な10個の球の並びにおいて，一番左にある白球よりも左にある黒球の個数をkとするとき，次の問いに答えよ．

⑴ $k=0$である確率を求めよ．

⑵ $k=1$である確率を求めよ．

⑶ kの期待値を求めよ．

第6章　図形と方程式

48

弘前大学｜★☆☆｜15分

座標平面上の3点 A$(-2,\ 5)$，B$(-3,\ -2)$，C$(3,\ 0)$ に対して，次の点の座標を求めよ．

(1) 点Bから直線ACに引いた垂線と直線ACとの交点D

(2) ∠ABCの二等分線と直線ACとの交点E

49

［A］お茶の水女子大学，［B］山梨大学｜★★☆｜各25分

［A］ xy 平面上に2つの円 $C_1 : x^2+y^2=16$，$C_2 : (x-6)^2+y^2=1$ がある．C_1 と C_2 の両方に接する接線の方程式をすべて求めよ．

［B］ 円 $(x-2)^2+(y-3)^2=25$ 上に中心をもち，x 軸と y 軸のいずれにも接する円の方程式をすべて求めよ．

50

愛媛大学｜★★☆｜25分

(1)　放物線 $y=x^2+2x-3$ と直線 $y=2x+4$ の交点の座標を求めよ．

(2)　次の連立不等式で表される領域を D とする．領域 D を図示せよ．

$$y \geqq x^2+2x-3,\quad y \leqq 2x+4,\quad y \leqq 0$$

(3)　点 $(x,\ y)$ が(2)の領域 D を動くとき，$x+2y$ のとり得る値の範囲を求めよ．

51

[A]山梨大学，[B]茨城大学｜★★☆｜10分／20分

［A］　xy 平面で，不等式 $(y-x^2)(y-3x)<0$ で表される領域を図示せよ．

［B］　点 A，B を $\mathrm{A}(-1,\ 5)$，$\mathrm{B}(2,\ -1)$ とする．実数 a，b について直線 $y=(b-a)x-(3b+a)$ が線分 AB と共有点をもつとする．点 $\mathrm{P}(a,\ b)$ の存在する領域を図示せよ．

52

[A]奈良女子大学，[B]大阪市立大学 | ★★☆ | 各30分

［A］ 原点を中心とする半径1の円Cと，点A(2, 0)を中心とする半径1の円C_1がある．円C上の点P$(\cos\theta,\ \sin\theta)$をとり，Pを中心とする半径1の円を$C_2$とする．次の問いに答えよ．

(1) 円C_1と円C_2が異なる2点で交わるとき，$\cos\theta$のとり得る値の範囲を求めよ．

(2) 円C_1と円C_2が異なる2点で交わるとき，その2点と点Pを頂点とする三角形の面積をSとする．以下の(i)，(ii)に答えよ．

(i) Sをθを用いて表せ．

(ii) Sの最大値を求めよ．

［B］ a，bは実数で$a>0$とする．円$x^2+y^2=1$と放物線$y=ax^2+b$の共有点の個数をmとおく．次の問いに答えよ．

(1) $m=2$となるためのa，bに関する必要十分条件を求めよ．

(2) $m=3$となるためのa，bに関する必要十分条件を求めよ．

(3) $m=4$となるためのa，bに関する必要十分条件を求めよ．

53

筑波大学 | ★★★ | 30分

xy平面上に2定点A(1, 0)とO(0, 0)をとる．また，mを1より大きい実数とする．

(1) AP：OP$=m：1$を満たす点P$(x,\ y)$の軌跡を求めよ．

(2) 点Aを通る直線で，(1)で求めた軌跡との共有点が1個のものを求めよ．また，その共有点の座標も求めよ．

54

福島大学 | ★★☆ | 15分

点Pが放物線 $y=x^2$ 上を動くとき，定点 $\mathrm{A}(1,\ a)$ と点Pとを結ぶ線分APを1：2に内分する点Qの軌跡の方程式を a を用いて書け．

55

［A］福岡教育大，［B］富山大学 | ★★☆ | 各20分

［A］ x 軸上の点 $\mathrm{P}(t,\ 0)$ と y 軸上の点 $\mathrm{Q}(0,\ 2)$ について，次の問いに答えよ．

(1) 線分PQの垂直二等分線の方程式を求めよ．

(2) 点Pが x 軸上を動くとき，線分PQの垂直二等分線が通過する領域を求め，図示せよ．

［B］ m を実数とする．方程式

$$mx^2-my^2+(1-m^2)xy+5(1+m^2)y-25m=0 \quad \cdots\cdots(*)$$

を考える．このとき，次の問いに答えよ．

(1) xy 平面において，方程式 $(*)$ が表す図形は2直線であることを示せ．

(2) (1)で求めた2直線は m の値にかかわらず，それぞれ定点を通る．これらの定点を求めよ．

(3) m が $-1\leqq m\leqq 3$ の範囲を動くとき，(1)で求めた2直線の交点の軌跡を図示せよ．

第7章　三角関数

56

[A]信州大学，[B]宮城教育大学，[C]富山大学，[D]宮崎大学 | ★★☆ | 各15分

［A］　$\cos 2x = \sin x + 1$ を解け．ただし，$-\pi \leqq x \leqq \pi$ とする．

［B］　$0 \leqq \theta < 2\pi$ とするとき，不等式 $\sin 2\theta - \sqrt{3}\cos 2\theta \leqq \sqrt{3}$ を解け．

［C］　$0 \leqq \theta < 2\pi$ のとき，不等式 $6\sin\theta - 5\sin 2\theta + \sin 4\theta < 0$ を満たす θ の値の範囲を求めよ．

［D］　$0 \leqq x \leqq \pi$ のとき，次の方程式を解け．

$$\sin x + \sin 2x + \sin 3x = \cos x + \cos 2x + \cos 3x$$

57

信州大学 | ★★☆ | 25分

不等式 $|2\sin(x+y)| \geqq 1$ の表す点 $(x,\ y)$ の領域を，$0 \leqq x \leqq \pi$，$0 \leqq y \leqq \pi$ の範囲で図示せよ．

58

岡山大学 | ★★☆ | 25分

$\dfrac{\pi}{2} \leqq \theta \leqq \pi$ とする．次の問いに答えよ．

(1) $\sin\theta + \cos\theta = \dfrac{1}{\sqrt{5}}$ のとき，$\cos\theta - \sin\theta$ の値を求めよ．

(2) $\sin\theta + \cos\theta = \dfrac{1}{\sqrt{5}}$ のとき，$2\cos\left(2\theta - \dfrac{\pi}{3}\right)$ の値を求めよ．

(3) $2\cos\left(2\theta - \dfrac{\pi}{3}\right) \leqq -1$ のとき，$\cos\theta + \sqrt{3}\sin\theta$ の最大値と最小値を求めよ．

59

筑波大学 | ★★★ | 30分

(1) 等式 $\cos 3\theta = 4\cos^3\theta - 3\cos\theta$ を示せ．

(2) $2\cos 80^\circ$ は3次方程式 $x^3 - 3x + 1 = 0$ の解であることを示せ．

(3) $x^3 - 3x + 1 = (x - 2\cos 80^\circ)(x - 2\cos\alpha)(x - 2\cos\beta)$ となる角度 α，β を求めよ．ただし，$0^\circ < \alpha < \beta < 180^\circ$ とする．

60

埼玉大学｜★★☆｜25分

(1) 正弦に関する加法定理を用いて

$$\sin\alpha+\sin\beta=2\sin\frac{\alpha+\beta}{2}\cos\frac{\alpha-\beta}{2}$$

が成り立つことを示せ.

(2) 三角形ABCの頂点A, B, Cの内角の大きさをそれぞれA, B, Cで表すことにする. $A=\dfrac{\pi}{3}$のとき, $\sin B+\sin C$および$\cos B+\cos C$, それぞれの範囲を求めよ.

61

鳥取大学｜★★☆｜20分

関数$f(x)=-\cos^2 2x-2\sqrt{3}\sin x\cos x+2$の$0\leqq x\leqq\dfrac{\pi}{2}$における最大値と最小値を求めよ. また, そのときのxの値をそれぞれ求めよ.

62

福井大学 | ★★☆ | 25分

座標平面上の原点Oを中心とする半径1の円周上に，点Pがある．ただし，Pは第1象限の点である．点Pからx軸に下ろした垂線とx軸との交点をQ，線分PQを2：1に内分する点をRとする．$\theta=\angle\mathrm{QOP}$のときの$\tan\angle\mathrm{QOR}$と$\tan\angle\mathrm{ROP}$の値をそれぞれ$f(\theta)$，$g(\theta)$とおく．次の問いに答えよ．

(1)　$f(\theta)$と$g(\theta)$をθを用いて表せ．

(2)　$g(\theta)$の$0<\theta<\dfrac{\pi}{2}$における最大値と，そのときのθの値を求めよ．

63

大分大学 | ★★★ | 30分

円周率πに関して次の不等式が成立することを証明せよ．ただし，数値$\pi=3.141592\cdots\cdots$を使用して直接比較する解答は0点とする．

$$3\sqrt{6}-3\sqrt{2}<\pi<24-12\sqrt{3}$$

第8章　指数関数・対数関数

64

[A]県立広島大学，[B]琉球大学 | ★☆☆ | 各15分

［A］　4，$\sqrt[3]{3^4}$，$2^{\sqrt{3}}$，$3^{\sqrt{2}}$ の大小を比べ，小さい順に並べよ．

［B］　次の数を小さい順に並べよ．

$$\log_3 5,\quad \frac{1}{2}+\log_9 8,\quad \log_9 26$$

65

宮崎大学 | ★☆☆ | 15分

x を実数とするとき，次の不等式を満たす x の値の範囲を求めよ．

$$8^x+8^{-x}-(4^x+4^{-x})-11\geqq 0$$

66

[A]首都大学東京，[B]福島大学 | ★★☆ | 各20分

［A］　(1)　次の方程式を解け．

$$\log_2 x-\log_8 x=2(\log_2 x)(\log_4 x)$$

(2)　次の方程式を満たす自然数の組 $(x,\ y)$ をすべて求めよ．

$$\log_{10} x+\log_{10} y=\log_{10}(y+2x^2+1)$$

［B］　次の不等式を解け．

$$3\log_{0.5}(x-1)>\log_{0.5}(-x^2+6x-7)$$

新潟大学 | ★★☆ | 25分

(1)　$\log_{10}3$ は無理数であることを示せ.

(2)　$\dfrac{6}{13}<\log_{10}3<\dfrac{1}{2}$ が成り立つことを示せ.

(3)　3^{26} の桁数を求めよ.

筑波大学 | ★★★ | 25分

x の方程式 $|\log_{10}x|=px+q$ (p, q は実数) が3つの相異なる正の解をもち, 次の2つの条件を満たすとする.

(I)　3つの解の比は, 1 : 2 : 3 である.

(II)　3つの解のうち最小のものは, $\dfrac{1}{2}$ より大きく, 1より小さい.

このとき, $A=\log_{10}2$, $B=\log_{10}3$ とおき, p と q を A と B を用いて表せ.

弘前大学 | ★★★ | 25分

不等式 $\log_x y \leqq \log_y x$ の表す領域を図示せよ.

第9章　微分法

70

宇都宮大学｜★☆☆｜20分

関数 $f(x)=x^3-3x^2+2$ について，次の問いに答えよ．

(1)　$y=f(x)$ の増減を調べ，極値を求めよ．また，グラフの概形をかけ．

(2)　$-\dfrac{a}{2}\leqq x\leqq a$ における $f(x)$ の最大値 M を求めよ．ただし，a は定数で $a>0$ とする．

(3)　$-\dfrac{a}{2}\leqq x\leqq a$ における $f(x)$ の最小値 m を求めよ．ただし，a は定数で $a>0$ とする．

71

信州大学｜★★☆｜20分

a，b は正の数とする．すべての $x>0$ に対して $\dfrac{2x^2+(3-a)x-2a}{x^3}\leqq b$ が成り立つとき，a，b の関係を求めよ．

72

奈良教育大学｜★★☆｜20分

$a>0$ とする．次の関数 $f(x)$ について，$0 \leqq x \leqq 1$ における最大値および最小値を求めよ．

$$f(x)=x^3-a^2x$$

73

名古屋市立大学｜★★☆｜30分

3次関数 $f(x)=x^3-6x^2+3(4-t)x+6t+46$ について，次の問いに答えよ．

(1)　t がどのような実数であっても $y=f(x)$ のグラフはある定点を通ることを示し，その座標を求めよ．

(2)　関数 $y=f(x)$ が極大値，極小値をもつような実数 t の範囲を求めよ．その t について $f(x)$ の極値とそのときの x の値を求めよ．

(3)　(2)のもとで，方程式 $f(x)=0$ がちょうど2つの相異なる実数解をもつ場合の t とそれらの解を求めよ．

74

岡山大学｜★★☆｜20分

(1) a を実数とする．$x \leqq 0$ において，常に $x^3+4x^2 \leqq ax+18$ が成り立っているものとする．このとき，a のとり得る値の範囲を求めよ．

(2) (1)で求めた範囲にある a のうち，最大のものを a_0 とするとき，不等式 $x^3+4x^2 \leqq a_0x+18$ を解け．

75

名古屋市立大学｜★★★｜30分

関数 $y=f(x)=\dfrac{x^3}{3}-4x$ のグラフについて，次の問いに答えよ．

(1) このグラフ上の点 $(p,\ f(p))$ における接線の方程式を求めよ．

(2) a を実数とする．点 $(2,\ a)$ からこのグラフに引くことのできる接線の本数を求めよ．

(3) このグラフに3本の接線を引くことができる点全体からなる領域を求め，図示せよ．

76

山形大学｜★★☆｜20分

$f(x)=x^4+2x^3-2x^2$ として，次の問いに答えよ．

(1)　$y=f(x)$ の増減と極値を調べ，グラフをかけ．

(2)　曲線 $y=f(x)$ に2点で接する直線の方程式を $y=g(x)=ax+b$ とする．その接点の x 座標を x_1，x_2（ただし $x_1<x_2$）とするとき，4次方程式 $f(x)-g(x)=0$ が $(x-x_1)^2(x-x_2)^2=0$ と表せることを使ってこの直線の方程式を求めよ．

77

長崎大学｜★★☆｜30分

a を正の定数とする．次の問いに答えよ．

(1)　半径 a の球面に内接する円柱の高さを g，底面の半径を r とする．r を a と g を用いて表せ．

(2)　(1)の円柱で，体積が最大になるときの高さ，およびそのときの底面の半径と体積をそれぞれ a を用いて表せ．

(3)　半径 a の球面に内接する円錐がある．ただし，円錐の頂点と底面の中心を結ぶ線分は球の中心を通るものとする．円錐の高さを h，底面の半径を s とする．s を a と h を用いて表せ．

(4)　(3)の円錐で，体積が最大になるときの高さ，およびそのときの底面の半径と体積をそれぞれ a を用いて表せ．

第10章　積分法

78

茨城大学 | ★☆☆ | 20分

$k=1$，2 に対して放物線 $y=x^2-kx+1$ を C_k で表す．点 A(1，1) での C_1 の接線に，点 A で直交している直線を l とし，l と C_2 の交点のうち x 座標が正となる点を B とする．次の問いに答えよ．

(1)　点 B の座標を求めよ．

(2)　曲線 C_1，C_2 と線分 AB で囲まれた図形の面積を求めよ．

79

名古屋市立大学 | ★☆☆ | 20分

放物線 $y=x^2$ 上に 2 点 A$(a,\ a^2)$，B$(b,\ b^2)$ がある．ただし，$a>b$ とする．次の問いに答えよ．

(1)　2 点 A，B を通る直線の方程式を a，b を用いて表せ．

(2)　直線 AB と放物線 $y=x^2$ で囲まれる領域の面積 S が $S=\dfrac{(a-b)^3}{6}$ で表されることを示せ．

(3)　2 点 A，B が $S=\dfrac{4}{3}$ となるように放物線上を動くとき，線分 AB の長さの最小値を求めよ．

80

岩手大学 | ★★☆ | 25分

2つの曲線 $y=x^2+p^2$, $y=x^2-2px+3p^2$ (p は正の定数とする) の両方に接する直線とこの2曲線で囲まれた部分の面積を求めよ.

81

信州大学 | ★★☆ | 25分

正の定数 m に対して, 放物線 $y=mx^2$ を C とする. C 上の異なる2点A, Bにおける C の接線が点Pで直交しているとする. C と直線ABで囲まれる部分の面積を S_1, △APBの面積を S_2 とするとき, 次の問いに答えよ.

(1) $S_1 : S_2$ を求めよ.

(2) S_1 の最小値を求めよ.

82

高知工科大学 | ★★★ | 25分

a, mを正の定数とする．座標平面において，曲線$C : y=x^3-2ax^2+a^2x$と直線$l : y=m^2x$は，異なる3点を共有し，そのx座標はいずれも負ではないとする．次の問いに答えよ．

(1) mのとり得る値の範囲をaで表せ．また，Cとlの共有点のx座標を求めよ．

(2) Cとlで囲まれた2つの図形の面積が等しいとき，mをaで表せ．

83

富山大学 | ★★★ | 30分

pを実数とする．すべての実数xに対して$u(x)=x^2+p\int_0^1(1+tx)u(t)dt$を満たす関数$u(x)$が存在するかどうかを考える．このとき，次の問いに答えよ．

(1) もしこのような$u(x)$が存在すれば，$u(x)$は2次関数であることを示せ．

(2) このような$u(x)$が存在しないようなpの値をすべて求めよ．

84

弘前大学 | ★★☆ | 25 分

a を実数とする．

(1) 定積分 $\int_0^1 |x^2-ax|dx$ を求めよ．

(2) この定積分の値を最小にする a の値と，そのときの定積分の値を求めよ．

85

滋賀大学 | ★★☆ | 25 分

$x \geqq -1$ のとき，関数 $f(x)$ を $f(x)=\int_x^{x+1}|t^2-1|dt$ で定める．このとき，$y=f(x)$ の極値を求めよ．

86

埼玉大学 | ★★☆ | 25 分

(1) a を定数とする．次の関数 $f(x)$ の導関数 $f'(x)$ を求めよ．

$$f(x)=\int_a^x (t^2+a^2t)dt+\int_0^a (t^2+ax)dt$$

(2) 次の関係式を満たす定数 a および関数 $g(x)$ を求めよ．

$$\int_a^x (g(t)+tg(a))dt=x^2-2x-3$$

第11章　数　列

87

［A］高知大学，［B］大分大学｜★☆☆｜各20分

［A］　等差数列 $\{a_n\}$ は $a_9=-5$，$a_{13}=6$ を満たすとする．このとき，次の問いに答えよ．

(1)　一般項 a_n を求めよ．

(2)　a_n が正となる最小の n を求めよ．

(3)　第1項から第 n 項までの和 S_n を求めよ．

(4)　S_n が正となる最小の n を求めよ．

［B］　等比数列 3，6，12，…… を $\{a_n\}$ とし，この数列の第 n 項から第 $2n-1$ 項までの和を T_n とする．

(1)　数列 $\{a_n\}$ の一般項を求めよ．

(2)　T_n を求めよ．

(3)　$\sum_{k=1}^{n} T_k$ を求めよ．

88

埼玉大学｜★★☆｜25分

1, 3, 3^2, ……, 3^k ($k=1$, 2, 3, ……) を順番に並べて得られる数列

$$1,\ 3,\ 1,\ 3,\ 3^2,\ 1,\ 3,\ 3^2,\ 3^3,\ 1,\ 3,\ 3^2,\ 3^3,\ 3^4,\ \cdots\cdots$$

について，次の問いに答えよ.

(1) 21回目に現れる1は第何項か.

(2) 初項から第 n 項までの和を S_n とするとき，$S_n \leqq 555$ を満たす最大の n を求めよ.

89

島根大学｜★★☆｜25分

1, 3, 7, 13, 21, 31, …… で与えられた数列 $\{a_n\}$ について，次の問いに答えよ.

(1) 一般項 a_n を求めよ.

(2) 初項から第 n 項までの和 S_n を求めよ.

(3) $n \geqq 4$ のとき，不等式 $S_{n+1} < 2S_n$ が成り立つことを示せ.

90

[A]小樽商科大学，[B]新潟大学｜★★☆｜10分／20分

［A］ $\dfrac{\sqrt{2}-\sqrt{1}}{\sqrt[4]{2}+\sqrt[4]{1}}+\dfrac{\sqrt{3}-\sqrt{2}}{\sqrt[4]{3}+\sqrt[4]{2}}+\cdots\cdots+\dfrac{\sqrt{n+1}-\sqrt{n}}{\sqrt[4]{n+1}+\sqrt[4]{n}}=\boxed{}$.

［B］ 数列 $\{a_n\}$ は

$$a_1=\frac{1}{6},\ \frac{1}{a_{n+1}}-\frac{1}{a_n}=2\quad (n=1,\ 2,\ 3,\ \cdots\cdots)$$

を満たしている．また数列 $\{b_n\}$ は

$$b_1=8a_1a_2,\ \ b_{n+1}-b_n=8a_{n+1}a_{n+2}\quad (n=1,\ 2,\ 3,\cdots\cdots)$$

を満たしている．このとき，次の問いに答えよ．

(1) 数列 $\{a_n\}$ の一般項 a_n を n を用いて表せ．

(2) 数列 $\{b_n\}$ の一般項 b_n を n を用いて表せ．

91

愛媛大学｜★★☆｜30分

数列 $\{a_n\}$ の初項から第 n 項までの和 S_n が条件

$$S_n=4n-3a_n$$

を満たすとする．このとき，次の問いに答えよ．

(1) 初項 a_1 を求めよ．

(2) 一般項 a_n を求めよ．

(3) $a_n>\dfrac{35}{9}$ となる最小の自然数 n を求めよ．ただし，必要ならば $\log_{10}2=0.301$, $\log_{10}3=0.477$ として計算してよい．

92 [A]岐阜大学，[B]秋田大学，[C]宮崎大 | ★★☆ | 20分／20分／30分

［A］ 次の条件で定まる数列 $\{a_n\}$ について，次の問いに答えよ．

$$a_1=3,\ a_{n+1}=3a_n+2n+3\quad (n=1,\ 2,\ 3,\ \cdots\cdots)$$

(1) $b_n=a_n+n+2$ $(n=1,\ 2,\ 3,\ \cdots\cdots)$ で定まる数列 $\{b_n\}$ は等比数列となることを示せ．

(2) 数列 $\{a_n\}$ の一般項を求めよ．

(3) 数列 $\{a_n\}$ の初項から第 n 項までの和を求めよ．

［B］ 数列 $\{a_n\}$ を次の式 $a_1=1$，$a_2=3$，$a_{n+2}+a_{n+1}-6a_n=0$ $(n=1,\ 2,\ 3,\ \cdots\cdots)$ で定める．また，α，β を $a_{n+2}-\alpha a_{n+1}=\beta(a_{n+1}-\alpha a_n)$ $(n=1,\ 2,\ 3,\ \cdots\cdots)$ を満たす実数とする．ただし，$\alpha<\beta$ とする．次の問いに答えよ．

(1) a_3，a_4 を求めよ．

(2) α，β を求めよ．

(3) $n=1,\ 2,\ 3,\ \cdots\cdots$ に対し $b_n=a_{n+1}-\alpha a_n$ とおくとき，数列 $\{b_n\}$ の一般項を求めよ．

(4) $n=1,\ 2,\ 3,\ \cdots\cdots$ に対し $c_n=a_{n+1}-\beta a_n$ とおくとき，数列 $\{c_n\}$ は等比数列である．数列 $\{c_n\}$ の公比と一般項を求めよ．

(5) 数列 $\{a_n\}$ の一般項を求めよ．

［C］ 2つの数列 $\{a_n\}$，$\{b_n\}$ を，$a_1=\dfrac{1}{2}$，$b_1=2$，および $\begin{cases} a_{n+1}=a_n+b_n \\ b_{n+1}=2a_n+1 \end{cases}$ $(n=1,\ 2,\ 3,\ \cdots\cdots)$ で定める．このとき，次の問いに答えよ．

(1) a_2，b_2，a_3，b_3 を求めよ．

(2) 次の式を満たす定数 p，q，r の組を2組求めよ．

$$a_{n+1}+pb_{n+1}+q=r(a_n+pb_n+q)\quad (n=1,\ 2,\ 3,\ \cdots\cdots)$$

(3) $\{a_n\}$，$\{b_n\}$ について，それぞれの第 n 項 a_n，b_n を求めよ．

(4) 2つの数列 $\{c_n\}$，$\{d_n\}$ を，$c_1=\sqrt{2}$，$d_1=4$，および $\begin{cases} c_{n+1}=c_nd_n \\ d_{n+1}=2{c_n}^2 \end{cases}$ $(n=1,\ 2,\ 3,\ \cdots\cdots)$ で定める．$\{c_n\}$，$\{d_n\}$ の第 n 項 c_n，d_n について，${c_n}^2d_n$ を求めよ．

93

[A]福島大学，[B]鹿児島大学 | ★★☆ | 各25分

［A］ 漸化式 $\begin{cases} a_{n+1}=a_n+a_{n-1} & (n=2,\ 3,\ 4,\ \cdots\cdots) \\ a_1=1,\ a_2=1 \end{cases}$ で定義される数列を $\{a_n\}$ とする．このとき，次の問いに答えよ．

(1) $\{a_n\}$ の第1項から第9項までを書け．

(2) 自然数 n $(n \geqq 2)$ に対して $a_1{}^2+a_2{}^2+\cdots\cdots+a_n{}^2=a_na_{n+1}$ が成り立つことを数学的帰納法を用いて示せ．

［B］ 数列 $\{a_n\}$ は $a_1=\dfrac{3}{2}$，$a_{n+1}=3-\dfrac{2}{a_n}$ $(n=1,\ 2,\ 3,\ \cdots\cdots)$ により定まるものとして，次の問いに答えよ．

(1) すべての自然数 n について，$1<a_n<2$ であることを示せ．

(2) $x_n=\dfrac{1}{2-a_n}$ とおくとき，x_{n+1} と x_n の間に成り立つ関係式を求めよ．

(3) 数列 $\{x_n\}$ の一般項 x_n を求めよ．

(4) 数列 $\{a_n\}$ の一般項 a_n を求めよ．

94

[A]埼玉大学 | ★★☆ | 30分

(1) $\displaystyle\sum_{k=1}^{n} 2^k$ を求めよ．

(2) $\displaystyle\sum_{k=1}^{n} k2^k$ を求めよ．

(3) 次の関係式を満たす数列 $\{a_n\}$ をすべて求めよ．

$$\sum_{k=1}^{n} ka_k=(n-1)\left(\sum_{k=1}^{n} a_k+2\right)+2 \quad (n=1,\ 2,\ 3,\ \cdots\cdots)$$

95

名古屋市立大学｜★★★｜30分

1辺の長さが$2a$の正方形ABCDを底面とする高さhの正四角錐O-ABCDがある．ここで，辺OA，OB，OC，ODの長さはすべて等しい．正四角錐O-ABCDに内接する球をQ_1とし，また正四角錐O-ABCDの4つの側面とQ_1に接する球をQ_2とする．

以下同様にして球Q_3，Q_4，……，Q_nをつくる．次の問いに答えよ．

(1) 球Q_1の半径r_1を求めよ．

(2) 球Q_{k+1}の半径r_{k+1}を球Q_kの半径r_kで示せ．

(3) 球Q_nの体積をa，h，nで示せ．

(4) $h=2\sqrt{2}a$のとき，球Q_1，Q_2，Q_3，……，Q_nの体積の和をa，nで示せ．

96

横浜国立大学｜★★★｜30分

(1) kを0以上の整数とするとき

$$\frac{x}{3}+\frac{y}{2}\leqq k$$

を満たす0以上の整数x，yの組$(x,\ y)$の個数をa_kとする．a_kをkの式で表せ．

(2) nを0以上の整数とするとき

$$\frac{x}{3}+\frac{y}{2}+z\leqq n$$

を満たす0以上の整数x，y，zの組$(x,\ y,\ z)$の個数をb_nとする．b_nをnの式で表せ．

第12章　平面ベクトル

97

［A］愛媛大学，［B］岡山大学｜★★☆｜各15分

［A］　正六角形ABCDEFにおいて，辺CDの中点をPとする．また，$\overrightarrow{AC}=\vec{c}$，$\overrightarrow{AE}=\vec{e}$ とおく．このとき，$\overrightarrow{FP}$ を $\vec{c}$，$\vec{e}$ を用いて表せ．

［B］　四角形ABCDは平行四辺形ではないとし，辺AB，BC，CD，DAの中点をそれぞれP，Q，R，Sとする．

(1)　線分PRの中点Kと線分QSの中点Lは一致することを示せ．

(2)　線分ACの中点Mと線分BDの中点Nを結ぶ直線は点Kを通ることを示せ．

98

滋賀大学｜★★☆｜20分

AD∥BC，BC＝2ADである四角形ABCDがある．点P，Qが

$$\overrightarrow{PA}+2\overrightarrow{PB}+3\overrightarrow{PC}=\vec{0},\quad \overrightarrow{QA}+\overrightarrow{QC}+\overrightarrow{QD}=\vec{0}$$

を満たすとき，次の問いに答えよ．

(1)　ABとPQが平行であることを示せ．

(2)　3点P，Q，Dが一直線上にあることを示せ．

99

[A]秋田大学，[B][C]新潟大学｜★★☆｜各20分

［A］ △OABにおいて$\overrightarrow{\mathrm{OA}}=(-2,\ 1)$，$\overrightarrow{\mathrm{OB}}=(1,\ 3)$とし，$\overrightarrow{\mathrm{OA}}$と$\overrightarrow{\mathrm{OB}}$のなす角を$\theta$とする．このとき，次の問いに答えよ．

(1) $\cos\theta$の値を求めよ．

(2) △OABの面積を求めよ．

(3) OAの中点をCとし，AB上にOM⊥BCとなるように点Mをとる．AM : MBを求めよ．

［B］ 長方形ABCDに対して，それぞれの辺の長さを

$$\mathrm{AB}=\mathrm{CD}=1,\ \mathrm{BC}=\mathrm{DA}=t,\ 0<t<1$$

とする．辺AB上の点Pおよび辺BC上の点Qを，点Cと点Pが2点D，Qを通る直線に関して対称になるようにとる．

$$\overrightarrow{\mathrm{AB}}=\vec{a},\ \overrightarrow{\mathrm{BC}}=\vec{b},\ \overrightarrow{\mathrm{AP}}=x\vec{a}\ (0<x<1),\ \overrightarrow{\mathrm{BQ}}=y\vec{b}\ (0<y<1)$$

とおく．このとき，次の問いに答えよ．

(1) $\overrightarrow{\mathrm{DP}}$，$\overrightarrow{\mathrm{PQ}}$を$\vec{a}$，$\vec{b}$，$x$，$y$で表せ．

(2) x，yをtで表せ．

(3) $x=\dfrac{3}{5}$のとき，tおよびyを求めよ．

［C］ △OABにおいて，OA=1，OB=AB=2とし，$\overrightarrow{\mathrm{OA}}=\vec{a}$，$\overrightarrow{\mathrm{OB}}=\vec{b}$とおく．このとき，次の問いに答えよ．

(1) 内積$\vec{a}\cdot\vec{b}$を求めよ．

(2) ∠AOBの二等分線上の点PがAP=BPを満たすとき，線分APの長さを求めよ．

100

秋田大学｜★★☆｜25分

平面ベクトル $\overrightarrow{OA}$, $\overrightarrow{OB}$, $\overrightarrow{OC}$ が, $|\overrightarrow{OA}|=3$, $|\overrightarrow{OB}|=6$, $|\overrightarrow{OC}|=2$ と

$\overrightarrow{OB}=\dfrac{4}{3}\overrightarrow{OA}+\dfrac{3}{2}\overrightarrow{OC}$ を満たす．次の問いに答えよ．

(1) 内積 $\overrightarrow{OA}\cdot\overrightarrow{OC}$ を求めよ．

(2) ABを2：1に内分する点をPとするとき, $\overrightarrow{OP}$ を $\overrightarrow{OA}$ と $\overrightarrow{OC}$ で表せ．

(3) $|\overrightarrow{OP}|$ を求めよ．

(4) 点Qが $\overrightarrow{OQ}=\dfrac{5}{6}\overrightarrow{OA}+\dfrac{17}{16}\overrightarrow{OC}$ を満たすとき，Qが四角形OABCの内部にあることを示せ．

101

千葉大学｜★★☆｜25分

平面上の △ABC において，辺ABを4：3に内分する点をD，辺BCを1：2に内分する点をEとし，線分AEとCDの交点をOとする．

(1) $\overrightarrow{AB}=\vec{p}$, $\overrightarrow{AC}=\vec{q}$ とするとき，ベクトル $\overrightarrow{AO}$ を $\vec{p}$, $\vec{q}$ で表せ．

(2) 点Oが △ABC の外接円の中心になるとき，3辺AB，BC，CAの長さの2乗の比を求めよ．

102

徳島大学｜★★☆｜25分

平面上に △ABC と点Pがある．次の問いに答えよ．

(1) $\overrightarrow{AP}=k\overrightarrow{AB}+l\overrightarrow{AC}$ とする．点Pが △ABC の周および内部にあるための条件を，k, l を用いて表せ．

(2) $5\overrightarrow{AP}+11\overrightarrow{CP}=2\overrightarrow{CB}$ が成り立つとき，(1)の k, l の値を求めよ．

(3) $5\overrightarrow{AP}+11\overrightarrow{CP}=2\overrightarrow{CB}$ が成り立つとき，面積比 △PAB：△PBC：△PCA を求めよ．

103

広島市立大学｜★★★｜30分

平面上の三角形ABCの頂点A，B，Cの位置ベクトルをそれぞれ$\vec{a}$，$\vec{b}$，$\vec{c}$とするとき，次の問いに答えよ．

(1) 線分ABの垂直二等分線をlとする．l上の点Pの位置ベクトルを$\vec{p}$とするとき，直線lのベクトル方程式は

$$\vec{p}\cdot(\vec{b}-\vec{a})=\frac{1}{2}(|\vec{b}|^2-|\vec{a}|^2)$$

で与えられることを示せ．

(2) (1)の結果を用いて，三角形ABCの3つの辺の垂直二等分線が1点Dで交わることを示せ．

(3) (2)で定まる点Dの位置ベクトル$\vec{d}$が，$\vec{d}=\frac{4}{7}\vec{a}+\frac{4}{7}\vec{b}-\frac{1}{7}\vec{c}$を満たすものとする．

(i) 辺ABの中点をMとするとき，3点C，M，Dは一直線上にあることを示し，CM：MDを求めよ．

(ii) 三角形ABCの3辺の長さの比BC：CA：ABを求めよ．

104

岡山大学｜★★★｜30分

平面上の異なる3点O，A，Bは同一直線上にないものとする．

この平面上の点Pが$2|\overrightarrow{\mathrm{OP}}|^2-\overrightarrow{\mathrm{OA}}\cdot\overrightarrow{\mathrm{OP}}+2\overrightarrow{\mathrm{OB}}\cdot\overrightarrow{\mathrm{OP}}-\overrightarrow{\mathrm{OA}}\cdot\overrightarrow{\mathrm{OB}}=0$を満たすとき，次の問いに答えよ．

(1) Pの軌跡が円となることを示せ．

(2) (1)の円の中心をCとするとき，$\overrightarrow{\mathrm{OC}}$を$\overrightarrow{\mathrm{OA}}$と$\overrightarrow{\mathrm{OB}}$で表せ．

(3) Oとの距離が最小となる(1)の円周上の点を$\mathrm{P_0}$とする．A，Bが条件$|\overrightarrow{\mathrm{OA}}|^2+5\overrightarrow{\mathrm{OA}}\cdot\overrightarrow{\mathrm{OB}}+4|\overrightarrow{\mathrm{OB}}|^2=0$を満たすとき，$\overrightarrow{\mathrm{OP_0}}=s\overrightarrow{\mathrm{OA}}+t\overrightarrow{\mathrm{OB}}$となる$s$，$t$の値を求めよ．

105

[A]京都教育大学，[B]福井大学｜★★☆｜各20分

［A］ 立方体ABCD-EFGHの各辺の中点を，図1のようにI，J，……，S，Tとする．

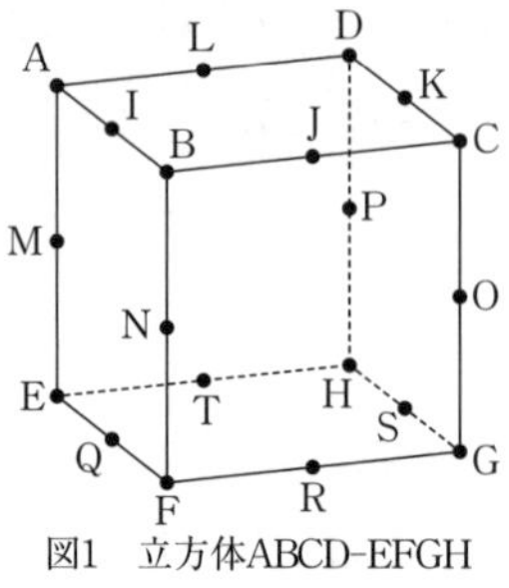

図1　立方体ABCD-EFGH

(1) $\overrightarrow{\mathrm{LM}}$，$\overrightarrow{\mathrm{LK}}$ を使って $\overrightarrow{\mathrm{LQ}}$，$\overrightarrow{\mathrm{LR}}$，$\overrightarrow{\mathrm{LO}}$ をそれぞれ表せ．

(2) $\overrightarrow{\mathrm{LM}}$ と $\overrightarrow{\mathrm{LK}}$ のなす角を求めよ．

(3) 点M，L，Kを通る平面による立方体ABCD-EFGHの切り口は，正六角形であることを示せ．

［B］ 1辺の長さが1の正十二面体を考える．点O，A，B，C，D，E，F，Gを図に示す正十二面体の頂点とし，$\overrightarrow{\mathrm{OA}}=\vec{a}$，$\overrightarrow{\mathrm{OB}}=\vec{b}$，$\overrightarrow{\mathrm{OC}}=\vec{c}$ とおくとき，次の問いに答えよ．ただし，1辺の長さが1の正五角形の対角線の長さは $\dfrac{1+\sqrt{5}}{2}$ であることを用いてよい．なお，正十二面体では，すべての面は合同な正五角形であり，各頂点は3つの正五角形に共有されている．

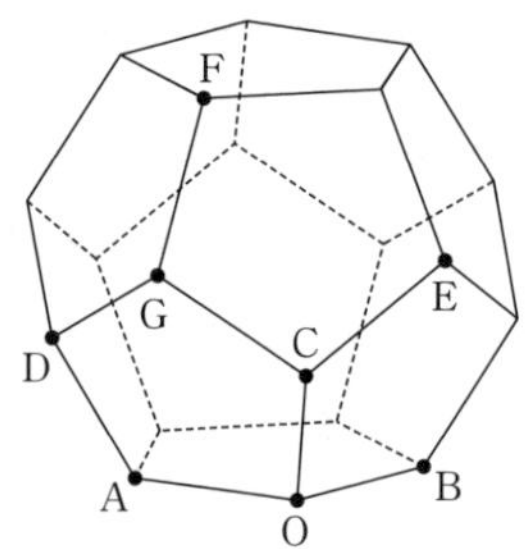

(1) 内積 $\vec{a}\cdot\vec{b}$ を求めよ．

(2) $\overrightarrow{\mathrm{CD}}$，$\overrightarrow{\mathrm{BE}}$，$\overrightarrow{\mathrm{OD}}$，$\overrightarrow{\mathrm{OE}}$，$\overrightarrow{\mathrm{OF}}$ を $\vec{a}$，$\vec{b}$，$\vec{c}$ を用いて表せ．

(3) $\overrightarrow{\mathrm{DF}}$ と $\overrightarrow{\mathrm{EF}}$ のなす角を求めよ．

106

金沢大学｜★★☆｜20 分

直線 l：$(x,\ y,\ z)=(5,\ 0,\ 0)+s(1,\ -1,\ 0)$ 上に点 $\mathrm{P_0}$，
直線 m：$(x,\ y,\ z)=(0,\ 0,\ 2)+t(1,\ 0,\ 2)$ 上に点 $\mathrm{Q_0}$ があり，$\overrightarrow{\mathrm{P_0Q_0}}$ はベクトル $(1,\ -1,\ 0)$ と $(1,\ 0,\ 2)$ の両方に垂直である．次の問いに答えよ．

(1)　$\mathrm{P_0}$，$\mathrm{Q_0}$ の座標を求めよ．

(2)　$|\overrightarrow{\mathrm{P_0Q_0}}|$ を求めよ．

(3)　直線 l 上の点 P，直線 m 上の点 Q について，$\overrightarrow{\mathrm{PQ}}$ を $\overrightarrow{\mathrm{PP_0}}$，$\overrightarrow{\mathrm{P_0Q_0}}$，$\overrightarrow{\mathrm{Q_0Q}}$ で表せ．また，$|\overrightarrow{\mathrm{PQ}}|^2=|\overrightarrow{\mathrm{PP_0}}+\overrightarrow{\mathrm{Q_0Q}}|^2+16$ であることを示せ．

107

首都大学東京｜★★★｜25 分

座標空間の 3 点 A(1, 2, 2)，B(2, 1, 1)，C(2, 4, 2) を通る平面を α とする．点 D(0, 2, 1) を通り，ベクトル $\vec{a}=(1,\ 1,\ 1)$ に平行な直線を l_1 とする．また点 D を通り，ベクトル $\vec{b}=(-1,\ -1,\ 1)$ に平行な直線を l_2 とする．このとき，次の問いに答えよ．

(1)　l_1 と α の交点を E とし，l_2 と α の交点を F とする．E，F の座標を求めよ．

(2)　$\overrightarrow{\mathrm{DE}}$ と $\overrightarrow{\mathrm{DF}}$ のなす角を θ $(0\leqq\theta\leqq\pi)$ とおくとき，$\cos\theta$ の値を求めよ．

(3)　△DEF の面積を求めよ．

108

鳥取大学｜★★★｜25 分

点 A(1, 2, 4) を通り，ベクトル $\vec{n}=(-3,\ 1,\ 2)$ に垂直な平面を α とする．平面 α に関して同じ側に 2 点 P(−2, 1, 7)，Q(1, 3, 7) がある．次の問いに答えよ．

(1)　平面 α に関して点 P と対称な点 R の座標を求めよ．

(2)　平面 α 上の点で，PS＋QS を最小にする点 S の座標とそのときの最小値を求めよ．

109 熊本大学｜★★☆｜25分

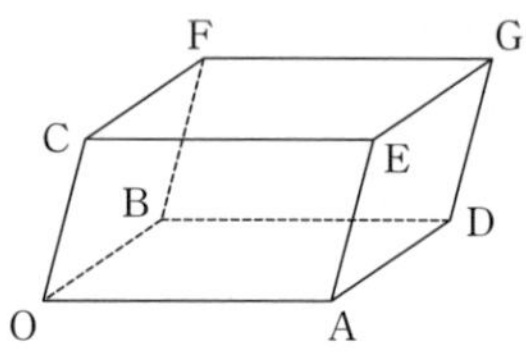

平行六面体OADB-CEGFにおいて，辺OAの中点をM，辺ADを2：3に内分する点をN，辺DGを1：2に内分する点をLとする．また，辺OCを$k:1-k\,(0<k<1)$に内分する点をKとする．このとき，次の問いに答えよ．

(1) $\overrightarrow{\mathrm{OA}}=\vec{a}$，$\overrightarrow{\mathrm{OB}}=\vec{b}$，$\overrightarrow{\mathrm{OC}}=\vec{c}$とするとき，$\overrightarrow{\mathrm{MN}}$，$\overrightarrow{\mathrm{ML}}$，$\overrightarrow{\mathrm{MK}}$を$\vec{a}$，$\vec{b}$，$\vec{c}$を用いて表せ．

(2) 3点M，N，Kの定める平面上に点Lがあるとき，kの値を求めよ．

(3) 3点M，N，Kの定める平面が辺GFと交点をもつようなkの値の範囲を求めよ．

110 長崎大学｜★★★｜25分

四面体OABCにおいて

$$\mathrm{OA}=1,\ \mathrm{OB}=3,\ \mathrm{OC}=2,\ \angle\mathrm{AOB}=90^\circ,\ \angle\mathrm{AOC}=\angle\mathrm{BOC}=120^\circ$$

とする．$\overrightarrow{\mathrm{OA}}=\vec{a}$，$\overrightarrow{\mathrm{OB}}=\vec{b}$，$\overrightarrow{\mathrm{OC}}=\vec{c}$とおく．次の問いに答えよ．

(1) 平面ABC上に点Hをとり，s，t，uを実数として$\overrightarrow{\mathrm{OH}}=s\vec{a}+t\vec{b}+u\vec{c}$とおく．このとき，$s+t+u=1$となることを示せ．

(2) (1)の$\overrightarrow{\mathrm{OH}}$が平面ABCに垂直であるとき，$s$，$t$，$u$の値をそれぞれ求めよ．

(3) 平面OAB上に点Kをとり，$\overrightarrow{\mathrm{CK}}$が平面OABに垂直であるとする．このとき，$\overrightarrow{\mathrm{OK}}$を$\vec{a}$，$\vec{b}$で表し，$\overrightarrow{\mathrm{CK}}$の大きさと四面体OABCの体積を求めよ．

111

金沢大学｜★★★｜25分

座標空間において，中心が A(0，0，a) ($a>0$) で半径が r の球面 $x^2+y^2+(z-a)^2=r^2$ は，点 B($\sqrt{5}$，$\sqrt{5}$，a) と点 (1，0，-1) を通るものとする．次の問いに答えよ．

(1)　r と a の値を求めよ．

(2)　点 P($\cos t$，$\sin t$，-1) について，ベクトル $\overrightarrow{\mathrm{AB}}$ と $\overrightarrow{\mathrm{AP}}$ を求めよ．さらに内積 $\overrightarrow{\mathrm{AB}}\cdot\overrightarrow{\mathrm{AP}}$ を求めよ．

(3)　△ABP の面積 S を t を用いて表せ．また，t が $0\leqq t\leqq 2\pi$ の範囲を動くとき，S の最小値と，そのときの t の値を求めよ．

112

金沢大学｜★★★｜25分

xyz 空間において，原点 O を中心とする半径1の球面 S：$x^2+y^2+z^2=1$，および S 上の点 A(0，0，1) を考える．S 上の A と異なる点 P(x_0，y_0，z_0) に対して，2点 A，P を通る直線と xy 平面の交点を Q とする．次の問いに答えよ．

(1)　$\overrightarrow{\mathrm{AQ}}=t\overrightarrow{\mathrm{AP}}$ (t は実数) とおくとき，$\overrightarrow{\mathrm{OQ}}$ を t，$\overrightarrow{\mathrm{OP}}$，$\overrightarrow{\mathrm{OA}}$ を用いて表せ．

(2)　$\overrightarrow{\mathrm{OQ}}$ の成分表示を x_0，y_0，z_0 を用いて表せ．

(3)　球面 S と平面 $y=\dfrac{1}{2}$ の共通部分が表す図形を C とする．点 P が C 上を動くとき，xy 平面上における点 Q の軌跡を求めよ．

第14章　図　形

113

福岡教育大学｜★★☆｜20分

$\triangle$ABC は AB＝AC で $\angle$C＝72° である．$\angle$B の二等分線と AC との交点を D とする．次の問いに答えよ．

(1)　$\triangle$ABC と $\triangle$BCD は相似であることを示せ．

(2)　AD：DC を求めよ．

(3)　直線 BC 上の点 E を BC＝BE となるようにとる．ただし，E は C と異なる点である．DE と AB の交点を F とするとき，AF：FB を求めよ．

114

鹿児島大学｜★☆☆｜10分

AB$\neq$AC である鋭角三角形 ABC の外心を O，重心を G とする．直線 OG と A から辺 BC に下ろした垂線との交点を H，BC の中点を M とするとき，AH：OM を求めよ．

115

宮崎大学 | ★★☆ | 25分

(1) 右図Ⅰにおいて，点Oを中心とする円の半径をRとする．この円の弦XY上の任意の点をPとするとき，等式

$$OP^2=R^2-XP\cdot YP$$

が成り立つことを示せ．

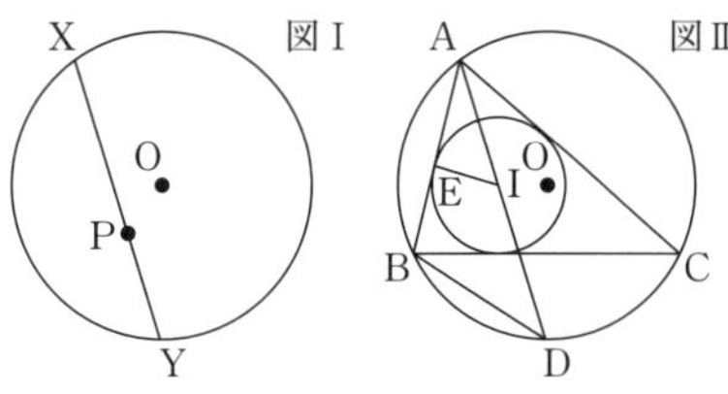

(2) 右図Ⅱの△ABCの外心をO，内心をIとする．△ABCの外接円，内接円の半径をそれぞれR，rとする．また，直線AIと△ABCの外接円の，点Aと異なる交点をD，△ABCの内接円と辺ABとの接点をEとする．このとき，次の(i)，(ii)，(iii)に答えよ．

(i) DB＝DIであることを示せ．

(ii) $AI\cdot DI=2Rr$であることを示せ．

(iii) $OI^2=R^2-2Rr$であることを示せ．

116

名古屋市立大学 | ★★☆ | 25分

1辺の長さがaの正八面体の体積と，この正八面体に内接する球，外接する球の半径を求めよ．

117

三重大学 | ★★★ | 30分

(1) 正n角形の1つの内角を求めよ．

(2) 同じ大きさの正n角形を並べて平面を隙間なく埋めていけるとき，nはどんな値か．

(3) 同じ大きさの正五角形で正十二面体がつくられる．このように，同じ大きさの正n角形で正多面体がつくられるとき，nはどんな値か．(正多面体を1つの頂点でつり下げ，その頂点のまわりの形を水平面にうつして考えよ.)

第15章　データの分析

118

[A]琉球大学，[B]宮城大学｜★☆☆｜各15分

[A]　変量 x の値が x_1，x_2，x_3 のとき，その平均値を $\overline{x}$ とする．分散 s^2 を

$$\frac{1}{3}\{(x_1-\overline{x})^2+(x_2-\overline{x})^2+(x_3-\overline{x})^2\}$$

で定義するとき，$s^2=\overline{x^2}-(\overline{x})^2$ となることを示せ．ただし $\overline{x^2}$ は x_1^2，x_2^2，x_3^2 の平均値を表す．

[B]　次の表は，あるクラスの生徒10人に対して行った英語と国語のテストの結果である．ただし，英語の得点を変量 x，国語の得点を変量 y とする．

x	9	9	8	6	8	9	8	9	7	7
y	9	10	4	7	10	5	5	7	6	7

定数 x_0，y_0 と正の定数 c を用いて

$$u=\frac{x-x_0}{c},\quad v=\frac{y-y_0}{c}$$

とするとき，次の問いに答えよ．

(1)　u の平均値 $\overline{u}=0$ とするとき，x_0 の値を求めよ．

(2)　v の分散 $s_v{}^2$ と y の分散 $s_y{}^2$ の比を $1:2$ とするとき，c の値を求めよ．

(3)　x と y の相関係数 r_{xy} を求めよ．また，任意の定数 x_0，y_0 と正の定数 c について，u と v の相関係数 r_{uv} が r_{xy} に等しくなることを示せ．

119

岐阜薬科大学 | ★★☆ | 20分

2つの変量 x，y が右表で与えられるとき，次の問いに答えよ．ただし，n は自然数とする．

No.	1	2	3	……	n
x	1	3	5	……	$2n-1$
y	2	4	6	……	$2n$

(1)　変量 x の平均値 m_x と分散 $s_x{}^2$ を求めよ．

(2)　変量 x と変量 y の相関係数 r を求めよ．

(3)　n 個の変量 x に，平均値 $2n$，分散 $4n^2$ からなる n 個のデータを加えた．この $2n$ 個からなるデータの平均値 $m_x{}'$ と分散 $s_x{}'^2$ をそれぞれ求めよ．

第16章　確率分布と統計的な推測

120

滋賀大学｜★★☆｜20分

1から9までの整数が1つずつ書かれた9枚のカードから，6枚のカードを同時に抜き出すという試行について，次の問いに答えよ．なお，必要に応じて問題編巻末の正規分布表を利用してよい．

(1) この試行において，抜き出された6枚のカードに書かれた整数のうち最小のものをXとする．Xの期待値と標準偏差を求めよ．

(2) この試行において，抜き出された6枚のカードに書かれた整数のうち最小のものが1であるという事象をAとする．この試行を200回繰り返すとき，事象Aの起こる回数が125回以下である確率を，正規分布による近似を用いて求めよ．

121

横浜市立大学｜★☆☆｜20分

a, bを実数とする．確率変数Xのとり得る値の範囲が$-1 \leqq X \leqq 3$であり，その確率密度関数$f(x)$は

$$\begin{cases} -1 \leqq x \leqq 0 \text{ のとき}, & f(x)=a(x+1), \\ 0<x \leqq 3 \text{ のとき}, & f(x)=bx+a \end{cases}$$

と表されている．また，Xの期待値$E(X)$は$\dfrac{2}{3}$である．このとき，次の問いに答えよ．

(1)　aとbの値を求めよ．

(2)　Xの分散$V(X)$の値を求めよ．

(3)　確率変数$Y=18X+5$を考える．Yと同じ期待値，分散をもつ母集団から大きさ117の標本を無作為に抽出し，その標本平均を$\overline{Y}$とする．このとき，標本の大きさ117は十分に大きいとみなせるので，$\overline{Y}$は近似的に正規分布に従うとする（正規分布表は問題編巻末参照）．

(i)　$\overline{Y}$の期待値と分散を求めよ．

(ii)　$16 \leqq \overline{Y} \leqq 18$となる確率の近似値を小数点以下第2位まで求めよ．

122

鹿児島大学｜★☆☆｜20分

確率変数Zが平均0，分散1の標準正規分布$N(0,\ 1)$に従うとする．
$P(0 \leqq Z \leqq 1.5)=0.4332$であるとして，次の問いに答えよ．

(1) 確率変数Xは平均40，分散20^2の正規分布$N(40,\ 20^2)$に従うとする．
確率$P(X \leqq 10)$を求めよ．

(2) 母平均40，母分散20^2の母集団から，大きさnの無作為標本を抽出するとき，その標本平均を$\overline{X}$とする．nが十分大きいとき，$\overline{X}$が近似的に従う確率分布を求めよ．また，この確率分布に$\overline{X}$が正確に従うと仮定して，
$P(39 \leqq \overline{X} \leqq 41) \geqq 0.8664$となる$n$の値の範囲を求めよ．

123

[A]和歌山県立医科大学，[B]長崎大学｜★★☆｜20分／25分

[A] 過去の資料から，18歳の男子の身長の標準偏差は5.8cmであることが知られている．いま，18歳の男子の身長の平均値を信頼度95%で区間推定するために，何人かを抽出して調査したい．信頼区間の長さ(幅)を2cm以下にするためには，何人以上調査する必要があるか．

[B] 1回投げると，確率p $(0<p<1)$で表，確率$1-p$で裏が出るコインがある．このコインを投げたとき，動点Pは，表が出れば$+1$，裏が出れば-1だけ，数直線上を移動することとする．はじめに，Pは数直線の原点Oにあり，n回コインを投げた後のPの座標をX_nとする．次の問いに答えよ．必要に応じて，問題編巻末の正規分布表を用いてもよい．

(1) X_1の平均と分散を，それぞれpを用いて表せ．また，X_nの平均と分散を，それぞれnとpを用いて表せ．

(2) コインを100回投げたところ$X_{100}=28$であった．このとき，pに対する信頼度95%の信頼区間を求めよ．

124

[A]琉球大学，[B]山梨医科大学 | ★☆☆ | 15分／20分

問題を解くにあたっては，必要に応じて問題編巻末の正規分布表を用いてもよい．

［A］　あるサイコロを500回投げたところ，1の目が100回出たという．このサイコロの1の目が出る確率は $\dfrac{1}{6}$ でないと判断してよいか．危険率(有意水準)3%で検定せよ．

［B］　(1)　ある新しい薬を400人の患者に用いたら，8人に副作用が発生した．従来から用いていた薬の副作用の発生する割合を4%とするとき，この新しい薬は従来から用いた薬に比べて，副作用が発生する割合が低いといえるか．二項分布の計算には正規分布を用い，危険率(有意水準)5%で検定せよ．また，危険率（有意水準）1%ではどうか．ただし，400人の患者は無作為に抽出されたものとする．なお，$\sqrt{6}=2.449$ として計算してよい．

(2)　この新しい薬を作っている工場で，大量の製品全体の中から任意に1000個を抽出して検査を行ったところ，20個の不良品があった．この製品全体について不良率を，二項分布の計算には正規分布を用い，95%の信頼度で推定せよ．なお，$\sqrt{10}=3.162$ として計算してよい．また，答は小数第4位を四捨五入して答えよ．

正規分布表

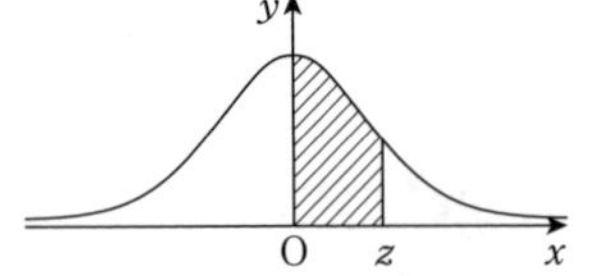

下表は，標準正規分布の分布曲線における右図の斜線部分の面積の値をまとめたものである.

z	0.00	0.01	0.02	0.03	0.04	0.05	0.06	0.07	0.08	0.09
0.0	0.0000	0.0040	0.0080	0.0120	0.0160	0.0199	0.0239	0.0279	0.0319	0.0359
0.1	0.0398	0.0438	0.0478	0.0517	0.0557	0.0596	0.0636	0.0675	0.0714	0.0753
0.2	0.0793	0.0832	0.0871	0.0910	0.0948	0.0987	0.1026	0.1064	0.1103	0.1141
0.3	0.1179	0.1217	0.1255	0.1293	0.1331	0.1368	0.1406	0.1443	0.1480	0.1517
0.4	0.1554	0.1591	0.1628	0.1664	0.1700	0.1736	0.1772	0.1808	0.1844	0.1879
0.5	0.1915	0.1950	0.1985	0.2019	0.2054	0.2088	0.2123	0.2157	0.2190	0.2224
0.6	0.2257	0.2291	0.2324	0.2357	0.2389	0.2422	0.2454	0.2486	0.2517	0.2549
0.7	0.2580	0.2611	0.2642	0.2673	0.2704	0.2734	0.2764	0.2794	0.2823	0.2852
0.8	0.2881	0.2910	0.2939	0.2967	0.2995	0.3023	0.3051	0.3078	0.3106	0.3133
0.9	0.3159	0.3186	0.3212	0.3238	0.3264	0.3289	0.3315	0.3340	0.3365	0.3389
1.0	0.3413	0.3438	0.3461	0.3485	0.3508	0.3531	0.3554	0.3577	0.3599	0.3621
1.1	0.3643	0.3665	0.3686	0.3708	0.3729	0.3749	0.3770	0.3790	0.3810	0.3830
1.2	0.3849	0.3869	0.3888	0.3907	0.3925	0.3944	0.3962	0.3980	0.3997	0.4015
1.3	0.4032	0.4049	0.4066	0.4082	0.4099	0.4115	0.4131	0.4147	0.4162	0.4177
1.4	0.4192	0.4207	0.4222	0.4236	0.4251	0.4265	0.4279	0.4292	0.4306	0.4319
1.5	0.4332	0.4345	0.4357	0.4370	0.4382	0.4394	0.4406	0.4418	0.4429	0.4441
1.6	0.4452	0.4463	0.4474	0.4484	0.4495	0.4505	0.4515	0.4525	0.4535	0.4545
1.7	0.4554	0.4564	0.4573	0.4582	0.4591	0.4599	0.4608	0.4616	0.4625	0.4633
1.8	0.4641	0.4649	0.4656	0.4664	0.4671	0.4678	0.4686	0.4693	0.4699	0.4706
1.9	0.4713	0.4719	0.4726	0.4732	0.4738	0.4744	0.4750	0.4756	0.4761	0.4767
2.0	0.4772	0.4778	0.4783	0.4788	0.4793	0.4798	0.4803	0.4808	0.4812	0.4817
2.1	0.4821	0.4826	0.4830	0.4834	0.4838	0.4842	0.4846	0.4850	0.4854	0.4857
2.2	0.4861	0.4864	0.4868	0.4871	0.4875	0.4878	0.4881	0.4884	0.4887	0.4890
2.3	0.4893	0.4896	0.4898	0.4901	0.4904	0.4906	0.4909	0.4911	0.4913	0.4916
2.4	0.4918	0.4920	0.4922	0.4925	0.4927	0.4929	0.4931	0.4932	0.4934	0.4936
2.5	0.4938	0.4940	0.4941	0.4943	0.4945	0.4946	0.4948	0.4949	0.4951	0.4952
2.6	0.49534	0.49547	0.49560	0.49573	0.49585	0.49598	0.49609	0.49621	0.49632	0.49643
2.7	0.49653	0.49664	0.49674	0.49683	0.49693	0.49702	0.49711	0.49720	0.49728	0.49736
2.8	0.49744	0.49752	0.49760	0.49767	0.49774	0.49781	0.49788	0.49795	0.49801	0.49807
2.9	0.49813	0.49819	0.49825	0.49831	0.49836	0.49841	0.49846	0.49851	0.49856	0.49861
3.0	0.49865	0.49869	0.49874	0.49878	0.49882	0.49886	0.49889	0.49893	0.49897	0.49900
3.1	0.49903	0.49906	0.49910	0.49913	0.49916	0.49918	0.49921	0.49924	0.49926	0.49929
3.2	0.49931	0.49934	0.49936	0.49938	0.49940	0.49942	0.49944	0.49946	0.49948	0.49950
3.3	0.49952	0.49953	0.49955	0.49957	0.49958	0.49960	0.49961	0.49962	0.49964	0.49965
3.4	0.49966	0.49968	0.49969	0.49970	0.49971	0.49972	0.49973	0.49974	0.49975	0.49976
3.5	0.49977	0.49978	0.49978	0.49979	0.49980	0.49981	0.49981	0.49982	0.49983	0.49983
3.6	0.49984	0.49985	0.49985	0.49986	0.49986	0.49987	0.49987	0.49988	0.49988	0.49989
3.7	0.49989	0.49990	0.49990	0.49990	0.49991	0.49991	0.49992	0.49992	0.49992	0.49992
3.8	0.49993	0.49993	0.49993	0.49994	0.49994	0.49994	0.49994	0.49995	0.49995	0.49995
3.9	0.49995	0.49995	0.49996	0.49996	0.49996	0.49996	0.49996	0.49996	0.49997	0.49997

国公立標準問題集

CanPass

数学I・A・II・B・C［ベクトル］

第3版

② 20241005

駿台受験シリーズ

国公立標準問題集 CanPass 第3版

数学I・A・II・B・C [ベクトル]

桑田 孝泰・古梶 裕之　共著

駿台文庫

はじめに

よく受験生に，どの問題集がお勧めですか？ と訊かれます．実はこの質問は結構，奥が深くて，個々によって，志望大学，現時点での学習の到達度，受験までの残り時間など状況は千差万別で簡単には答えられないのが現状です．でも，質問をする彼らに共通しているのは“薄くて(問題数はなるべく少なく)効果が絶大なモノ”という願望です．

世の中には実に色々な参考書，問題集が出版されていて，ぶ厚いもの，薄いもの，解説の丁寧なもの，アッサリしているもの，様々です．しかし，どの本にも$1+1=2$と書いてあります．だから，実は自分の身の丈にあってるものならばどれを使ってもいいんです．大切なことは，この1冊をやる，と決めたときに，その1冊をとことんやりこんでいくことです．隣の芝生は青く見えるもので，隣で勉強している人の本の方がよく見えることは，まま，あります．でも，自分がコレと決めたら信じてとことんやり抜くことです．

今，この本を手にしてどうしようかなぁと考えている諸君，この本で受験勉強を始める“覚悟”をしましょう．この本の中の問題と格闘して，納得して，理解して，他の人に説明ができるようになるくらいまで，徹底的に脇目も振らずに勉強をしてください．

今できなくても試験会場で正しい答案が書ければよいのです．今できないこと，わからないことと直面できてよかった，と思いましょう．その部分が学習のポイントとなります．今ならまだ時間はあります．この本を通して，努力することの大切さとそれに導かれるかけがえのない喜びを感じて欲しいと願っています．

なお，本書は受験生の利便性を考慮し，数学Cの分野からは「ベクトル」を収録しました．

さぁ，今日から始めましょう！

桑田孝泰，古梶裕之

数学学習の心得

1．問題文を正確に読むこと

与えられた条件がナニで，ナニを求めよ，示せと問われているのかを正確に把握すること．すべてはここから始まる．

2．問題を具体化すること

グラフを描いたり，具体的な例を考えたりすることにより問題を具体化すること．ここでの試行錯誤は重要である．あれこれ実際に手を動かして問題解決の糸口を探ること．ここで手を抜くことは解答を放棄することである．

3．解答全体の流れを考えて解答を進めること

行き当たりばったりで問題を解かないこと．自分がどのような方針で解答を進めるのか，具体的な筋道をたてて，意識をしながら解答を進めること．

4．必ず，紙に解答を書くこと

具体的に方針が決まったら，紙に書いてみること．実際に解答を書いていく中で課題が見つかることが多い．安易にアタマの中で“こんな感じで”ということを考えるだけで解答を見ることがないようにすること．最後の答えまできちんと求める習慣を身につけること．

5．計算は迅速かつ正確に実行すること

いくら方針が正しくても“計算”が正確でなければ正解には到達できない．制限時間内に答案を仕上げることも試験の重要な要素であることを認識すること．

6．答えを検証すること

自分が導き出した答え，証明が正しいかどうか，解答で確認する前に検証するクセをつけること．試験場ではすぐに解答を見ることはできない．実際に数値を代入するなり，数値が適当かどうか，論証に飛躍はないか，など自分なりにチェックポイントを設定することの重要性を認識すること．

本書の利用法

この『国公立標準問題集 CanPass 数学Ⅰ・A・Ⅱ・B・C［ベクトル］〈第３版〉』は全国の人気国公立大学の入試問題から標準的な良問を精選し，このレベルの問題までは解けて欲しい，このレベルの問題まで解ければ十分に合格圏内，という問題を中心に，みなさんが自信をもって試験に臨めるように，執筆・編集したものです．

教科書の内容はひととおりマスターした，という諸君が受験勉強を始めるのに最適な内容になっています．

1 まず問題を解いてみましょう．基本的な姿勢は“**数学学習の心得**”を参照してください．

2 ５分考えてわからなかったら解答の先頭に書いてある **思考のひもとき** を見てください．この問題を解くにあたってのヒントや必要な知識がまとめられています．

3 各問題には難易度(★☆☆：標準，★★☆：やや難，★★★：難)と標準解答時間を示してあります。標準解答時間は，実際にその位の時間で解答してほしい，という目標です．

4 構成は，**思考のひもとき** → **解答** → **解説**（→ **別解**）という構成になっています．**別解** は全部の問題についているわけではありません．問題 49，76，80 にある **泥沼の解法** は，この方法でも解けないわけではないけれど，計算量が多いし，方向性を誤るとこんなことになってしまいます，ということを実際に見て欲しくて付け加えました．眺めるだけではなく，実際に計算して大変さを実感してください．それが“勉強”となります．

5 自力で解けないときは，解答を読み，理解できたと思ったら，その解答を見ないで再現してみてください．

目　次

（各章の収録大学名は五十音順）

第 1 章　整数と論証

1
［A］ $\dfrac{148953}{298767}$ を約分して，既約分数にせよ．　（横浜市立大）

［B］ 1 次不定方程式 $275x+61y=1$ のすべての整数解を求めよ．　（愛媛大）

［C］ $23x+13y=5$ を満たす整数 x，y の組で $|x|+|y|$ が最小になるものを求めよ．　（福岡教育大）

思考のひもとき

1. $a=bq+r$（a，b，q，r は整数）ならば

　　（a と b の最大公約数）＝（b と $\boxed{r}$ の最大公約数）

2. a と b の最大公約数を d とし，$a=dk$，$b=dl$ と表されるならば

　　k と l は $\boxed{\text{互いに素}}$

　である．

3. a と b が互いに素であり，$ax=by$（x，y は整数）ならば

　　x は $\boxed{b}$ の倍数であり，$x=bk$（k は整数）

　と表せる．このとき，$y=\boxed{ak}$ となる．

解答

［A］ $a=298767$，$b=148953$ にユークリッドの互除法を用いる．

$$a=b\times2+861$$

$$b=861\times173$$

であるから

$$(a\text{ と }b\text{ の最大公約数})=(b\text{ と }861\text{ の最大公約数})$$
$$=861$$

であり

$$a=861\times173\times2+861=861\times347$$

$$b=861\times173$$

　ここで，861 は a と b の最大公約数であるから，347 と 173 は互いに素であり，$\dfrac{b}{a}$ を約分して既約分数にすると

$$\frac{b}{a}=\frac{861\times173}{861\times347}=\boldsymbol{\frac{173}{347}}$$

［B］　　$275x+61y=1$　……①

を満たす整数 x，y をまず1組求める．

$$(*)\begin{cases} 275=61\times4+31 \\ \ \ 61=31\times1+30 \\ \ \ 31=30\times1+1 \end{cases}$$

より

$$(275 と 61 の最大公約数)=1 \quad \cdots\cdots ②$$

であり，$(*)$ を逆からたどっていくことにより

$$\begin{aligned} 1&=31-30=31-(61-31) \\ &=61\times(-1)+31\times2=61\times(-1)+(275-61\times4)\times2 \\ &=275\times2+61\times(-9) \end{aligned}$$

となるから，①を満たす整数 x，y を1組求めて

$$x=2,\ y=-9$$

①と $275\times2+61\times(-9)=1$ の辺々を引くと

$$275(x-2)+61(y+9)=0$$

$$\therefore\quad 275(2-x)=61(y+9) \quad \cdots\cdots ③$$

ここで，②より，275と61が互いに素であるから，③より

$$2-x=61k \quad (k は整数)$$

と表せる．これを③に代入すると

$$275\cdot61k=61(y+9)$$

$$\therefore\quad y+9=275k$$

よって，①のすべての整数解は

$x=-61k+2$，$y=275k-9$　(k は整数)

［C］　　$23x+13y=5$　……①

を満たす整数 x，y をまず1組求める．

$$23=13\times1+10$$

$$13=10\times1+3$$

$$10=3\times3+1$$

より，(23と13の最大公約数)$=1$　……②　であり

$$\begin{aligned} 1&=10-3\times3=10-(13-10)\times3 \\ &=13\times(-3)+10\times4=13\times(-3)+(23-13)\times4 \end{aligned}$$

$=23\times 4+13\times(-7)$

両辺を5倍すると

$$23\times 20+13\times(-35)=5 \quad \cdots\cdots③$$

次に，①−③ を作ると

$$23(x-20)+13(y+35)=0$$

$$\therefore \quad 23(20-x)=13(y+35) \quad \cdots\cdots④$$

②より，23 と 13 は互いに素であるから，④より

$$20-x=13k \quad (k\text{ は整数})$$

と表せる．これを④に代入すると

$$23\cdot 13k=13(y+35) \qquad \therefore \quad y+35=23k$$

したがって，①の整数解は

$$x=-13k+20,\ y=23k-35 \quad (k\text{ は整数})$$

このとき

$$|x|+|y|=|-13k+20|+|23k-35|$$
$$=13\left|k-\frac{20}{13}\right|+23\left|k-\frac{35}{23}\right|$$

であり，$1<\dfrac{20}{13}<2$，$1<\dfrac{35}{23}<2$ であるから

$$|x|+|y|=\begin{cases}(13k-20)+(23k-35)=36k-55 & (k\geqq 2\text{ のとき})\\(-13k+20)+(-23k+35)=-36k+55 & (k\leqq 1\text{ のとき})\end{cases}$$

よって，整数 k に対する $|x|+|y|$ の増減表をかくと次のようになる．

k	$k<1$	1	2	$2<k$
$\lvert x\rvert+\lvert y\rvert$	↘	19	17	↗

表を参照すると，$|x|+|y|$ が最小となるのは

$k=2$ のとき，つまり，$\boldsymbol{x=-6}$，$\boldsymbol{y=11}$ のとき．

解説

1° **思考のひもとき**の**2.**を考えると，有理数は，分母と分子の最大公約数で約分すると既約分数になる．最大公約数は，ユークリッドの互除法で求める．

2° ［B］，［C］では，与えられた方程式を満たす整数を1組求めることがポイントである．そのときに，ユークリッドの互除法のプロセスを逆にたどっていくとよい．1組求めるのに次のようにする方法もある（≡，mod の記号については問題4の解説**1°**を

参照).

［B］ ①の両辺を mod 61 で考え

$$31x \equiv 1 \pmod{61} \quad (\because \ 275 \equiv 31 \pmod{61})$$

これを満たす整数 x を１つ求めて

$$x = 2$$

①に代入し y を求めて

$$y = -9 \qquad \therefore \ 275 \times 2 + 61 \times (-9) = 1$$ （以降は，解答と同じ）

［C］ ①の両辺を mod 13 で考え

$$10x \equiv 5 \pmod{13} \quad (\because \ 23 \equiv 10 \pmod{13})$$

これを満たす整数 x を１つ求めて

$$x = 7$$

①に代入し y を求めて

$$y = -12 \qquad \therefore \ 23 \times 7 + 13 \times (-12) = 5$$

これを用いて①を変形すると

$$23(x-7) + 13(y+12) = 0 \qquad \therefore \ 23(7-x) = 13(y+12)$$

23 と 13 が互いに素であるから

$$x = -13l + 7, \ y = 23l - 12$$ （l は整数）

を得る.

3° ［C］において，$|x|+|y| = |-13k+20| + |23k-35|$ の絶対値をはずすとき，

$1 < \dfrac{35}{23} < \dfrac{20}{13} < 2$ に注目して

$$|x|+|y| = \begin{cases} (13k-20)+(23k-35) = 36k-55 & \left(k \geqq \dfrac{20}{13} \text{ のとき}\right) \\ (-13k+20)+(23k-35) = 10k-15 & \left(\dfrac{35}{23} \leqq k < \dfrac{20}{13} \text{ のとき}\right) \\ (-13k+20)+(-23k+35) = -36k+55 & \left(k < \dfrac{35}{23} \text{ のとき}\right) \end{cases}$$

とする人もいるが，k が整数であることを考えると，解答のように

「$k \geqq 2$ のとき」と「$k \leqq 1$ のとき」

の場合に分けたい.

2 [A]　自然数 n に関する次の命題を証明せよ．

(1)　n を3で割った余りが1ならば，n^2 を3で割った余りは1である．

(2)　n が3の倍数であることは，n^2 が3の倍数であるための必要十分条件である．（岩手大）

[B]　$\dfrac{5\sqrt{2}}{3}$ が無理数であることを示せ．（大分大）

思考のひもとき

1.　任意の整数 n を3で割った余りは，0，1，2 のいずれかであるから，n は整数 k を用いて

$$3k,\ 3k+1,\ 3k+2$$

のいずれかの形で表される．

2.　$q=2p$（p は整数）ならば，q は2の倍数

解答

[A]　(1)　n を3で割った余りが1とすると

$$n=3k+1\quad (k \text{ は0以上の整数})$$

と表せる．

このとき

$$n^2=(3k+1)^2=3(3k^2+2k)+1$$

となるから，n^2 を3で割った余りも1となる．□

(2)　n を3で割った余りは，0，1，2 のいずれかで，0以上の整数 k を用いて

$$3k,\ 3k+1,\ 3k+2$$

のいずれかの形で表される．

$n=3k$ のとき，$n^2=9k^2=3\cdot 3k^2$ で，n^2 を3で割った余りは0

$n=3k+2$ のとき，$n^2=(3k+2)^2=3(3k^2+4k+1)+1$ で，n^2 を3で割った余りは1

これらと(1)より，n^2 が3の倍数であるための必要十分条件は，n が3の倍数であること．□

[B]　$\alpha=\dfrac{5\sqrt{2}}{3}$ は有理数であると仮定すると $\sqrt{2}=\dfrac{3}{5}\alpha$ も有理数となる．このとき

$$\sqrt{2}=\frac{m}{n}\quad (m \text{ と } n \text{ は互いに素である自然数})$$

と表される．ここで両辺を2乗して，分母を払うと

$$2n^2=m^2 \quad \cdots\cdots ①$$

となり

「m^2 は偶数である」 ……②

m が奇数ならば，m^2 も奇数であるから，②より m は偶数である．このとき

$$m=2k \quad (k \text{ は自然数})$$

と表せて，①より

$$2n^2=4k^2$$

$$\therefore \quad n^2=2k^2$$

これより，n は偶数となり，m と n が互いに素であることに反する．

ゆえに $\dfrac{5\sqrt{2}}{3}$ は無理数である．□

解説

1°　［A］について．(2)では，n を3で割った余りに注目する．

2°　ある命題が成り立つことを示したいとき，その命題が成り立たないと仮定すると矛盾が起こることを示すことにより，その命題が成り立つことを証明する方法がある．それを**背理法**という．［B］では，背理法を用いて解答した．

無理数であるとは，有理数ではないことである．このように，否定的な命題を示すときに背理法を用いることが多い．

3°　①のかわりに

$$2n=\frac{m^2}{n} \quad \cdots\cdots ①'$$

に注目すると，［B］は次のように解答できる．

①′の左辺は自然数であるから，$\dfrac{m^2}{n}$ も自然数である．

m と n は互いに素であるから

$$n=1$$

したがって，$2=m^2$ となり，これを満たす自然数 m は存在しないので矛盾する．

3 x，y を整数とするとき，次の問いに答えよ．

(1) x^5-x は 30 の倍数であることを示せ．

(2) x^5y-xy^5 は 30 の倍数であることを示せ．（熊本大）

思考のひもとき

1. 2 連続整数 n，$n+1$ のいずれかは，$\boxed{2}$ の倍数．

3 連続整数 $n-1$，n，$n+1$ のいずれかは，$\boxed{3}$ の倍数．

したがって，3 連続整数の積 $(n-1)n(n+1)$ は，2 でも 3 でも割り切れる．つまり，$\boxed{6}$ の倍数．

2. 任意の整数 n を 5 で割った余りは，$\boxed{0,\ 1,\ 2,\ 3,\ 4}$ のいずれか．

したがって，$n=5k+r$ （k は整数，$r=0,\ 1,\ 2,\ 3,\ 4$）と表せる．

解答

x，y を整数とする．

(1)
$$\begin{aligned} x^5-x &= x(x^4-1) \\ &= x(x^2-1)(x^2+1) \\ &= (x-1)x(x+1)(x^2+1) \end{aligned}$$

3 つの連続する整数の積 $(x-1)x(x+1)$ は，2 でも 3 でも割り切れるから，6 の倍数である．したがって

x^5-x は 6 の倍数である．……①

x は，整数 k を用いて，$x=5k$，$5k+1$，$5k+2$，$5k+3$，$5k+4$ のいずれかの形をしている．

(i) $x=5k$ のとき　x が 5 の倍数

(ii) $x=5k+1$ のとき　$x-1=5k$

(iii) $x=5k+2$ のとき　$x^2+1=(5k+2)^2+1=5(5k^2+4k+1)$

(iv) $x=5k+3$ のとき　$x^2+1=(5k+3)^2+1=5(5k^2+6k+2)$

(v) $x=5k+4$ のとき　$x+1=5(k+1)$

以上により，$x-1$，x，$x+1$，x^2+1 のいずれかは，5 の倍数となり

x^5-x は 5 の倍数である．……②

6，5 が互いに素であることを考えると，①，②より

x^5-x は 30 の倍数である．□

(2) $$x^5y-xy^5=(x^5-x)y+xy-xy^5$$
$$=(x^5-x)y-x(y^5-y) \quad \cdots\cdots③$$

(1)の結果から，x^5-x，y^5-y は，いずれも30の倍数であるので，③より

x^5y-xy^5 は30の倍数となる．□

解説

1° (1)では，x を5で割った余りで場合分けをして，x^5-x が5の倍数であることを示すことがポイントである．(v)の場合を $x=5l-1$，(iv)の場合を $x=5l-2$ と表すこともできるから，k を整数として

(i)′ $x=5k$　　(ii)′ $x=5k\pm1$　　(iii)′ $x=5k\pm2$

に分類して，②の部分を次のように解答してもよい．

(i)′ $x=5k$ のとき　　x は5の倍数

(ii)′ $x=5k\pm1$ のとき　　$x^2-1=(5k\pm1)^2-1=5(5k^2\pm2k)$

(iii)′ $x=5k\pm2$ のとき　　$x^2+1=(5k\pm2)^2+1=5(5k^2\pm4k+1)$

より，x^5-x は5の倍数である．

別解

(1) $$x^5-x=x(x^4-1)$$
$$=(x-1)x(x+1)(x^2+1)$$
$$=(x-1)x(x+1)\{(x^2-4)+5\}$$
$$=(x-2)(x-1)x(x+1)(x+2)+5(x-1)x(x+1) \quad \cdots\cdotsⒶ$$

において，3つの連続する整数の積 $(x-1)x(x+1)$ は，6の倍数であり，5つの連続する整数の積 $(x-2)(x-1)x(x+1)(x+2)$ は，5の倍数であるから，Ⓐより x^5-x は，5の倍数である．

6と5が互いに素であることを考えると，x^5-x は30の倍数となる．□

(注) 5連続整数の中には，必ず5の倍数が存在するから，5連続整数の積に注目して，Ⓐのように変形した．

4 (1) x, y が 4 で割ると 1 余る自然数ならば，積 xy も 4 で割ると 1 余ることを証明せよ．

(2) 0 以上の偶数 n に対して，3^n を 4 で割ると 1 余ることを証明せよ．

(3) 1 以上の奇数 n に対して，3^n を 4 で割った余りが 1 でないことを証明せよ．

(4) m を 0 以上の整数とする．3^{2m} の正の約数のうち 4 で割ると 1 余る数全体の和を m を用いて表せ． (広島大)

思考のひもとき

1. 整数 a, b を自然数 p で割った余りをそれぞれ r, s とすると

　ab を p で割った余りは，[rs を p で割った余り] と等しい．

　a^n を p で割った余りは，[r^n を p で割った余り] と等しい．

たとえば，10 を 9 で割った余りは 1 だから

　10^n を 9 で割った余りは，[1^n を 9 で割った余り 1 と等しい]．

2. 3^n（n は 0 以上の整数）の正の約数は 3^0, 3^1, ……, $3^{[n]}$ の [$n+1$] 個．

解答

(1) x, y は，4 で割ると 1 余る自然数とすると

$$x=4p+1,\ y=4q+1 \quad (p,\ q \text{ は } 0 \text{ 以上の整数})$$

と表せる．このとき

$$xy=(4p+1)(4q+1)=4(4pq+p+q)+1$$

したがって，xy も 4 で割ると 1 余る． □

(2) 0 以上の偶数 n は，$n=2m$（m は 0 以上の整数）と表せる．このとき

$$3^n=3^{2m}=(3^2)^m=9^m$$

$m \geqq 1$ のとき，9 を 4 で割ると 1 余るから，(1)をくり返し用いると

　9^m を 4 で割った余りは，1^m を 4 で割った余り 1 と等しい．

　$m=0$ のとき，$9^0=1$ だから，4 で割ると 1 余る．

ゆえに，3^n を 4 で割ると 1 余る． □

(3) 1 以上の奇数 n は，$n=2m+1$（m は 0 以上の整数）と表せる．このとき

$$3^n=3^{2m+1}=3\cdot 9^m$$

(2)の結果より，$9^m=4k+1$ となる整数 k が存在する．

したがって

$$3^n=3(4k+1)=4\cdot 3k+3$$

となり，3^n を4で割ると3余る．

すなわち，3^n を4で割った余りは1でない．□

(4) 3^{2m}（m は0以上の整数）の正の約数は，整数 k を用いて 3^k（$0 \leqq k \leqq 2m$）と表せる数で $2m+1$ 個ある．

このうち，4で割ると1余るものは，(2)，(3)より，k が偶数のもので 3^0，3^2，3^4，……，3^{2m} の $m+1$ 個で，その全体の和 S は

$$S=3^0+3^2+3^4+\cdots\cdots+3^{2m}=1+9+9^2+\cdots\cdots+9^m$$

$$=\frac{9^{m+1}-1}{9-1}=\boldsymbol{\frac{1}{8}(3^{2m+2}-1)}$$

解説

1° p を自然数とする．2つの整数 a，b に対して，$a-b$ が p の倍数であるとき，a と b は，**法 p で合同**であるといい

$$\boldsymbol{a \equiv b \pmod{p}}$$

と書く．

$$a-b \text{ は } p \text{ の倍数} \iff (a \text{ を } p \text{ で割った余り})=(b \text{ を } p \text{ で割った余り})$$

である．つまり，$a \equiv b \pmod{p}$ は，a，b を p で割った余りが等しいことと同じことである(ただし余りは0以上の整数であることに注意する．たとえば，-17 を5で割ると，$-17=5\times(-4)+3$ より，商が -4，余りが3となる)．

整数 a，b，c，d について

$a \equiv c \pmod{p}$，$b \equiv d \pmod{p}$ のとき

(i) $a+b \equiv c+d \pmod{p}$

(ii) $a-b \equiv c-d \pmod{p}$

(iii) $ab \equiv cd \pmod{p}$

が成り立つ．

a を p で割った余りを r とすると，$a \equiv r \pmod{p}$ であるから(iii)をくり返し用いることにより，任意の自然数 n に対して

$$a^n \equiv r^n \pmod{p}$$

が成り立つ．

たとえば，$10 \equiv 1 \pmod{9}$ だから

$$10^n \equiv 1^n = 1 \pmod{9} \quad (n=1,\ 2,\ 3,\ \cdots\cdots)$$

このことを利用して(1)，(2)，(3)の解答を書くと次のようになる．

▶▶▶ **別解** ◀

(1) x, y は4で割ると1余ることから

$$x\equiv 1 \pmod 4,\quad y\equiv 1 \pmod 4$$

このとき

$$xy\equiv 1\cdot 1=1 \pmod 4$$

となり，xy も4で割ると1余る．□

(2) $n=2m$ $(m=0,\ 1,\ 2,\ \cdots\cdots)$ のとき

$$3^n=3^{2m}=9^m$$

ここで

$$9\equiv 1 \pmod 4 \quad \cdots\cdots ①$$

であるから，$m\geqq 1$ のとき

$$9^m\equiv 1^m=1 \pmod 4$$

これは，$m=0$ のときも成り立つ．

$$\therefore\quad 3^n\equiv 1 \pmod 4$$

よって，3^n を4で割ると1余る．□

(3) $n=2m+1$ $(m=0,\ 1,\ 2,\ \cdots\cdots)$ のとき

$$3^n=3^{2m+1}=3\cdot 9^m$$

ここで，①より

$$3^n=3\cdot 9^m\equiv 3\cdot 1^m=3 \pmod 4$$

よって，3^n を4で割ると3余り，余りが1でない．□

5 $2\leqq p<q<r$ を満たす整数 p, q, r の組で

$$\frac{1}{p}+\frac{1}{q}+\frac{1}{r}\geqq 1$$

となるものをすべて求めよ． （群馬大）

思考のひもとき

1. $0<a<b<c$ ならば $\boxed{\frac{1}{a}>\frac{1}{b}>\frac{1}{c}}$

解答

$$2 \leqq p < q < r \qquad \cdots\cdots ①$$

$$\frac{1}{p}+\frac{1}{q}+\frac{1}{r} \geqq 1 \qquad \cdots\cdots ②$$

とする．①より

$$\frac{1}{2} \geqq \frac{1}{p} > \frac{1}{q} > \frac{1}{r} \qquad \cdots\cdots ①'$$

①′，②より

$$1 \leqq \frac{1}{p}+\frac{1}{q}+\frac{1}{r} < \frac{1}{p}+\frac{1}{p}+\frac{1}{p} = \frac{3}{p} \qquad \therefore \quad p<3$$

$p \geqq 2$ だから　　$p=2$

このとき，②は $\dfrac{1}{2}+\dfrac{1}{q}+\dfrac{1}{r} \geqq 1$ より

$$\frac{1}{q}+\frac{1}{r} \geqq \frac{1}{2} \qquad \cdots\cdots ②'$$

となり，$\dfrac{1}{q} > \dfrac{1}{r}$ を用いると $\dfrac{1}{2} \leqq \dfrac{1}{q}+\dfrac{1}{r} < \dfrac{1}{q}+\dfrac{1}{q} = \dfrac{2}{q}$ より　　$q<4$

$2=p<q$ だから　　$q=3$

このとき，②′は $\dfrac{1}{3}+\dfrac{1}{r} \geqq \dfrac{1}{2}$ となり　　$r \leqq 6$

$3=q<r$ だから　　$r=4,\ 5,\ 6$

よって，求める整数 p，q，r は

$$(p,\ q,\ r) = (\mathbf{2},\ \mathbf{3},\ \mathbf{4}),\ (\mathbf{2},\ \mathbf{3},\ \mathbf{5}),\ (\mathbf{2},\ \mathbf{3},\ \mathbf{6})$$

解説

1°　p は，そんなに大きな自然数ではないはずである．なぜなら，p が大きいと，q，r はもっと大きく，$\dfrac{1}{p}$，$\dfrac{1}{q}$，$\dfrac{1}{r}$ は正の小さい数となり，和が1以上になれないからである．そこで，p の値を絞り込むために，$1 \leqq \dfrac{1}{p}+\dfrac{1}{q}+\dfrac{1}{r} < \dfrac{1}{p}+\dfrac{1}{p}+\dfrac{1}{p}$ のように不等式で p の値を評価した．

6 [A] 等式 $3x^2+y^2+5z^2-2yz-12=0$ を満たす整数の組 $(x,\ y,\ z)$ をすべて求めよ. (愛媛大)

[B] a, x を自然数とする. $x^2+x-(a^2+5)=0$ を満たす a, x の組をすべて求めよ. (京都教育大)

思考のひもとき

1. $3X^2+Y^2+4Z^2=12$ (X, Y, Z は整数) ならば　$Z^2 \leqq \boxed{3}$　$\therefore\ Z=\boxed{0,\ \pm1}$

2. $pq=21$ (p, q は正の整数) ならば,

p	1	3	7	21
q	21	7	3	1

のいずれか.

解答

[A] $3x^2+y^2+5z^2-2yz-12=0$ ……① は

$$3x^2+(y-z)^2+4z^2=12 \quad \cdots\cdots ①'$$

と変形できる.

ここで

$$3x^2 \geqq 0,\ (y-z)^2 \geqq 0$$

だから, ①′より

$$4z^2 \leqq 12 \qquad \therefore\ z^2 \leqq 3 \qquad \therefore\ |z| \leqq \sqrt{3}$$

これを満たす整数 z は

$$z=0,\ \pm1$$

(i) $z=0$ のとき, ①′は　$3x^2+y^2=12$

これを満たす平方数 x^2, y^2 は

$$(x^2,\ y^2)=(1,\ 9),\ (4,\ 0)$$

$$\therefore\ (x,\ y)=(1,\ 3),\ (1,\ -3),\ (-1,\ 3),\ (-1,\ -3),\ (2,\ 0),\ (-2,\ 0)$$

(ii) $z=\pm1$ のとき, ①′は　$3x^2+(y\mp1)^2=8$ (複号同順)

これを満たす整数 x, y は存在しない.

$$\left(\begin{array}{lll} \because & 3x^2 \leqq 8 \text{ より} & x^2=0,\ 1 \\ & x^2=0 \text{ のとき} & (y\mp1)^2=8 \\ & x^2=1 \text{ のとき} & (y\mp1)^2=5 \end{array}\right)$$

以上により, 求める整数の組は

$$(x,\ y,\ z)=\mathbf{(1,\ 3,\ 0),\ (-1,\ -3,\ 0),\ (1,\ -3,\ 0),}$$
$$\mathbf{(-1,\ 3,\ 0),\ (2,\ 0,\ 0),\ (-2,\ 0,\ 0)}$$

［B］　$x^2+x-(a^2+5)=0$　……①

を x について解くと

$$x=\frac{-1\pm\sqrt{4a^2+21}}{2} \qquad \therefore\quad x=\frac{-1+\sqrt{4a^2+21}}{2}\quad (\because\ \ x>0)$$

ここで，$\sqrt{4a^2+21}\ (=2x+1)$ は自然数だから，それを b とおくと

$$4a^2+21=b^2 \qquad \therefore\quad b^2-4a^2=21$$

より　$(b+2a)(b-2a)=21$　……②

$0<b-2a<b+2a$ であることを考えると，②から

$b-2a$	1	3
$b+2a$	21	7

の２通りあり

$(a,\ b)=(5,\ 11),\ (1,\ 5)$

よって，求める $a,\ x$ は

$(a,\ x)=$**(5，5)，(1，2)**

整数と論証

解説

1°　［A］では，①′のように変形し，$|z|\leqq\sqrt{3}$ より，$z=0,\ \pm1$ に絞り込む所がポイントである．

2°　［B］では，まず a を定数とみなして，①を x について解き，$b=\sqrt{4a^2+21}$ が自然数であることに注目して，②から，$(b+2a,\ b-2a)$ の組を求めることがポイントとなる．①を $x,\ a$ を変数とする方程式とみなして次のように解くのもよい．

別解

［B］　①より

$$\left(x+\frac{1}{2}\right)^2-\frac{1}{4}-a^2-5=0$$

両辺を４倍して整理すると

$$(2x+1)^2-4a^2=21$$

$$\therefore\quad (2x+1+2a)(2x+1-2a)=21 \quad ……(*)$$

$0<2x+1-2a<2x+1+2a$ だから，$(*)$ より次の２通りあり

$2x+1-2a$	1	3
$2x+1+2a$	21	7
a	5	1
x	5	2

$\therefore\quad (a,\ x)=(5,\ 5),\ (1,\ 2)$

7 正の整数 n に対し n の正の約数すべての和を $\sigma(n)$ とおく．ただし，1 と n も n の約数とする．次の問いに答えよ．

(1) 素数 p，正の整数 a に対し，$n=p^a$ とおく．$\sigma(n)$ を p と a で表せ．

(2) 相異なる素数 p，q，正の整数 a，b に対し，$n=p^a$，$m=q^b$ とおく．このとき，$\sigma(nm)=\sigma(n)\sigma(m)$ が成立することを証明せよ．

(3) 正の整数 a について 2^a-1 が素数とする．このとき，$n=2^{a-1}(2^a-1)$ とおくと，$\sigma(n)=2n$ が成立することを証明せよ．（お茶の水女子大）

思考のひもとき

1. p が素数のとき，p^k（k は正の整数）の正の約数は

$p^0(=1)$，p，p^2，……，$p^{\boxed{k}}$ の $\boxed{k+1}$ 個

2. $2^3\cdot3^2(=72)$ の正の約数は，$2^k\cdot3^l$（$0\leqq k\leqq3$，$0\leqq l\leqq2$）の形で

$2^0\cdot3^0$，$2^0\cdot3^1$，$2^0\cdot3^2$，$2^1\cdot3^0$，$2^1\cdot3^1$，$2^1\cdot3^2$，

$2^2\cdot3^0$，$2^2\cdot3^1$，$2^2\cdot3^2$，$2^3\cdot3^0$，$2^3\cdot3^1$，$2^3\cdot3^2$

の $(\boxed{3}+1)\times(\boxed{2}+1)=\boxed{12}$（個）

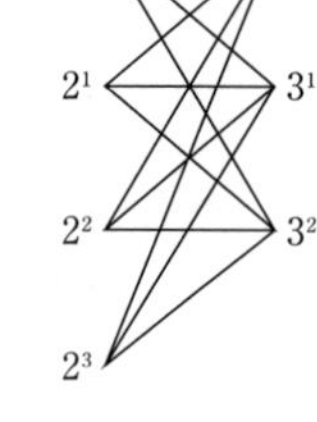

解答

(1) 素数 p，正の整数 a に対し，$n=p^a$ の正の約数は

1，p，p^2，……，p^a の $a+1$ 個で，その総和は，等比数列の和の公式を用い

$$\boldsymbol{\sigma(p^a)}=1+p+p^2+\cdots\cdots+p^a=\boldsymbol{\frac{p^{a+1}-1}{p-1}}$$

(2) $nm=p^aq^b$（p，q は相異なる素数）の正の約数は p^kq^l（$0\leqq k\leqq a$，$0\leqq l\leqq b$）の形で

$$\left.\begin{array}{l} p^0\cdot q^0,\ p^0\cdot q^1,\ p^0\cdot q^2,\ \cdots\cdots,\ p^0\cdot q^b, \\ p^1\cdot q^0,\ p^1\cdot q^1,\ p^1\cdot q^2,\ \cdots\cdots,\ p^1\cdot q^b, \\ p^2\cdot q^0,\ p^2\cdot q^1,\ p^2\cdot q^2,\ \cdots\cdots,\ p^2\cdot q^b, \\ \qquad\cdots\cdots \\ \qquad\cdots\cdots \\ \qquad\cdots\cdots \\ \underbrace{p^a\cdot q^0,\ p^a\cdot q^1,\ p^a\cdot q^2,\ \cdots\cdots,\ p^a\cdot q^b}_{b+1} \end{array}\right\} a+1$$

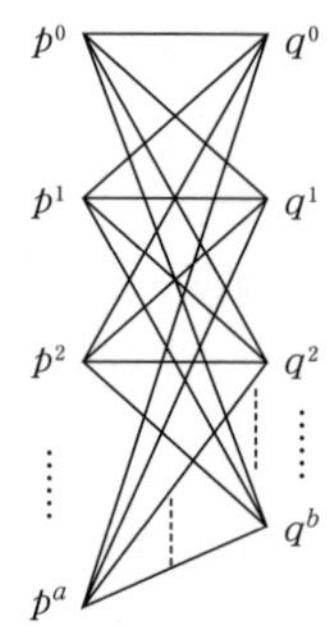

の $(a+1)(b+1)$ 個あり，その総和 $\sigma(nm)$ を求めると

$$\sigma(nm)=1\cdot(1+q+q^2+\cdots\cdots+q^b)+p\cdot(1+q+q^2+\cdots\cdots+q^b)+\cdots\cdots$$
$$+p^a\cdot(1+q+q^2+\cdots\cdots+q^b)$$
$$=(1+p+p^2+\cdots\cdots+p^a)(1+q+q^2+\cdots\cdots+q^b)$$
$$=\sigma(p^a)\sigma(q^b)\qquad(\because\ (1))$$
$$=\sigma(n)\sigma(m)\quad\square$$

(3)　2^a-1（a は正の整数）が素数とすると，この数の正の約数は 1，2^a-1 だけだから

$$\sigma(2^a-1)=1+(2^a-1)=2^a\quad\cdots\cdots①$$

このとき，$n=2^{a-1}(2^a-1)$ とおくと，$p=2$，$q=2^a-1$ として(2)を用いて

$$\sigma(n)=\sigma(2^{a-1})\sigma(2^a-1)\quad\cdots\cdots②$$

(1)から，$\sigma(2^{a-1})=1+2+2^2+\cdots\cdots+2^{a-1}=\dfrac{2^a-1}{2-1}=2^a-1$

であることを考えると，①，②より

$$\sigma(n)=(2^a-1)\cdot2^a=2\cdot2^{a-1}(2^a-1)=2n\quad\square$$

解説

1°　素数 p に対し，p^a（a は正の整数）の正の約数は，p^k（$k=0$，1，2，……，a）の形をしている．たとえば，$3^4(=81)$ の正の約数は，$3^0(=1)$，3^1，3^2，3^3，3^4 の5個ある．

2°　完全数について

6の正の約数は，1，2，3，6で，このうち自分自身を除くと，1，2，3で，その和は1+2+3=6となり，自分自身と一致する．このように，自分自身を除く正の約数の和が，自分自身と一致する整数を完全数という．たとえば，6は完全数である．2番目に小さい完全数は，28である．ピタゴラス(B.C.580頃～B.C.500頃)の学派は，6と28が完全数であることに注目していた．3番目に小さい完全数は496である．$6=2\cdot(2^2-1)$，$28=2^2\cdot(2^3-1)$，$496=2^4\cdot(2^5-1)$ の形を見ると

「2^a-1 が素数のとき，$n=2^{a-1}(2^a-1)$ は完全数である」　……(＊)

と予想される．この問い掛けに答えたのが(3)であり，B.C.300頃にユークリッドにより著された「原論」という本に証明ものっている．

$\sigma(n)$で，n の正の約数の総和を表すのだから，n が完全数であるということは，$\sigma(n)-n=n$，つまり，$\sigma(n)=2n$ を満たすということである．したがって，(3)は(＊)の証明に他ならないのである．

8 直角三角形 ABC は，$\angle C$ が直角で，各辺の長さは整数であるとする．辺 BC の長さが 3 以上の素数 p であるとき，次の問いに答えよ．

(1) 辺 AB，CA の長さを p を用いて表せ．

(2) $\tan\angle A$ と $\tan\angle B$ は，いずれも整数にならないことを示せ． (千葉大)

思考のひもとき

1. 素数 p が，$p^2=kl$（k，l は自然数で，$k<l$）を満たすならば　$k=\boxed{1}$，$l=\boxed{p^2}$

2. p が奇数ならば，$p+1$，$p-1$ のいずれも $\boxed{偶数}$

3. p が正の整数のとき，p^2-1 を p で割ったときの余りは　$\boxed{p-1}$

解答

(1) $AB=c$，$CA=b$ とおく．

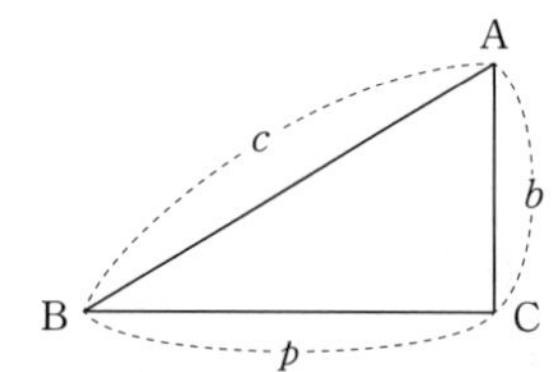

$\angle C$ は直角だから，三平方の定理を用いると

$$p^2+b^2=c^2$$

したがって

$$p^2=c^2-b^2=(c+b)(c-b)$$

ここで，$p^2>0$，$b>0$，$c>0$ より整数 $c+b$，$c-b$ は

$$0<c-b<c+b$$

を満たす．p は素数だから

$$c-b=1,\ c+b=p^2$$

$$\therefore\quad b=\frac{p^2-1}{2},\ c=\frac{p^2+1}{2}$$

$$\therefore\quad AB=\boldsymbol{\frac{p^2+1}{2}},\ CA=\boldsymbol{\frac{p^2-1}{2}}$$

(2) (1)の結果より，$\tan\angle A$，$\tan\angle B$ を p を用いて表すと

$$\tan\angle A=\frac{p}{b}=\frac{2p}{p^2-1}\quad\cdots\cdots①$$

$$\tan\angle B=\frac{b}{p}=\frac{p^2-1}{2p}\quad\cdots\cdots②$$

$\tan\angle A=m$（整数）としたら，①より $2p=m(p^2-1)$ で，$2p$ は p^2-1 の倍数である．p は奇数であるから，$p\pm1$ はともに偶数で，$p^2-1=(p+1)(p-1)$ は 4 の倍数となる．

したがって，$2p$ は 4 の倍数でなければならないが，これは p が奇数であることと矛盾する．

よって，$\tan\angle A$ は整数にならない．

次に，$\tan\angle B=n$（整数）としたら，②より $p^2-1=2np$ で，これは p の倍数でなければならない．

一方，$p^2-1=p(p-1)+p-1$ より，p^2-1 を p で割ったときの余りは $p-1$ となり，矛盾が起こる．

ゆえに $\tan\angle B$ も整数にならない．　□

解説

1°　(1)では，$p^2=(c+b)(c-b)$ において，p が素数であることをどのように使うのかが問題のポイントとなる．

(2)では，$\dfrac{2p}{p^2-1}$，$\dfrac{p^2-1}{2p}$ がいずれも整数にならないことを示すには，「$2p$ は，p^2-1 の倍数」，「p^2-1 は，$2p$ の倍数」がいずれも成り立たないことを示せばよい．

2°　(2)では，連続する2つの整数の間には，整数が存在しないことに注目すると，背理法を使わなくても解答できる．

別解　(2)の②の後

$p\geqq3$ のとき

$$0<2p<p^2-1 \qquad (\because\quad p^2-1-2p=p(p-2)-1>0)$$

であるから

$$0<\tan\angle A<1$$

よって，$\tan\angle A$ は整数にならない．

また，$p^2-p<p^2-1<p^2+p$ だから，辺々 $2p$ で割ると

$$\frac{p-1}{2}<\frac{p^2-1}{2p}<\frac{p+1}{2} \quad \cdots\cdots③$$

3以上の素数は奇数であるから，$\dfrac{p-1}{2}$，$\dfrac{p+1}{2}$ は連続する2つの整数となる．

よって②，③より $\tan\angle B$ は整数にならない．　□

9　3次方程式 $x^3-x^2+2x-1=0$ の実数解は無理数であることを，背理法を用いて示せ.　　（富山県立大）

思考のひもとき

1. $\dfrac{a}{b}$＝整数（a，b は互いに素である整数，$b>0$）ならば　　$b=$ [1]

解答

$x^3-x^2+2x-1=0$ ……① の実数解 $x=\alpha$ が有理数であるとする.

このとき，$\alpha^3-\alpha^2+2\alpha-1=0$ ……② で

$$\alpha=\frac{p}{q}\quad (p,\ q \text{ は互いに素である整数で，} q>0)$$

と表せるから

$$\left(\frac{p}{q}\right)^3-\left(\frac{p}{q}\right)^2+2\cdot\frac{p}{q}-1=0\quad \cdots\cdots ③$$

③の両辺に q^2 を掛けて整理すると

$$\frac{p^3}{q}=p^2-2pq+q^2\quad \cdots\cdots ③'$$

③′の右辺は，整数であるから

$$\frac{p^3}{q}=\text{整数}\quad \cdots\cdots ④$$

p と q が互いに素で，$q>0$ であることを考えると，④より

$$q=1\qquad \therefore\quad \alpha=p\ (\text{整数})$$

②に代入すると

$$p^3-p^2+2p-1=0 \text{ つまり } p(p^2-p+2)=1\quad \cdots\cdots ⑤$$

ここで p，p^2-p+2 は，いずれも整数だから，⑤より，p は1の約数となり

$$p=\pm 1$$

$1^3-1^2+2\times 1-1\neq 0$，$(-1)^3-(-1)^2+2\times(-1)-1\neq 0$ だから，矛盾.

よって，実数 α は，有理数でない，すなわち，無理数である.　□

解説

1°　p，q が互いに素であることに注目して③を見ると，両辺に q^2 を掛けて③′のようにしたくなる．そして④より，$q=1$ が得られる.

③で両辺に q^3 を掛けて次のようにしてもよい.

$$p^3-p^2q+2pq^2-q^3=0 \qquad \therefore \quad p^3=(p^2-2pq+q^2)\cdot q$$

これより，q は p^3 の正の約数で，p と q が互いに素であることを考えると，$q=1$ が得られる．

2°　$\alpha=p$ が得られた後，②より

p が奇数のとき，奇数－奇数＋偶数－奇数＝偶数

p が偶数のとき，偶数－偶数＋偶数－奇数＝偶数

となり，いずれの場合もありえない．よって，矛盾が起こるとしてもよい．

10　以下で，整数 u が 11 の倍数であるとは，$u=11k$ を満たす整数 k が存在することをいう．

(1)　n が負でない整数であるとき，$10^{2n+1}+1$ および $10^{2n}-1$ が 11 の倍数であることを示せ．

(2)　自然数 m の 10 進表示を $a_la_{l-1}\cdots\cdots a_2a_1$（各 a_i は 0 以上 9 以下の整数）とする．$a_1-a_2+a_3-a_4+\cdots\cdots+(-1)^{l+1}a_l$ が 11 の倍数であれば，m も 11 の倍数であることを示せ．　（京都教育大）

思考のひもとき

1.　mod 11 において，$10\equiv-1$ だから

$$10^2\equiv\boxed{(-1)^2=1},\quad 10^3\equiv\boxed{(-1)^3=-1},\quad 10^4\equiv\boxed{(-1)^4=1},\quad\cdots\cdots$$

2.　N が 11 の倍数　$\Longleftrightarrow$　$N\equiv\boxed{0}\pmod{11}$

解答

(1)　n は 0 以上の整数とする．

$100\equiv1\pmod{11}$ であるから

$$100^n\equiv1^n=1\pmod{11}$$

したがって

$$\begin{aligned}10^{2n+1}+1&=10\cdot100^n+1\\&\equiv10\cdot1\quad+1\pmod{11}\\&\equiv0\pmod{11}\end{aligned}$$

$$\begin{aligned}10^{2n}-1&=100^n-1\\&\equiv1-1=0\pmod{11}\end{aligned}$$

よって，$10^{2n+1}+1$ および $10^{2n}-1$ は 11の倍数である．□

(2)
$$10\equiv -1 \pmod{11}$$
であるから
$$10^k\equiv(-1)^k \pmod{11} \quad (k=0,\ 1,\ 2,\ \cdots\cdots)$$
したがって
$$m=a_1\cdot 10^0+a_2\cdot 10^1+a_3\cdot 10^2+a_4\cdot 10^3+\cdots\cdots+a_l\cdot 10^{l-1}$$
$$\equiv a_1\cdot(-1)^0+a_2\cdot(-1)^1+a_3\cdot(-1)^2+a_4\cdot(-1)^3+\cdots\cdots+a_l\cdot(-1)^{l-1} \pmod{11}$$
そこで両辺に$(-1)^2$を掛けると
$$m\equiv a_1\cdot(-1)^2+a_2\cdot(-1)^3+a_3\cdot(-1)^4+a_4\cdot(-1)^5+\cdots\cdots+a_l\cdot(-1)^{l+1} \pmod{11}$$
$$\therefore\quad m\equiv a_1-a_2+a_3-a_4+\cdots\cdots+(-1)^{l+1}a_l \pmod{11}$$
よって，$a_1-a_2+a_3-a_4+\cdots\cdots+(-1)^{l+1}a_l$ が11の倍数であれば
$$m\equiv a_1-a_2+a_3-a_4+\cdots\cdots+(-1)^{l+1}a_l\equiv 0 \pmod{11}$$
となり，mは11の倍数である．□

解説

1°
$$N\text{が11の倍数} \iff N\equiv 0 \pmod{11}$$
であるから，法11で考える．

$10^{2n+1}=10^{2n}\cdot 10=(10^2)^n\cdot 10=10\cdot 100^n$，$10^{2n}=(10^2)^n=100^n$ だから，$100\equiv 1 \pmod{11}$ ……① を用いて，$100^n\equiv 1^n \pmod{11}$ であることに注目した．

①は，$100=11\times 9+1$ からわかるし，$10\equiv -1 \pmod{11}$ より，$100=10^2\equiv(-1)^2=1 \pmod{11}$ からでもわかる．

2° 合同式を用いずに解答すると，次のような解答が考えられる．

別解

nは0以上の整数とする．

(1) $f(x)=x^{2n+1}+1$ とおくと
$$10^{2n+1}+1=f(10)$$
ここで，$f(x)$を因数分解すると
$$f(x)=(x+1)(x^{2n}-x^{2n-1}+\cdots\cdots+x^2-x+1)$$
となるから，$x=10$ として
$$f(10)=11\times(10^{2n}-10^{2n-1}+\cdots\cdots+10^2-10+1)$$
よって，$10^{2n+1}+1$ は11の倍数である．

$10^{2n}-1=(10^2)^n-1=100^n-1$ だから，$g(x)=x^n-1$ とおくと

$$10^{2n}-1=g(100)$$

ここで，$g(x)$ を因数分解すると

$$g(x)=(x-1)(x^{n-1}+x^{n-2}+\cdots\cdots+x+1)$$

となるから，$x=100$ として

$$g(100)=99\times(100^{n-1}+100^{n-2}+\cdots\cdots+100+1)$$

99 は 11 の倍数だから，$10^{2n}-1(=g(100))$ は 11 の倍数である．□

(2)
$$m=a_1+a_2\cdot 10+a_3\cdot 10^2+\cdots\cdots+a_{l-1}\cdot 10^{l-2}+a_l\cdot 10^{l-1}$$
$$n=a_1-a_2+a_3-a_4+\cdots\cdots+(-1)^{l+1}a_l$$

とおき，n が 11 の倍数とする．

$$m-n=a_2\cdot(10+1)+a_3(10^2-1)+a_4(10^3+1)+\cdots\cdots+a_l\{10^{l-1}-(-1)^{l+1}\}$$
$$=\sum_{k=2}^{l}a_k\{10^{k-1}-(-1)^{k+1}\}=\sum_{k=2}^{l}a_k\{10^{k-1}-(-1)^{k-1}\}$$

$k=2n+1$（k が奇数）のとき，$10^{k-1}-(-1)^{k-1}=10^{2n}-(-1)^{2n}=10^{2n}-1$ で，これは 11 の倍数．

$k=2n+2$（k が偶数）のとき，$10^{k-1}-(-1)^{k-1}=10^{2n+1}-(-1)^{2n+1}=10^{2n+1}+1$ で，これも 11 の倍数．

したがって，$m-n$ は，11 の倍数である．

n が 11 の倍数であることを考えると，$m=(m-n)+n$ も 11 の倍数である．□

（注）

1°　$x^3+1=(x+1)(x^2-x+1)$，$x^3-1=(x-1)(x^2+x+1)$ などのように，ここで用いた $f(x)$ や $g(x)$ の因数分解を公式として(1)を解いた．次のように因数定理を用いてもよい．

$f(-1)=0$，$g(1)=0$ だから，$f(x)$，$g(x)$ は，それぞれ $x+1$，$x-1$ を因数にもつ．したがって，xの整式 $Q_1(x)$，$Q_2(x)$ を用いて

$$f(x)=(x+1)Q_1(x),\quad g(x)=(x-1)Q_2(x)$$

と表せる．よって

$$10^{2n+1}+1=f(10)=11\cdot Q_1(10)$$
$$10^{2n}-1=g(100)=99\cdot Q_2(100)$$

は，いずれも 11 の倍数である．

2°　(1)では，二項定理を用いて，次のように解答してもよい．

$10=11-1$ だから

$$
\begin{aligned}
10^{2n+1}+1&=(11-1)^{2n+1}+1\\
&=11^{2n+1}+(2n+1)\cdot 11^{2n}\cdot(-1)+\cdots\cdots+{}_{2n+1}\mathrm{C}_k 11^{2n+1-k}\cdot(-1)^k+\cdots\cdots\\
&\quad+(2n+1)\cdot 11\cdot(-1)^{2n}+(-1)^{2n+1}+1\\
&=11\{11^{2n}-(2n+1)\cdot 11^{2n-1}+\cdots\cdots+(2n+1)\}
\end{aligned}
$$

$$
\begin{aligned}
10^{2n}-1&=(11-1)^{2n}-1\\
&=11^{2n}+2n\cdot 11^{2n-1}\cdot(-1)+\cdots\cdots+2n\cdot 11\cdot(-1)^{2n-1}+(-1)^{2n}-1\\
&=11\{11^{2n-1}-2n\cdot 11^{2n-2}+\cdots\cdots-2n\}
\end{aligned}
$$

より，$10^{2n+1}+1$，$10^{2n}-1$ は，いずれも 11 の倍数である．

3° (1)は，次のように数学的帰納法を用いて示してもよい．

「$10^{2n+1}+1$ は 11 の倍数である」 ……(＊)

はすべての 0 以上の整数 n について成り立つことを数学的帰納法で証明する．

(i) $10^{2\times 0+1}+1=11$

これは 11 の倍数であるから，$n=0$ のとき，(＊)は成り立つ．

(ii) $n=k$ のとき(＊)が成り立つとしたら，つまり

$10^{2k+1}+1=11p$ （p は自然数）

としたら

$$
\begin{aligned}
10^{2(k+1)+1}+1&=10^2(10^{2k+1}+1)-99\\
&=11(100p-9)
\end{aligned}
$$

となり，$n=k+1$ のときにも(＊)が成り立つ．

よって，(i)，(ii)より，すべての 0 以上の整数 n について(＊)が成り立つ．

4° たとえば，$n=92708$ については，$8-0+7-2+9=22$ で 11 の倍数であるから，(2)の結果より $n=92708$ は 11 の倍数であると判定できる．

第2章　数と式

11 ［A］　1から49までの自然数からなる集合を全体集合Uとする．Uの要素のうち，50との最大公約数が1より大きいもの全体からなる集合をV，また，Uの要素のうち，偶数であるもの全体からなる集合をWとする．いまAとBはUの部分集合で，次の2つの条件を満たすものとする．

（ア）　$A \cup \overline{B} = V$

（イ）　$\overline{A} \cap \overline{B} = W$

　このとき，集合Aの要素をすべて求めよ．ただし，$\overline{A}$と$\overline{B}$はそれぞれAとBの補集合とする．　（岩手大）

［B］　10000以下の自然数のうち，8の倍数の集合をA，12の倍数の集合をB，16の倍数の集合をCとする．$A \cap B \cap C$ の要素の個数を求めよ．　（愛媛大）

思考のひもとき

1. 2つの集合P，Qについて，$P \supset Q$ならば，右図の斜線部分の表す集合は，$\boxed{P \cap \overline{Q}}$
2. 12の倍数でもあり，16の倍数でもある整数は$\boxed{48}$（12と16の$\boxed{\text{最小公倍数}}$）の倍数

解答

［A］（ア），（イ）より，V，Wは下図の斜線部分を表す．

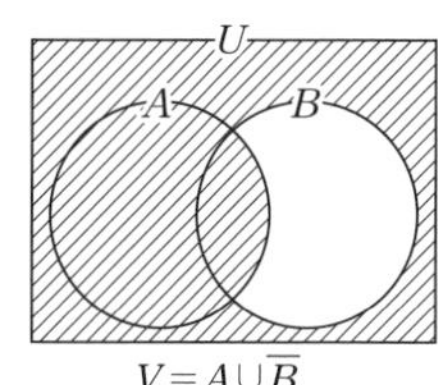

$V = A \cup \overline{B}$

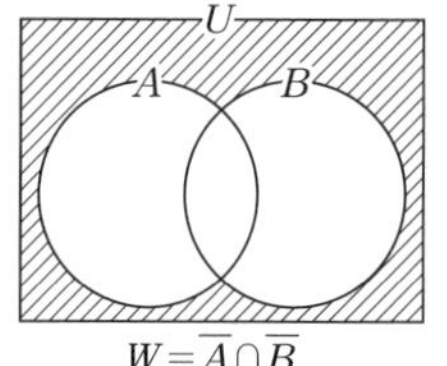

$W = \overline{A} \cap \overline{B}$

図を参照すると，$W \subset V$ であり，VからWを除いた部分がAである．

したがって　　$A = V \cap \overline{W}$

ここで，$50 = 2 \times 5^2$ であるから，50との最大公約数が1より大きい自然数は，2または5を約数にもつ．

$V = \{a \in U \mid a$は2の倍数または5の倍数$\}$

$W = \{a \in U \mid a$は偶数$\}$，$\overline{W} = \{a \in U \mid a$は奇数$\}$

よって

$$A=V\cap\overline{W}=\{a\in U\,|\,a\text{ は，奇数であり，かつ5の倍数}\}$$
$$=\{\mathbf{5,\ 15,\ 25,\ 35,\ 45}\}$$

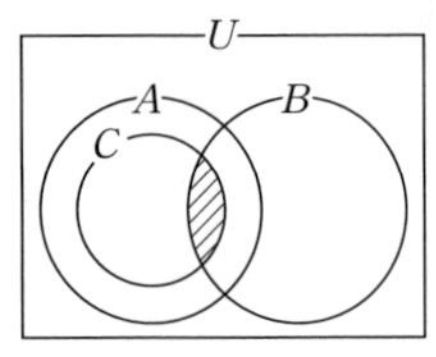

［B］ 16の倍数は，8の倍数であるから　$C\subset A$

したがって　$A\cap B\cap C=B\cap C$

ここで，$12=2^2\cdot3$，$16=2^4$ であるから，12と16の最小公倍数は，$2^4\cdot3=48$ となるから，$B\cap C$ は48の正の倍数で10000以下のものの集合となる．

$$10000\div48=208\text{ 余り }16$$

であるから，$B\cap C=\{48\cdot1,\ 48\cdot2,\ \cdots\cdots,\ 48\cdot208\}$ となる．

よって，$A\cap B\cap C$ の要素の個数は　**208個**

解説

1°　［A］は，条件(ア)，(イ)を解答のようにベン図を用いて表すことがポイントとなる．$\overline{A}$，$\overline{B}$ は，下図の斜線部分を表す．したがって，解答の V，W の図が得られる．

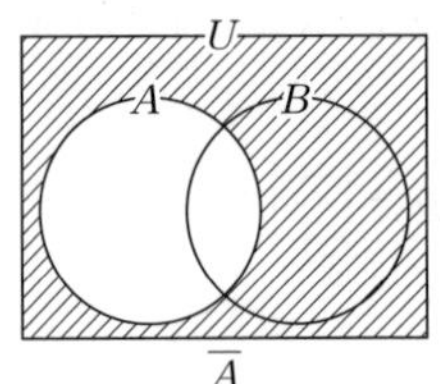

$\overline{A}$

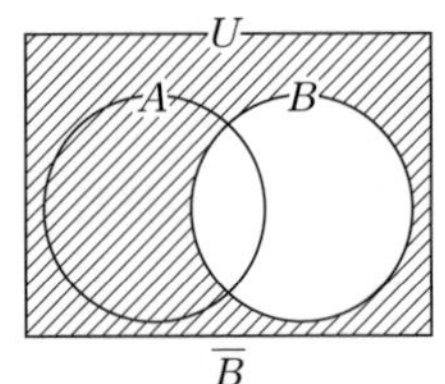

$\overline{B}$

2°　ド・モルガンの法則　$\overline{A\cap B}=\overline{A}\cup\overline{B}$，$\overline{A\cup B}=\overline{A}\cap\overline{B}$

を用いて，次のようにして，$A=V\cap\overline{W}$ を得てもよい．

(ア)の両辺の補集合を考えて

$$\overline{V}=\overline{A\cup\overline{B}}=\overline{A}\cap\overline{\overline{B}}=\overline{A}\cap B$$

(イ)と合わせると

$$\overline{A}=(\overline{A}\cap B)\cup(\overline{A}\cap\overline{B})=\overline{V}\cup W$$

再び両辺の補集合を考えて

$$A=\overline{\overline{V}\cup W}=\overline{\overline{V}}\cap\overline{W}=V\cap\overline{W}$$

3°　［B］について．a の倍数 かつ b の倍数 を満たす整数の集合は，a と b の最小公倍数の倍数の集合である．

12 ［A］ 正の整数 m，n が $\frac{1}{m}+\frac{1}{n}<\frac{1}{50}$ を満たすとき，m，n の少なくとも一方は100より大きいことを証明せよ． （広島市立大）

［B］ 実数 x，y に関する次の各命題の真偽を述べよ．真ならば証明し，偽ならば反例をあげよ．

(1) $x \geqq y$ ならば $x^2 \geqq y^2$ である．

(2) $x \geqq 0$，$y \geqq 0$，$x^2 \geqq y^2$ ならば $x \geqq y$ である． （鹿児島大）

思考のひもとき

条件 p に対し，p の否定を $\overline{p}$ で表す．

1. $p \Longrightarrow q$ という形の命題に対し

$q \Longrightarrow p$ を $p \Longrightarrow q$ の 逆

$\overline{p} \Longrightarrow \overline{q}$ を $p \Longrightarrow q$ の 裏

$\overline{q} \Longrightarrow \overline{p}$ を $p \Longrightarrow q$ の 対偶

という．

$p \Longrightarrow q$	←逆→	$q \Longrightarrow p$
↕裏	↖↗対偶↙↘	↕裏
$\overline{p} \Longrightarrow \overline{q}$	←逆→	$\overline{q} \Longrightarrow \overline{p}$

2. 命題の真偽は，その 対偶 の真偽と一致する．

3. $p \Longrightarrow q$ が偽であることをいうには，反例（p を満たすが，q を満たさない例）を1つだけあげればよい．

解答

［A］ m，n は正の整数とする．

$m \leqq 100$ かつ $n \leqq 100$ とすると

$$\frac{1}{m} \geqq \frac{1}{100} \text{ かつ } \frac{1}{n} \geqq \frac{1}{100}$$

より，$\frac{1}{m}+\frac{1}{n} \geqq \frac{1}{100}+\frac{1}{100}=\frac{1}{50}$ が成り立つ．

対偶をとり

「$\frac{1}{m}+\frac{1}{n}<\frac{1}{50}$ ならば　m，n の少なくとも一方は100より大きい」

が成り立つ．□

［B］ (1) 「$x \geqq y$ ならば $x^2 \geqq y^2$」は**偽**である．

反例として，$\boldsymbol{x=0}$，$\boldsymbol{y=-1}$ がある．

(2) 「$x \geqq 0$，$y \geqq 0$，$x^2 \geqq y^2$ ……① ならば $x \geqq y$」は**真**である．

（証明）

①が成り立つとき

$$\begin{cases} x^2-y^2=(x+y)(x-y)\geqq 0 \\ x+y\geqq 0 \end{cases}$$

であるから

$$x-y\geqq 0 \qquad \therefore\ x\geqq y$$

が成り立つ．□

解説

1°　［A］について．m，n を正の整数とする．

$$p: \frac{1}{m}+\frac{1}{n}<\frac{1}{50},\ q:「m,\ n\text{の少なくとも一方は}100\text{より大}」$$

について，$p \Longrightarrow q$ を示すために，その対偶 $\overline{q} \Longrightarrow \overline{p}$ を示せばよい（**思考のひもとき 2.** より）．

q：「$m>100$ または $n>100$」であるから，その否定は，$\overline{q}$：「$m\leqq 100$ かつ $n\leqq 100$」であることを理解することがポイントである．

2°　［B］について．

(1)　$p \Longrightarrow q$ の反例は，p を満たすが q を満たさないような例のことである．

p：$x\geqq y$ を満たすような実数の組 $(x,\ y)$ の集合は条件 p の真理集合とよばれているもので，それを P とする．q：$x^2\geqq y^2$ を満たすような実数 $(x,\ y)$ の集合，すなわち，条件 q の真理集合を Q とする．

q：$(x+y)(x-y)\geqq 0$ は

「$x+y\geqq 0$ かつ $x-y\geqq 0$」または

「$x+y\leqq 0$ かつ $x-y\leqq 0$」

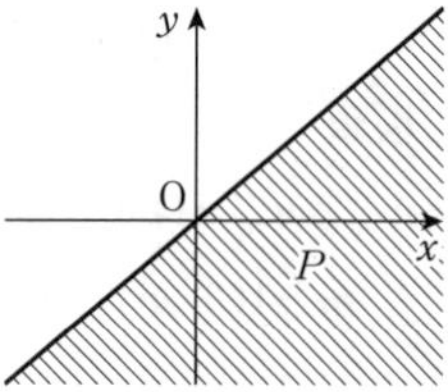

P は図1の斜線部分，Q は図2の斜線部分を表す．p を満たすが，q を満たさない $(x,\ y)$ は，$P\cap\overline{Q}$ に属する要素である．たとえば，$(0,\ -1)\in P\cap\overline{Q}$ だから，$(x,\ y)=(0,\ -1)$ は，$p \Longrightarrow q$ の反例である．

図1

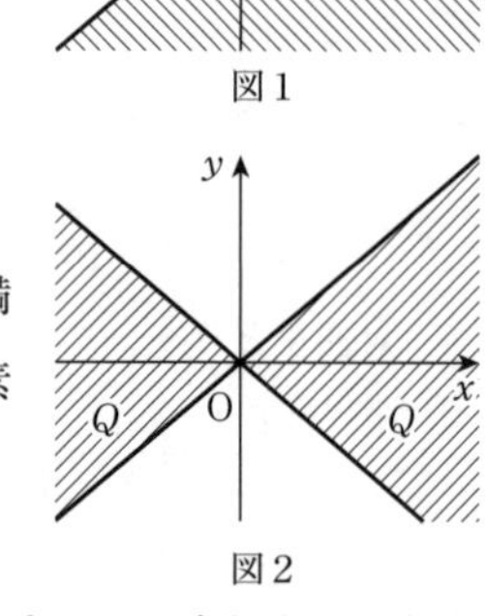

図2

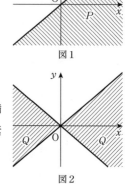

(2)　$p \Longrightarrow q$ を証明するときは，まず，p を仮定し，そのとき，q が成り立つことを示せばよい．$x\geqq 0$ かつ $y\geqq 0$ かつ $x^2\geqq y^2$ であるとする．このとき，$x\geqq y$，つまり $x-y\geqq 0$ が成り立つことを示せばよいのである．

13 ［A］ a, x は実数で a は定数とする．x についての条件 p, q を

$$p : x>a \qquad q : x(x-1)(x-2)>0$$

とするとき，次の問いに答えよ．

(1) p が q の十分条件となる定数 a の値の範囲を求めよ．

(2) p が q の必要条件となる定数 a の値の範囲を求めよ．　（群馬大）

［B］ 次の＿＿＿＿に，必要条件である，十分条件である，必要十分条件である，必要条件でも十分条件でもない，のうち，最も適当であるものをあてはめよ．また，その理由を書け．

(1) $|x+1|>|x-1|>|x-2|$ は $-1<x<2$ であるための＿＿＿＿．

(2) $|x+1|<|x-1|<|x-2|$ は $x<-1$ であるための＿＿＿＿．　（群馬大）

思考のひもとき

1. 条件 p, q の真理集合をそれぞれ P, Q とする．このとき，命題「$p \Longrightarrow q$」が成り立つことは，$\boxed{P \subset Q}$ が成り立つことと同じである．

2. 命題「$p \Longrightarrow q$」が成り立つとき，p は q の $\boxed{\text{十分条件}}$，q は p の $\boxed{\text{必要条件}}$ という．

解答

［A］ p, q の真理集合をそれぞれ P, Q とすると

$$P=\{x \mid x>a\}$$

また，$f(x)=x(x-1)(x-2)$ とおくと，表より

x	$-$	0	$+$	1	$+$	2	$+$
$x-1$	$-$	$-$	$-$	0	$+$	$+$	$+$
$x-2$	$-$	$-$	$-$	$-$	$-$	0	$+$
$f(x)$	$-$	0	$+$	0	$-$	0	$+$

$$Q=\{x \mid f(x)>0\}$$
$$=\{x \mid 0<x<1 \text{ または } 2<x\}$$

(1) p が q の十分条件，つまり「$p \Longrightarrow q$」，すなわち，$P \subset Q$ が成り立つような a の範囲を求めて

$\boldsymbol{2 \leqq a}$

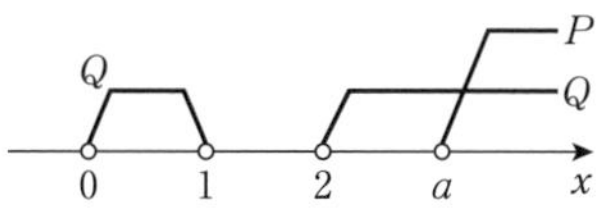

(2) p が q の必要条件，つまり「$q \Longrightarrow p$」，すなわち，$Q \subset P$ が成り立つような a の範囲を求めて

$\boldsymbol{a \leqq 0}$

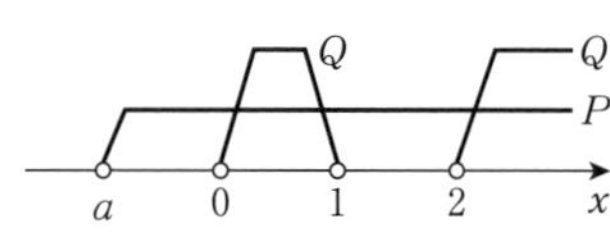

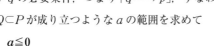

［B］ (1) 右図を参照すると

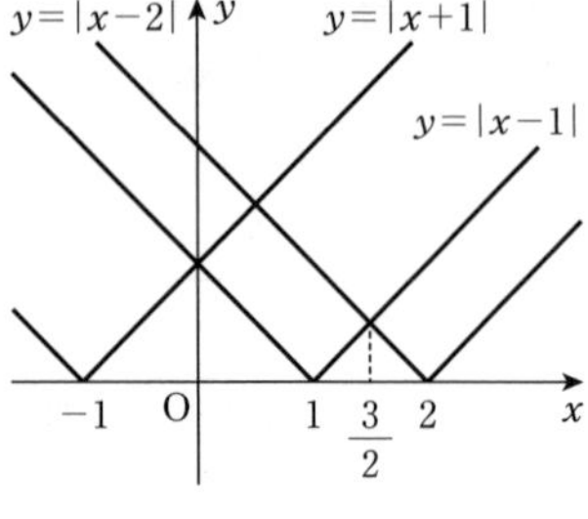

$$|x+1|>|x-1|>|x-2| \quad \cdots\cdots ①$$

を満たす実数 x の範囲は

$$\frac{3}{2}<x$$

これは，$-1<x<2$ に含まれないし，含むこともない．

よって

①は，$-1<x<2$ であるための**必要条件でも十分条件でもない**．

(2) 図を参照すると

$$|x+1|<|x-1|<|x-2| \quad \cdots\cdots ②$$

を満たす実数 x の範囲は

$$x<0$$

これは，$x<-1$ を含むから

②は，$x<-1$ であるための**必要条件である**．

解説

1° 命題「$p \Longrightarrow q$」が真であるかを p，q の真理集合 P，Q の包含関係 $P \subset Q$ が成り立つかで判定できることがポイントとなる．

$P \subset Q$ が成り立つとき

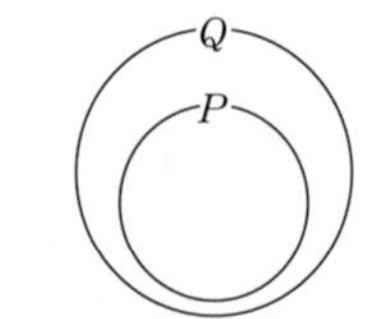

q は p であるための必要条件

p は q であるための十分条件

である．

たとえば，$p: x>1$，$q: x>0$ とすると，p，q の真理集合 P，Q は

$$P=\{x \mid x>1\},\quad Q=\{x \mid x>0\}$$

であり，$P \subset Q$ が成り立つから

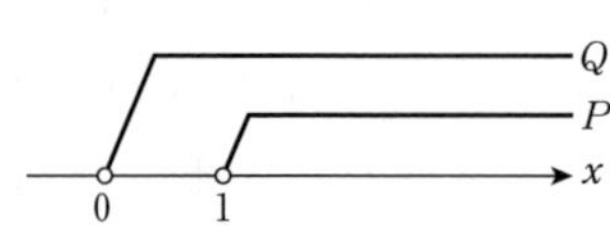

q は p であるための必要条件，

p は q であるための十分条件

である．

14 [A]　n を3以上の自然数とする．整式 x^n を x^2-4x+3 で割ったときの余りを求めよ．（茨城大）

[B]　整式 $P(x)$ は $(x-1)^2$ で割ると $5x-7$ 余り，$x-2$ で割ると10余る．$P(x)$ を $(x-1)^2(x-2)$ で割ったときの余りを求めよ．（山梨大）

[C]　$x_0=\dfrac{\sqrt{6}+\sqrt{2}}{2}$ が方程式 $x^4-4x^2+1=0$ の解であることを利用して，

$f(x)=x^6-3x^4+x^2$ のとき，$f(x_0)$ の値を求めると $f(x_0)=$ □．

（小樽商科大）

思考のひもとき

1.　x の整式 $f(x)$，$g(x)$ に対して

$$f(x)=g(x)\cdot Q(x)+R(x)\quad「R(x)=0 \text{ か } (R(x)\text{ の次数})<(g(x)\text{ の次数})」$$

を満たす x の整式 $Q(x)$，$R(x)$ がただ1組存在する（割り算の原理）．

このとき，$Q(x)$，$R(x)$ を $f(x)$ を $g(x)$ で割ったときの商，余りという．

2.　整式 $f(x)$ を $x-a$ で割った余りは　　$f(a)$　（剰余の定理）

解答

[A]　x^n を2次式 x^2-4x+3 で割ったときの余りは0か1次以下であるから，その余りを $ax+b$ とおく．商を $Q(x)$ とおくと，$x^2-4x+3=(x-1)(x-3)$ だから

$$x^n=(x-1)(x-3)Q(x)+ax+b$$

と表せる．

$x=1$ を代入すると　　$1=a+b$

$x=3$ を代入すると　　$3^n=3a+b$

これより　　$a=\dfrac{3^n-1}{2}$，$b=\dfrac{3-3^n}{2}$

よって，求める余りは　　$\boldsymbol{\dfrac{3^n-1}{2}x+\dfrac{3-3^n}{2}}$

[B]　整式 $P(x)$ を $(x-1)^2$ で割ると余りが $5x-7$ だから，商を $Q(x)$ とおくと

$$P(x)=(x-1)^2Q(x)+5x-7 \quad \cdots\cdots①$$

と表せる．また，$P(x)$ を $x-2$ で割ると10余るから　　$P(2)=10$　……②

①で $x=2$ とすると

$$P(2)=Q(2)+3$$

②と合わせて

$$Q(2)=7$$

そこで剰余の定理を用いると，$Q(x)$ を $x-2$ で割った余りは7となり，商を $Q_1(x)$ とすると

$$Q(x)=(x-2)Q_1(x)+7$$

と表せる．これを①に代入すると

$$\begin{aligned}P(x)&=(x-1)^2\{(x-2)Q_1(x)+7\}+5x-7\\&=(x-1)^2(x-2)Q_1(x)+7(x-1)^2+5x-7\\&=(x-1)^2(x-2)Q_1(x)+7x^2-9x\end{aligned}$$

ゆえに，$P(x)$ を $(x-1)^2(x-2)$ で割ったときの余りは　　$\boldsymbol{7x^2-9x}$

［C］　x_0 は $x^4-4x^2+1=0$ の解であるから

$$x_0{}^4-4x_0{}^2+1=0 \quad \cdots\cdots ①$$

ここで，$f(x)$ を x^4-4x^2+1 で割ると，商が x^2+1 で余りが $4x^2-1$ となるので

$$\begin{array}{r|lllll} & x^2 & +1 & & & \\ \hline x^4-4x^2+1 & x^6 & -3x^4 & +x^2 & & \\ & x^6 & -4x^4 & +x^2 & & \\ \hline & & x^4 & & & \\ & & x^4 & -4x^2 & +1 & \\ \hline & & & 4x^2 & -1 & \end{array}$$

$$f(x)=(x^4-4x^2+1)(x^2+1)+4x^2-1$$

この式に $x=x_0$ を代入し，①を用いると

$$\begin{aligned}f(x_0)&=(x_0{}^4-4x_0{}^2+1)(x_0{}^2+1)+4x_0{}^2-1\\&=4x_0{}^2-1=4\cdot\frac{6+2+2\sqrt{6}\sqrt{2}}{4}-1=\boldsymbol{7+4\sqrt{3}}\end{aligned}$$

解説

1°　整式を2次式で割ると余りは，0か1次以下の式

整式を3次式で割ると余りは，0か2次以下の式

となる．

［B］で余りを ax^2+bx+c とおき，そのときの商を $Q(x)$ とおくと，次のように解ける．

$$P(x)=(x-1)^2(x-2)Q(x)+ax^2+bx+c$$

ax^2+bx+c を $(x-1)^2$ で割った余りが $5x-7$ になるべきで

$$ax^2+bx+c=a(x-1)^2+5x-7$$

となり，$x-2$ で割ると10余るべきで，$a(2-1)^2+5\cdot2-7=10$ より　　$a=7$

よって，求める余りは　　$7(x-1)^2+5x-7=7x^2-9x$

15 [A]　$\dfrac{2}{\sqrt{3}-1}$ の整数部分を a，小数部分を b とする．このとき，a^2+ab+b^2 と

$\dfrac{1}{a-b-1}-\dfrac{1}{a+b+1}$ の値を求めよ．　（琉球大）

[B]　$\dfrac{2a-1}{2+\sqrt{2}}=b-2\sqrt{2}$ を満たす有理数 a，b を求めよ．　（徳島大）

[C]　$\dfrac{1}{a}+\dfrac{1}{b}+\dfrac{1}{c}=\dfrac{1}{a+b+c}$ が成り立つとき，次の問いに答えよ．

(1)　$(a+b)(b+c)(c+a)$ の値を求めよ．

(2)　$\dfrac{1}{a^7}+\dfrac{1}{b^7}+\dfrac{1}{c^7}=\dfrac{1}{a^7+b^7+c^7}$ が成り立つことを示せ．　（岡山県立大）

思考のひもとき

1.　$n \leqq p < n+1$（n は整数）のとき

（p の整数部分）$=\boxed{n}$，（p の小数部分）$=\boxed{p-n}$

2.　$p+q\sqrt{2}=0$（p，q は有理数）$\Longrightarrow$ $\boxed{p=q=0}$

解答

[A]　$$\frac{2}{\sqrt{3}-1}=\frac{2(\sqrt{3}+1)}{(\sqrt{3}-1)(\sqrt{3}+1)}=\frac{2(\sqrt{3}+1)}{(\sqrt{3})^2-1^2}=\sqrt{3}+1$$

ここで，$1<\sqrt{3}<2$ だから，整数部分 a は $a=2$ で，小数部分 b は

$$b=(\sqrt{3}+1)-a=\sqrt{3}-1$$

したがって

$$a^2+ab+b^2=2^2+2(\sqrt{3}-1)+(\sqrt{3}-1)^2=4+2\sqrt{3}-2+4-2\sqrt{3}=\mathbf{6}$$

$$\frac{1}{a-b-1}-\frac{1}{a+b+1}=\frac{(a+b+1)-(a-b-1)}{(a-b-1)(a+b+1)}$$

$$=\frac{2b+2}{\{a-(b+1)\}\{a+(b+1)\}}$$

$$=\frac{2(b+1)}{a^2-(b+1)^2}=\frac{2\sqrt{3}}{2^2-(\sqrt{3})^2}=\mathbf{2\sqrt{3}}$$

[B]　$$\frac{2a-1}{2+\sqrt{2}}=b-2\sqrt{2}$$

より

$$2a-1=(2+\sqrt{2})(b-2\sqrt{2})$$

$$\therefore\quad 2a-1=2b-4+(b-4)\sqrt{2}\quad\cdots\cdots①$$

$2a-1$，$2b-4$，$b-4$ が有理数，$\sqrt{2}$ が無理数であるから，①より

$$\begin{cases}2a-1=2b-4\\ \quad\ \ 0=b-4\end{cases}\qquad\therefore\quad\begin{cases}a=\dfrac{5}{2}\\ b=4\end{cases}$$

［C］ $\dfrac{1}{a}+\dfrac{1}{b}+\dfrac{1}{c}=\dfrac{1}{a+b+c}$ つまり $\dfrac{bc+ac+ab}{abc}=\dfrac{1}{a+b+c}$ が成り立つとき．

(1) $$(a+b+c)(ab+ac+bc)=abc$$

これを a について整理すると

$$\{a+(b+c)\}\{(b+c)a+bc\}=bca$$

$$(b+c)a^2+(b+c)^2a+bc(b+c)=0$$

$$\therefore\quad (b+c)\{a^2+(b+c)a+bc\}=0$$

$$\therefore\quad (a+b)(b+c)(c+a)=\mathbf{0}$$

(2) (1)より $a+b=0$ または $b+c=0$ または $c+a=0$ であるから

$a+b=0$ のとき，$b=-a$ だから $b^7=-a^7$ となり

$$\frac{1}{a^7}+\frac{1}{b^7}+\frac{1}{c^7}=\frac{1}{a^7}-\frac{1}{a^7}+\frac{1}{c^7}=\frac{1}{c^7}$$

$$=\frac{1}{a^7-a^7+c^7}=\frac{1}{a^7+b^7+c^7}$$

が成り立つ．$b+c=0$ や $c+a=0$ のときも同様に示すことができる． □

解説

1° ［A］の前半で $a^2+ab+b^2=a^2+(a+b)b=2^2+(\sqrt{3}+1)(\sqrt{3}-1)=6$ としてもよい．

2° ［B］について．

$$a+b\sqrt{2}=c+d\sqrt{2}\quad(a,\ b,\ c,\ d\text{は有理数})\quad\cdots\cdots②$$

ならば

$$a=c\ \text{かつ}\ b=d$$

が成り立つ．

（ $\because$ ②より $a-c=(d-b)\sqrt{2}$ ……③

ここで，$d-b\neq0$ としたら，$\sqrt{2}=\dfrac{a-c}{d-b}$ が有理数となり矛盾する．

ゆえに $d-b=0$

このとき，③より $a-c=0$ $\therefore$ $a=c$ かつ $b=d$ ）

16 ［A］　実数a，b，cが$a \neq c$，$b \neq 0$を満たすとき，不等式

$(a^2+b^2)(b^2+c^2)>(b^2+ac)^2$が成り立つことを示せ．　（宮城教育大）

［B］　a，b，c，x，y，zを実数とする．

(1)　$(a^2+b^2+c^2)(x^2+y^2+z^2) \geqq (ax+by+cz)^2$が成り立つことを示せ．

(2)　$x+y+z=1$のとき，$x^2+y^2+z^2$の最小値を求めよ．　（福岡教育大）

思考のひもとき

1.　不等式$A \leqq B$を示すには，$B-A \geqq 0$を示すことが基本である．

2.　Aが実数のとき

$A^2 \geqq 0$　（等号が成立するのは$A=\boxed{0}$のときのみ）

A，B，Cが実数のとき

$A^2+B^2+C^2 \geqq 0$

（等号が成立するのは，$(A,\ B,\ C)=\boxed{(0,\ 0,\ 0)}$のときのみ）

3.　つねに$x^2+y^2+z^2 \geqq m$（mは実数）が成り立ち，しかも$x^2+y^2+z^2=m$となるような$(x,\ y,\ z)$が存在するとき

$(x^2+y^2+z^2$の最小値$)=\boxed{m}$

解答

［A］

$$\begin{aligned}(a^2+b^2)(b^2+c^2)-(b^2+ac)^2&=(a^2b^2+a^2c^2+b^4+b^2c^2)-(b^4+2ab^2c+a^2c^2)\\&=a^2b^2+b^2c^2-2ab^2c\\&=b^2(a^2+c^2-2ac)\\&=b^2(a-c)^2\end{aligned}$$

ここで，実数a，b，cが$a \neq c$，$b \neq 0$を満たすことから

$b^2(a-c)^2>0$

よって　$(a^2+b^2)(b^2+c^2)>(b^2+ac)^2$　□

［B］　a，b，c，x，y，zを実数とする．

(1)

$$\begin{aligned}&(a^2+b^2+c^2)(x^2+y^2+z^2)-(ax+by+cz)^2\\&=a^2(y^2+z^2)+b^2(x^2+z^2)+c^2(x^2+y^2)-2(abxy+acxz+bcyz)\\&=(a^2y^2+b^2x^2-2abxy)+(a^2z^2+c^2x^2-2acxz)+(b^2z^2+c^2y^2-2bcyz)\\&=(bx-ay)^2+(cx-az)^2+(cy-bz)^2 \geqq 0\end{aligned}$$

等号が成立するのは，$bx=ay$かつ$cx=az$かつ$cy=bz$のとき

すなわち，$x:y:z=a:b:c$のときに限る．

よって　$(a^2+b^2+c^2)(x^2+y^2+z^2) \geqq (ax+by+cz)^2$

（等号は，$x:y:z=a:b:c$ のときに限る）

が成り立つ．□

(2)　$x+y+z=1$ のとき

$a=b=c=1$ として(1)の不等式を用いると

$$(1^2+1^2+1^2)(x^2+y^2+z^2) \geqq (x+y+z)^2=1^2=1$$

より　$x^2+y^2+z^2 \geqq \dfrac{1}{3}$

等号は，$x:y:z=1:1:1$，つまり，$x=y=z=\dfrac{1}{3}$ のときに成立する．

よって，$x^2+y^2+z^2$ の最小値は　$\boldsymbol{\dfrac{1}{3}}$

解説

1°　［B］(1)の不等式は，**コーシー・シュワルツの不等式**とよばれている．

一般には

$$(a_1{}^2+a_2{}^2+\cdots\cdots+a_n{}^2)(x_1{}^2+x_2{}^2+\cdots\cdots+x_n{}^2) \geqq (a_1x_1+a_2x_2+\cdots\cdots+a_nx_n)^2$$

が成り立つことが知られている．

［A］もコーシー・シュワルツの不等式 $(a^2+b^2)(x^2+y^2) \geqq (ax+by)^2$ の特別な場合（$x=c$，$y=b$ として）を扱っている．

別解

［B］(1)を空間内のベクトルを用いて解くと，次のようになる．

$\vec{p}=\begin{pmatrix} a \\ b \\ c \end{pmatrix}$，$\vec{q}=\begin{pmatrix} x \\ y \\ z \end{pmatrix}$ とすると

$$a^2+b^2+c^2=|\vec{p}|^2,\ x^2+y^2+z^2=|\vec{q}|^2,\ ax+by+cz=\vec{p}\cdot\vec{q}$$

ここで，$\vec{p}$ と $\vec{q}$ のなす角を θ $(0° \leqq \theta \leqq 180°)$ とおくと

$$\vec{p}\cdot\vec{q}=|\vec{p}||\vec{q}|\cos\theta$$

$-1 \leqq \cos\theta \leqq 1$ であることを考えると

$$|\vec{p}|^2|\vec{q}|^2 \geqq |\vec{p}|^2|\vec{q}|^2\cos^2\theta=(\vec{p}\cdot\vec{q})^2$$

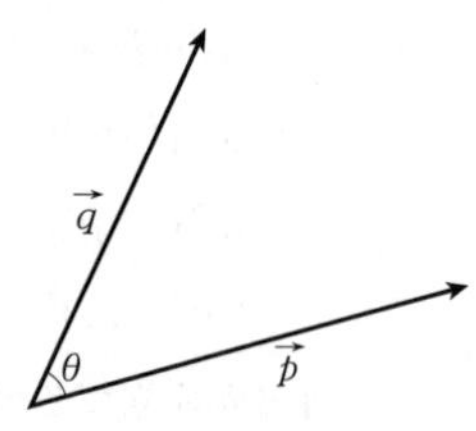

より，$(a^2+b^2+c^2)(x^2+y^2+z^2) \geqq (ax+by+cz)^2$ が成り立つ．

等号は，$\theta=0°$ または $180°$　つまり $\cos\theta=\pm1$

すなわち，$x:y:z=a:b:c$ のときに成立する．□

17　a，b，c，dを正の実数とする．このとき，次の問いに答えよ．

(1)　不等式 $\sqrt{ab} \leqq \dfrac{a+b}{2}$ を示せ．

(2)　不等式 $\sqrt[4]{abcd} \leqq \dfrac{a+b+c+d}{4}$ を示せ．

(3)　不等式 $\sqrt[4]{ab^3} \leqq \dfrac{a+3b}{4}$ を示せ．　（新潟大）

思考のひもとき

1.　$a>0$，$b>0$のとき，$\sqrt{a}=A$，$\sqrt{b}=B$とおくと

$$\sqrt{ab}=AB,\ a=A^2,\ b=B^2$$

解答

a，b，c，dを正の実数とする．

(1)
$$\frac{a+b}{2}-\sqrt{ab}=\frac{1}{2}\{(\sqrt{a})^2+(\sqrt{b})^2-2\cdot\sqrt{a}\cdot\sqrt{b}\}$$
$$=\frac{1}{2}(\sqrt{a}-\sqrt{b})^2$$
$$\geqq 0$$（等号は $\sqrt{a}=\sqrt{b}$ つまり $a=b$ のときにのみ成立する）

より

$$\sqrt{ab} \leqq \frac{a+b}{2}$$（等号は，$a=b$のときに成立する）　□

(2)　(1)の不等式をくり返し用いて

$$\frac{a+b+c+d}{4}=\frac{\dfrac{a+b}{2}+\dfrac{c+d}{2}}{2}$$
$$\geqq \frac{\sqrt{ab}+\sqrt{cd}}{2}$$（等号は，$a=b$ かつ $c=d$ のときに成立する）
$$\geqq \sqrt{\sqrt{ab}\cdot\sqrt{cd}}$$（等号は，$\sqrt{ab}=\sqrt{cd}$のときに成立する）
$$=\sqrt[4]{abcd}$$

よって

$$\sqrt[4]{abcd} \leqq \frac{a+b+c+d}{4}$$

$$\left(\begin{array}{l}\text{等号は，} a=b \text{ かつ } c=d \text{ かつ } ab=cd \text{ のとき，}\\ \text{つまり，} a=b=c=d \text{ のときにのみ成立する}\end{array}\right) \quad \square$$

(3)　(2)の不等式を用いて

$$\frac{a+3b}{4}=\frac{a+b+b+b}{4}\geqq\sqrt[4]{ab^3}\quad(\text{等号は，} a=b \text{ のときにのみ成立する})\quad\square$$

解説

1°　(1)や(2)の不等式の右辺を相加平均，左辺を相乗平均といい，これらの不等式は**相加平均・相乗平均の不等式**とよばれており，入試ではよく使われる不等式である．この不等式を使うときには必ず2つの実数が正であることをチェックしてから使うこと，および等号成立条件を明記することを心掛けたい．

2°　実は，(2)の4つの場合の不等式を用いると，次の3つの場合の不等式

$$\frac{a+b+c}{3}\geqq\sqrt[3]{abc}$$

を次のように示すこともできる．

(2)の不等式で $d=\sqrt[3]{abc}$ とすると

$$\frac{a+b+c+\sqrt[3]{abc}}{4}\geqq\sqrt[4]{abc\sqrt[3]{abc}}=\sqrt[3]{abc}$$

(等号は，$a=b=c=\sqrt[3]{abc}$ のとき，つまり，$a=b=c$ のときに成立する)

より

$$\frac{a+b+c}{3}\geqq\sqrt[3]{abc}\quad(\text{等号は，} a=b=c \text{ のときのみ成立する})$$

3°　一般に，$a_1>0$，$a_2>0$，……，$a_n>0$ のとき

$$\frac{a_1+a_2+\cdots\cdots+a_n}{n}\geqq\sqrt[n]{a_1a_2\cdots\cdots a_n}$$

(等号は，$a_1=a_2=\cdots\cdots=a_n$ のときのみ成立する)

が成り立つ．

18　a, b, c を自然数とするとき，次の不等式を示せ．

(1)　$2^{a+b} \geqq 2^a + 2^b$

(2)　$2^{a+b+c} \geqq 2^a + 2^b + 2^c + 2$

(3)　$2^{a+b+c} \geqq 2^{a+b} + 2^{b+c} + 2^{c+a} - 4$　　（大阪教育大）

思考のひもとき

1.　$a^p \cdot a^q = a^{p+q}$

2.　$AB - kA - lB + kl = (A - \boxed{l})(B - \boxed{k})$

3.　$ABC - A - B - C$ において，A, B を固定すると（A, B を定数とみなすと），C についての $\boxed{1次}$ の関数 $\boxed{(AB-1)C-A-B}$ とみなすことができる．

解答

a, b, c を自然数とする．

$A = 2^a$, $B = 2^b$, $C = 2^c$ とおくと　　$2^{a+b} = 2^a \cdot 2^b = AB$

同様に，$2^{a+b+c} = ABC$, $2^{b+c} = BC$, $2^{c+a} = CA$ で

$$A \geqq 2,\ B \geqq 2,\ C \geqq 2$$

(1)
$$2^{a+b} - (2^a + 2^b) = AB - (A+B)$$
$$= (A-1)(B-1) - 1 \quad \cdots\cdots ①$$

ここで，a, b は自然数だから $A = 2^a \geqq 2$, $B = 2^b \geqq 2$ より

$$A - 1 \geqq 1,\ B - 1 \geqq 1$$
$$\therefore\ (A-1)(B-1) \geqq 1 \cdot 1 = 1 \quad \cdots\cdots ②$$

①，②より

$$AB - (A+B) \geqq 0$$
$$\therefore\ 2^{a+b} \geqq 2^a + 2^b$$

（等号は，$A = B = 2$ のとき，つまり，$a = b = 1$ のときのみ成立する）　□

(2)
$$2^{a+b+c} - (2^a + 2^b + 2^c + 2) = ABC - (A+B+C+2)$$

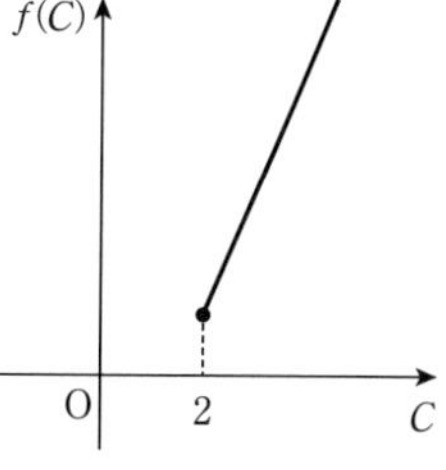

A, B を固定し，C についての関数とみなして $f(C)$ とおくと

$f(C) = (AB-1)C - A - B - 2$ は1次関数で

傾き：$AB - 1 \geqq 2 \cdot 2 - 1 = 3$, C の変域：$2 \leqq C$ であるから

$$f(C) \geqq f(2) = 2(AB-1) - A - B - 2$$
$$= (AB - A - B) + (AB - 4)$$
$$\geqq 0 + 0 = 0 \quad (\because\ (1),\ AB \geqq 4)$$

よって

$$2^{a+b+c} \geqq 2^a+2^b+2^c+2$$

（等号は，$A=B=C=2$，つまり，$a=b=c=1$ のときのみ成立する）　□

(3)　$$2^{a+b+c}-(2^{a+b}+2^{b+c}+2^{c+a}-4)=ABC-(AB+BC+CA-4)$$

A，B を固定し，C についての関数とみなして $g(C)$ とおくと

$$g(C)=(AB-A-B)C-AB+4$$

$g(C)$ は1次以下の関数で，(1)より，$AB-A-B \geqq 0$ だから

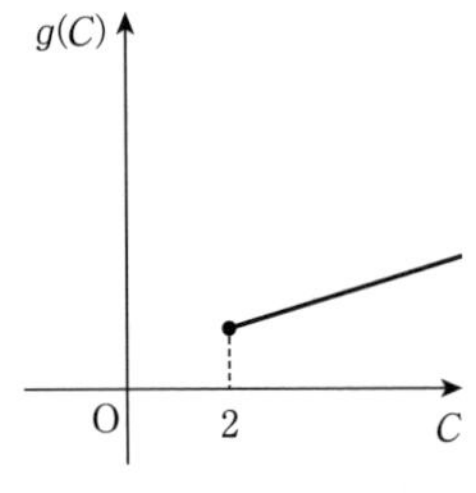

$$\begin{aligned} g(C) &\geqq g(2) \\ &=2(AB-A-B)-AB+4 \\ &=AB-2A-2B+4 \\ &=(A-2)(B-2) \\ &\geqq 0 \quad (\because \quad A-2 \geqq 0,\ B-2 \geqq 0) \end{aligned}$$

よって

$$2^{a+b+c} \geqq 2^{a+b}+2^{b+c}+2^{c+a}-4$$

（等号は，「$A=B=2$ または $C=2$」かつ「$A=2$ または $B=2$」のとき，
つまり，$A=B=2$ または $B=C=2$ または $C=A=2$ のとき，
すなわち，a，b，c のうち少なくとも2つが1であるときのみ成立する）　□

解説

1°　(1)では，$2^{a+b}=2^a \cdot 2^b$ なので，与えられた不等式は $2^a \cdot 2^b \geqq 2^a+2^b$ となり，両辺で同じ形をしたものを $2^a=A$，$2^b=B$ とおくと見通しがよくなる．

2°　(2)，(3)では，(左辺)−(右辺)$\geqq 0$ を示すために，A，B を固定して C についての1次以下の関数とみなして考えていく（(1)を利用するために A，B を固定する）．

このとき，傾き$\geqq 0$ より，単調増加であることに注意したい．

3°　変数が2つ以上の関数の最大・最小を考えるとき，1つの文字に注目して，その他の文字を定数として扱い，1変数関数として最大・最小を求め，次に定数扱いした文字を変数として，さらに最大・最小を求めていくことがよくある．2つ以上の変数の動きは同時に扱えないということを意識することが大切である．

第 3 章　2 次関数，2 次方程式，2 次不等式，高次方程式

19　a，b，c を定数とし，$a>0$ であるとする．2 次関数 $f(x)=ax^2+bx+c$ $(-1 \leqq x \leqq 1)$ の最小値を求めよ．（広島市立大）

思考のひもとき

1.　$a \neq 0$ のとき

$f(x)=ax^2+bx+c$ を平方完成すると

$$f(x)=a\left(x^2+\boxed{\frac{b}{a}}x\right)+c$$
$$=a\left\{\left(x+\boxed{\frac{b}{2a}}\right)^2-\left(\boxed{\frac{b}{2a}}\right)^2\right\}+c$$
$$=a\left(x+\boxed{\frac{b}{2a}}\right)^2+\boxed{\frac{-b^2+4ac}{4a}}$$

$y=ax^2+bx+c$ のグラフの対称軸は，$x=\boxed{-\frac{b}{2a}}$ で

頂点は，$\left(\boxed{-\frac{b}{2a}},\ \boxed{\frac{-b^2+4ac}{4a}}\right)$

解答

$a>0$ だから，$y=f(x)$ のグラフは下に凸である．

$f(x)=a\left(x+\frac{b}{2a}\right)^2+\frac{-b^2+4ac}{4a}$ と表されるから，$y=f(x)$ の頂点は

$$\left(-\frac{b}{2a},\ \frac{-b^2+4ac}{4a}\right)$$

そこで，頂点と区間 $-1 \leqq x \leqq 1$ の位置関係で場合分けして，$f(x)$ $(-1 \leqq x \leqq 1)$ の最小値 m を求める．

(i)　$-1 \leqq -\frac{b}{2a} \leqq 1$，つまり，$-2a \leqq b \leqq 2a$ のとき

$y=f(x)$ の頂点は $-1 \leqq x \leqq 1$ の範囲にあるから，$y=f(x)$ $(-1 \leqq x \leqq 1)$ の最小値 m は

$$m=f\left(-\frac{b}{2a}\right)=\frac{-b^2+4ac}{4a}$$

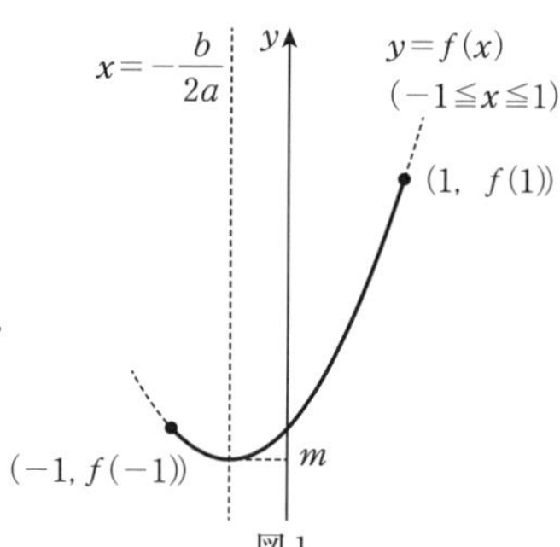

図 1

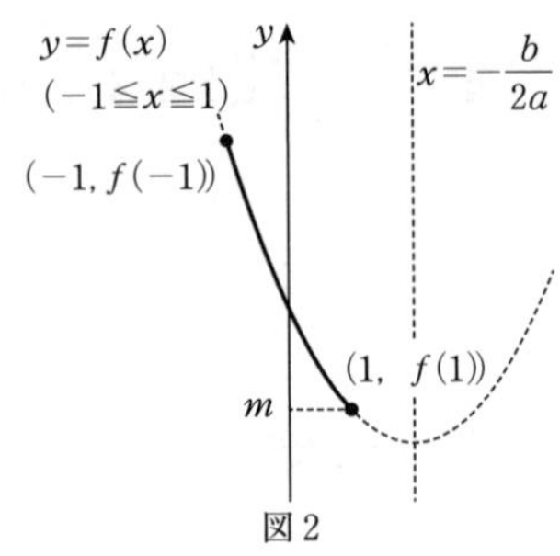

図 2

(ii) $1<-\dfrac{b}{2a}$，つまり，$-2a>b$ のとき

$y=f(x)$ $(-1\leqq x\leqq 1)$ のグラフは図 2 のようになり，最小値 m は

$$m=f(1)=a+b+c$$

(iii) $-\dfrac{b}{2a}<-1$，つまり，$b>2a$ のとき

$y=f(x)$ $(-1\leqq x\leqq 1)$ のグラフは図 3 のようになり，最小値 m は

$$m=f(-1)=a-b+c$$

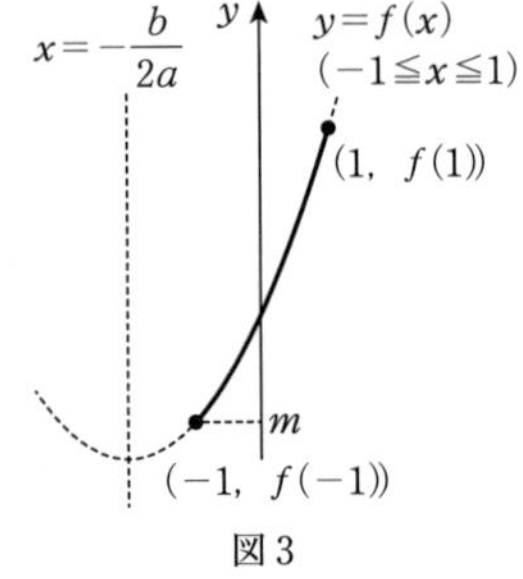

図 3

以上により，求める最小値 m は

$$m=\begin{cases}\dfrac{-b^2+4ac}{4a} & (-2a\leqq b\leqq 2a\text{ のとき})\\ a+b+c & (b<-2a\text{ のとき})\\ a-b+c & (2a<b\text{ のとき})\end{cases}$$

解説

1° $-1\leqq x\leqq 1$ のように x の変域が実数の一部に限られておらず，$f(x)$ の定義域が実数全体ならば，下に凸の 2 次関数 $f(x)$ の最小値は，頂点の y 座標

$f\left(-\dfrac{b}{2a}\right)=\dfrac{-b^2+4ac}{4a}$ である．

この問題では，「x の変域が $-1\leqq x\leqq 1$」という制限があるので

(i) $-1\leqq -\dfrac{b}{2a}\leqq 1$

(ii) $1<-\dfrac{b}{2a}$

(iii) $-\dfrac{b}{2a}<-1$

のように頂点の x 座標，1，-1 の大小関係で場合分けを行わなければならない．

20 連立1次方程式

$$\begin{cases}(a-1)x+y=1\\(a+1)x+(2a-1)y=3\end{cases}\quad\cdots\cdots(*)$$

が解を無数にもつとき，次の問いに答えよ．ただし，a は定数とする．

(1)　a の値を定めよ．

(2)　$(*)$の解$(x,\ y)$のなかで x^3+y^3 の値を最小とするものを求めよ．　(信州大)

思考のひもとき

1.　方程式 $px=q$ の解は

$p\neq 0$ のとき　$\boxed{x=\dfrac{q}{p}}$

$p=0$ かつ $q=0$ のとき　$\boxed{x\text{は任意の数}}$

$p=0$ かつ $q\neq 0$ のとき　$\boxed{\text{解なし}}$

解答

(1)　$\begin{cases}(a-1)x+y=1 & \cdots\cdots①\\(a+1)x+(2a-1)y=3 & \cdots\cdots②\end{cases}$

①から

$y=-(a-1)x+1\quad\cdots\cdots①'$

①′を②に代入して

$(a+1)x+(2a-1)\{-(a-1)x+1\}=3$

より

$a(a-2)x=a-2\quad\cdots\cdots③$

①′から x が決まれば y も決まることを考えると，①，②を同時に満たす$(x,\ y)$が無数にあるための条件は，③を満たす x が無数に存在することである．それは

$a(a-2)=0$ かつ $a-2=0$

$\therefore\quad a=\mathbf{2}$

(2)　$a=2$ だから

① かつ ②　$\iff$　$\begin{cases}①'：y=-x+1\\③\ ：0\cdot x=0\end{cases}$

$\iff$　①′

であることを考えると，$(*)$の解は

2次関数・方程式・不等式，高次方程式

$$(x,\ y)=(x,\ -x+1)\quad (x \text{ は任意})$$

このとき

$$\begin{aligned} x^3+y^3 &= x^3+(-x+1)^3 \\ &= x^3+(-x^3+3x^2-3x+1) \\ &= 3\left(x-\frac{1}{2}\right)^2+\frac{1}{4} \end{aligned}$$

となり，この値を最小にする(＊)の解$(x,\ y)$は

$$(x,\ y)=\left(\frac{1}{2},\ -\frac{1}{2}+1\right)=\left(\boldsymbol{\frac{1}{2}},\ \boldsymbol{\frac{1}{2}}\right)$$

解説

1° (1)について．①，②を同時に満たす$(x,\ y)$を連立方程式①，②の解という．「①かつ②」は，「①′かつ③」と同値であり，①′からxが決まればyは決まるから，①′，③を同時に満たす$(x,\ y)$が無数にあるのは，③を満たすxが無数に存在するときである．それが$a=2$のときである．

2° ①かつ②の解が無数にあるのは，図形的には，xy平面において，直線①と直線②が一致するときである．ここで

$$\begin{aligned} ①/\!/② &\iff ①と②の傾きが等しい \\ &\iff -(a-1)=-\frac{a+1}{2a-1} \\ &\iff a=0 \text{ または } 2 \end{aligned}$$

$a=0$のときは，①：$y=x+1$ と ②：$y=x-3$ は一致せず，共有点なし．

$a=2$のときは，①：$y=-x+1$ と ②：$y=-x+1$ は一致し，共有点が無数．

①$\not\parallel$②のとき，つまり，$a\neq 0$かつ$a\neq 2$のとき，①と②の共有点は1個．

以上により，$a=2$であることがわかる．

3° ③の方程式を実際に解くと

$a(a-2)\neq 0$のとき，③は

$$x=\frac{1}{a}$$

$a=0$のとき，③：$0\cdot x=-2$は解なし．

$a=2$のとき，③：$0\cdot x=0$は無数の解をもつ．

21 ［A］　次の連立不等式を解け．

$$\begin{cases} 4x^2-4x-15<0 \\ x^2-2x \geqq 0 \end{cases}$$

（愛媛大）

［B］　２次不等式 $x^2+(a-3)x+a>0$ がすべての実数 x について成り立つように，実数 a の値の範囲を求めよ．　　（岩手大）

思考のひもとき

1.　$\alpha<\beta$ のとき

$(x-\alpha)(x-\beta)<0$ を満たす x の範囲は　　$\alpha<x<\beta$

$(x-\alpha)(x-\beta)=0$ を満たす x は　　$x=\alpha,\ \beta$

$(x-\alpha)(x-\beta)>0$ を満たす x の範囲は　　$x<\alpha$ または $\beta<x$

2.　$a>0$ のとき

「$ax^2+bx+c>0$ がすべての実数 x について成り立つ」　……(＊)

$\Longleftrightarrow$ 「$ax^2+bx+c=0$ ……Ⓐ が実数解をもたない」

$\Longleftrightarrow$ （Ⓐの判別式）$=b^2-4ac<0$

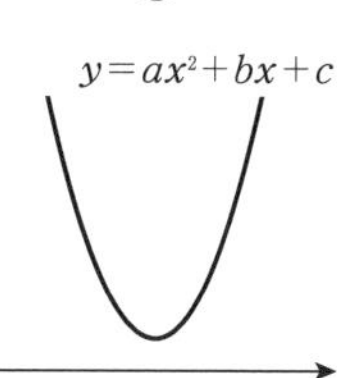

解答

［A］　$4x^2-4x-15=(2x+3)(2x-5)<0$

を解くと

$$-\frac{3}{2}<x<\frac{5}{2}\quad \cdots\cdots①$$

また

$$x^2-2x=x(x-2)\geqq 0$$

を解くと

$$x\leqq 0 \text{ または } 2\leqq x \quad \cdots\cdots②$$

①かつ②を満たす x の範囲を求めて

$$\boldsymbol{-\frac{3}{2}<x\leqq 0 \text{ または } 2\leqq x<\frac{5}{2}}$$

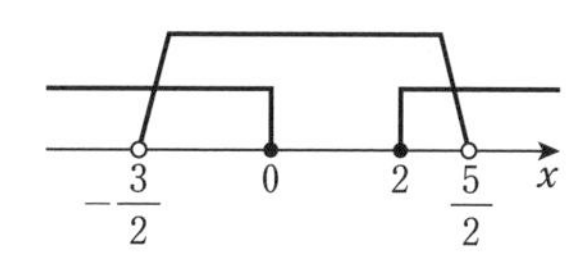

［B］　$x^2+(a-3)x+a>0$

がすべての実数 x について成り立つための条件は，$x^2+(a-3)x+a=0$ の判別式を D とすると

$$D=(a-3)^2-4a=(a-1)(a-9)<0$$

より

$$1<a<9$$

解説

1°　［A］について．

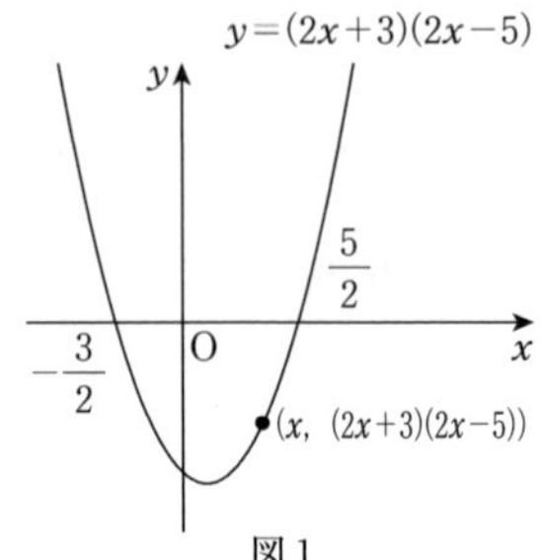

図１

$$(2x+3)(2x-5)<0$$

を満たす x の範囲は，図１のように

$$y=(2x+3)(2x-5)$$

上の点の y 座標が負となる点の x 座標のとり得る値の範囲である．

したがって

$$-\frac{3}{2}<x<\frac{5}{2} \quad \cdots\cdots ①$$

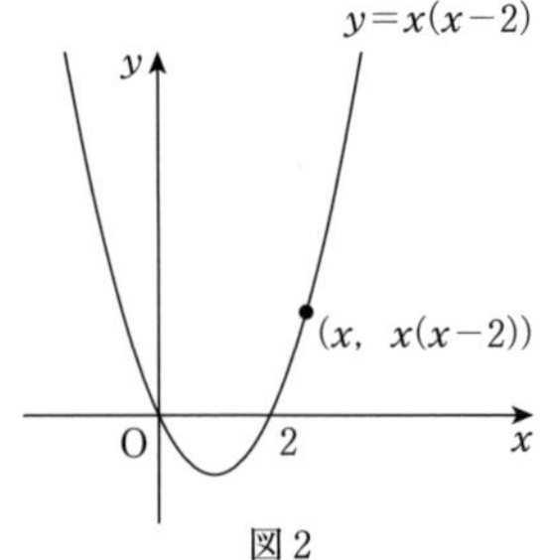

図２

同じように

$$x(x-2) \geqq 0$$

を満たす x の範囲は，図２より

$$x \leqq 0 \text{ または } 2 \leqq x \quad \cdots\cdots ②$$

これら①，②を満たす x の範囲を求めて解答した．

2°　［B］では，**思考のひもときの2.** の

$$(*) \iff (\text{判別式})<0$$

を用いて解答した．

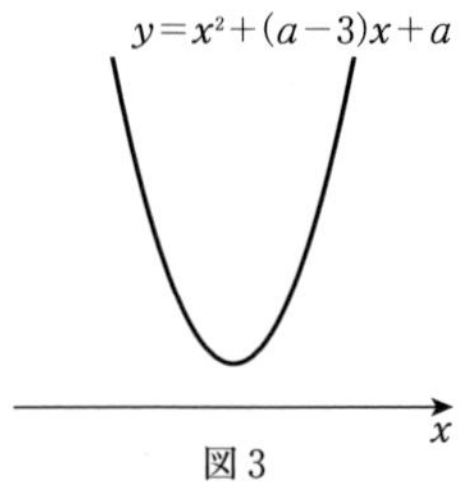

図３

$$x^2+(a-3)x+a=\left(x+\frac{a-3}{2}\right)^2-\frac{(a-3)^2}{4}+a$$

$$=\left(x+\frac{a-3}{2}\right)^2-\frac{(a-1)(a-9)}{4}$$

$$(*) \iff y=\left(x+\frac{a-3}{2}\right)^2-\frac{(a-1)(a-9)}{4}$$

の頂点の y 座標が正

$$\iff (a-1)(a-9)<0$$

$$\iff 1<a<9$$

のようにして解いてもよい．

いずれの方法にしても，２次不等式の解法は，２次関数のグラフと x 軸との位置関係を考えて解くとイメージが湧くことが多い．

22　m を実数とする．x についての2次方程式 $x^2+(m-1)x+m^2+m-2=0$ が異なる実数解 α，β をもつとする．次の問いに答えよ．

(1)　m の値の範囲を求めよ．

(2)　$\alpha^2+\beta^2$ を m を用いて表せ．

(3)　$\alpha^2+\beta^2$ がとり得る値の範囲を求めよ．　　　　　　　　　　　　　(奈良女子大)

思考のひもとき

1.　$ax^2+bx+c=0$ の2つの解が α，β

$\Longleftrightarrow$　$ax^2+bx+c=a(x-\boxed{\alpha})(x-\boxed{\beta})$ と因数分解できる．

$$\Longleftrightarrow \begin{cases}\alpha+\beta=-\dfrac{b}{a}\\ \alpha\beta=\dfrac{c}{a}\end{cases}$$ (解と係数の関係)

解答

$$x^2+(m-1)x+m^2+m-2=0 \quad \cdots\cdots①$$

(1)　①が異なる2つの実数解をもつことから，①の判別式を D とすると

$$D=(m-1)^2-4(m^2+m-2)=-3(m^2+2m-3)$$
$$=-3(m-1)(m+3)>0$$

より　　$\boldsymbol{-3<m<1}$

(2)　①において解と係数の関係を用いると

$$\begin{cases}\alpha+\beta=-(m-1)\\ \alpha\beta=m^2+m-2\end{cases}$$

したがって

$$\boldsymbol{\alpha^2+\beta^2}=(\alpha+\beta)^2-2\alpha\beta$$
$$=(m-1)^2-2(m^2+m-2)=\boldsymbol{-m^2-4m+5}$$

(3)　$f(m)=-m^2-4m+5$ とおく．

m の変域：$-3<m<1$ における $f(m)=-(m+2)^2+9$ のとり得る値の範囲を $n=f(m)$ $(-3<m<1)$ のグラフを参照して求めると

$$0<f(m)\leqq 9$$

$$\therefore\quad \boldsymbol{0<\alpha^2+\beta^2\leqq 9}$$

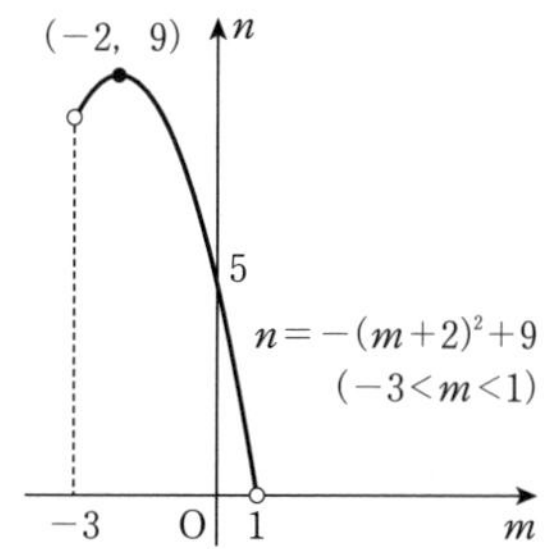

解説

1° $\alpha^2+\beta^2$ や $\alpha^3+\beta^3$ のように，α と β を入れ換えても式の意味が変わらない式を α と β の**対称式**という．α と β の対称式は，α と β の**基本対称式** $\alpha+\beta$，$\alpha\beta$ で表すことができることが知られている．たとえば

$$\alpha^2+\beta^2=(\alpha+\beta)^2-2\alpha\beta \quad \cdots\cdots②, \qquad \alpha^3+\beta^3=(\alpha+\beta)^3-3\alpha\beta(\alpha+\beta)$$

である．この問題の(2)では，②を用いた．

23 3次方程式 $x^3+ax^2+bx+c=0$ の3つの解を α，β，γ とする．次の問いに答えよ．

(1) $\alpha+\beta+\gamma=-a$，$\alpha\beta+\beta\gamma+\gamma\alpha=b$，$\alpha\beta\gamma=-c$ が成り立つことを示せ．

(2) $\alpha+\beta+\gamma=1$，$\alpha^2+\beta^2+\gamma^2=3$，$\alpha^3+\beta^3+\gamma^3=7$ のとき，$\alpha^4+\beta^4+\gamma^4$ の値を求めよ．

（東京学芸大）

思考のひもとき

1. $ax^3+bx^2+cx+d=0$ が3つの解 α，β，γ をもつ

$$\Longleftrightarrow \quad ax^3+bx^2+cx+d=a(x-\boxed{\alpha})(x-\boxed{\beta})(x-\boxed{\gamma})$$ と因数分解できる

解答

(1) $x^3+ax^2+bx+c=0$ の3つの解を α，β，γ とすると

$$x^3+ax^2+bx+c=(x-\alpha)(x-\beta)(x-\gamma) \quad \cdots\cdots Ⓐ$$

と因数分解できる．ここで

$$\begin{aligned}(Ⓐの右辺)&=\{x^2-(\alpha+\beta)x+\alpha\beta\}(x-\gamma)\\&=x^3-(\alpha+\beta+\gamma)x^2+(\alpha\beta+\beta\gamma+\gamma\alpha)x-\alpha\beta\gamma\end{aligned}$$

であることに注意して，Ⓐの両辺の係数を比較すると

$$\begin{cases}a=-(\alpha+\beta+\gamma)\\b=\alpha\beta+\beta\gamma+\gamma\alpha\\c=-\alpha\beta\gamma\end{cases} \quad \therefore \quad \begin{cases}\alpha+\beta+\gamma=-a\\\alpha\beta+\beta\gamma+\gamma\alpha=b\\\alpha\beta\gamma=-c\end{cases} \qquad \square$$

(2) $\alpha+\beta+\gamma=1 \quad \cdots\cdots①$，$\quad \alpha^2+\beta^2+\gamma^2=3 \quad \cdots\cdots②$，$\quad \alpha^3+\beta^3+\gamma^3=7 \quad \cdots\cdots③$

のとき，$\alpha\beta+\beta\gamma+\gamma\alpha$，$\alpha\beta\gamma$ をまず求める．

$(\alpha+\beta+\gamma)^2=\alpha^2+\beta^2+\gamma^2+2(\alpha\beta+\beta\gamma+\gamma\alpha)$ に①，②を代入して

$$1^2=3+2(\alpha\beta+\beta\gamma+\gamma\alpha)$$

より

$$\alpha\beta+\beta\gamma+\gamma\alpha=-1 \quad \cdots\cdots④$$

$\alpha^3+\beta^3+\gamma^3-3\alpha\beta\gamma=(\alpha+\beta+\gamma)(\alpha^2+\beta^2+\gamma^2-\alpha\beta-\beta\gamma-\gamma\alpha)$ に，①，②，③，④を代入して

$$7-3\alpha\beta\gamma=1\cdot(3+1)$$

より

$$\alpha\beta\gamma=1 \quad \cdots\cdots⑤$$

①，④，⑤に解と係数の関係を用いると，$x^3-x^2-x-1=0$ の３つの解が，α，β，γ である．

したがって

$$\alpha^3-\alpha^2-\alpha-1=0 \qquad \therefore \quad \alpha^3=\alpha^2+\alpha+1$$

両辺に α を掛けて

$$\alpha^4=\alpha^3+\alpha^2+\alpha \quad \cdots\cdots⑥$$

β，γ についても同様にできて

$$\beta^4=\beta^3+\beta^2+\beta \quad \cdots\cdots⑦$$

$$\gamma^4=\gamma^3+\gamma^2+\gamma \quad \cdots\cdots⑧$$

そこで，⑥，⑦，⑧の辺々を加えて，①，②，③を用いると

$$\begin{aligned}\alpha^4+\beta^4+\gamma^4&=(\alpha^3+\beta^3+\gamma^3)+(\alpha^2+\beta^2+\gamma^2)+(\alpha+\beta+\gamma)\\&=7+3+1=\mathbf{11}\end{aligned}$$

解説

1°　$x^3+ax^2+bx+c=0$ の３つの解が α，β，γ

$\iff$ $x^3+ax^2+bx+c=(x-\alpha)(x-\beta)(x-\gamma)$ と因数分解できる

$$\iff \begin{cases}\alpha+\beta+\gamma=-a\\ \alpha\beta+\beta\gamma+\gamma\alpha=b\\ \alpha\beta\gamma=-c\end{cases}$$

であるから，①，④，⑤から，α，β，γ を３つの解にもつ３次方程式として

$$x^3-x^2-x-1=0$$

が得られる．

2°　$\alpha^2+\beta^2+\gamma^2$ や $\alpha^3+\beta^3+\gamma^3$ のように，α と β，β と γ，γ と α のいずれの入れ換えを行っても式の意味が変わらない式を α，β，γ の**対称式**という．α，β，γ の対称式は，α，β，γ の**基本対称式** $\alpha+\beta+\gamma$，$\alpha\beta+\beta\gamma+\gamma\alpha$，$\alpha\beta\gamma$ で表すことができることが知られている．たとえば

$$\alpha^2+\beta^2+\gamma^2=(\alpha+\beta+\gamma)^2-2(\alpha\beta+\beta\gamma+\gamma\alpha)$$

$$\alpha^3+\beta^3+\gamma^3=(\alpha+\beta+\gamma)\{(\alpha+\beta+\gamma)^2-3(\alpha\beta+\beta\gamma+\gamma\alpha)\}+3\alpha\beta\gamma$$

$\alpha^4+\beta^4+\gamma^4$ も α, β, γ の対称式であるから，もちろん $\alpha+\beta+\gamma$, $\alpha\beta+\beta\gamma+\gamma\alpha$, $\alpha\beta\gamma$ を用いて表すことができる．

別解

$$\begin{aligned}\alpha^4+\beta^4+\gamma^4&=(\alpha^2+\beta^2+\gamma^2)^2-2(\alpha^2\beta^2+\beta^2\gamma^2+\gamma^2\alpha^2)\\&=\{(\alpha+\beta+\gamma)^2-2(\alpha\beta+\beta\gamma+\gamma\alpha)\}^2-2\{(\alpha\beta+\beta\gamma+\gamma\alpha)^2-2\alpha\beta\gamma(\alpha+\beta+\gamma)\}\end{aligned}$$

そこで，①，④，⑤を用いて

$$\alpha^4+\beta^4+\gamma^4=\{1^2-2\cdot(-1)\}^2-2\{(-1)^2-2\cdot1\cdot1\}=9+2=11$$

24

m を実数とする．関数 $y=|x|(x-4)-x-m$ のグラフが x 軸と相違なる3点で交わるような m の値の範囲を求めよ．（千葉大）

思考のひもとき

1. $y=f(x)-m$ と x 軸との共有点の x 座標は方程式 $\boxed{f(x)-m=0}$ の実数解で，それは方程式 $f(x)=m$ の実数解で，それは $\boxed{y=f(x)}$ と $\boxed{y=m}$ との共有点の $\boxed{x\text{ 座標}}$ である．

解答

$y=|x|(x-4)-x-m$ ……① と x 軸が相違なる3点で交わるための条件は $|x|(x-4)-x=m$ が相異なる3つの実数解をもつこと，すなわち，

「$y=|x|(x-4)-x$ ……② と $y=m$ とが相違なる3点で交わる」……(＊) こと．

ここで，$f(x)=|x|(x-4)-x$ とおくと

$$f(x)=\begin{cases}x(x-4)-x=x^2-5x & (x\geqq0\text{ のとき})\\(-x)(x-4)-x=-x^2+3x & (x<0\text{ のとき})\end{cases}$$

であるから，$x^2-5x=\left(x-\dfrac{5}{2}\right)^2-\dfrac{25}{4}$,

$-x^2+3x=-\left(x-\dfrac{3}{2}\right)^2+\dfrac{9}{4}$ に注意して②をかくと右図のようになる．

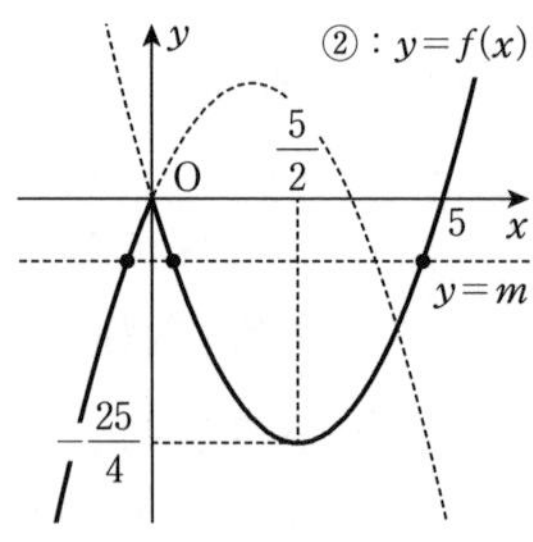

図を参照して，(＊)を満たす m の範囲を求めると

$$\boldsymbol{-\frac{25}{4}<m<0}$$

解説

1°　$|x|=\begin{cases} x & (x\geqq 0 \text{ のとき}) \\ -x & (x<0 \text{ のとき}) \end{cases}$ に注意してグラフをかく．

絶対値の入った関数は，絶対値をはずしてから考えること．

2°　解答では，②のグラフと $y=m$ との共有点に注意したが，①のグラフをかき，①と x 軸の共有点に注目してもできる．

①と x 軸が相違なる３点で交わるような m の範囲は $-\dfrac{25}{4}-m<0<-m$ より

$$-\frac{25}{4}<m<0$$

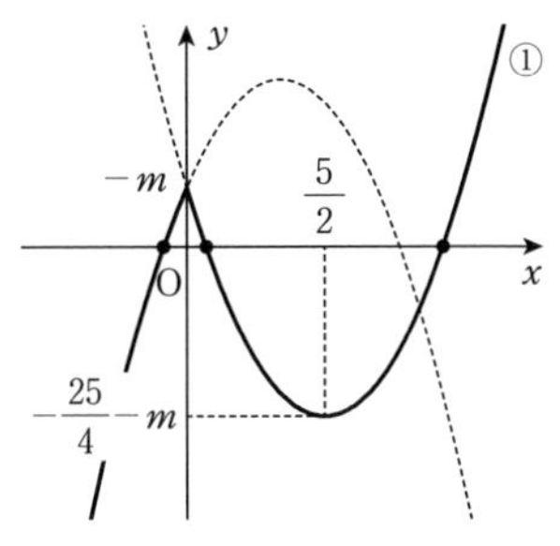

２次関数・方程式・不等式，高次方程式

25　２次方程式 $-x^2+(a-3)x+2a-3=0$ が異なる２個の実数解をもち，その解がいずれも１より小さくなるような，定数 a の値の範囲を求めよ．　（静岡文化芸術大）

思考のひもとき

1.　$-x^2+(a-3)x+2a-3=0$ の実数解は

$y=-x^2+(a-3)x+2a-3$ と x 軸 $(y=0)$ との共有点の $\boxed{x\text{座標}}$

解答

$f(x)=-x^2+(a-3)x+2a-3$ とおくと

$$f(x)=-\left(x-\frac{a-3}{2}\right)^2+\frac{(a-3)^2}{4}+2a-3$$

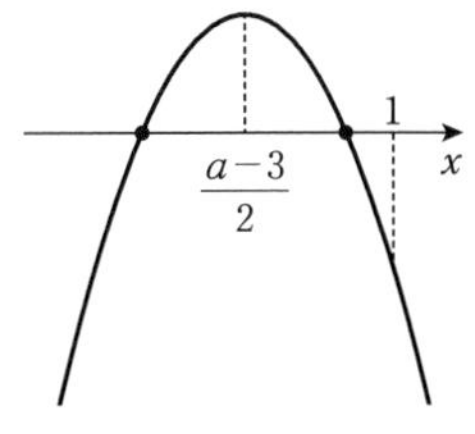

$f(x)=0$ の実数解は，$y=f(x)$ と x 軸との共有点の x 座標であるから，その共有点が２個あり，いずれの x 座標も１より小さくなる条件を求めて（$f(x)=0$ の判別式を D とすれば）

$$\begin{cases} \text{判別式}\quad : D=(a-3)^2+4(2a-3)=(a-1)(a+3)>0 \\ \text{軸の位置} : \dfrac{a-3}{2}<1 \\ \text{端　点}\quad : f(1)=3a-7<0 \end{cases}$$

より

「$a<-3$ または $1<a$」かつ $a<5$ かつ $a<\frac{7}{3}$

$\therefore$ **$a<-3$ または $1<a<\frac{7}{3}$**

解説

1° $y=f(x)$ と x 軸との共有点が2つあり，しかもその2つがともに $x<1$ の範囲にある条件を求めればよい．このようなことを考えるとき，2次関数 $y=f(x)$ のグラフの

(i) 判別式（もしくは頂点の y 座標）

(ii) 軸の位置（もしくは頂点の x 座標）

(iii) 端点の関数値

に注目するのが定石である．

2° 解の公式を用いて解を求めて，その大きい方が1より小さくなるような条件を求めてもよいが，実数 X，Y について

$$\sqrt{X}<Y \iff X\geqq 0 \text{ かつ } Y>0 \text{ かつ } X\leqq Y^2$$

を知っていなければならない(別解1参照).

3° 解と係数の関係を用いてもできる(別解2参照).

別解1

解の公式を用いると

$$x=\frac{-(a-3)\pm\sqrt{a^2+2a-3}}{-2}$$

よって，この2つの解が実数で，しかも大きい方の解が1より小さくなる条件を求めて

$$\begin{cases} a^2+2a-3=(a-1)(a+3)>0 & \cdots\cdots① \\ \dfrac{(a-3)+\sqrt{a^2+2a-3}}{2}<1 & \cdots\cdots② \end{cases}$$

①より

$$a<-3 \text{ または } 1<a \quad \cdots\cdots③$$

③の条件のもとで，②は

$$\sqrt{a^2+2a-3}<5-a$$

と変形でき，これから

$$\begin{cases} 5-a>0 \\ a^2+2a-3<(5-a)^2 \end{cases}$$

$$\therefore \begin{cases} a<5 \\ 12a<28 \end{cases}$$

$$\therefore \quad a<\frac{7}{3} \quad \cdots\cdots ④$$

③，④より，求める a の範囲は

$$a<-3 \text{ または } 1<a<\frac{7}{3}$$

別解2

$f(x)=0$ の2解を α，β $(\alpha<\beta)$ とする．

$D>0$ より

$$a<-3 \text{ または } 1<a \quad \cdots\cdots ①$$

$\alpha<1$，$\beta<1$ より

$$\alpha-1<0,\ \beta-1<0$$

これより

$$\begin{cases} (\alpha-1)+(\beta-1)<0 \\ (\alpha-1)(\beta-1)>0 \end{cases} \quad \cdots\cdots Ⓐ$$

解と係数の関係より

$$\alpha+\beta=a-3,\ \alpha\beta=-2a+3$$

Ⓐは

$$\begin{cases} a-5<0 \\ -2a+3-(a-3)+1>0 \end{cases}$$

$$\therefore \begin{cases} a<5 \\ a<\frac{7}{3} \end{cases} \quad \cdots\cdots ②$$

①，②より

$$a<-3 \text{ または } 1<a<\frac{7}{3}$$

2次関数・方程式・不等式，高次方程式

26 実数a，bに対して，$f(x)=(a+8b)x^2-8bx+b$とする．「$0\leqq x\leqq 1$ならば$f(x)>0$」が成り立つ点$(a,\ b)$の範囲を求め，ab平面上に図示せよ．

（首都大学東京）

思考のひもとき

1. 「$0\leqq x\leqq 1$ならば，$f(x)>0$」……(＊) $\Longrightarrow$ $\begin{cases} f(0)>\boxed{0} \\ f(1)>\boxed{0} \end{cases}$ ……(＊＊)

すなわち，(＊)が成り立つためには，(＊＊)であることが 必要 である．

解答

$$f(x)=(a+8b)x^2-8bx+b$$

「$0\leqq x\leqq 1$ ならば $f(x)>0$」 ……(＊)

が成り立つためには

$$\begin{cases} f(0)=b>0 \\ f(1)=a+b>0 \end{cases} \quad \text{……①}$$

でなければならない．このとき

$$(f(x)\text{ の }x^2\text{ の係数})=a+8b=(a+b)+7b>0$$

となるから，2次関数のグラフは下に凸である．

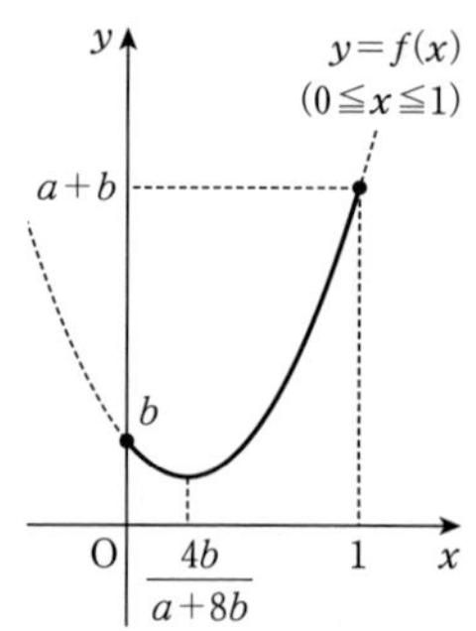

$$f(x)=(a+8b)\left(x-\frac{4b}{a+8b}\right)^2+\frac{b(a-8b)}{a+8b}$$

と変形でき，頂点のx座標について

$$0<\frac{4b}{a+8b}=\frac{4b}{(a+b)+7b}<\frac{4b}{0+7b}=\frac{4}{7}<1$$

となり，対称軸は$0\leqq x\leqq 1$の範囲にある．

よって，①のもとで(＊)が成り立つための条件は

$$f\left(\frac{4b}{a+8b}\right)=\frac{b(a-8b)}{a+8b}>0 \quad \text{……②}$$

ゆえに，(＊)が成り立つための条件は

$$\text{①かつ②　すなわち} \quad \begin{cases} b>0 \\ a+b>0 \\ a-8b>0 \end{cases}$$

で，このような$(a,\ b)$の範囲を図示すると右図の斜線部分となる．ただし，境界は含まない．

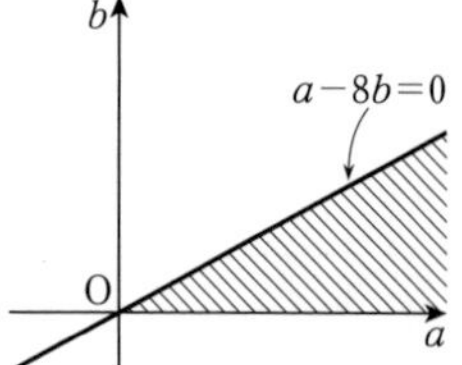

解説

1° 「(＊) $\Longrightarrow$ ①」より，①は(＊)が成り立つための必要条件である(右図は，①と(＊)の包含関係を示したもの)．そこで①のもとで，(＊)が成り立つための条件を考えていけばよいのである．この論法を「必要条件先取り」もしくは「必要条件による絞り込み」などという．

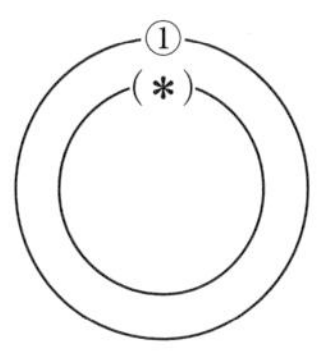

2° (＊)が成り立つ条件を考えるときに

- 判別式もしくは頂点の y 座標　…… 上の解答では ②
- 軸の位置もしくは頂点の x 座標　…… 上の解答では $0<\dfrac{4b}{a+8b}<1$
- 端点（この問いの場合 $f(0)$，$f(1)$）…… 上の解答では ①

に注目して $y=f(x)$ のグラフを考察することが定石である．

3° ①のように必要条件で絞り込むことに気づかないと，次の別解のように解答する．

別解

x^2 の係数が，(i) 0 以下　か　(ii) 0 より大　で場合分けして

$$「0\leqq x\leqq 1 \text{ ならば } f(x)>0」 \cdots\cdots(＊)$$

となる条件を考える．

(i) $a+8b\leqq 0$ のとき

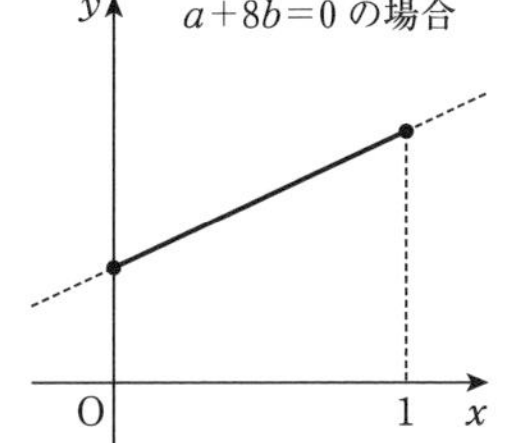

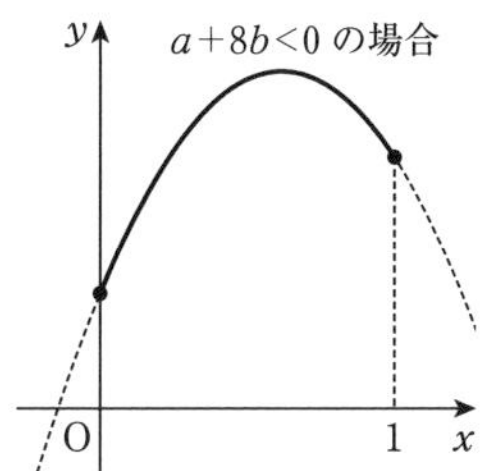

$f(x)$ の $0\leqq x\leqq 1$ における最小値は $f(0)$，$f(1)$ のいずれかであるから

$$f(0)=b>0 \text{ かつ } f(1)=a+b>0$$

このとき，$a+8b=(a+b)+7b>0$ となり，$a+8b\leqq 0$ と矛盾する．

(ii) $a+8b>0$ のとき，さらに軸の位置が $0\leqq x\leqq 1$ に入っているか否かで場合分けする．

((ii)−1)　$0\leqq\dfrac{4b}{a+8b}\leqq 1$，つまり，$0\leqq 4b\leqq a+8b$

すなわち $\begin{cases} 0 \leqq b \\ -4b \leqq a \end{cases}$ のとき

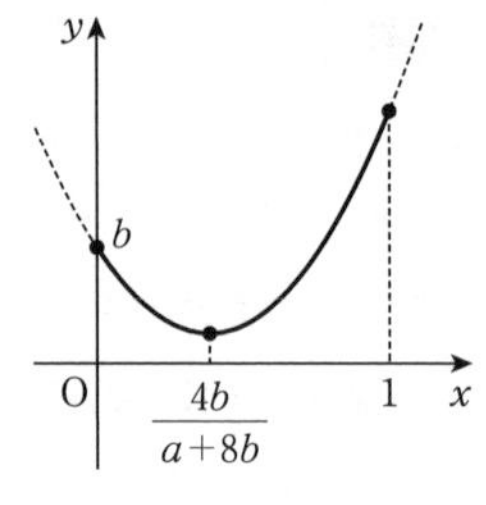

$$\frac{\text{判別式}}{4} : 16b^2 - b(a+8b) = b(8b-a) < 0$$

$b \geqq 0$ だから　　$8b - a < 0$

((ii)－2)　$\dfrac{4b}{a+8b} < 0$，または，$\dfrac{4b}{a+8b} > 1$ のとき

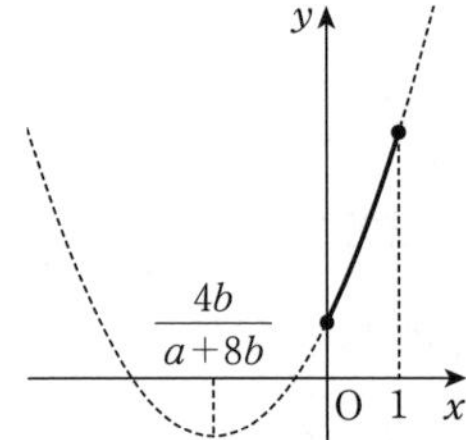

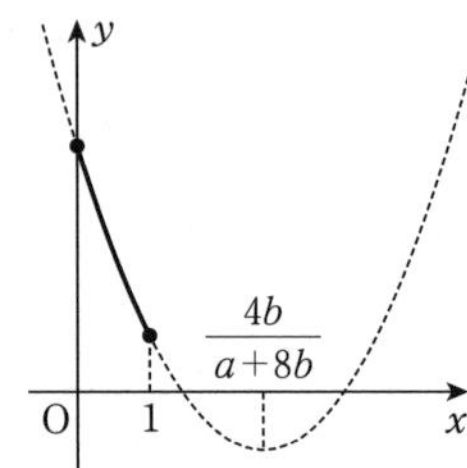

$f(0) = b > 0$ かつ $f(1) = a + b > 0$ だが，このとき

$$0 < \frac{4b}{a+8b} = \frac{4b}{(a+b)+7b} < \frac{4b}{7b} = \frac{4}{7} < 1$$

となり，矛盾する．

以上により，答を得る．

27

(1)　$y = x + \dfrac{1}{x}$ とおき，$x^3 + \dfrac{1}{x^3}$，$x^4 + \dfrac{1}{x^4}$ をそれぞれ y の多項式として表せ．

(2)　$\alpha^6 + \alpha^5 - 9\alpha^4 - 10\alpha^3 - 9\alpha^2 + \alpha + 1 = 0$ を満たすすべての複素数 α を求めよ．

（お茶の水女子大）

思考のひもとき

1.　$y = x + \dfrac{1}{x}$ とおくと，$y^2 = x^2 + \dfrac{1}{x^2} + \boxed{2}$　……Ⓐ

2.　$ax^4 + bx^3 + cx^2 + bx + a = 0$ $(a \neq 0)$ のように次数の1番高いものと1番低いもの，2番目に高いものと2番目に低いもの，……，が同じ係数をもつ偶数次の方程式を**相反方程式**という．たとえば，この方程式だと，両辺を x^2 で割ると

$$ax^2+bx+c+\frac{b}{x}+\frac{a}{x^2}=0$$

より

$$a\left(x^2+\frac{1}{x^2}\right)+b\left(x+\frac{1}{x}\right)+c=0 \quad \cdots\cdots Ⓑ$$

となり，$y=x+\dfrac{1}{x}$ とおくと，ⒶよりⒷは2次方程式 $\boxed{a(y^2-2)+by+c=0}$ となる．

解答

(1)　$y=x+\dfrac{1}{x}$ とおくと

$$y^3=\left(x+\frac{1}{x}\right)^3$$

$$=x^3+3x^2\cdot\frac{1}{x}+3x\cdot\frac{1}{x^2}+\frac{1}{x^3}$$

$$=x^3+\frac{1}{x^3}+3\left(x+\frac{1}{x}\right)=x^3+\frac{1}{x^3}+3y$$

より

$$\boldsymbol{x^3+\frac{1}{x^3}=y^3-3y}$$

また，$x^4+\dfrac{1}{x^4}=\left(x^2+\dfrac{1}{x^2}\right)^2-2$ で，$x^2+\dfrac{1}{x^2}=\left(x+\dfrac{1}{x}\right)^2-2=y^2-2$ だから

$$\boldsymbol{x^4+\frac{1}{x^4}}=(y^2-2)^2-2$$

$$\boldsymbol{=y^4-4y^2+2}$$

(2)　$\alpha^6+\alpha^5-9\alpha^4-10\alpha^3-9\alpha^2+\alpha+1=0$ ……①　を満たす α は，$\alpha\neq 0$ だから，①の両辺を α^3 で割ると

$$\alpha^3+\alpha^2-9\alpha-10-\frac{9}{\alpha}+\frac{1}{\alpha^2}+\frac{1}{\alpha^3}=0$$

つまり

$$\left(\alpha^3+\frac{1}{\alpha^3}\right)+\left(\alpha^2+\frac{1}{\alpha^2}\right)-9\left(\alpha+\frac{1}{\alpha}\right)-10=0 \quad \cdots\cdots ②$$

ここで，$\beta=\alpha+\dfrac{1}{\alpha}$ とおくと，(1)の結果を用いて，②より

$$(\beta^3-3\beta)+(\beta^2-2)-9\beta-10=0$$

すなわち

$$\beta^3+\beta^2-12\beta-12=0$$

$$\therefore\quad (\beta+1)(\beta^2-12)=0$$

$$\therefore\quad \beta=-1,\quad \pm 2\sqrt{3}$$

$\beta=-1$，つまり，$\alpha+\dfrac{1}{\alpha}=-1$ のとき

$$\alpha^2+\alpha+1=0$$

$$\therefore\quad \alpha=\frac{-1\pm\sqrt{3}i}{2}$$

$\beta=2\sqrt{3}$，つまり，$\alpha+\dfrac{1}{\alpha}=2\sqrt{3}$ のとき

$$\alpha^2-2\sqrt{3}\alpha+1=0$$

$$\therefore\quad \alpha=\sqrt{3}\pm\sqrt{2}$$

$\beta=-2\sqrt{3}$，つまり，$\alpha+\dfrac{1}{\alpha}=-2\sqrt{3}$ のとき

$$\alpha^2+2\sqrt{3}\alpha+1=0$$

$$\therefore\quad \alpha=-\sqrt{3}\pm\sqrt{2}$$

ゆえに，①を満たす複素数αをすべて求めると

$$\alpha=\boldsymbol{\frac{-1\pm\sqrt{3}i}{2},\quad \sqrt{3}\pm\sqrt{2},\quad -\sqrt{3}\pm\sqrt{2}}$$

の6個.

解説

1°　(2)では，①が相反方程式であることに気づいて，両辺をα^3で割り，$\beta\left(=\alpha+\dfrac{1}{\alpha}\right)$についての3次方程式の問題に帰着することがポイントである.

28 実数を係数とする3次方程式 $x^3+ax^2+bx+3=0$ が $1+\sqrt{2}i$ を解にもつとき，次の問いに答えよ．ただし，i は虚数単位とする．

(1) 係数 a，b の値を求めよ．

(2) 他の2つの解を求めよ．

(3) 3つの解を α，β，γ とする．$\alpha^5+\beta^5+\gamma^5$ の値を求めよ．（岩手大）

思考のひもとき

1. $p+q\alpha=0$（p，q は実数，α は虚数）$\Longrightarrow$ $p=q=0$

解答

(1) $\alpha=1+\sqrt{2}i$ とおくと $(\alpha-1)^2=(\sqrt{2}i)^2=-2$

より

$$\alpha^2-2\alpha+3=0 \quad \cdots\cdots ①$$

ここで，α は与えられた3次方程式の解であるから

$$\alpha^3+a\alpha^2+b\alpha+3=0 \quad \cdots\cdots ②$$

②の左辺を α についての整式とみて①の左辺で割ると右のようになる．

$$\begin{array}{r} \alpha+a+2 \qquad\qquad\qquad\qquad \\ \alpha^2-2\alpha+3 \,\big)\, \overline{\alpha^3+a\alpha^2+b\alpha+3 \qquad\qquad} \\ \underline{\alpha^3-2\alpha^2+3\alpha \qquad\qquad\qquad\quad} \\ (a+2)\alpha^2+(b-3)\alpha+3 \qquad\quad \\ \underline{(a+2)\alpha^2-2(a+2)\alpha+3(a+2)} \\ (2a+b+1)\alpha-3a-3 \end{array}$$

このように商が $\alpha+(a+2)$ で，余りが $(2a+b+1)\alpha-3a-3$，つまり

$$\alpha^3+a\alpha^2+b\alpha+3=(\alpha^2-2\alpha+3)(\alpha+a+2)+(2a+b+1)\alpha-3(a+1) \quad \cdots\cdots ③$$

となる．そこで，③に①，②を代入すると

$$(2a+b+1)\alpha-3(a+1)=0 \quad \cdots\cdots ④$$

$2a+b+1$，$-3(a+1)$ は実数であり，α は虚数であることを考えると，④より

$$\begin{cases} 2a+b+1=0 \\ -3(a+1)=0 \end{cases} \qquad \therefore \quad \begin{cases} a=\mathbf{-1} \\ b=\mathbf{1} \end{cases}$$

(2) (1)より与えられた3次方程式は

$$x^3-x^2+x+3=0 \quad \cdots\cdots ⑤$$

(1)の結果を③に代入すると $\alpha^3-\alpha^2+\alpha+3=(\alpha^2-2\alpha+3)(\alpha+1)$ であることに注意して⑤の左辺を因数分解すると

$$(x+1)(x^2-2x+3)=0$$

よって，⑤の $\alpha=1+\sqrt{2}i$ 以外の解は

$$\boldsymbol{x=-1,\ 1-\sqrt{2}i}$$

(3)　3つの解 $x=-1$, $1\pm\sqrt{2}i$ で, $\alpha^5+\beta^5+\gamma^5$ を考えるから, (1), (2)同様 $\alpha=1+\sqrt{2}i$ とし, $\beta=1-\sqrt{2}i$, $\gamma=-1$ としてよい.

このとき, $\gamma^5=(-1)^5=-1$ だから

$$\alpha^5+\beta^5+\gamma^5=\alpha^5+\beta^5-1$$

ここで, $\alpha+\beta=2$, $\alpha\beta=3$ (∵　α, β は $x^2-2x+3=0$ の2解) であるから

$$\alpha^2+\beta^2=(\alpha+\beta)^2-2\alpha\beta=2^2-2\cdot3=-2$$

$$\alpha^3+\beta^3=(\alpha+\beta)^3-3\alpha\beta(\alpha+\beta)=2^3-3\cdot3\cdot2=-10$$

$$\alpha^5+\beta^5=(\alpha^2+\beta^2)(\alpha^3+\beta^3)-(\alpha\beta)^2(\alpha+\beta)=(-2)\cdot(-10)-3^2\cdot2=2$$

よって

$$\alpha^5+\beta^5+\gamma^5=2-1=\mathbf{1}$$

解説

1°　**思考のひもとき**に書かれているように

α が虚数のとき, $p+q\alpha=0$ (p, q が実数)　……Ⓐ ならば, $p=q=0$

が成り立つ. なぜなら, Ⓐとすると, $q\neq0$ なら, $\alpha=-\dfrac{p}{q}$ となり, α が虚数であることと矛盾するから, $q=0$ であり, このとき, Ⓐより $p=0$ も成り立つからである.

2°　$\alpha=1+\sqrt{2}i$ として, α^2, α^3 を計算し②に代入していっても(1)はできる(少し計算は大変だが).

$$\alpha^2=(1+\sqrt{2}i)^2=-1+2\sqrt{2}i$$

$$\alpha^3=\alpha\cdot\alpha^2=(1+\sqrt{2}i)(-1+2\sqrt{2}i)=-5+\sqrt{2}i$$

であるから, ②より

$$(-5+\sqrt{2}i)+a(-1+2\sqrt{2}i)+b(1+\sqrt{2}i)+3=0$$

$$(-a+b-2)+(2a+b+1)\sqrt{2}i=0 \quad \cdots\cdots Ⓑ$$

$-a+b-2$, $(2a+b+1)\sqrt{2}$ が実数であることを考えるとⒷより

$$\begin{cases}-a+b-2=0\\(2a+b+1)\sqrt{2}=0\end{cases} \qquad \therefore\quad \begin{cases}a=-1\\b=1\end{cases}$$

3°　(2)で, x^3-x^2+x+3 を因数分解するとき, $x=-1$ を代入すると

$$(-1)^3-(-1)^2+(-1)+3=0$$

となることから, 因数定理を用い, $x+1$ で割り切れることを利用してもよい.

4°　実数を係数とする n 次方程式が, $\alpha=r+si$ (r, s は実数) を解にもつならば, その共役複素数 $\overline{\alpha}=r-si$ も解にもつことが知られている. この事実を利用すると, (1),

(2)は次の別解のような解答もできる．

別解

(1)　実数係数の方程式 $x^3+ax^2+bx+3=0$ が，$\alpha=1+\sqrt{2}i$ を解にもつから，その共役複素数 $\overline{\alpha}=1-\sqrt{2}i$ も解にもつ．これを β とおき，もう１つの解を γ とおくと，解と係数の関係から

$$\alpha+\beta+\gamma=-a,\ \alpha\beta+\beta\gamma+\gamma\alpha=b,\ \alpha\beta\gamma=-3$$

よって

$$\begin{cases} 2+\gamma=-a \\ 3+2\gamma=b \\ 3\gamma=-3 \end{cases} \quad \therefore \quad \begin{cases} \gamma=-1 \\ a=-1 \\ b=1 \end{cases}$$

(2)　$1+\sqrt{2}i$ 以外の解は，$1-\sqrt{2}i$ と -1 である．

29　△ABCにおいて，頂点Aから直線BCに下ろした垂線の長さは1，頂点Bから直線CAに下ろした垂線の長さは$\sqrt{2}$，頂点Cから直線ABに下ろした垂線の長さは2である．このとき，△ABCの面積と，内接円の半径，および，外接円の半径を求めよ．　　　　（千葉大）

思考のひもとき

1.　△ABCについて，余弦定理より　　$\cos A=\boxed{\dfrac{b^2+c^2-a^2}{2bc}}$

2.　△ABCの面積をS，内接円の半径をrすると

$$S=\boxed{\frac{1}{2}r(a+b+c)}$$

解答

BC$=a$，CA$=b$，AB$=c$とする．

A，B，Cから直線BC，CA，ABに下ろした垂線の足をそれぞれD，E，Fとする．

△ABCの面積をSとすると

$$S=\frac{1}{2}\cdot a\cdot 1=\frac{1}{2}\cdot b\cdot\sqrt{2}=\frac{1}{2}\cdot c\cdot 2$$

$$\therefore\quad\begin{cases}a=2c & \cdots\cdots① \\ b=\sqrt{2}c & \cdots\cdots②\end{cases}$$

△ABCに余弦定理を用いると，①，②より

$$\cos A=\frac{b^2+c^2-a^2}{2bc}=\frac{(\sqrt{2}c)^2+c^2-(2c)^2}{2\cdot\sqrt{2}c\cdot c}=\frac{-c^2}{2\sqrt{2}c^2}=-\frac{1}{2\sqrt{2}}$$

よって，Aは鈍角となり，△ABCは下図のようになる．

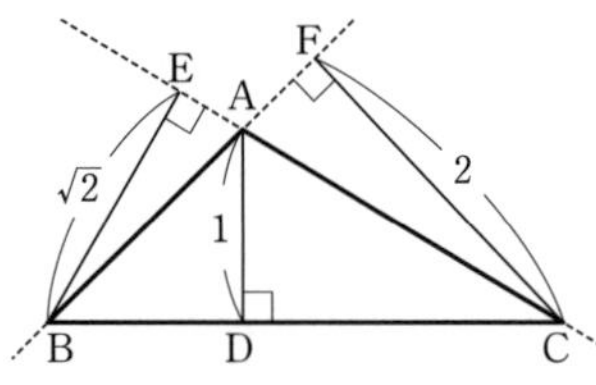

$\sin A>0$より

$$\sin A=\sqrt{1-\cos^2 A}=\sqrt{1-\left(-\frac{1}{2\sqrt{2}}\right)^2}=\sqrt{\frac{7}{8}}=\frac{\sqrt{7}}{2\sqrt{2}}\quad \cdots\cdots ③$$

△BAE において

$$\sin\angle\text{BAE}=\frac{\text{BE}}{\text{BA}}\iff \sin(180°-A)=\frac{\sqrt{2}}{c}$$

$$\therefore\quad c\sin A=\sqrt{2}\quad \cdots\cdots ④$$

△CAF において

$$\sin\angle\text{CAF}=\frac{\text{CF}}{\text{CA}}\iff \sin(180°-A)=\frac{2}{b}$$

$$\therefore\quad b\sin A=2\quad \cdots\cdots ⑤$$

③，④より

$$c=\frac{\sqrt{2}}{\sin A}=\frac{4}{\sqrt{7}}$$

①，②より

$$a=2c=\frac{8}{\sqrt{7}},\quad b=\sqrt{2}c=\frac{4\sqrt{2}}{\sqrt{7}}$$

よって　$S=\frac{1}{2}\cdot a\cdot 1=\frac{1}{2}\cdot\frac{8}{\sqrt{7}}\cdot 1=\boldsymbol{\frac{4\sqrt{7}}{7}}$

内接円の半径を r とすると，$S=\frac{1}{2}(a+b+c)r$ より

$$r=\frac{2S}{a+b+c}=\frac{2\cdot\frac{4\sqrt{7}}{7}}{\frac{8}{\sqrt{7}}+\frac{4\sqrt{2}}{\sqrt{7}}+\frac{4}{\sqrt{7}}}=\frac{2\cdot\frac{4\sqrt{7}}{7}}{\frac{12+4\sqrt{2}}{\sqrt{7}}}=\frac{2}{3+\sqrt{2}}=\boldsymbol{\frac{2(3-\sqrt{2})}{7}}$$

△ABC において外接円の半径を R とすると正弦定理 $\frac{a}{\sin A}=2R$ より

$$R=\frac{a}{2\sin A}=\frac{\frac{8}{\sqrt{7}}}{2\cdot\frac{\sqrt{7}}{2\sqrt{2}}}=\boldsymbol{\frac{8\sqrt{2}}{7}}$$

解説

1°　△ABC において，各辺を底辺としたときの高さが与えられているので，△ABC の面積を3通りで表すことにより，3辺の関係式を求める．これより △ABC の3辺の比がわかる(①，②)．そこで，余弦定理を用いて $\cos A$ を求め，△ABC の図を考える．

2°　内接円の半径と三角形の面積 S には，内心を I とすると

△ABC＝△IAB＋△IBC＋△ICA より

$$S=\frac{1}{2}cr+\frac{1}{2}ar+\frac{1}{2}br=\frac{1}{2}(a+b+c)r$$

$$\therefore\quad S=\frac{1}{2}(a+b+c)r$$

という関係がある．

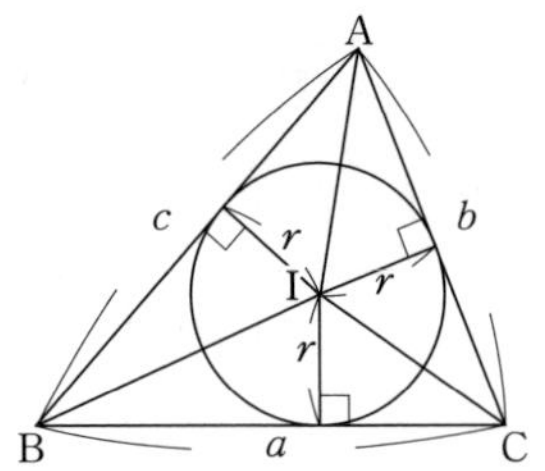

30　AB＝AC，BC＝1，∠ABC＝72° の三角形 ABC を考える．∠ABC の二等分線と辺 AC の交点を D とする．次の問いに答えよ．

(1)　AD の長さと AC の長さを求めよ．

(2)　cos 72° を求めよ．

(3)　三角形 ABD の内接円の半径を r，三角形 CBD の内接円の半径を s とするとき，$\dfrac{r}{s}$ の値を求めよ．　（大阪教育大）

思考のひもとき

1.　三角形の相似条件は

①　3 組の辺の比が等しい

②　2 組の辺の比が等しくその挟む角が等しい

③　2 組の角が，それぞれ等しい

解答

(1)　△ABC は右図のような三角形となる．

△ABC は AB＝AC となる二等辺三角形であるから，角度は右図のようになり，△DAB は DA＝DB の二等辺三角形であり，△BCD は BC＝BD の二等辺三角形である．

BC＝1 より

AD＝BD＝BC＝1　　　∴　AD＝**1**

AB＝AC＝x とすると

△ABC ∽ △BCD　(2 角相等)

より　　AB：BC＝BC：CD

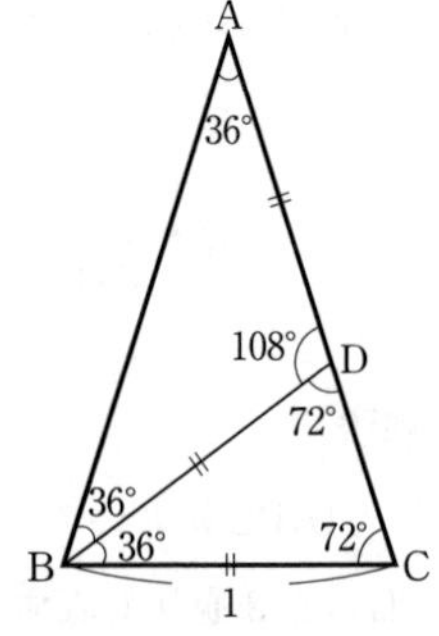

$$x:1=1:(x-1) \qquad \therefore \quad x(x-1)=1$$

$$\therefore \quad x^2-x-1=0 \qquad x=\frac{1\pm\sqrt{5}}{2}$$

$x>0$ より　$x=\dfrac{1+\sqrt{5}}{2}$　　$\therefore$　AC$=\boldsymbol{\dfrac{1+\sqrt{5}}{2}}$

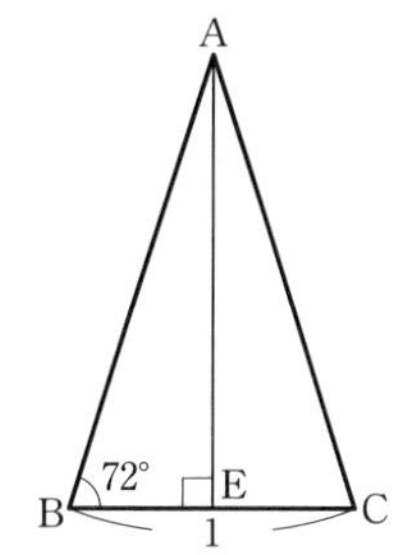

(2)　AからBCに垂線AEを引くと，△ABCは二等辺三角形より点Eは辺BCの中点となる．

$$\therefore \quad \cos 72^\circ=\frac{\text{BE}}{\text{AB}}=\frac{\frac{1}{2}}{\frac{1+\sqrt{5}}{2}}=\frac{1}{1+\sqrt{5}}=\boldsymbol{\frac{\sqrt{5}-1}{4}}$$

(3)　△ABD，△CBDの面積をS_1，S_2とする．

$$S_1=\frac{1}{2}r(\text{DA}+\text{DB}+\text{AB})=\frac{1}{2}r\left(1+1+\frac{1+\sqrt{5}}{2}\right)=\frac{5+\sqrt{5}}{4}r \qquad \cdots\cdots①$$

$$S_2=\frac{1}{2}s(\text{BC}+\text{BD}+\text{CD})=\frac{1}{2}s\left\{1+1+\left(\frac{1+\sqrt{5}}{2}-1\right)\right\}=\frac{3+\sqrt{5}}{4}s \qquad \cdots\cdots②$$

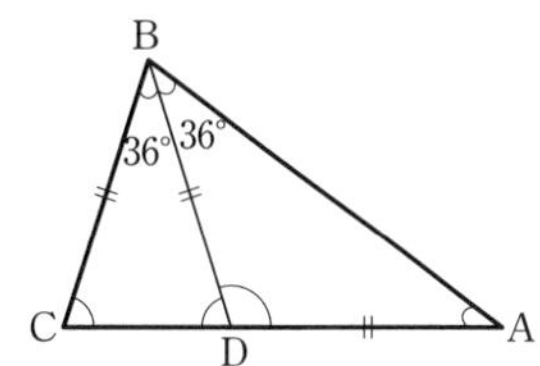

ここで　$S_1:S_2=\text{AD}:\text{DC}=1:\left(\dfrac{1+\sqrt{5}}{2}-1\right)$

$$=1:\frac{\sqrt{5}-1}{2}=2:(\sqrt{5}-1)$$

$$\therefore \quad (\sqrt{5}-1)S_1=2S_2$$

①，②を代入して

$$(\sqrt{5}-1)\frac{5+\sqrt{5}}{4}r=2\cdot\frac{3+\sqrt{5}}{4}s$$

$$\therefore \quad \sqrt{5}r=\frac{3+\sqrt{5}}{2}s \qquad \therefore \quad \frac{r}{s}=\frac{3+\sqrt{5}}{2}\cdot\frac{1}{\sqrt{5}}=\boldsymbol{\frac{3\sqrt{5}+5}{10}}$$

解説

1°　三角形の相似を利用して，72°の三角比を求める問題である．

2°　(2)において，AからBCに垂線を下ろせば△ABCが二等辺三角形なので，垂線の足が底辺BCを二等分する．このことに気がつかず，△ABCに余弦定理を用いると

$$\cos 72^\circ=\frac{\text{BC}^2+\text{BA}^2-\text{AC}^2}{2\text{BC}\cdot\text{BA}}=\frac{1}{2\cdot1\cdot\frac{1+\sqrt{5}}{2}}=\frac{1}{1+\sqrt{5}}=\frac{\sqrt{5}-1}{4} \quad (\because \ \text{BA}=\text{AC})$$

となるが，見通しはよくない．図形の性質に敏感になることは大切なことである．

3° (3)において $S_1:S_2$ を考えるとき，(3)の図のようにAD，CDを底辺と考えれば，△BCDと△BDAの高さは同じだから，$S_1:S_2=\mathrm{DA}:\mathrm{CD}$ と底辺の比で考えることができる．

31

半径 R の円周上に点A，B，C，Dがこの順で反時計回りに並んでいる．線分AB，AC，BC，CDの長さはそれぞれ1，$\sqrt{5}$，$\sqrt{2}$，2である．次の問いに答えよ．

(1) $\cos B$ を求めよ．ここで，B は ∠ABC を表す．

(2) 円の半径 R を求めよ．

(3) $\cos D$ を求めよ．ここで，D は ∠ADC を表す．

(4) 線分ADの長さを求めよ．　（首都大学東京）

思考のひもとき

1. △ABCの外接円の半径を R とすると

$$\boxed{\frac{a}{\sin A}=\frac{b}{\sin B}=\frac{c}{\sin C}=2R}$$ （正弦定理）

2. 円に内接する四角形の対角の和は $\boxed{180°}$ である．

解答

(1) △ABCにおいて余弦定理を用いると

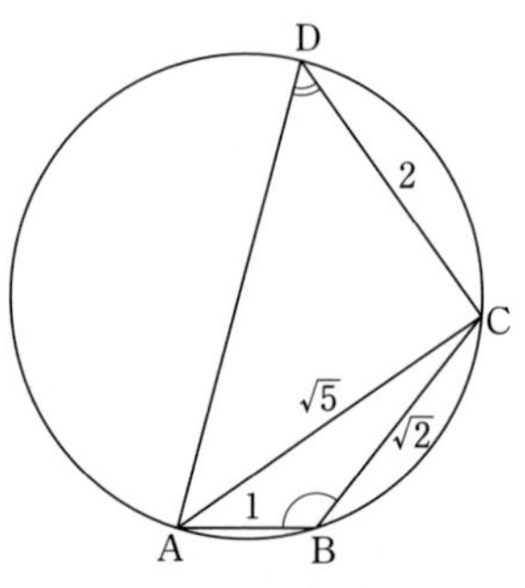

$$\cos B=\frac{\mathrm{AB}^2+\mathrm{BC}^2-\mathrm{AC}^2}{2\mathrm{AB}\cdot\mathrm{BC}}=\frac{1^2+(\sqrt{2})^2-(\sqrt{5})^2}{2\cdot1\cdot\sqrt{2}}$$

$$=\frac{-2}{2\sqrt{2}}=\boldsymbol{-\frac{1}{\sqrt{2}}}$$

(2) (1)より

$$\cos B=-\frac{1}{\sqrt{2}}$$

$0°<B<180°$ より

$$B=135°$$

円は△ABCの外接円であるから，△ABCにおいて正弦定理を用いると

$$2R=\frac{\mathrm{AC}}{\sin B}=\frac{\sqrt{5}}{\sin 135°}=\frac{\sqrt{5}}{\frac{1}{\sqrt{2}}}=\sqrt{10}\qquad\therefore\quad R=\boldsymbol{\frac{\sqrt{10}}{2}}$$

(3)　四角形ABCDは円に内接しているから，$\angle B+\angle D=180°$である．

$$\therefore\quad \cos D=\cos(180°-B)=\cos 45°=\boldsymbol{\frac{1}{\sqrt{2}}}$$

(4)　$AD=x$とする．△ACDにおいて余弦定理より

$$AC^2=DA^2+DC^2-2DA\cdot DC\cos D$$

$$\therefore\quad 5=x^2+4-4x\cdot\frac{1}{\sqrt{2}}=x^2-2\sqrt{2}x+4$$

$$\therefore\quad x^2-2\sqrt{2}x-1=0 \qquad \therefore\quad x=\sqrt{2}\pm\sqrt{3}$$

$x>0$より

$$x=\sqrt{2}+\sqrt{3} \qquad \therefore\quad AD=\boldsymbol{\sqrt{2}+\sqrt{3}}$$

32　△ABCの辺BC上に点D，辺AC上に点Eがあり，四角形ABDEが円Oに内接している．$AE=DE$，$AB=\frac{42}{5}$，$AC=14$，$BD=\frac{6}{5}$であるとき，次の問いに答えよ．

(1)　線分AEと線分CDの長さを求めよ．

(2)　円Oの半径を求めよ．　（静岡大）

思考のひもとき

1.　円周角の定理：弧ABの円周角は弧ABの中心角の［半分］である．

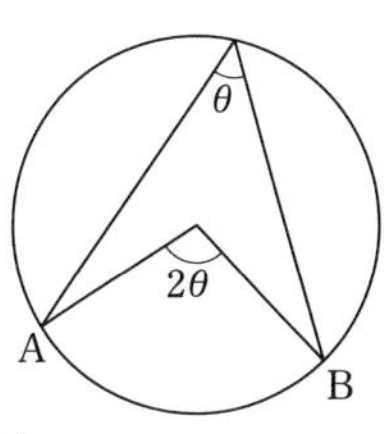

解答

(1)　$AE=x$，$CD=y$とする．

四角形ABDEは円に内接しているから

$$\angle ABD=\angle CED$$

△ABCと△CEDにおいて

$\angle ABC=\angle CED$，$\angle C$は共通より

$$\triangle ABC \backsim \triangle DEC$$

$$\therefore\quad AB:DE=AC:DC=BC:EC$$

$$\therefore\quad \frac{42}{5}:x=14:y=\left(y+\frac{6}{5}\right):(14-x)$$

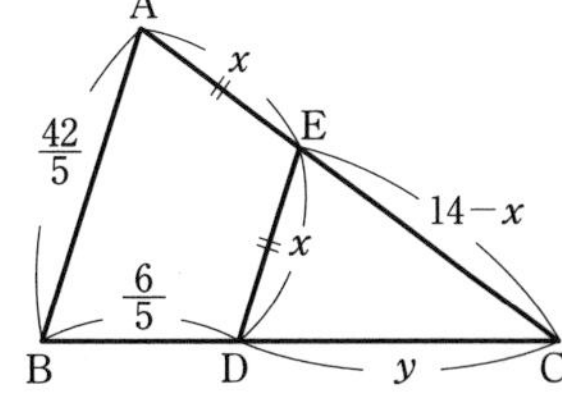

$\dfrac{42}{5}:x=14:y$ より

$$14x=\frac{42}{5}y$$

$$\therefore\quad x=\frac{3}{5}y\quad\cdots\cdots①$$

$14:y=\left(y+\dfrac{6}{5}\right):(14-x)$ より

$$y\left(y+\frac{6}{5}\right)=14(14-x)$$

①を代入して

$$y\left(y+\frac{6}{5}\right)=14\left(14-\frac{3}{5}y\right)$$

$$5y^2+6y=5\cdot14^2-42y\qquad\therefore\quad 5y^2+48y-980=0$$

$$(5y+98)(y-10)=0$$

$y>0$ だから $y=10$，①より

$$x=\frac{3}{5}\cdot10=6$$

よって

AE$=$**6**，CD$=$**10**

(2)　$\angle\mathrm{ABD}=\theta$ とすると

$$\angle\mathrm{AED}=180^\circ-\theta$$

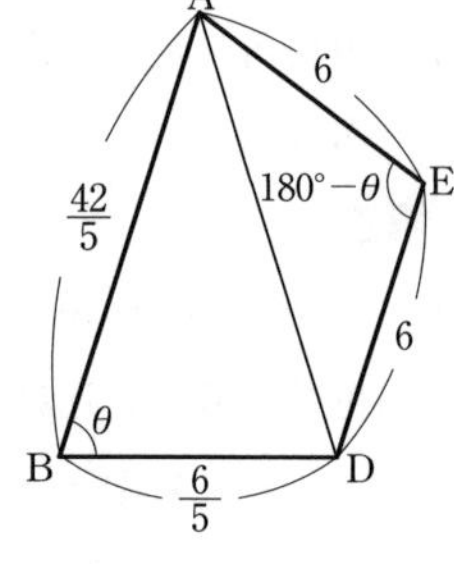

△ABD において余弦定理より

$$\mathrm{AD}^2=\mathrm{AB}^2+\mathrm{BD}^2-2\mathrm{AB}\cdot\mathrm{BD}\cos\theta$$

$$=\left(\frac{42}{5}\right)^2+\left(\frac{6}{5}\right)^2-2\cdot\frac{42}{5}\cdot\frac{6}{5}\cos\theta$$

$$=\frac{1764+36}{25}-\frac{504}{25}\cos\theta$$

$$=72-\frac{504}{25}\cos\theta\quad\cdots\cdots②$$

△AED において余弦定理より

$$\mathrm{AD}^2=\mathrm{AE}^2+\mathrm{DE}^2-2\mathrm{AE}\cdot\mathrm{DE}\cos(180^\circ-\theta)$$

$$=6^2+6^2-2\cdot6\cdot6(-\cos\theta)=72+72\cos\theta\quad\cdots\cdots③$$

②，③より

$$72-\frac{504}{25}\cos\theta=72+72\cos\theta \qquad \therefore \quad \cos\theta=0$$

$0°<\theta<180°$ より

$$\theta=90°$$

②より

$$AD^2=72 \qquad \therefore \quad AD=6\sqrt{2}$$

∠ABD＝90° より，AD は直径となる．

よって，求める円 O の半径は　**$3\sqrt{2}$**

解説

1°　円に内接する四角形の対角の和は 180° である．これは入試では頻出である．(1)ではこのことと，E が辺 AC 上の点であることから ∠ABD＝∠CED を導き出している．

2°　弧 AD の中心角が 180° ならば円周角は 90° となる．すなわち弦 AD が直径であるならば，円周角は 90° となる．逆に円周角が 90° ならば，弦 AD は直径となる．

33　次の条件を満たす三角形 ABC はどのような三角形か．(1)，(2)，(3)それぞれの場合について，理由をつけて答えよ．ただし，三角形 ABC において，頂点 A，B，C に向かい合う辺 BC，CA，AB の長さをそれぞれ a，b，c で表す．また，∠A，∠B，∠C の大きさをそれぞれ A，B，C で表す．

(1)　$\dfrac{b}{\sin A}=\dfrac{a}{\sin B}$　　(2)　$\dfrac{a}{\cos A}=\dfrac{b}{\cos B}$　　(3)　$\dfrac{b}{\cos A}=\dfrac{a}{\cos B}$　　（愛媛大）

思考のひもとき

1.　三角形の形状を問う問題において，三角比の関係式で辺と角が混在している式は，［辺のみ］の関係か［角のみ］の関係に直して考えること．

解答

三角形 ABC の外接円の半径を R とする．

(1)　正弦定理より

$$\frac{a}{\sin A}=\frac{b}{\sin B}=2R$$

$$\therefore \quad \sin A=\frac{a}{2R} \cdots\cdots ①, \qquad \sin B=\frac{b}{2R} \cdots\cdots ②$$

$\dfrac{b}{\sin A}=\dfrac{a}{\sin B}$ より

$$b\sin B=a\sin A$$

①，②を代入して

$$b\cdot\frac{b}{2R}=a\cdot\frac{a}{2R} \qquad \therefore \quad b^2=a^2$$

$a>0$，$b>0$ より　　$a=b$

よって，三角形ABCは $\boldsymbol{a=b}$ **の二等辺三角形**である．

(2)　余弦定理より

$$\cos A=\frac{b^2+c^2-a^2}{2bc} \cdots\cdots③, \qquad \cos B=\frac{c^2+a^2-b^2}{2ca} \cdots\cdots④$$

$\dfrac{a}{\cos A}=\dfrac{b}{\cos B}$ より

$$a\cos B=b\cos A$$

③，④を代入して

$$a\frac{c^2+a^2-b^2}{2ca}=b\frac{b^2+c^2-a^2}{2bc}$$

$$\therefore \quad c^2+a^2-b^2=b^2+c^2-a^2 \qquad \therefore \quad a^2=b^2$$

$a>0$，$b>0$ より　　$a=b$

よって，三角形ABCは $\boldsymbol{a=b}$ **の二等辺三角形**である．

(3)　$\dfrac{b}{\cos A}=\dfrac{a}{\cos B}$ より

$$b\cos B=a\cos A$$

③，④を代入して

$$b\frac{c^2+a^2-b^2}{2ca}=a\frac{b^2+c^2-a^2}{2bc}$$

$$\therefore \quad b^2(c^2+a^2-b^2)=a^2(b^2+c^2-a^2)$$

$$a^4-b^4-a^2c^2+b^2c^2=0$$

$$(a^2+b^2)(a^2-b^2)-(a^2-b^2)c^2=0$$

$$\therefore \quad (a^2-b^2)(a^2+b^2-c^2)=0$$

$$\therefore \quad a^2=b^2 \text{ または } a^2+b^2=c^2$$

$a>0$，$b>0$ より

$$a=b \text{ または } a^2+b^2=c^2$$

よって，三角形 ABC は **$a=b$ の二等辺三角形** または **$\angle C=90^\circ$ の直角三角形**である．

解説

1°　基本的には，正弦定理，余弦定理を用いて条件式を“辺のみ”か“角のみ”の関係式に書き直して考えていく問題である．辺で考えた方がいいのか，角で考えた方がいいのか，は問題による．ここではすべて辺で考えたが，角で考えると次の別解のようになる．

別解

(1)　$a=2R\sin A$ ……⑤，$b=2R\sin B$ ……⑥ より，$b\sin B=a\sin A$ に代入して

$$2R\sin^2 B=2R\sin^2 A$$

$0^\circ<A<180^\circ$，$0^\circ<B<180^\circ$ より，$\sin A>0$，$\sin B>0$ なので

$$\sin A=\sin B \qquad \therefore\ A=B \text{ または } A=180^\circ-B$$

A，B は三角形の内角なので

$$A+B\neq 180^\circ \qquad \therefore\ A=B$$

よって，$A=B$ の二等辺三角形．

(2)　$\dfrac{a}{\cos A}=\dfrac{b}{\cos B}$ に⑤，⑥を代入して

$$\frac{2R\sin A}{\cos A}=\frac{2R\sin B}{\cos B}$$

$$\therefore\ \tan A=\tan B \qquad \therefore\ A-B=180^\circ\times n \quad (n \text{ は整数})$$

A，B は三角形の内角なので　$n=0$

$$\therefore\ A=B$$

よって，$A=B$ の二等辺三角形．

(3)　$\dfrac{b}{\cos A}=\dfrac{a}{\cos B}$ に⑤，⑥を代入して

$$\frac{2R\sin B}{\cos A}=\frac{2R\sin A}{\cos B}$$

$$\therefore\ 2\sin A\cos A=2\sin B\cos B \qquad \therefore\ \sin 2A=\sin 2B$$

A，B は三角形の内角であるから，$2A=2B$ または $2A=180^\circ-2B$

$$\therefore\ A=B,\ A+B=90^\circ$$

よって，$A=B$ の二等辺三角形か $\angle C=90^\circ$ の直角三角形．

(注)　このように角で考えた場合，三角方程式を解くことになるので，式の変形が繁雑になることがある．

34 三角錐OABCにおいて

$$AB=2\sqrt{3},\ OA=OB=OC=AC=BC=\sqrt{7}$$

とする．このとき，三角錐OABCの体積を求めよ．　(群馬大)

思考のひもとき

1. 三角錐の体積を求めるときには，[底面]と[高さ]に注目することが重要である．高さを考えるときには，図形の[対称性]に注意して立体を[切断]してその断面を考える．

解答

ABの中点をMとおくと，△OABと△CABは合同な二等辺三角形だから

$$OM=CM$$

である．よって，△ACMにおいて，三平方の定理より

$$OM=CM=\sqrt{(\sqrt{7})^2-(\sqrt{3})^2}=\sqrt{7-3}=\sqrt{4}=2$$

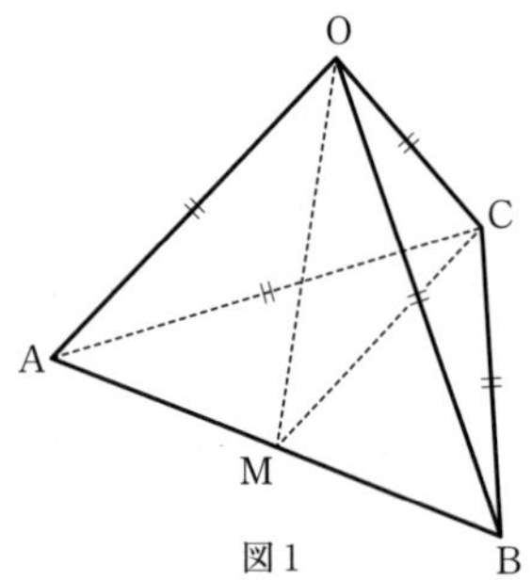

図1

よって，△CABの面積をSとすると

$$S=\frac{1}{2}\cdot 2\cdot 2\sqrt{3}=2\sqrt{3}$$

次にこの立体をOCMを通る平面で切った切り口を考える(図3).

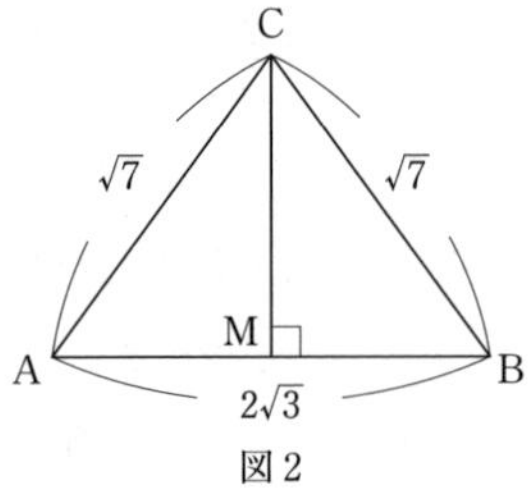

図2

Oから底面ABCに下ろした垂線の足Hは，この三角錐の対称性から辺CM上にある．

$\angle OMC=\theta$とすると，△OMCにおいて余弦定理より

$$\cos\theta=\frac{MC^2+MO^2-OC^2}{2\cdot MC\cdot MO}=\frac{2^2+2^2-(\sqrt{7})^2}{2\cdot 2\cdot 2}=\frac{1}{8}$$

$0°<\theta<90°$ より　　$\sin\theta>0$

$$\therefore\quad \sin\theta=\sqrt{1-\cos^2\theta}=\sqrt{1-\left(\frac{1}{8}\right)^2}=\frac{3\sqrt{7}}{8}$$

$$\therefore\quad OH=OM\sin\theta=2\cdot\frac{3\sqrt{7}}{8}=\frac{3\sqrt{7}}{4}$$

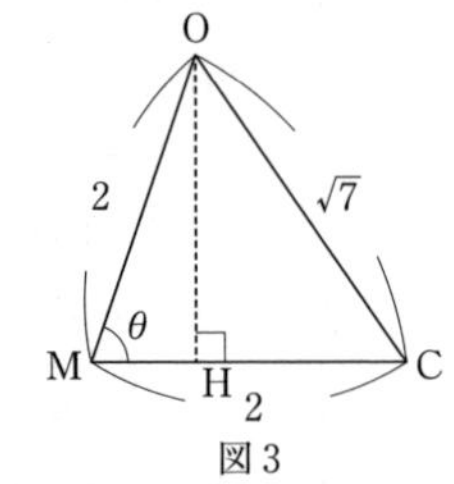

図3

三角形OABCの体積をVとすると

$$V=\frac{1}{3}\cdot\triangle CAB\cdot OH=\frac{1}{3}\cdot S\cdot OH=\frac{1}{3}\cdot 2\sqrt{3}\cdot\frac{3\sqrt{7}}{4}=\boldsymbol{\frac{\sqrt{21}}{2}}$$

解説

1°　三角錐の体積は $\frac{1}{3}\times$(底面積)$\times$(高さ) で与えられる．三角錐の形状から，どこを底面として，どこを高さと考えるのか，が第一歩である．本問の場合，△ABC を底面と考えて，O から △ABC に下ろした垂線を高さとして考えている（図形の対称性を考えれば，△OAB を底面として，C から △OAB に下ろした垂線を考えても同じである）．

2°　このような問題を考えるときに，図形の対称性に着目することは大変に重要なことである．三角錐の高さを考えるために立体を切断するが，対称性を考慮して O, C, M を通る平面による切断面を考えた．

3°　OA＝OB＝OC なので，点 O から △ABC に下ろした垂線の足 H は △ABC の外心となる．

(補)　1辺の長さが a の正四面体 O－ABC の高さを求めてみると，すべての面は正三角形なので，AB の中点を M とすると

$$CM=CA\sin 60^\circ=\frac{\sqrt{3}}{2}a$$

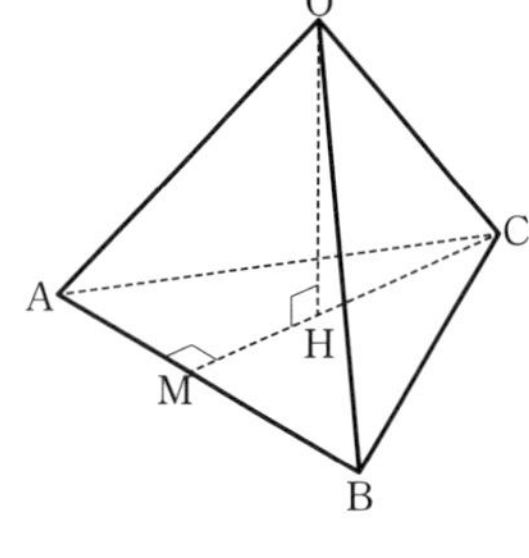

（O から底面 ABC に下ろした垂線の足 H は △ABC の重心と一致する）

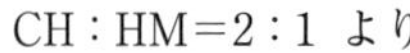

CH：HM＝2：1 より

$$MH=\frac{1}{3}CM=\frac{a}{2\sqrt{3}}$$

$$\therefore\quad OH=\sqrt{OM^2-MH^2}=\sqrt{\left(\frac{\sqrt{3}}{2}a\right)^2-\left(\frac{a}{2\sqrt{3}}\right)^2}$$

$$=\sqrt{\frac{3}{4}-\frac{1}{12}}\,a=\sqrt{\frac{2}{3}}\,a=\frac{\sqrt{6}}{3}a$$

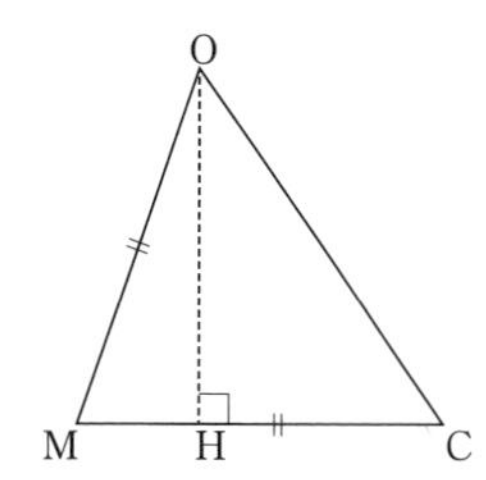

35 a を正の数とし，次のような条件を満たす四面体OABCを考える．

$$\angle \mathrm{AOB}=\angle \mathrm{AOC}=90^\circ,\ \mathrm{OB}=4,\ \mathrm{BC}=5,\ \mathrm{OC}=3,\ \mathrm{OA}=a$$

(1) $\angle \mathrm{BAC}=\theta$ とおく．$\cos\theta$ を a を用いて表せ．

(2) $\triangle \mathrm{ABC}$ の面積を a を用いて表せ．

(3) 球 S_1 が四面体OABCのすべての面と接しているとする．この球 S_1 の半径を a を用いて表せ．

(4) 四面体OABCのすべての頂点が球 S_2 の表面上にあるとする．この球 S_2 の半径を a を用いて表せ．　　　　(お茶の水女子大)

思考のひもとき

1. 四面体OABCの内接球の半径を r とすると，その体積 V は

$$V=\boxed{\frac{1}{3}r(\triangle\mathrm{OAB}+\triangle\mathrm{OBC}+\triangle\mathrm{OCA}+\triangle\mathrm{ABC})}$$ である．

解答

(1) $\mathrm{OB}=4,\ \mathrm{BC}=5,\ \mathrm{OC}=3$ より

$$\mathrm{BC}^2=\mathrm{OB}^2+\mathrm{OC}^2 \qquad \therefore\quad \angle\mathrm{BOC}=90^\circ$$

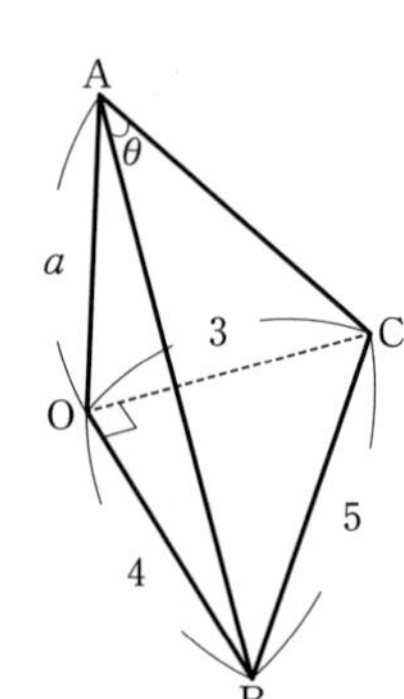

$\triangle\mathrm{OAB}$，$\triangle\mathrm{OAC}$ において三平方の定理を用いて

$$\mathrm{AB}=\sqrt{\mathrm{OA}^2+\mathrm{OB}^2}=\sqrt{a^2+16}$$

$$\mathrm{AC}=\sqrt{\mathrm{OA}^2+\mathrm{OC}^2}=\sqrt{a^2+9}$$

したがって，$\triangle\mathrm{ABC}$ において余弦定理を用いて

$$\boldsymbol{\cos\theta}=\frac{\mathrm{AB}^2+\mathrm{AC}^2-\mathrm{BC}^2}{2\cdot\mathrm{AB}\cdot\mathrm{AC}}$$

$$=\frac{(a^2+16)+(a^2+9)-25}{2\sqrt{a^2+16}\sqrt{a^2+9}}=\boldsymbol{\frac{a^2}{\sqrt{a^2+16}\sqrt{a^2+9}}}$$

(2) $0^\circ<\theta<180^\circ$ より

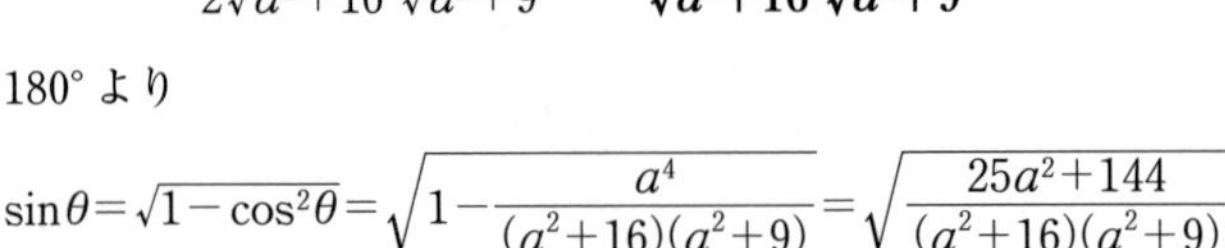

$$\sin\theta=\sqrt{1-\cos^2\theta}=\sqrt{1-\frac{a^4}{(a^2+16)(a^2+9)}}=\sqrt{\frac{25a^2+144}{(a^2+16)(a^2+9)}}$$

$\triangle\mathrm{ABC}$ の面積を S とすると

$$S=\frac{1}{2}\mathrm{AB}\cdot\mathrm{AC}\sin\theta$$

$$=\frac{1}{2}\sqrt{a^2+16}\sqrt{a^2+9}\sqrt{\frac{25a^2+144}{(a^2+16)(a^2+9)}}=\boldsymbol{\frac{1}{2}\sqrt{25a^2+144}}$$

(3)　OA⊥OB，OA⊥OC より，OA は平面 OBC に垂直であるから，四面体 OABC の体積を V とすると

$$V=\frac{1}{3}\triangle\mathrm{OBC}\times\mathrm{OA}=\frac{1}{3}\left(\frac{1}{2}\cdot4\cdot3\right)\times a=2a \quad \cdots\cdots①$$

一方，S_1 の中心を I，半径を r とすると，球 S_1 は四面体 OABC の内接球であるから，S_1 の中心と各面の接点を結ぶ半径は各面と垂直になる．

$$V=\frac{1}{3}(\text{I-OAB}+\text{I-OBC}+\text{I-OCA}+\text{I-ABC})$$

$$=\frac{1}{3}r(\triangle\mathrm{OAB}+\triangle\mathrm{OBC}+\triangle\mathrm{OCA}+\triangle\mathrm{ABC})$$

$$=\frac{1}{3}r\left(\frac{1}{2}\cdot4\cdot a+\frac{1}{2}\cdot4\cdot3+\frac{1}{2}\cdot3\cdot a+\frac{1}{2}\sqrt{25a^2+144}\right)$$

$$=\frac{1}{3}r\left(2a+6+\frac{3}{2}a+\frac{1}{2}\sqrt{25a^2+144}\right)$$

$$=\frac{1}{6}r(7a+12+\sqrt{25a^2+144}) \quad \cdots\cdots②$$

①と②より

$$\frac{1}{6}r(7a+12+\sqrt{25a^2+144})=2a$$

$$\therefore \quad r=\boldsymbol{\frac{12a}{7a+12+\sqrt{25a^2+144}}}$$

(4)　球 S_2 の中心を H，半径を R とする．

O を原点として，B，C，A をそれぞれ x 軸，y 軸，z 軸上の点と考えると O(0, 0, 0)，B(4, 0, 0)，C(0, 3, 0)，A(0, 0, a) とおくことができる．

中心 H から各頂点への距離は等しいから

HB＝HO，HC＝HO，HA＝HO

である．よって H は，OB の垂直二等分面 $x=2$，OC の垂直二等分面 $y=\frac{3}{2}$，OA の垂直二等分面 $z=\frac{a}{2}$ 上にあるから，$\mathrm{H}\left(2,\ \frac{3}{2},\ \frac{a}{2}\right)$ となる．

$$\therefore \quad R=\mathrm{OH}=\sqrt{4+\left(\frac{3}{2}\right)^2+\left(\frac{a}{2}\right)^2}$$

$$=\sqrt{\frac{25}{4}+\frac{a^2}{4}}=\boldsymbol{\frac{1}{2}\sqrt{a^2+25}}$$

解説

1°　問題文には書かれていないが，△OBC が直角三角形であることは気がつきたい．また，∠AOB＝90°，∠AOC＝90° より，OA が平面 OBC と垂直であることにも気がつきたい．

2°　(3)は，三角形に内接する円の問題の立体版である．三角錐に球が内接しているので，その半径を高さと考えて三角錐を 4 つの三角錐に分けて考えて体積を求める．あとは，平面と同様に(平面の場合は三角形の面積であるが)三角錐の体積を 2 通りで表して関係式を求める．

3°　(4)は，OB，OC，OA がどの 2 つも互いに垂直なので，xyz 座標で考えると見通しがつきやすい．HB＝HO とは平面上で考えれば，H は線分 OB の垂直二等分線上の点ということになる．これを空間内で考えると，H は線分 OB を垂直二等分する平面上の点ということになる．

36 右図のように，水平な平野のある地点Aからある山の頂上の点Tを見上げる角（ATと水平面のなす角）を測ったところ，α（$0°<\alpha<90°$）であった．次にこの地点Aから東にp（メートル）進んだ地点Pと，地点Aから西にq（メートル）進んだ地点Qから山の頂上の点Tを見上げる角を測ったところ，ともにβ（$0°<\beta<90°$）であった．ただし，A，P，Qは同じ水平面上にあるとし，$p>0$，$q>0$とする．次の問いに答えよ．

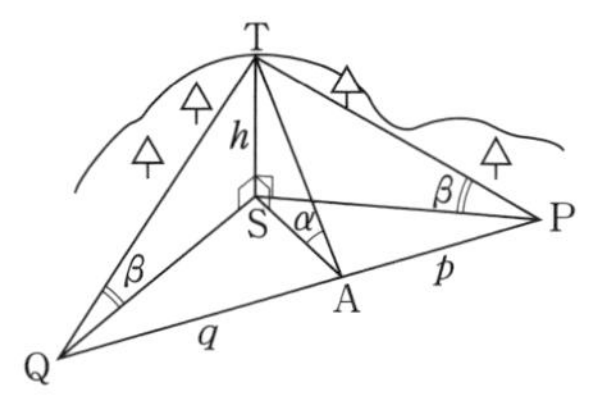

(1) 山の頂上の点Tから，Aを通る水平面に垂線を下ろし，水平面との交点をSとするとき

$$\mathrm{PS}=\mathrm{QS}$$

であることを示せ．

(2) (1)で定めた点Sに対して，$\mathrm{AS}=a$（メートル），$\mathrm{PS}=\mathrm{QS}=b$（メートル）とおくとき

$$b^2-a^2=pq$$

が成り立つことを示せ．

(3) 地点Aと山の頂上の点Tの標高差h（メートル）をp，q，$\tan\alpha$，$\tan\beta$を用いて表せ．

（宮城教育大）

思考のひもとき

1. △ABCについて，余弦定理とは　$a^2=\boxed{b^2+c^2-2bc\cos A}$

解答

(1) △TPSについて　$\tan\beta=\dfrac{\mathrm{TS}}{\mathrm{PS}}$ ……①

△TQSについて　$\tan\beta=\dfrac{\mathrm{TS}}{\mathrm{QS}}$ ……②

①より　$\mathrm{PS}=\dfrac{\mathrm{TS}}{\tan\beta}$

②より　$\mathrm{QS}=\dfrac{\mathrm{TS}}{\tan\beta}$　　∴ $\mathrm{PS}=\mathrm{QS}$ □

(2)　$\angle PAS=\theta$ とすると，$\triangle PAS$，$\triangle QAS$ について，余弦定理より

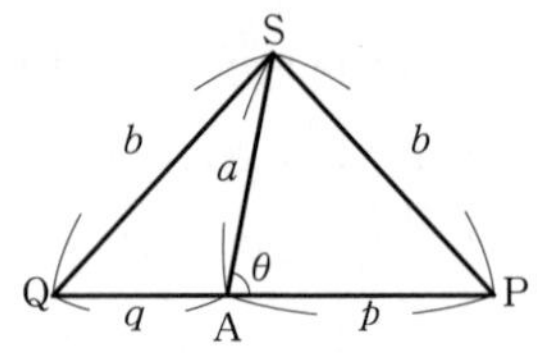

$$\begin{cases} PS^2=AP^2+AS^2-2AP\cdot AS\cos\theta \\ QS^2=AQ^2+AS^2-2AQ\cdot AS\cos(180^\circ-\theta) \end{cases}$$

$$\therefore\quad \begin{cases} b^2=p^2+a^2-2pa\cos\theta & \cdots\cdots③ \\ b^2=q^2+a^2+2qa\cos\theta & \cdots\cdots④ \end{cases}$$

③－④より

$$\begin{aligned} 0&=p^2-q^2-2ap\cos\theta-2aq\cos\theta \\ &=(p+q)(p-q)-2a(p+q)\cos\theta \\ &=(p+q)(p-q-2a\cos\theta) \end{aligned}$$

$p>0$，$q>0$ より

$$p+q\neq 0 \qquad \therefore\quad p-q-2a\cos\theta=0$$

$$\therefore\quad 2a\cos\theta=p-q \quad \cdots\cdots⑤$$

⑤を③に代入して

$$b^2=p^2+a^2-p(p-q)=a^2+pq \qquad \therefore\quad b^2-a^2=pq \quad \square$$

(3)　$\triangle AST$ について　　$\tan\alpha=\dfrac{ST}{AS}=\dfrac{h}{a}$　$\cdots\cdots⑥$

①より　　$\tan\beta=\dfrac{TS}{PS}=\dfrac{h}{b}$　$\cdots\cdots①'$

⑥より　　$a=\dfrac{h}{\tan\alpha}$

①′より　　$b=\dfrac{h}{\tan\beta}$

(2)より $b^2-a^2=pq$ であるから，これらを代入して

$$\frac{h^2}{\tan^2\beta}-\frac{h^2}{\tan^2\alpha}=pq \qquad \therefore\quad h^2\left(\frac{\tan^2\alpha-\tan^2\beta}{\tan^2\alpha\tan^2\beta}\right)=pq$$

$$\therefore\quad h^2=\frac{pq\tan^2\alpha\cdot\tan^2\beta}{\tan^2\alpha-\tan^2\beta}$$

$h>0$ より

$$\begin{aligned} \boldsymbol{h}&=\sqrt{\frac{pq\tan^2\alpha\cdot\tan^2\beta}{\tan^2\alpha-\tan^2\beta}} \\ &=\boldsymbol{\sqrt{\frac{pq}{\tan^2\alpha-\tan^2\beta}}\tan\alpha\tan\beta} \end{aligned}$$

（∵　$0^\circ<\alpha<90^\circ$，$0^\circ<\beta<90^\circ$ より $\tan\alpha>0$，$\tan\beta>0$）

解説

1°　$A=B$ を示す場合

(i)　$A=\cdots=B$

(ii)　$A-B=\cdots=0$

(iii)　$A=\cdots=C$, $B=\cdots=C$　　$\therefore$　$A=B$

の3通りの考え方がある．(1)ではこの中で(iii)を採用した．

2°　(1)において，$\triangle$TPS$\equiv\triangle$TQS を導いて PS$=$QS を示してもよい．

3°　(2)で，$\triangle$PQS に着目すると長さはすべて与えられているので，どこかの角度を設定することになる．$\triangle$PQS を $\triangle$PAS と $\triangle$QAS に分割して考えるので，$\angle$PAS$=\theta$ とすれば，$\angle$QAS$=180°-\theta$ となり，θ を1つ設定することにより2つの角度を表すことができる．

4°　$AB=0$ であるとは，$A=0$ または $B=0$ ということである．(2)の後半で $0=(p+q)(p-q-2a\cos\theta)$ という式が出てくるが，ここではきちんと $p+q\neq 0$ であることを明示しておく必要がある．

5°　立体図形への三角比の応用の問題ではあるが，結局のところ，平面上での図形の問題として処理をしていくことになる．どの平面上のどの三角形について考えていけばいいのか，を常に意識して問題を考えていくことが大切である．

別解

(2)　$\angle$SQA$=\varphi$ とすると

$$\cos\varphi=\frac{\frac{p+q}{2}}{b}=\frac{p+q}{2b}$$　（$\because$　$\triangle$SQP は二等辺三角形）

$\triangle$SQA に余弦定理を用いて

$$\begin{aligned}a^2&=b^2+q^2-2bq\cos\varphi\\&=b^2+q^2-2bq\frac{p+q}{2b}\\&=b^2+q^2-q(p+q)\\&=b^2-pq\end{aligned}$$

$$\therefore\quad b^2-a^2=pq$$

37 ［A］ あるクラスに男子４名(A, B, C, D)，女子５名(E, F, G, H, I)，計９名の生徒がいる．次の問いに答えよ．

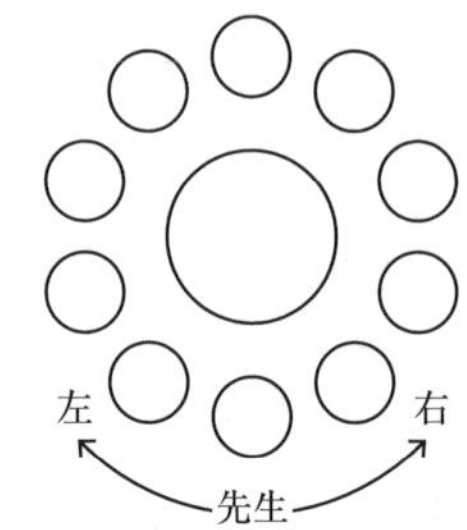

このクラスでは，右図のように先生１名を含めて10名で１つの丸いテーブルを囲んで座っている．このとき，以下の並び方について答えよ．

(1) 先生の右隣りに男子生徒が座る並び方は何通りあるか．

(2) 先生の両隣りに男子生徒が座る並び方は何通りあるか．

(3) 女子生徒同士が隣り合わないように座る並び方は何通りあるか．

いま，このクラスで４名の発表者を選ぶことになった．このとき，次の発表者の選び方について答えよ．

(4) 生徒全員からの発表者の選び方は何通りあるか．

(5) 男子生徒から２名かつ女子生徒から２名の発表者の選び方は何通りあるか．

（高崎経済大）

［B］ A, B, C, D, Eの５人をいくつかの組に分ける．ただし，組同士は区別せず，どの組も１人以上を含んでいるとする．このとき，次の問いに答えよ．

(1) Aが３人の組に含まれるような分け方は何通りあるか求めよ．

(2) Aが２人の組に含まれるような分け方は何通りあるか求めよ．

(3) ５人を組に分ける方法は全部で何通りあるか求めよ．

（首都大学東京）

思考のひもとき

1. ［A］ 図１(次頁)の１～９の席に９人の生徒を座らせることを考える．すなわち，１～９に９人の生徒を 並べる ことを考える．要は 順列 の問題．

2. ［B］ ５を２つ以上の自然数の和に分解して考えると

５＝ 4＋1 　５＝ 3＋2 　５＝ 3＋1＋1

５＝ 2＋2＋1 　５＝ 2＋1＋1＋1 　５＝ 1＋1＋1＋1＋1

解答

［A］　図1のように先生を基準として席に番号をつける．

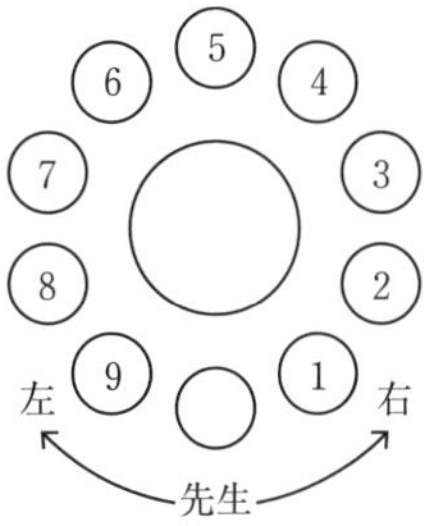

(1)　先生の右隣り，すなわち，①に座る男子生徒の選び方は4通り，その各々に対して②〜⑨へ他の生徒を座らせる座らせ方は，残りの8人を一列に並べる並べ方に等しく，8!通りある．よって並べ方は

$$4\times8!=\mathbf{161280}$$ **（通り）**

図1

(2)　先生の両隣り，すなわち，①と⑨に男子生徒を座らせる座らせ方は，4人の男子から2名を選び，①と⑨に並べると考えて，$_4P_2=4\times3=12$（通り）である．残りの②〜⑧に7人の生徒を座らせる座らせ方は，この7人を②〜⑧に並べることを考えて，7!通りある．よって並べ方は

$$_4P_2\times7!=12\times5040=\mathbf{60480}$$ **（通り）**

(3)　女子生徒同士が隣り合わないように座るためには女子と女子の間に男子か先生が座ることになる．女子は5人，男子は4人なので，女子を①，③，⑤，⑦，⑨に座らせて，男子をその間の②，④，⑥，⑧に座らせなければならない．女子の座り方は5!通り．その各々に対して，男子の座り方は4!通りだから，並び方は

$$5!\times4!=\mathbf{2880}$$ **（通り）**

(4)　9名から4名を選ぶ選び方は

$$_9C_4=\frac{9\cdot8\cdot7\cdot6}{4\cdot3\cdot2\cdot1}=\mathbf{126}$$ **（通り）**

(5)　男子4名から2名を選ぶ選び方は

$$_4C_2=\frac{4\times3}{2\times1}=6$$（通り）

その各々に対して女子5名から2名を選ぶ選び方は

$$_5C_2=\frac{5\times4}{2\times1}=10$$（通り）

よって求める選び方は

$$_4C_2\times{}_5C_2=6\times10=\mathbf{60}$$ **（通り）**

［B］　(1)　3人の組ができる5人の分け方は

　㋑　3人，2人　　　㋺　3人，1人，1人

の2通りである．㋑，㋺それぞれの場合にAが3人の組に入るような分け方を考えればよい．

㋑の場合　[A○○] [○○]

Aは3人の組に入るから，3人の組に入る残り2人の選び方は

$$ {}_4C_2=\frac{4\times 3}{2\times 1}=6 \text{（通り）} $$

残り2人は，2人で1つの組を作るから，この場合は

$$ {}_4C_2\times 1=6\times 1=6 \text{（通り）} $$

㋺の場合　[A○○] [○] [○]

㋑と同様に3人の組の作り方は6通り．残りの2人で，1人の組を2つ作るが組同士の区別はないので，1人の組を2つ作る作り方は1通りである．

よって，この場合は　$1\times 6=6$（通り）

以上より，求める分け方は　$6+6=$**12（通り）**

(2) 2人の組ができる5人の分け方は

㋩ 2人，3人　㋥ 2人，2人，1人　㋭ 2人，1人，1人，1人

の3通りである．㋩～㋭のときにAが2人の組に入ることを考えればよい．

㋩の場合　[A○] [○○○]

Aの他の1人の選び方は　${}_4C_1=4$（通り）

㋥の場合　[A○] [○○] [○]

Aの他の1人の選び方は㋩と同様で4通り．残りの3人からさらに2人を選ぶ選び方は　${}_3C_2={}_3C_1=3$（通り）

よって，この場合は　${}_4C_1\times {}_3C_2=4\times 3=12$（通り）

㋭の場合　[A○] [○] [○] [○]

Aの他の1人の選び方は㋩と同様で4通り，残りの3人を1人，1人，1人の組に分ける分け方は，組に区別が無いので1通り．

よって，この場合は　${}_4C_1\times 1=4\times 1=4$（通り）

以上より，求める分け方は　$4+12+4=$**20（通り）**

(3) 組の作り方は

① 5人　② 4人，1人　③ 3人，2人

④ 3人，1人，1人　⑤ 2人，2人，1人

⑥ 2人，1人，1人，1人　⑦ 1人，1人，1人，1人，1人

の7通りである．

①の場合　[○○○○○]　の1通り

②の場合　[〇〇〇〇]　[〇]

4人の選び方は　$_5C_4={}_5C_1=5$（通り）

残りの1人で1人の組を作るから，この場合は　$_5C_4\times1=5\times1=5$（通り）

③の場合　[〇〇〇]　[〇〇]

3人の選び方は　$_5C_3={}_5C_2=10$（通り）

残りの2人で2人の組を作るから，この場合は　$_5C_3\times1=10\times1=10$（通り）

④の場合　[〇〇〇]　[〇]　[〇]

3人の選び方は，③と同様10通り．残りの2人を1人の組2つに分ける方法は，組に区別がないから1通り．

よって，この場合は　$10\times1=10$（通り）

⑤の場合　[〇〇]　[〇〇]　[〇]

まず，最初の2人の選び方は　$_5C_2=10$（通り）

次に3人から2人を選ぶ選び方は　$_3C_2={}_3C_1=3$（通り）

2人の2つの組の区別がないことを考えると，この場合は

$$\frac{_5C_2\times{}_3C_2}{2!}=\frac{10\times3}{2}=15\text{（通り）}$$

⑥の場合　[〇〇]　[〇]　[〇]　[〇]

2人の選び方は⑤と同様で10通り．残りの3人を1人の組3つに分ける方法は，組に区別がないから1通り．

よって，この場合は　$10\times1=10$（通り）

⑦の場合　[〇]　[〇]　[〇]　[〇]　[〇]

組に区別がないから，5人の1人の組5つに分ける方法は1通り．

以上より全部で

$1+5+10+10+15+10+1=$**52（通り）**

解説

1°　[A]は一見すると円順列のようであるが，実際のところはただの順列の問題である．結局のところ，①～⑨の一列にどう男女を座らせていくのか，ということを考えていけばよい．

2°　[B]　組に区別がない，というのがポイントである．もしも組に区別があるとなると，例えば(1)㋺の場合は，以下の2つの分け方は別のものとなる．

[ABC]　[D]　[E]，　　[ABC]　[E]　[D]

したがって，組に区別があるのならば，(1)㋺の場合は $6\times2=12$（通り）となる．場合の数を数えるとき，区別をするものとしないものを常に意識しておくことは大切なことである．

3° (3)において，(1)，(2)の考察を生かすのならば，次のように考えればよい．ポイントは，Aがどの組に入るのか，に注目することである．

① Aが5人の組に入るのは1通り　（[A○○○○]）

② Aが4人の組に入るのは　（[ ]　[A○○○]）

4人の組のAの他の3人の選び方は　${}_4C_3={}_4C_1=4$（通り）

よって，4通り．

③ Aが3人の組に入るのは，(1)より12通り．

④ Aが2人の組に入るのは，(2)より20通り．

⑤ Aが1人の組に入るのは

㋑ [A]　[○○○○]

1通り

㋺ [A]　[○]　[○○○]

Aを除く4人を1人と3人に分けるのは　${}_4C_3={}_4C_1=4$（通り）

㋩ [A]　[○○]　[○○]

Aを除く4人を2人の組2つに分けるのは，組に区別のないことを考えて

$\dfrac{{}_4C_2}{2!}=\dfrac{6}{2}=3$（通り）

㋥ [A]　[○]　[○]　[○○]

Aを除く4人から2人を選ぶのは　${}_4C_2=6$（通り）

残りの2人を1人の組2つに分けるのは1通りだから，この場合は

$6\times1=6$（通り）

㋭ [A]　[○]　[○]　[○]　[○]

1通り

㋑～㋭より，⑤の場合は　$1+4+3+6+1=15$（通り）

①～⑤より，求める場合の数は

$1+4+12+20+15=52$（通り）

38 [A]　右の図のような道路網がある．次の問いに答えよ．

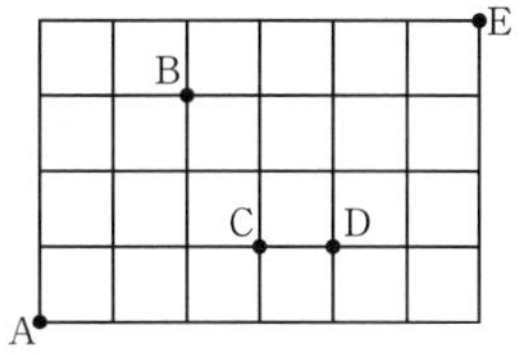

(1)　A地点からE地点へ行く最短の経路は何通りあるか．

(2)　A地点からB地点を経由してE地点へ行く最短の経路は何通りあるか．

(3)　C地点とD地点の間の区間が通行止めになっているとき，A地点からE地点へ行く最短の経路は何通りあるか．　（島根県立大）

[B]　0以上の整数 a，b，c，d，n について，次の問いに答えよ．

(1)　$a+b=n$ を満たす a，b の組 $(a,\ b)$ は全部で何個あるか，n を用いて表せ．

(2)　$a+b+c=n$ を満たす a，b，c の組 $(a,\ b,\ c)$ は全部で何個あるか，n を用いて表せ．

(3)　$a+b+c+d=n$ を満たす a，b，c，d の組 $(a,\ b,\ c,\ d)$ は全部で何個あるか，n を用いて表せ．　（宇都宮大）

思考のひもとき

1.　a が p 個，b が q 個，c が r 個，……，合計 n 個 $(n=p+q+r+\cdots\cdots)$ のとき，これらのものを1列に並べる並べ方の総数は $\boxed{\dfrac{n!}{p!\,q!\,r!\cdots\cdots}}$ である．

解答

[A]　(1)　右方向に1区画進むのを→，上方向に1区画進むのを↑とすると，経路は6本の→と4本の↑の並べ方に等しいから，求める最短経路は

$$\frac{10!}{6!\,4!}=\frac{10\cdot9\cdot8\cdot7}{4\cdot3\cdot2\cdot1}=\mathbf{210}\ \textbf{(通り)}$$

(2)　A→Bの最短経路は，2本の→と3本の↑の並べ方に等しいから

$$\frac{5!}{2!\,3!}=10\ \text{(通り)}$$

B→Eの最短経路は，4本の→と1本の↑の並べ方に等しいから

$$\frac{5!}{4!\,1!}=5\ \text{(通り)}$$

よって，A→B→Eの最短経路は　　$10\times5=\mathbf{50}$ **(通り)**

(3)　A→Cの最短経路は，3本の→と1本の↑の並べ方に等しいから

$\dfrac{4!}{3!\,1!}=4$（通り）

C→D の最短経路は，1 通り

D→E の最短経路は，2 本の→と 3 本の↑の並べ方に等しいから

$\dfrac{5!}{2!\,3!}=10$（通り）

よって，A→C→D→E の最短経路は　$4\times1\times10=40$（通り）

CD が通行止めのときの A から E への最短経路は

$210-40=\mathbf{170}$ **（通り）**

［B］ (1) n 個の○と 1 本の｜を並べて｜で仕切られた左側の○の個数を a の値，右側の○の個数を b の値とすると，$(a,\ b)$ の個数はこの○と｜の並べ方に等しいから

$$\underbrace{\overset{a}{○○○\cdots\cdots○}\ \Big|\ \overset{b}{○○○\cdots\cdots○}}_{○は\,n\,個}$$

$\dfrac{(n+1)!}{1!\,n!}=\boldsymbol{n+1}$ **（個）**

(2) (1)と同様に考えて，n 個の○と 2 本の｜を 1 列に並べて

$$\underbrace{\overset{a}{○○○\cdots\cdots○}\ \Big|\ \overset{b}{○○\cdots\cdots○}\ \Big|\ \overset{c}{○○\cdots\cdots○}}_{○は\,n\,個}$$

$\dfrac{(n+2)!}{2!\,n!}=\boldsymbol{\dfrac{(n+2)(n+1)}{2}}$ **（個）**

(3) (1)と同様に考えて，n 個の○と 3 本の｜を 1 列に並べる．

$$\underbrace{\overset{a}{○○\cdots\cdots○}\ \Big|\ \overset{b}{○○\cdots\cdots○}\ \Big|\ \overset{c}{○○\cdots\cdots○}\ \Big|\ \overset{d}{○○\cdots\cdots○}}_{○は\,n\,個}$$

$\dfrac{(n+3)!}{3!\,n!}=\boldsymbol{\dfrac{(n+3)(n+2)(n+1)}{6}}$ **（個）**

解説

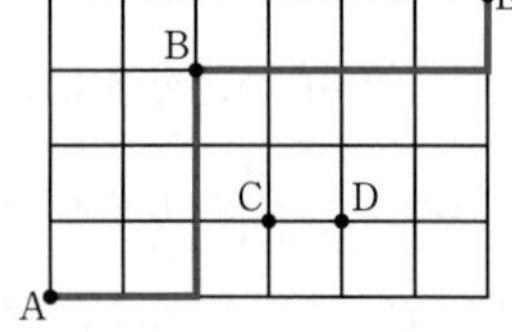

1° 右図の経路に対応する↑，→の並び方は

→，→，↑，↑，↑，→，→，→，→，↑

である．

2° ［A］において，→と↑を並べる場所は 10 か所だから，この 10 か所から→を入れる

6か所を選ぶと考えると

$$_{10}C_6=\frac{10!}{6!\,4!}=210\ (\text{通り})$$

となる．

3°　[B](2)において，n 個の○と2本の｜を1列に並べるので，全部で $n+2$ か所の場所から｜を入れる2か所を選ぶと考えると

$$_{n+2}C_2=\frac{(n+2)(n+1)}{2}\ (\text{通り})$$

となる．

4°　一般に n 個の異なるものから，同じものをくり返し使うことを許して，r 個をとる組合せを n 個のものから r 個をとる**重複組合せ**という．その総数は $_n\mathrm{H}_r$ と表す．$_n\mathrm{H}_r={}_{n+r-1}C_r$ である．

これに従うと[B]の(2)は3個の異なる a，b，c から重複を許して n 個とる組合せに対応するので

$$_3\mathrm{H}_n={}_{3+n-1}C_n={}_{n+2}C_n=\frac{(n+2)!}{n!\{(n+2)-n\}!}=\frac{(n+2)!}{n!\,2!}$$

となる．しかし，Hの記号を使うよりも○と｜で考えた方がはるかにわかりやすい．

たとえば，$(a,\ b,\ c)=(3,\ 1,\ n-4)$ に対応するのは図1ということであり，$(a,\ b,\ c)=(2,\ 0,\ n-2)$ に対応するのは図2ということである．

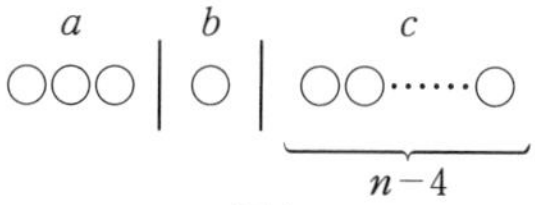

a　b　c
○○○｜○｜○○……○（c：$n-4$）

図1

a　b　c
○○｜｜○○……○（c：$n-2$）

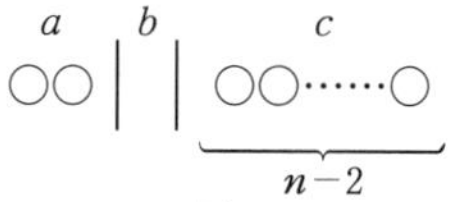

図2

結局，全体で n 個あるものを3つに分けるので，仕切りは2本で，n 個の○と2本の｜の並べ方となる．

39 [A] $\left(\dfrac{x}{2}-y\right)^{12}$ の展開式において，x^5y^7 の係数を求めよ．（愛媛大）

[B] $\left(1+x-\dfrac{2}{x^2}\right)^7$ の展開式における定数項を求めよ．（弘前大）

[C] $(1+x)^n$ を展開したとき，次数が奇数である項の係数の和を求めよ．ただし，n は正の整数とする．（弘前大）

思考のひもとき

1. $(a+b)^n$ を展開したときの一般項は $\boxed{{}_n\mathrm{C}_r a^{n-r}b^r}$ である．これを二項定理という．

2. $(a+b+c)^n$ の一般項 $a^pb^qc^r$ $(p+q+r=n)$ の係数は $\boxed{\dfrac{n!}{p!\,q!\,r!}}$ である．

解答

[A] 展開式の一般項は

$${}_{12}\mathrm{C}_r\left(\frac{x}{2}\right)^{12-r}(-y)^r=\left(\frac{1}{2}\right)^{12-r}(-1)^r{}_{12}\mathrm{C}_r x^{12-r}y^r$$

x^5y^7 の項は $r=7$ のときで，その係数は

$$\left(\frac{1}{2}\right)^5(-1)^7{}_{12}\mathrm{C}_7=\frac{1}{2^5}\cdot(-1)\cdot\frac{12\cdot11\cdot10\cdot9\cdot8}{5\cdot4\cdot3\cdot2\cdot1}=\boldsymbol{-\frac{99}{4}}$$

[B] 展開式の一般項は

$$\frac{7!}{p!\,q!\,r!}1^px^q\left(-\frac{2}{x^2}\right)^r=\frac{7!(-2)^r}{p!\,q!\,r!}x^{q-2r}$$

（p，q，r は 0 以上の整数で $p+q+r=7$）

定数項は　$q-2r=0 \iff q=2r$　のときより

$$(p,\ q,\ r)=(7,\ 0,\ 0),\ (4,\ 2,\ 1),\ (1,\ 4,\ 2)$$

よって求める定数項は

$$\frac{7!(-2)^0}{7!\,0!\,0!}+\frac{7!(-2)^1}{4!\,2!\,1!}+\frac{7!(-2)^2}{1!\,4!\,2!}=1-210+420=\mathbf{211}$$

[C] 二項定理から

$$(1+x)^n={}_n\mathrm{C}_0+{}_n\mathrm{C}_1x+{}_n\mathrm{C}_2x^2+\cdots\cdots+{}_n\mathrm{C}_{n-1}x^{n-1}+{}_n\mathrm{C}_nx^n \quad \cdots\cdots①$$

次数が奇数である項は

$${}_n\mathrm{C}_1x,\ {}_n\mathrm{C}_3x^3,\ {}_n\mathrm{C}_5x^5,\ \cdots\cdots$$

より，これらの係数の和は

$${}_n\mathrm{C}_1+{}_n\mathrm{C}_3+{}_n\mathrm{C}_5+\cdots\cdots$$

である.

①において

$x=1$ を代入すると

$$2^n={}_nC_0+{}_nC_1+{}_nC_2+\cdots\cdots+{}_nC_{n-1}+{}_nC_n \quad \cdots\cdots②$$

$x=-1$ を代入すると

$$0={}_nC_0-{}_nC_1+{}_nC_2-\cdots\cdots+(-1)^{n-1}{}_nC_{n-1}+(-1)^n{}_nC_n \quad \cdots\cdots③$$

②－③ より

$$2^n=2({}_nC_1+{}_nC_3+{}_nC_5+\cdots\cdots)$$

$$\therefore\quad (求める和)={}_nC_1+{}_nC_3+{}_nC_5+\cdots\cdots=\mathbf{2^{n-1}}$$

解説

1°　係数や指数の計算を正確に実行すること.

2°　[B]のような多項定理は，$(p,\ q,\ r)$ の組合せがいくつか出てくることがあるので注意すること.

3°　[C]のように，$(1+x)^n$ の展開式の x に適当な数を代入して等式を示すことはよくある問題である.

40 [A]　赤玉が5個，白玉が4個，青玉が3個入っている袋がある．この袋から玉を3個同時にとり出すとき，次の確率を求めよ．

⑴　3個とも同じ色である．

⑵　3個の色がすべて異なる．　　（京都教育大）

[B]　表面に「1点」と書かれたカードが5枚，「5点」と書かれたカードが3枚，「10点」と書かれたカードが2枚，合わせて10枚のカードがある．この10枚のカードを裏返してよくまぜてから3枚をとり出す．3枚のカードの点数の合計をN点とする．次の問いに答えよ．

⑴　$N<10$となる確率p_1を求めよ．

⑵　$N \geqq 20$となる確率p_2を求めよ．

⑶　$10 \leqq N < 20$となる確率p_3を求めよ．

⑷　3枚とも同じ点数となる確率p_4を求めよ．　　（首都大学東京）

思考のひもとき

1.　確率では，同じ色の玉，同じ番号が書かれているカードなどはすべて［区別して］考える．たとえば，袋の中に赤玉が5個あれば，赤玉1つのとり出し方は［5通り］である．

解答

[A]　⑴　12個の玉をすべて区別して考える．

玉のとり出し方は

$${}_{12}C_3=\frac{12\cdot 11\cdot 10}{3\cdot 2\cdot 1}=220 \text{（通り）}$$

3個とも同じ色であるのは（赤，赤，赤），（白，白，白），（青，青，青）のときであるから，求める確率は

$$\frac{{}_5C_3+{}_4C_3+{}_3C_3}{220}=\frac{\frac{5\cdot 4\cdot 3}{3\cdot 2\cdot 1}+4+1}{220}=\frac{15}{220}=\mathbf{\frac{3}{44}}$$

⑵　3個ともすべて異なるのは，（赤，白，青）の場合である．赤玉の選び方は${}_5C_1$，白玉の選び方は${}_4C_1$，青玉の選び方は${}_3C_1$より，求める確率は

$$\frac{{}_5C_1\times {}_4C_1\times {}_3C_1}{220}=\frac{5\cdot 4\cdot 3}{220}=\mathbf{\frac{3}{11}}$$

［B］　10枚のカードをすべて区別して考える．

3枚のカードのとり出し方は

$$ {}_{10}C_3=\frac{10\cdot 9\cdot 8}{3\cdot 2\cdot 1}=120 \text{（通り）} $$

(1)　$N<10$ となるのは，［1］，［1］，［1］ と ［5］，［1］，［1］ の場合であり，とり出し方はそれぞれ

$$ {}_5C_3={}_5C_2=10 \text{（通り）}, \quad {}_3C_1\times{}_5C_2=30 \text{（通り）} $$

$$ \therefore \quad p_1=\frac{10+30}{120}=\mathbf{\frac{1}{3}} $$

(2)　$N\geqq 20$ となるのは，［10］，［5］，［5］ と ［10］，［10］，［5］ と ［10］，［10］，［1］ の場合である．とり出し方はそれぞれ

$$ {}_2C_1\times{}_3C_2=6 \text{（通り）}, \quad {}_2C_2\times{}_3C_1=3 \text{（通り）}, \quad {}_2C_2\times{}_5C_1=5 \text{（通り）} $$

$$ \therefore \quad p_2=\frac{6+3+5}{120}=\frac{14}{120}=\mathbf{\frac{7}{60}} $$

(3)　$10\leqq N<20$ となるのは，［5］，［5］，［5］ と ［5］，［5］，［1］ と ［10］，［5］，［1］ と ［10］，［1］，［1］ の場合である．とり出し方はそれぞれ

$$ {}_3C_3=1 \text{（通り）}, \quad {}_3C_2\times{}_5C_1=15 \text{（通り）}, \quad {}_2C_1\times{}_3C_1\times{}_5C_1=30 \text{（通り）}, $$

$$ {}_2C_1\times{}_5C_2=20 \text{（通り）} $$

$$ \therefore \quad p_3=\frac{1+15+30+20}{120}=\frac{66}{120}=\mathbf{\frac{11}{20}} $$

(4)　3枚とも同じとなるのは，［1］，［1］，［1］ と ［5］，［5］，［5］ の場合で，とり出し方はそれぞれ

$$ {}_5C_3=10 \text{（通り）}, \quad {}_3C_3=1 \text{（通り）} $$

$$ \therefore \quad p_4=\frac{10+1}{120}=\mathbf{\frac{11}{120}} $$

解説

1°　［A］［B］ともに，すべての玉，カードを区別することがポイントである．

2°　どのような場合が条件を満たすのかをしっかりと書き出すことが大切である．

3°　［B］(3)は，結局のところ(1)と(2)の余事象となるので

$$ 1-(p_1+p_2)=1-\frac{40+14}{120}=\frac{66}{120}=\frac{11}{20} $$

と考えてもよい．

41 1からnまでの番号が書かれたn枚のカードがある．このn枚のカードの中から1枚をとり出し，その番号を記録してからもとに戻す．この操作を3回くり返す．記録した3個の番号が3つとも異なる場合には大きい方から2番目の値をXとする．2つが一致し，1つがこれと異なる場合には，2つの同じ値をXとし，3つとも同じならその値をXとする．

(1) 確率$P(X \leqq k)$ $(k=1,\ 2,\ \cdots\cdots,\ n)$を求めよ．

(2) 確率$P(X=k)$ $(k=1,\ 2,\ \cdots\cdots,\ n)$を求めよ． (千葉大)

思考のひもとき

1. $P(X \leqq k)$とはXが k以下 となる確率のことである．

2. $P(X=k)$は$X=k$となる確率だから $P(X=k)=P(X \leqq k)-$ $P(X \leqq k-1)$

解答

(1) 記録する3個の番号の並び方はn^3通りある．(どれが起こるのも同様に確からしい)

3つのうち，$k+1$以上の枚数は，0，1，2，3のいずれかである．このうち$X \leqq k$となるのは次のいずれかのとき．

(i) 記録した3個の番号がすべてk以下のとき（つまり，$k+1$以上が0枚のとき）

この場合はk^3通り．

(ii) 記録した3個の番号のうち1つが$k+1$以上（aとする），2つがk以下（b，cとする）のとき（つまり，$k+1$以上が1枚のとき）

$a \geqq k+1$よりaは　$n-(k+1)+1=n-k$（通り）

$b \leqq k$，$c \leqq k$よりb，cの選び方は　k^2（通り）

aが3回のうちのどこで出るかは　${}_3\mathrm{C}_1=3$（通り）

よって，この場合は　$3 \cdot k^2(n-k)$通り

(i)，(ii)は排反だから

$$P(X \leqq k)=\frac{k^3+3k^2(n-k)}{n^3}=\boldsymbol{\frac{3nk^2-2k^3}{n^3}}$$

(2) (1)の結果を用いると

$k=1$のとき

$$P(X=1)=P(X \leqq 1)=\frac{3n-2}{n^3}$$

$k \geqq 2$のとき

$$P(X=k)=P(X\leqq k)-P(X\leqq k-1)$$
$$=\frac{3nk^2-2k^3}{n^3}-\frac{3n(k-1)^2-2(k-1)^3}{n^3}$$
$$=\frac{3n\{k^2-(k-1)^2\}-2\{k^3-(k-1)^3\}}{n^3}$$
$$=\frac{3n(2k-1)-2(3k^2-3k+1)}{n^3}$$
$$=\frac{-6k^2+6(n+1)k-3n-2}{n^3} \quad \cdots\cdots ①$$

$k=1$ とすると

$$\frac{-6+6(n+1)-3n-2}{n^3}=\frac{3n-2}{n^3}=P(X=1)$$

となるから，$k=1$ のときも①は成り立つ．

よって，$k=1,\ 2,\ \cdots\cdots,\ n$ に対して

$$P(X=k)=\boldsymbol{\frac{-6k^2+6(n+1)k-3n-2}{n^3}}$$

解説

1° 2つの事象 A，B が決して同時に起こらないとき，事象 A と B は**互いに排反**であるという．

2° 確率 $P(X\leqq k)$ の意味は読みとれたであろうか．この式の意味は X の値が k 以下となる確率を求めよ，ということである．したがって，$P(X=k)$ は X の値がちょうど k となる確率を求めよ，ということになる．

3° $P(X=k)=P(X\leqq k)-P(X\leqq k-1)$ である．意味を考えれば，X の値が k となる確率は，X の値が k 以下となる確率から X の値が $k-1$ 以下になる確率を引いたもの，ということになる．

4° (1)において，起こりうる現象としては，他に

(iii) 3個の番号のうち1個が k 以下で2個が $k+1$ 以上（この場合は，X は $k+1$ 以上の番号となる）

(iv) 3個の番号がすべて $k+1$ 以上（この場合も X は $k+1$ 以上の番号となる）

の2通りが考えられるが，いずれも，$X\leqq k$ という条件を満たさなくなるので不適である．したがって，これらの確率を求め，1から引けばよい．

$$P(X\leqq k)=1-P(X\geqq k+1)=1-\frac{1}{n^3}\{{}_3\mathrm{C}_1k(n-k)^2+(n-k)^3\}$$

5°　X の期待値（平均）$E(X)$ を求めてみると，(2)の結果から次のように計算できる．

$$E(X)=\sum_{k=1}^{n} kP(X=k)$$

$$=\sum_{k=1}^{n} k\cdot\frac{-6k^2+6(n+1)k-3n-2}{n^3}=\frac{n+1}{2}$$

42　複数の参加者がグー，チョキ，パーを出して勝敗を決めるジャンケンについて，次の問いに答えよ．ただし，各参加者は，グー，チョキ，パーをそれぞれ $\frac{1}{3}$ の確率で出すものとする．

(1)　4人で一度だけジャンケンをするとき，1人だけが勝つ確率，2人が勝つ確率，3人が勝つ確率，引き分けになる確率をそれぞれ求めよ．

(2)　n 人で一度だけジャンケンをするとき，r 人が勝つ確率を n と r を用いて表せ．ただし，$n\geqq 2$，$1\leqq r<n$ とする．

(3)　$\sum_{r=1}^{n-1} {}_n\mathrm{C}_r=2^n-2$ が成り立つことを示し，n 人で一度だけジャンケンをするとき，引き分けになる確率を n を用いて表せ．ただし，$n\geqq 2$ とする．　（大阪府立大）

思考のひもとき

1.　ジャンケンの確率を考える場合，勝負がつくときはだれがどの手で勝つのかを考えること．引き分けになるのは［全員が同じ手］か［3種類すべての手が出る］ときである．

解答

(1)　手の出し方は 3^4 通り

(i)　1人だけ勝つ確率

だれが勝つか ……… ${}_4\mathrm{C}_1=4$（通り）

どの手で勝つか …… ${}_3\mathrm{C}_1=3$（通り）

$$\therefore\quad \frac{4\times 3}{3^4}=\mathbf{\frac{4}{27}}$$

(ii)　2人が勝つ確率

だれが勝つか ……… ${}_4\mathrm{C}_2=\frac{4\times 3}{2\times 1}=6$（通り）

どの手で勝つか ……　${}_3\mathrm{C}_1=3$（通り）

$$\therefore\quad \frac{6\times 3}{3^4}=\boldsymbol{\frac{2}{9}}$$

(iii)　３人が勝つ確率

だれが勝つか ………　${}_4\mathrm{C}_3=4$（通り）

どの手で勝つか ……　${}_3\mathrm{C}_1=3$（通り）

$$\therefore\quad \frac{4\times 3}{3^4}=\boldsymbol{\frac{4}{27}}$$

(iv)　引き分けになる確率

「少なくとも１人が勝つ」ことの余事象で考えて

$$1-\left(\frac{4}{27}+\frac{2}{9}+\frac{4}{27}\right)=\boldsymbol{\frac{13}{27}}$$

(2)　手の出し方は 3^n 通り

勝つ r 人の選び方は ${}_n\mathrm{C}_r$ 通り

どの手で勝つかは ${}_3\mathrm{C}_1$ 通り

よって求める確率は

$$\frac{{}_n\mathrm{C}_r\cdot{}_3\mathrm{C}_1}{3^n}=\frac{1}{3^{n-1}}{}_n\mathrm{C}_r=\boldsymbol{\frac{n!}{3^{n-1}r!(n-r)!}}$$

(3)　二項定理より

$$(1+x)^n=1+{}_n\mathrm{C}_1x+{}_n\mathrm{C}_2x^2+\cdots\cdots+{}_n\mathrm{C}_{n-1}x^{n-1}+{}_n\mathrm{C}_nx^n\quad\cdots\cdots①$$

①において $x=1$ とすると

$$2^n=1+{}_n\mathrm{C}_1+{}_n\mathrm{C}_2+\cdots\cdots+{}_n\mathrm{C}_{n-1}+1=2+\sum_{r=1}^{n-1}{}_n\mathrm{C}_r$$

$$\therefore\quad \sum_{r=1}^{n-1}{}_n\mathrm{C}_r=2^n-2\quad\square$$

余事象の確率を考えると，(2)より求める確率は

$$1-\sum_{r=1}^{n-1}\frac{{}_n\mathrm{C}_r}{3^{n-1}}=1-\frac{1}{3^{n-1}}\sum_{r=1}^{n-1}{}_n\mathrm{C}_r$$

$$=1-\frac{1}{3^{n-1}}(2^n-2)$$

$$=\boldsymbol{1-\frac{2^n-2}{3^{n-1}}}$$

解説

1°　(1)において，引き分けになる確率を余事象を用いないで求めると

4人とも同じ手を出す …… 3通り

2人が同じ手を出して（その2人を1人と考えて）3種類の手が出る

…… ${}_4C_2\times 3!=36$（通り）

より　$\dfrac{3+36}{3^4}=\dfrac{39}{3^4}=\dfrac{13}{3^3}=\dfrac{13}{27}$

2°　ジャンケンの確率は，だれがどの手を出すかを考えることが重要である．

3°　ジャンケンにおいて，r人だけ勝つ確率もr人だけ負ける確率も同じである．

43　あなたと友人がそれぞれ1枚の硬貨を投げて，表・裏の出方で座標平面上の点Aおよび点Bを動かす．あなたは点Aを，硬貨の表が出たらx軸方向に1進め，裏が出たらy軸方向に1進める．友人は点Bを，硬貨の表が出たらx軸方向に-1進め，裏が出たらy軸方向に-1進める．最初，点Aは$(0,\ 0)$に，点Bは$(5,\ 3)$にあるものとする．このとき，次の問いに答えよ．

(1)　あなたが硬貨を3回投げたとき，点Aが$(2,\ 1)$にある確率を求めよ．

(2)　nを自然数とし，あなたが硬貨を$2n$回投げたとき，点Aが直線$y=x$上にある確率をP_1，直線$y=x+2$上にある確率をP_2とする．P_1，P_2を求めよ．

(3)　あなたと友人がそれぞれ硬貨を4回投げたとき，点Aと点Bが同じ座標にある確率を求めよ．　（滋賀大）

思考のひもとき

1.　1回の試行で事象Aが起こる確率をpとする．この試行をn回行い，r回Aが起こる確率は $\boxed{{}_nC_r\,p^r(1-p)^{n-r}}$ である．（反復試行の確率）

解答

(1)　$(0,\ 0)\to(2,\ 1)$だから，x軸方向に2，y軸方向に1移動する．

硬貨を3回投げて，表が2回，裏が1回出る確率だから

$${}_3C_2\left(\frac{1}{2}\right)^2\left(\frac{1}{2}\right)^1=\mathbf{\frac{3}{8}}$$

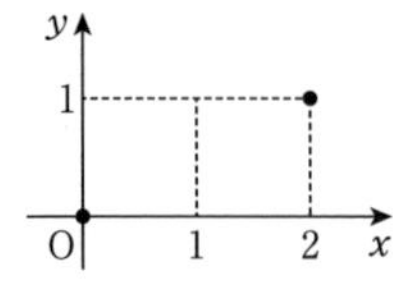

(2)　$2n$回投げて$y=x$上にあるのは，x軸方向にn，y軸方向にn移動したとき．

硬貨を$2n$回投げて表がn回，裏がn回出る確率がP_1だから

$$P_1={}_{2n}C_n\left(\frac{1}{2}\right)^n\left(\frac{1}{2}\right)^n=\frac{(2n)!}{n!(2n-n)!}\cdot\frac{1}{2^{2n}}=\mathbf{\frac{(2n)!}{2^{2n}(n!)^2}}$$

$2n$ 回投げて $y=x+2$ 上にあるのは，x 軸方向に p，y 軸方向に q 移動したとすると，$p+q=2n$，$q=p+2$ より

$$p=n-1,\ q=n+1$$

硬貨を $2n$ 回投げて，表が $n-1$ 回，裏が $n+1$ 回出る確率が P_2 となり

$$P_2={}_{2n}\mathrm{C}_{n-1}\left(\frac{1}{2}\right)^{n-1}\left(\frac{1}{2}\right)^{n+1}$$

$$=\frac{(2n)!}{(n-1)!\{2n-(n-1)\}!}\cdot\frac{1}{2^{2n}}=\boldsymbol{\frac{(2n)!}{2^{2n}(n-1)!(n+1)!}}$$

(3)　4回投げたとき，あなたと友人がいる座標は，それぞれ

(表，裏)	あなた
(4，0)	(4，0)
(3，1)	(3，1)
(2，2)	(2，2)
(1，3)	(1，3)
(0，4)	(0，4)

(表，裏)	友人
(4，0)	(1，3)
(3，1)	(2，2)
(2，2)	(3，1)
(1，3)	(4，0)
(0，4)	(5，−1)

よって，4回投げて点Aと点Bが同じ位置となるとき，その座標は

(1，3)，(2，2)，(3，1)，(4，0)

のいずれかである．

求める確率は

$${}_4\mathrm{C}_1\left(\frac{1}{2}\right)^1\left(\frac{1}{2}\right)^3\times{}_4\mathrm{C}_4\left(\frac{1}{2}\right)^4\left(\frac{1}{2}\right)^0+{}_4\mathrm{C}_2\left(\frac{1}{2}\right)^2\left(\frac{1}{2}\right)^2\times{}_4\mathrm{C}_3\left(\frac{1}{2}\right)^3\left(\frac{1}{2}\right)$$

$$+{}_4\mathrm{C}_3\left(\frac{1}{2}\right)^3\left(\frac{1}{2}\right)\times{}_4\mathrm{C}_2\left(\frac{1}{2}\right)^2\left(\frac{1}{2}\right)^2+{}_4\mathrm{C}_4\left(\frac{1}{2}\right)^4\left(\frac{1}{2}\right)^0\times{}_4\mathrm{C}_1\left(\frac{1}{2}\right)\left(\frac{1}{2}\right)^3$$

$$=\left(\frac{1}{2}\right)^8({}_4\mathrm{C}_1\times{}_4\mathrm{C}_4+{}_4\mathrm{C}_2\times{}_4\mathrm{C}_3+{}_4\mathrm{C}_3\times{}_4\mathrm{C}_2+{}_4\mathrm{C}_4\times{}_4\mathrm{C}_1)$$

$$=\left(\frac{1}{2}\right)^8(4\times1+6\times4+4\times6+1\times4)=\frac{56}{2^8}=\frac{7}{2^5}=\boldsymbol{\frac{7}{32}}$$

解説

1°　同一な条件のもとで，独立である試行をくり返すとき，その一連の試行のことを**反復試行**という．

2°　(1)で，3回のうち表，表，裏の順に出る確率は $\left(\frac{1}{2}\right)^2\times\left(\frac{1}{2}\right)=\frac{1}{8}$ であるが，どこで裏が出るのかを考える必要がある．

表 表 裏　　表 裏 表　　裏 表 表

と表をどこに配置するのか（または裏をどこに配置するのか）を考えれば，それは${}_3C_2$通り（裏の配置ならば${}_3C_1$通り）あるので，求める確率は

$${}_3C_2\left(\frac{1}{2}\right)^2\left(\frac{1}{2}\right)$$

となる．

44 青球6個と赤球n個（$n \geqq 2$）が入っている袋から，3個の球を同時にとり出すとき，青球が1個で赤球が2個である確率をP_nとする．

(1) P_nをnの式で表せ．

(2) $P_n > P_{n+1}$を満たす最小のnを求めよ．

(3) P_nを最大にするnの値を求めよ．（富山大）

思考のひもとき

1. 確率P_nの最大値を考えるときには$\boxed{\dfrac{P_{n+1}}{P_n}}$と1との大小を考えるか，$\boxed{P_{n+1}-P_n}$の符号を考える．

解答

(1) すべての球を区別して考える．青球6個，赤球n個の合計$n+6$個から3個の球をとり出す場合の数は

$${}_{n+6}C_3=\frac{(n+6)(n+5)(n+4)}{3\cdot2\cdot1}=\frac{(n+6)(n+5)(n+4)}{6}$$

青球6個から1個をとり出す場合の数は　${}_6C_1=6$

赤球n個から2個をとり出す場合の数は　${}_nC_2=\dfrac{n(n-1)}{2\cdot1}=\dfrac{n(n-1)}{2}$

である．

よって，求める確率P_nは

$$\boldsymbol{P_n}=\frac{6\cdot\dfrac{n(n-1)}{2}}{\dfrac{(n+6)(n+5)(n+4)}{6}}=\boldsymbol{\frac{18n(n-1)}{(n+6)(n+5)(n+4)}}$$

(2) $P_n > P_{n+1}$より　$1>\dfrac{P_{n+1}}{P_n}$

(1)より

$$\frac{P_{n+1}}{P_n}=P_{n+1}\times\frac{1}{P_n}=\frac{18(n+1)n}{(n+7)(n+6)(n+5)}\times\frac{(n+6)(n+5)(n+4)}{18n(n-1)}$$

$$=\frac{(n+1)(n+4)}{(n+7)(n-1)}<1$$

$n\geqq 2$ より　　$(n+7)(n-1)>0$

$\therefore\ (n+1)(n+4)<(n+7)(n-1)$

$\therefore\ 5n+4<6n-7$

$\therefore\ 11<n$

n は2以上の整数より，$11<n$ を満たす最小の n は

$\boldsymbol{n=12}$

(3)　(2)より

$$\begin{cases}\dfrac{P_{n+1}}{P_n}<1 \iff P_{n+1}<P_n \iff n>11\\ \dfrac{P_{n+1}}{P_n}=1 \iff P_{n+1}=P_n \iff n=11\\ \dfrac{P_{n+1}}{P_n}>1 \iff P_{n+1}>P_n \iff n<11\end{cases}$$

よって，$P_2<P_3<\cdots\cdots<P_{10}<P_{11}=P_{12}>P_{13}>P_{14}>\cdots\cdots$

$\therefore\ P_n$ を最大にする n は　　$\boldsymbol{n=11,\ 12}$

解説

1°　同じ色の玉であっても，それはすべて区別をして考えること．分子レベルまで考えれば，まったく同じモノは存在しない，という感覚である．

2°　(2)では，比で考える方が約分ができるので楽である．

P_n-P_{n+1} を計算すると

$$P_n-P_{n+1}=\frac{18n(n-1)}{(n+6)(n+5)(n+4)}-\frac{18(n+1)n}{(n+7)(n+6)(n+5)}$$

$$=\frac{18n}{(n+6)(n+5)}\left(\frac{n-1}{n+4}-\frac{n+1}{n+7}\right)$$

$$=\frac{18n}{(n+6)(n+5)}\ \frac{(n-1)(n+7)-(n+1)(n+4)}{(n+4)(n+7)}$$

$$=\frac{18n}{(n+7)(n+6)(n+5)(n+4)}(n-11)$$

$\therefore\ P_n>P_{n+1} \iff P_n-P_{n+1}>0 \iff n-11>0$

$\therefore\ n>11$

となる．

3° (3)は，(2)の結果を受けて，P_n と P_{n+1} の大小を考えていけばよい．本問の様に $P_n=P_{n+1}$ となる自然数が存在すれば，最大値を与える n は2つ存在する．

存在しなければ，$P_1<P_2<\cdots\cdots<P_n>P_{n+1}>P_{n+2}>\cdots\cdots$ という形になる．

45 袋Aの中に5個の白玉と1個の赤玉が入っており，袋Bの中に3個の白玉が入っている．Aから無作為に1個の玉をとり出しBに移した後，Bから無作為に1個の玉をとり出しAに移す．この操作を n 回くり返した後に，Aに赤玉が入っている確率を P_n とおく．次の問いに答えよ．

(1) P_{n+1} を P_n で表せ．

(2) P_n を求めよ．（名古屋市立大）

思考のひもとき

1. （袋Aについて）　n 回後　　$n+1$ 回後

P_n → 赤1白5 → 赤1白5：P_{n+1}

$1-P_n$ → 白6 → 白6　：$1-P_{n+1}$

解答

(1) $n+1$ 回後に袋Aに赤玉が入っているのは

(i) n 回後に袋Aに赤玉が入っている場合

㋑ A→B白玉で，B→A白玉

㋺ A→B赤玉で，B→A赤玉

のいずれかの場合である．

この確率は

$$P_n\times\frac{5}{6}\times1+P_n\times\frac{1}{6}\times\frac{1}{4}=\frac{1}{6}P_n\left(5+\frac{1}{4}\right)=\frac{1}{6}\times\frac{21}{4}P_n=\frac{7}{8}P_n \quad\cdots\cdots①$$

(ii) n 回後に袋Aに赤玉が入っていない場合

㋩ A→B白玉で，B→A赤玉

である場合である．

この確率は

$$(1-P_n)\times1\times\frac{1}{4}=\frac{1}{4}-\frac{1}{4}P_n \quad\cdots\cdots②$$

(i), (ii)より，P_{n+1}=①+② だから

$$P_{n+1}=\frac{7}{8}P_n+\frac{1}{4}-\frac{P_n}{4}=\frac{5}{8}P_n+\frac{1}{4}$$

$$\therefore\quad \boldsymbol{P_{n+1}=\frac{5}{8}P_n+\frac{1}{4}}\quad\cdots\cdots③$$

(2)　③より　$P_{n+1}-\dfrac{2}{3}=\dfrac{5}{8}\left(P_n-\dfrac{2}{3}\right)$　……④

P_1 は

A→B 白玉，B→A 白玉 ……　$\dfrac{5}{6}\times1=\dfrac{5}{6}$

A→B 赤玉，B→A 赤玉 ……　$\dfrac{1}{6}\times\dfrac{1}{4}=\dfrac{1}{24}$

のいずれかの場合だから

$$P_1=\frac{5}{6}+\frac{1}{24}=\frac{21}{24}=\frac{7}{8}$$

④より，数列 $\left\{P_n-\dfrac{2}{3}\right\}$ は初項 $P_1-\dfrac{2}{3}=\dfrac{7}{8}-\dfrac{2}{3}=\dfrac{1}{24}(21-16)=\dfrac{5}{24}$，公比 $\dfrac{5}{8}$ の等比数列となるから

$$P_n-\frac{2}{3}=\frac{5}{24}\cdot\left(\frac{5}{8}\right)^{n-1}=\frac{1}{3}\left(\frac{5}{8}\right)^n$$

$$\therefore\quad \boldsymbol{P_n=\frac{1}{3}\left(\frac{5}{8}\right)^n+\frac{2}{3}}$$

解説

1°　いわゆる確率漸化式の問題である．まず，理解をしておきたいのは，P_n とか P_{n+1} という記号の意味である．P_n とは n 回の操作の後に袋 A に赤玉が入っている確率であるから，P_{n+1} とは“$n+1$ 回目”の操作の後に袋 A に赤玉が入っている確率ということになる．

2°　結局のところ，n 回後と $n+1$ 回後の関係のみを考えて立式をしていくことになる．n 回の操作の後の確率が P_n とわかっているので，n 回後から $n+1$ 回後へのただ1回の操作に注目して漸化式を立式していくことがポイントである．

3°　(1)の(ii)の場合であるが，余事象を考えれば，n 回後に袋 A に赤玉が入っていない確率は $1-P_n$ で表される．

4°　(2)の漸化式であるが，最初に袋 A に赤玉が入っている．ということは，$P_0=1$ と

いうことだから，数列の初項を$P_0-\frac{2}{3}=\frac{1}{3}$と考えると

$$P_n-\frac{2}{3}=\frac{1}{3}\left(\frac{5}{8}\right)^n \qquad \therefore \quad P_n=\frac{1}{3}\left(\frac{5}{8}\right)^n+\frac{2}{3}$$

と求めることもできる.

46 ［A］ 袋の中に赤玉 4 個と白玉 6 個が入っている. A が玉を 2 個とり出し，とり出した玉の色を確認して，もし 2 個とも赤玉なら赤玉 1 個を，それ以外の場合は白玉 1 個を袋に戻し，次に B がその袋から玉を 2 個とり出す. 次の問いに答えよ.

(1) A が白玉 2 個をとり出し，かつ B が赤玉 2 個をとり出す確率を求めよ.

(2) B が赤玉 2 個をとり出す確率を求めよ.

(3) B がとり出した玉が赤玉 2 個であったとき，A がとり出した玉が白玉 2 個である条件つき確率を求めよ. （琉球大）

［B］ ある病気 X にかかっている人が 4% いる集団 A がある. 病気 X を診断する検査で，病気 X にかかっている人が正しく陽性と判定される確率は 80% である. また，この検査で病気 X にかかっていない人が誤って陽性と判定される確率は 10% である. 次の問いに答えよ.

(1) 集団 A のある人がこの検査を受けたところ陽性と判定された. この人が病気 X にかかっている確率はいくらか.

(2) 集団 A のある人がこの検査を受けたところ陰性と判定された. この人が実際には病気 X にかかっている確率はいくらか. （岐阜薬科大）

思考のひもとき

1. ［A］ 袋の中の赤玉，白玉は，すべて 区別して 考える.

2. ［A］［B］ A が起こったとき，B の起こる条件つき確率は $P_A(B)=\dfrac{P(A\cap B)}{P(A)}$ である.

解答

［A］ (1)

最初		A が白玉を 2 個とり出す		白玉を 1 つ袋に戻す
㊖ 4	→	㊖ 4	→	㊖ 4
㊒ 6		㊒ 4		㊒ 5

Aの玉のとり出し方は，袋の中に10個の玉があるから

$${}_{10}C_2=\frac{10\times 9}{2\times 1}=45 \text{（通り）}$$

白玉6個から2個をとり出すとり出し方は

$${}_{6}C_2=\frac{6\times 5}{2\times 1}=15 \text{（通り）}$$

したがって，最初にAが白玉を2個とり出す確率は

$$\frac{{}_{6}C_2}{{}_{10}C_2}=\frac{15}{45}=\frac{1}{3}$$

Aが白玉を2個とり出したので，袋の中は，赤玉4個，白玉5個となっている．この状態で，Bの玉のとり出し方は

$${}_{9}C_2=\frac{9\times 8}{2\times 1}=36 \text{（通り）}$$

Bが赤玉を2個とり出すとり出し方は

$${}_{4}C_2=\frac{4\times 3}{2\times 1}=6 \text{（通り）}$$

したがって，Bが赤玉を2個とり出す確率は

$$\frac{{}_{4}C_2}{{}_{9}C_2}=\frac{6}{36}=\frac{1}{6}$$

以上より，Aが白玉を2個とり出し，かつBが赤玉を2個とり出す確率は

$$\frac{1}{3}\times\frac{1}{6}=\mathbf{\frac{1}{18}}$$

(2)　状況を書いてみると

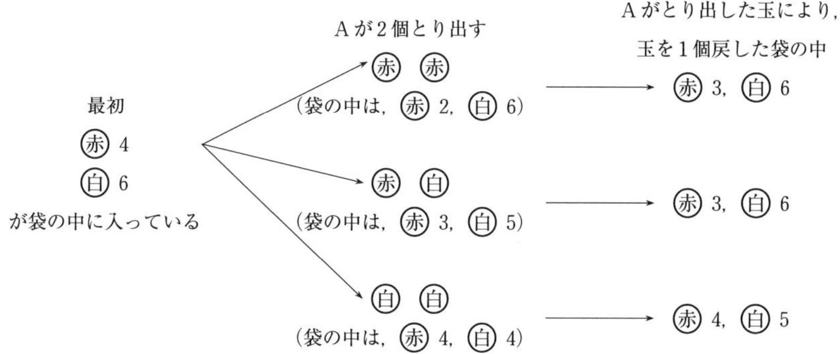

Aがとり出す2個の玉の色によって場合分けをして考える．

(i) Aが白玉を2個とり出す場合

(1)より　$\dfrac{1}{18}$

(ii) Aが白玉を1個，赤玉を1個とり出す場合

Aが白玉を1個，赤玉を1個とり出すとり出し方は

$_4C_1\times{}_6C_1=4\times6=24$（通り）

よって，Aが白玉を1個，赤玉を1個とり出す確率は

$$\frac{_4C_1\times{}_6C_1}{_{10}C_2}=\frac{24}{45}=\frac{8}{15}$$

Bが玉をとり出すとき，袋の中には，赤玉3個，白玉6個が入っているので，Bの2個の玉のとり出し方は

$_9C_2=\dfrac{9\times8}{2\times1}=36$（通り）

Bが赤玉を2個とり出すとり出し方は

$_3C_2={}_3C_1=3$（通り）

よって，Bが赤玉を2個とり出す確率は

$$\frac{_3C_2}{_9C_2}=\frac{3}{36}=\frac{1}{12}$$

以上より，(ii)の場合，Bが赤玉を2個とり出す確率は

$$\frac{8}{15}\times\frac{1}{12}=\frac{2}{45}$$

(iii) Aが赤玉を2個とり出す場合

Aが赤玉を2個とり出すとり出し方は

$_4C_2=\dfrac{4\times3}{2\times1}=6$（通り）

よって，Aが赤玉を2個とり出す確率は

$$\frac{_4C_2}{_{10}C_2}=\frac{6}{45}=\frac{2}{15}$$

Bが玉をとり出すときには，袋の中に赤玉3個，白玉6個が入っているので，Bが赤玉をとり出すとり出し方は

$_3C_2={}_3C_1=3$（通り）

Bが赤玉2個をとり出す確率は

$$\frac{{}_3C_2}{{}_9C_2}=\frac{3}{36}=\frac{1}{12}$$

以上より，(iii)の場合，Bが赤玉を2個とり出す確率は

$$\frac{2}{15}\times\frac{1}{12}=\frac{1}{90}$$

(i)，(ii)，(iii)は排反なので，求める確率は

$$\frac{1}{18}+\frac{2}{45}+\frac{1}{90}=\boldsymbol{\frac{1}{9}}$$

(3)　Bが赤玉を2個とり出す事象をE，Aが白玉2個をとり出す事象をFとする．

(2)より，事象Eが起こる確率$P(E)$は

$$P(E)=\frac{1}{9}$$

(1)より，事象$E\cap F$（Aが白玉を2個とり出して，かつBが赤玉を2個とり出す事象）が起こる確率は

$$P(E\cap F)=\frac{1}{18}$$

よって，Eが起こったとき，Fが起こる条件つき確率は

$$P_E(F)=\frac{P(E\cap F)}{P(E)}=\frac{\frac{1}{18}}{\frac{1}{9}}=\boldsymbol{\frac{1}{2}}$$

［B］(1)

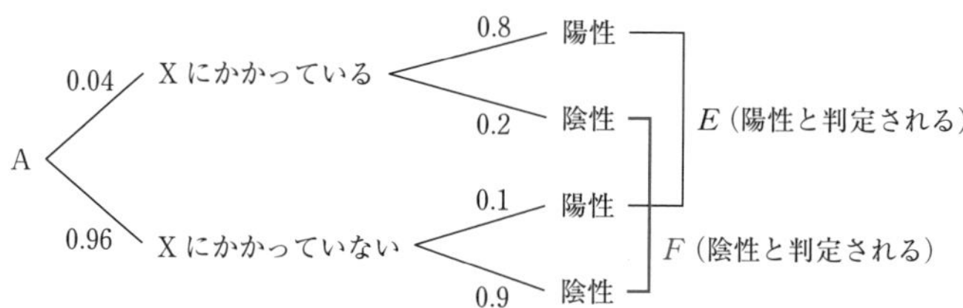

陽性と判定される事象をE，陰性と判定される事象をF，病気Xにかかっている事象をGとする．それぞれの確率を$P(E)$，$P(F)$，$P(G)$とする．

$$P(E)=\frac{4}{100}\times\frac{80}{100}+\frac{96}{100}\times\frac{10}{100}=\frac{128}{1000}$$

陽性であって，病気Xにかかっている事象$E\cap G$の確率を$P(E\cap G)$とすると

$$P(E\cap G)=\frac{4}{100}\times\frac{80}{100}=\frac{32}{1000}$$

よって，陽性であって，病気Xにかかっている条件つき確率は

$$P_E(G)=\frac{P(E\cap G)}{P(E)}=\frac{\frac{32}{1000}}{\frac{128}{1000}}=\mathbf{\frac{1}{4}}$$

(2) 陰性と判定される確率 $P(F)$ は

$$P(F)=\frac{4}{100}\times\frac{20}{100}+\frac{96}{100}\times\frac{90}{100}=\frac{872}{1000}$$

陰性と判定されて，かつ病気Xにかかっている確率 $P(F\cap G)$ は

$$P(F\cap G)=\frac{4}{100}\times\frac{20}{100}=\frac{8}{1000}$$

よって，陰性と判定されて，病気Xにかかっている条件つき確率は

$$P_F(G)=\frac{P(F\cap G)}{P(F)}=\frac{\frac{8}{1000}}{\frac{872}{1000}}=\mathbf{\frac{1}{109}}$$

解説

1° ［B］ $P(E)$ などの意味は理解できただろうか？ 詳しく説明すると，$P(E)$ とは陽性と判定される確率である．陽性と判定されるのは，次の2つの場合がある．

(i) 病気Xにかかっていて，陽性と判定される．

(ii) 病気Xにかかっていないのに，誤って陽性と判定される．

したがって

$$P(E)=\underbrace{\frac{4}{100}}_{\text{Xにかかっている確率}}\times\underbrace{\frac{80}{100}}_{\text{正しく陽性と判定される確率}}+\underbrace{\frac{96}{100}}_{\text{Xにかかっていない確率}}\times\underbrace{\frac{10}{100}}_{\text{誤って陽性と判定される確率}}$$

となる．

2° ［B］ (2)で陰性と判定される事象 F は陽性と判定される事象 E の余事象なので，

$P(F)=1-P(E)=1-\frac{128}{1000}=\frac{872}{1000}$ と考えてもよい．

3° ［A］［B］ 条件つき確率の考え方について

全事象 U の要素の個数を $n(U)$，事象 A の要素の個数を $n(A)$ とする．全事象 U のどの根元事象も同様に確からしいとき，事象 A の起こる確率 $P(A)$ は

$$P(A)=\frac{n(A)}{n(U)}=\frac{\text{事象}\,A\,\text{の起こる場合の数}}{\text{起こりうるすべての場合の数}}$$

で定義される．図で表すと次図のようになる．

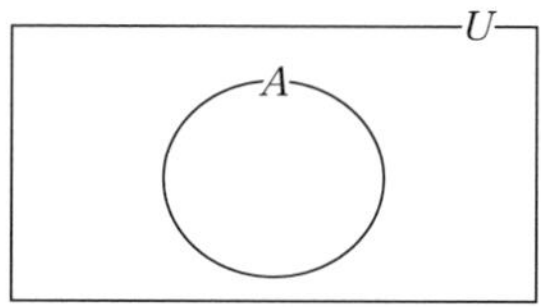

さて，全事象がU，事象Aと事象Bがあり，それぞれに属する根元事象の個数を$n(U)$，$n(A)$，$n(B)$とする．$n(A)\neq 0$とする．全事象Uのどの根元事象も同様に確からしいとき，Aが起こったときのBの起こる確率$(=P_A(B))$を図で表すと，次図のようになる．

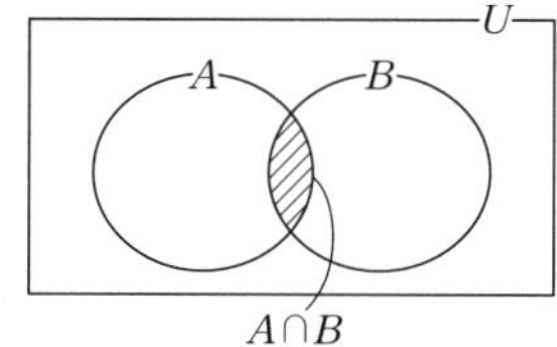

ここで，“Aが起こったときの”ということなので，全事象はUではなく，Aと考える．そのときのBが起こる確率なので，事象“$A\cap B$”が起こる確率を考える．

すなわち

$$P_A(B)=\frac{\text{事象}\,A\cap B\,\text{の起こる場合の数}}{\text{事象}\,A\,\text{の起こる場合の数}}=\frac{n(A\cap B)}{n(A)}$$

となる．ここで

$$P_A(B)=\frac{n(A\cap B)}{n(A)}$$

の右辺の分母，分子を$n(U)$で割ると

$$P_A(B)=\frac{\dfrac{n(A\cap B)}{n(U)}}{\dfrac{n(A)}{n(U)}}=\frac{P(A\cap B)}{P(A)}$$

となる．

47 ［A］ 表・裏の出る確率が共に $\frac{1}{2}$ の硬貨が4枚ある．この4枚の硬貨を同時に投げる．次の問いに答えよ．

(1) 表の出る枚数の期待値を求めよ．

(2) 表の出た枚数と裏の出た枚数が同じならば100点，4枚すべてが表ならば50点，4枚すべてが裏ならば30点，それ以外の場合は0点とする．このとき，得点の期待値を求めよ．（福島大）

［B］ 2人でサイコロを1つずつ投げ，出た目の大きい方が勝ち，同じなら引き分けというゲームを行う．それぞれのゲームにおいて得点は，勝った方が3点，負けた方が0点，引き分けの場合は双方1点とする．このゲームをA，B，Cの3人が総当たりで行い，総得点を競うものとする．このとき，次の問いに答えよ．

(1) AとBがゲームを行ったとき，Aが勝つ確率と引き分けになる確率をそれぞれ求めよ．

(2) Aの総得点の期待値を求めよ．

(3) Aの総得点がB，Cそれぞれの総得点より多くなる確率を求めよ．（静岡大）

［C］ 白球6個と黒球4個がある．はじめに，白球6個を横1列に並べる．次に，1から6の目がそれぞれ $\frac{1}{6}$ の確率で出るサイコロを1つ投げて，出た目の数が a であれば，並んでいる球の左から a 番目の球の左に黒球を1個入れるという操作を4回繰り返す．

例えば，1回目に1の目，2回目に5の目，3回目に5の目，4回目に2の目が出た場合の球の並びの変化は右の図のようになる．

はじめ	○○○○○○
1回目の操作の後	●○○○○○○
2回目の操作の後	●○○○●○○○
3回目の操作の後	●○○○●●○○○
4回目の操作の後	●●○○○●●○○○

最終的な10個の球の並びにおいて，一番左にある白球よりも左にある黒球の個数を k とするとき，次の問いに答えよ．

(1) $k=0$ である確率を求めよ．

(2) $k=1$ である確率を求めよ．

(3) k の期待値を求めよ．（宮崎大）

思考のひもとき

1. 1回の試行で事象Aが起こる確率をpとする．この試行をn回行い，r回Aが起こる確率は

$$\boxed{{}_n\mathrm{C}_r\, p^r(1-p)^{n-r}}$$

である．(反復試行の確率)

2. 確率変数Xのとる値がx_1，x_2，x_3，……，x_nであり，$X=x_i$となる確率をp_iとすると$(1\leqq i\leqq n)$，Xの期待値は

$$\boxed{x_1p_1+x_2p_2+\cdots\cdots+x_np_n=\sum_{i=1}^{n}x_ip_i}$$

である．

解答

［A］ (1) 表の出る枚数をXとする．

$X=k\ (0\leqq k\leqq 4)$となる確率は

$${}_4\mathrm{C}_k\cdot\left(\frac{1}{2}\right)^k\left(\frac{1}{2}\right)^{4-k}={}_4\mathrm{C}_k\cdot\left(\frac{1}{2}\right)^4$$

となる．Xの確率分布は以下の表のようになる．

X	0	1	2	3	4
確率	$\frac{1}{16}$	$\frac{4}{16}$	$\frac{6}{16}$	$\frac{4}{16}$	$\frac{1}{16}$

よって，表の出る枚数の期待値は

$$0\cdot\frac{1}{16}+1\cdot\frac{4}{16}+2\cdot\frac{6}{16}+3\cdot\frac{4}{16}+4\cdot\frac{1}{16}=\frac{4+12+12+4}{16}$$

$$=\frac{32}{16}=\mathbf{2}\ (枚)$$

(2) 得点をYとすると

$Y=100$となるのは，表と裏が2枚ずつ出たときだから$k=2$のとき．

$Y=50$となるのは，表が4枚出たときだから$k=4$のとき．

$Y=30$となるのは，裏が4枚出たときだから$k=0$のとき．

$Y=0$となるのは，上記以外の場合だから$k=1$，3のとき．

したがって，Yの確率分布は以下の表のようになる．

Y	0	30	50	100
確率	$\frac{8}{16}$	$\frac{1}{16}$	$\frac{1}{16}$	$\frac{6}{16}$

よって，得点の期待値は

$$0\cdot\frac{8}{16}+30\cdot\frac{1}{16}+50\cdot\frac{1}{16}+100\cdot\frac{6}{16}=\frac{30+50+600}{16}$$

$$=\frac{680}{16}=\boldsymbol{\frac{85}{2}}\ (\text{点})$$

［B］ (1) AとBがゲームを行って引き分けとなるのは，AとBの出た目が同じときである．この確率は

$$\frac{6}{36}=\boldsymbol{\frac{1}{6}}$$

Aが勝つ確率と負ける確率は同じなので，Aが勝つ確率は

$$\left(1-\frac{1}{6}\right)\times\frac{1}{2}=\boldsymbol{\frac{5}{12}}$$

(2) Aの結果と総得点は

① 2勝0敗で6点

② 1勝1分で4点

③ 1勝1敗で3点

④ 0勝2分で2点

⑤ 0勝1敗1分で1点

⑥ 0勝2敗で0点

である．(1)より，Aがこのゲームを行ったとき，勝つ確率は $\frac{5}{12}$，引き分ける確率は $\frac{1}{6}\left(=\frac{2}{12}\right)$，負ける確率は $\frac{5}{12}$ であるから，Aの総得点を X とした確率分布は以下の表のようになる．

X	0	1	2	3	4	6
確率	$\frac{5}{12}\cdot\frac{5}{12}$	$\frac{5}{12}\cdot\frac{2}{12}\cdot 2$	$\frac{2}{12}\cdot\frac{2}{12}$	$\frac{5}{12}\cdot\frac{5}{12}\cdot 2$	$\frac{5}{12}\cdot\frac{2}{12}\cdot 2$	$\frac{5}{12}\cdot\frac{5}{12}$

よって，Aの得点の期待値は

$$0\cdot\frac{25}{144}+1\cdot\frac{20}{144}+2\cdot\frac{4}{144}+3\cdot\frac{50}{144}+4\cdot\frac{20}{144}+6\cdot\frac{25}{144}$$

$$=\frac{20+8+150+80+150}{144}=\frac{408}{144}=\boldsymbol{\frac{17}{6}}\ (\text{点})$$

(3) Aが1勝1敗(③の場合)，0勝1敗1分(⑤の場合)，0勝2敗(⑥の場合)のときには，Aの総得点は3点以下であるから，Aに勝った人の総得点はAの総得点以上と

なる．また，Aが0勝2分(④の場合)のときには，BとCで勝負がつけば，勝者はAの総得点より多い得点となり，BとCが引き分けると，3人とも0勝2分で総得点が2点となり，Aの総得点がBとCより多くなることはない．よって，Aが2勝(①の場合)，1勝1分(②の場合)について考える．

① Aが2勝するとき

BとCの結果に関係なく，Aの総得点はB, Cの総得点より多くなる．

この確率は　$\frac{5}{12}\cdot\frac{5}{12}=\frac{25}{144}$

② Aが1勝1分のとき

Aの総得点は4点であり，BとCの総得点がいずれも3点以下であればよい．

次の4つの場合が考えられる．

(i) Bが1勝1敗でCが1敗1分

(AはBに勝ち，Cと引き分ける．BはCに勝つ)

(ii) Bが1敗1分でCが1勝1敗

(AはCに勝ち，Bと引き分ける．CはBに勝つ)

(iii) Bが0勝2分でCが1敗1分

(AはCに勝ち，Bと引き分ける．BとCは引き分け)

(iv) Bが1敗1分でCが0勝2分

(AはBに勝ち，Cと引き分ける．BとCは引き分け)

(i)と(ii)，(iii)と(iv)はそれぞれ同じ確率であるから，この場合の確率は

$$\frac{5}{12}\cdot\frac{2}{12}\cdot\frac{5}{12}\cdot2+\frac{5}{12}\cdot\frac{2}{12}\cdot\frac{2}{12}\cdot2=\frac{50+20}{144\times6}=\frac{35}{432}$$

よって，求める確率は

$$\frac{25}{144}+\frac{35}{432}=\frac{110}{432}=\mathbf{\frac{55}{216}}$$

［C］ (1) $k=0$ということは，最終的な10個の球の並びにおいて，左端が白球ということである．左端に黒球を置かないのは，4回サイコロを投げたときに1の目が1回も出ないときだから，求める確率は

$$\left(\frac{5}{6}\right)^4=\mathbf{\frac{625}{1296}}$$

(2) $k=1$ということは，最終的な10個の球の並びにおいて，左から2個の球の並びが黒，白ということである．この並び方となるためには1の目が1回だけ出ること

になるが，4回のうちのどこで出るのかによって場合分けをする．

① 1回目に1の目が出るとき

このときは，2回目以降はすべて3以上の目が出なければならない．

この確率は　$\dfrac{1}{6}\times\left(\dfrac{4}{6}\right)^3=\dfrac{64}{6^4}$

② 2回目に1の目が出るとき

このときは，1回目には2以上の目が出て，3回目，4回目は3以上の目が出なければならない．

この確率は　$\dfrac{5}{6}\times\dfrac{1}{6}\times\left(\dfrac{4}{6}\right)^2=\dfrac{80}{6^4}$

③ 3回目に1の目が出るとき

このときは，1回目と2回目は2以上の目が出て，4回目は3以上の目が出なければならない．

この確率は　$\left(\dfrac{5}{6}\right)^2\times\dfrac{1}{6}\times\dfrac{4}{6}=\dfrac{100}{6^4}$

④ 4回目に1の目が出るとき

このときは，3回目まですべて2以上の目が出なければならない．

この確率は　$\left(\dfrac{5}{6}\right)^3\times\dfrac{1}{6}=\dfrac{125}{6^4}$

①～④より，求める確率は

$$\frac{1}{6^4}(64+80+100+125)=\frac{369}{6^4}=\mathbf{\frac{41}{144}}$$

(3) kのとり得る値は$k=0$，1，2，3，4のいずれかである．

(i) $k=4$のとき

最初の左端の白球の左側に黒球が4つ並べばよい．

1回目は1の目　●○○○○○○

2回目は1か2の目　●●○○○○○○

3回目は1か2か3の目　●●●○○○○○○

4回目は1か2か3か4の目　●●●●○○○○○○

が出ればよいので，$k=4$となる確率は

$$\frac{1}{6}\times\frac{2}{6}\times\frac{3}{6}\times\frac{4}{6}=\frac{24}{6^4}$$

(ii) $k=3$ のとき

左端にある黒球の個数の変化を考えると

	1回目		2回目		3回目		4回目
㋑	0	⟶	1	⟶	2	⟶	3
㋺	1	⟶	1	⟶	2	⟶	3
㋩	1	⟶	2	⟶	2	⟶	3
㋥	1	⟶	2	⟶	3	⟶	3

の4つの場合がある．

㋑のとき，サイコロの目の出方は

1回目		2回目		3回目		4回目
2以上	⟶	1	⟶	1か2	⟶	1か2か3

であればよいから，この確率は

$$\frac{5}{6}\times\frac{1}{6}\times\frac{2}{6}\times\frac{3}{6}=\frac{30}{6^4}$$

㋺のとき，サイコロの目の出方は

1回目		2回目		3回目		4回目
1	⟶	3以上	⟶	1か2	⟶	1か2か3

であればよいから，この確率は

$$\frac{1}{6}\times\frac{4}{6}\times\frac{2}{6}\times\frac{3}{6}=\frac{24}{6^4}$$

㋩のとき，サイコロの目の出方は

1回目		2回目		3回目		4回目
1	⟶	1か2	⟶	4以上	⟶	1か2か3

であればよいから，この確率は

$$\frac{1}{6}\times\frac{2}{6}\times\frac{3}{6}\times\frac{3}{6}=\frac{18}{6^4}$$

㋥のとき，サイコロの出方は

1回目		2回目		3回目		4回目
1	⟶	1か2	⟶	1か2か3	⟶	5以上

であればよいから，この確率は

$$\frac{1}{6}\times\frac{2}{6}\times\frac{3}{6}\times\frac{2}{6}=\frac{12}{6^4}$$

以上より，$k=3$ となる確率は

$$\frac{30+24+18+12}{6^4}=\frac{84}{6^4}$$

(iii) $k=2$ のとき

余事象を考えると，$k=2$ となる確率は

$$1-\frac{625+369+24+84}{6^4}=1-\frac{1102}{6^4}=\frac{194}{6^4}$$

以上より，一番左にある白球よりも左にある黒球の個数を X とすると，確率分布は

X	0	1	2	3	4
確率	$\frac{625}{6^4}$	$\frac{369}{6^4}$	$\frac{194}{6^4}$	$\frac{84}{6^4}$	$\frac{24}{6^4}$

よって，求める期待値は

$$0\cdot\frac{625}{6^4}+1\cdot\frac{369}{6^4}+2\cdot\frac{194}{6^4}+3\cdot\frac{84}{6^4}+4\cdot\frac{24}{6^4}$$

$$=\frac{369+388+252+96}{6^4}=\frac{1105}{6^4}=\boldsymbol{\frac{1105}{1296}}$$

解説

1° 期待値を求めるとき，確率変数が有限個ならば確率分布表を書いてみること．その際，確率の和が1となることは確認すること．

2° ［B］(1)で，Aが勝つ確率とAが負ける確率が同じ，ということに気がつかないと，次のように考えることになる．Aが勝つときのBの出る目を考えると，Aが1で勝つことはないから

Aの目	2	3	4	5	6
Bの目	1	1，2	1～3	1～4	1～5

それぞれの確率は

$$\frac{1}{6}\times\frac{1}{6}+\frac{1}{6}\times\frac{2}{6}+\frac{1}{6}\times\frac{3}{6}+\frac{1}{6}\times\frac{4}{6}+\frac{1}{6}\times\frac{5}{6}=\frac{15}{36}=\frac{5}{12}$$

となる．

立場を変えて考えれば，Aが勝つということはBが負けるということ．Bが勝つということはAが負けるということ．AとBは対等なので，Aが勝つ確率はBが勝つ確率(＝Aが負ける確率)ということになる．確率の問題を考えるとき，このように同じことに注目すると解答がすっきりとする．これは［B］(3)の，Aが1勝1分の場合の(i)と(ii)，(iii)と(iv)が結局は同じ現象である，ということにも通じている．

3°　[C]のようにパターン化されていない問題の場合，題意をきちんと理解してどのような状態になっているのかを把握することは大切なことである．[C](3)で余事象を考えれば，$k=2$，3，4のうちの2つだけを考えればよいことに気がつく．

$k=2$のとき，$k=3$のときと同じように左端にある黒球の個数の変化に注目すると

1回目	2回目	3回目	4回目	
0	0	1	2	…… 確率は $\frac{5}{6}\times\frac{5}{6}\times\frac{1}{6}\times\frac{2}{6}$
0	1	1	2	…… 確率は $\frac{5}{6}\times\frac{1}{6}\times\frac{4}{6}\times\frac{2}{6}$
0	1	2	2	…… 確率は $\frac{5}{6}\times\frac{1}{6}\times\frac{2}{6}\times\frac{3}{6}$
1	1	1	2	…… 確率は $\frac{1}{6}\times\frac{4}{6}\times\frac{4}{6}\times\frac{2}{6}$
1	1	2	2	…… 確率は $\frac{1}{6}\times\frac{4}{6}\times\frac{2}{6}\times\frac{3}{6}$
1	2	2	2	…… 確率は $\frac{1}{6}\times\frac{2}{6}\times\frac{3}{6}\times\frac{3}{6}$

となり，$k=3$のときよりも場合分けが増える．$k=3$のときは，4回サイコロを振るうち，3回は黒球が左端か黒球の右側いずれかに置かれていかなければならないので，場合分けは${}_4C_3=4$(通り)．同様に，$k=2$のときは，サイコロを4回振るうち，2回は黒球が左端か左端の黒球の右側のいずれかに置かれなければならないので，${}_4C_2=6$(通り)となる．余事象を考えるにしても，$k=2$と$k=3$のどちらを先に考えるのかはポイントの一つである．

4°　期待値を求めるとき，$\sum_{k=1}^{n} x_k p_k$を計算することになる．分数の計算を実行するときに通分することになるので，確率分布を求めるとき，あえて約分をしていない．

第６章　図形と方程式

48 座標平面上の３点 A$(-2,\ 5)$，B$(-3,\ -2)$，C$(3,\ 0)$ に対して，次の点の座標を求めよ．

(1) 点 B から直線 AC に引いた垂線と直線 AC との交点 D

(2) $\angle$ABC の二等分線と直線 AC との交点 E　　（弘前大）

思考のひもとき

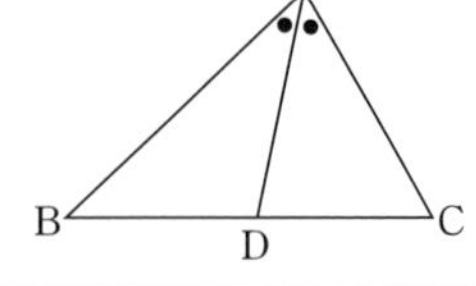

1. $y=m_1x+n_1 \perp y=m_2x+n_2 \iff m_1m_2=\boxed{-1}$

2. △ABC の $\angle$A の二等分線が BC と交わる点を D とすると，BD：DC＝$\boxed{\text{AB}}$：$\boxed{\text{AC}}$ である．

3. P$(a,\ b)$，Q$(c,\ d)$ を結ぶ線分を $m:n$ に内分する点は $\boxed{\left(\dfrac{na+mc}{m+n},\ \dfrac{nb+md}{m+n}\right)}$

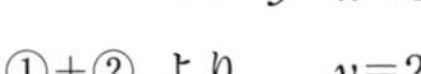

解答

(1) 直線 AC の方程式は

$$y-0=\frac{0-5}{3-(-2)}(x-3)$$

$$\therefore\quad y=-x+3 \quad \cdots\cdots①$$

直線 AC に垂直な直線の傾きは１であるから，点 B を通り①に垂直な直線の方程式は

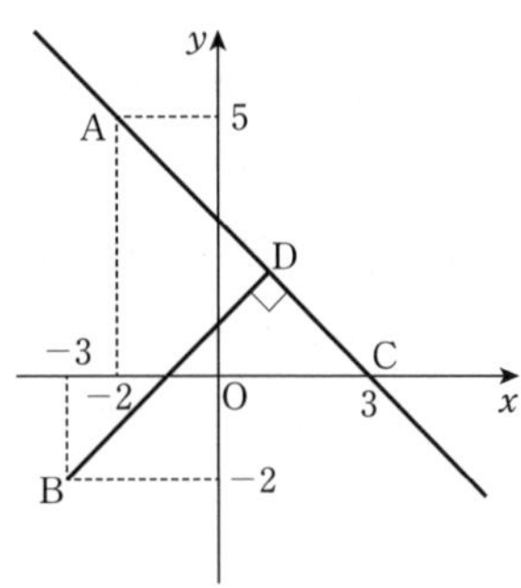

$$y-(-2)=x-(-3)$$

$$\therefore\quad y=x+1 \quad \cdots\cdots②$$

①＋② より　$y=2$

このとき②より　$x=1$　　$\therefore$　**D(1，2)**

(2) 線分 BE は $\angle$ABC の二等分線だから

$$\text{AE}:\text{EC}=\text{BA}:\text{BC}$$

である．

ここで

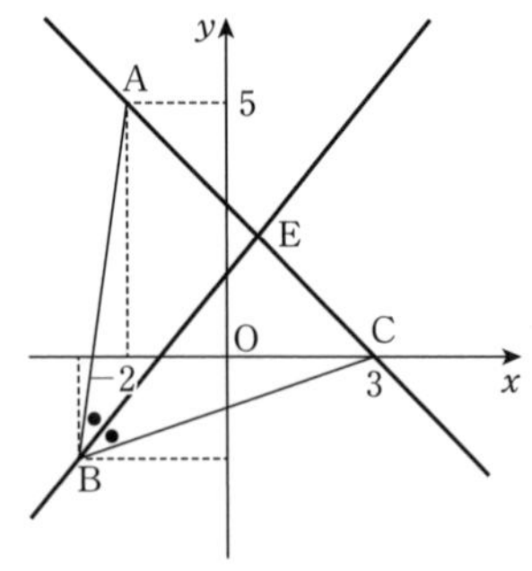

$$\text{BA}=\sqrt{\{-2-(-3)\}^2+\{5-(-2)\}^2}$$

$$=\sqrt{1+49}=\sqrt{50}=5\sqrt{2}$$

$$\text{BC}=\sqrt{\{3-(-3)\}^2+\{0-(-2)\}^2}$$

$$=\sqrt{36+4}=\sqrt{40}=2\sqrt{10}$$

であるから

$$\mathrm{AE}:\mathrm{EC}=\sqrt{50}:\sqrt{40}=\sqrt{5}:\sqrt{4}=\sqrt{5}:2$$

よって，Eは線分ACを $\sqrt{5}:2$ に内分する点だから

$$\mathrm{E}\left(\frac{2\cdot(-2)+\sqrt{5}\cdot 3}{\sqrt{5}+2},\ \frac{2\cdot 5+\sqrt{5}\cdot 0}{\sqrt{5}+2}\right)=\boldsymbol{(23-10\sqrt{5},\ 10(\sqrt{5}-2))}$$

解説

1°　(1)について，点Bと直線AC上の任意の点との長さを考えるとき，BDがその中で最小のものである．このBDの長さのことを点Bと直線ACの距離という．すなわち，直線 l と l 上にない点Pについて，l と点Pとの距離とは点Pから直線 l に下ろした垂線の長さである．

2°　△ABCについて，∠Aの二等分線と辺BCの交点をD，BAの延長と，Cを通りADに平行な直線との交点をEとすると

$$\angle\mathrm{BAD}=\angle\mathrm{AEC}\quad(\mathrm{AD}/\!/\mathrm{EC}\text{より})$$

$$\angle\mathrm{CAD}=\angle\mathrm{ACE}\quad(\mathrm{AD}/\!/\mathrm{EC}\text{より})$$

$$\therefore\quad \angle\mathrm{AEC}=\angle\mathrm{ACE}$$

よって，△ACEは二等辺三角形となり

$$\mathrm{AC}=\mathrm{AE}$$

$$\therefore\quad \mathrm{BD}:\mathrm{DC}=\mathrm{BA}:\mathrm{AE}=\mathrm{BA}:\mathrm{AC}$$

$$\therefore\quad \mathrm{BD}:\mathrm{DC}=\mathrm{AB}:\mathrm{AC}$$

この性質は共通テストでも出題されるので，きちんと理解をすること．

3°　点Bと直線AC上の点との距離が最小となる点を考えると，①の後，以下のように解答できる．

①上の任意の点Pは

$$\mathrm{P}(t,\ -t+3)\quad(t\text{は実数})$$

とおける．

$$\therefore\quad \mathrm{BP}^2=\{t-(-3)\}^2+\{-t+3-(-2)\}^2$$

$$=(t+3)^2+(-t+5)^2$$

$$=2t^2-4t+34$$

$$=2(t-1)^2+32$$

点DはBPの長さが最小となるときの点Pだから，$t=1$のときの点Pを求めて

$\therefore$ D(1, 2)

49 [A] xy 平面上に2つの円 $C_1 : x^2+y^2=16$, $C_2 : (x-6)^2+y^2=1$ がある．C_1 と C_2 の両方に接する接線の方程式をすべて求めよ．（お茶の水女子大）

[B] 円 $(x-2)^2+(y-3)^2=25$ 上に中心をもち，x 軸と y 軸のいずれにも接する円の方程式をすべて求めよ．（山梨大）

思考のひもとき

1. 円と接線の距離は 半径 に等しい．すなわち（円の中心 と接線の 距離）=（半径）
2. 半径 r の円が，x 軸，y 軸に接するとき，その中心は （$\pm r$, $\pm r$）（複号任意）

解答

[A] $C_1 : x^2+y^2=16$ ……①

$C_2 : (x-6)^2+y^2=1$ ……②

①上の点 (x_1, y_1) における接線は

$x_1x+y_1y=16$ ……③

$x_1{}^2+y_1{}^2=16$ ……④

③と②が接するから，③と②の中心 (6, 0) の距離は1（②の半径）である．

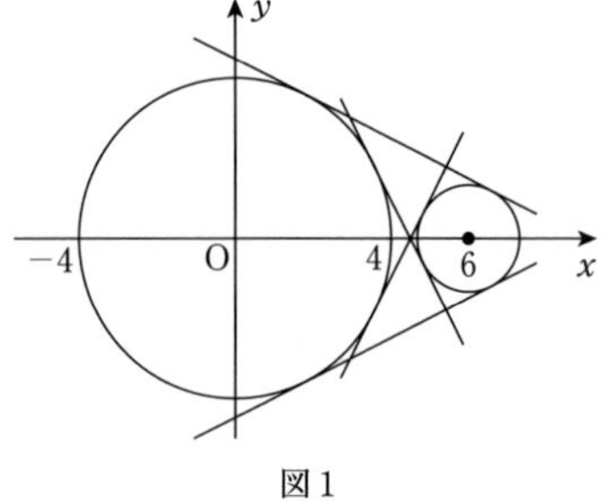

図1

$\therefore \dfrac{|6x_1-16|}{\sqrt{x_1{}^2+y_1{}^2}}=1$ $\quad\therefore |6x_1-16|=4$ （$\because$ ④）

$\therefore 6x_1-16=\pm 4$ $\quad\therefore 6x_1=20, 12$ $\quad\therefore x_1=\dfrac{10}{3}, 2$

④より，$x_1=\dfrac{10}{3}$ のとき $\quad y_1{}^2=16-\left(\dfrac{10}{3}\right)^2=\dfrac{144-100}{9}=\dfrac{44}{9}$ $\quad\therefore y_1=\pm\dfrac{2\sqrt{11}}{3}$

$x_1=2$ のとき $\quad y_1{}^2=16-2^2=12$ $\quad\therefore y_1=\pm 2\sqrt{3}$

よって，③より求める接線の方程式は

$\dfrac{10}{3}x\pm\dfrac{2\sqrt{11}}{3}y=16$, $2x\pm 2\sqrt{3}y=16$

$\therefore$ $\boldsymbol{5x\pm\sqrt{11}y=24}$, $\boldsymbol{x\pm\sqrt{3}y=8}$

［B］ $(x-2)^2+(y-3)^2=25$ ……① とする．

x 軸，y 軸に接するので，円の半径を r とすると中心は $(r,\ r)$，$(r,\ -r)$，$(-r,\ r)$，$(-r,\ -r)$ のいずれかである．$(r>0)$

㋑ $(r,\ r)$ のとき

中心は①上にあるから

$(r-2)^2+(r-3)^2=25$　　$2r^2-10r-12=0$

$\therefore\ r^2-5r-6=0$　　$(r-6)(r+1)=0$

$r>0$ より　$r=6$

このとき円の方程式は　$(x-6)^2+(y-6)^2=36$

㋺ $(r,\ -r)$ のとき

㋑と同様に

$(r-2)^2+(-r-3)^2=25$　　$\therefore\ r^2+r-6=0$

$\therefore\ (r+3)(r-2)=0$

$r>0$ より　$r=2$

このとき円の方程式は　$(x-2)^2+(y+2)^2=4$

㋩ $(-r,\ r)$ のとき

㋑と同様に

$(-r-2)^2+(r-3)^2=25$　　$\therefore\ r^2-r-6=0$

$\therefore\ (r-3)(r+2)=0$

$r>0$ より　$r=3$

このとき円の方程式は　$(x+3)^2+(y-3)^2=9$

㊁ $(-r,\ -r)$ のとき

㋑と同様に

$(-r-2)^2+(-r-3)^2=25$　　$\therefore\ r^2+5r-6=0$

$\therefore\ (r+6)(r-1)=0$

$r>0$ より　$r=1$

このとき円の方程式は　$(x+1)^2+(y+1)^2=1$

㋑〜㊁より，求める円の方程式は

$\boldsymbol{(x-6)^2+(y-6)^2=36}$，$\boldsymbol{(x-2)^2+(y+2)^2=4}$

$\boldsymbol{(x+3)^2+(y-3)^2=9}$，$\boldsymbol{(x+1)^2+(y+1)^2=1}$

解説

1°　円と直線の位置関係を円の中心と直線との距離 h と円の半径 r で考えることは多い.

①　円と直線が2点で交わる

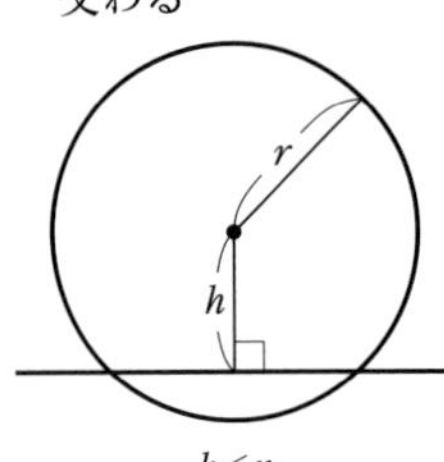

$h<r$

②　円と直線が接する

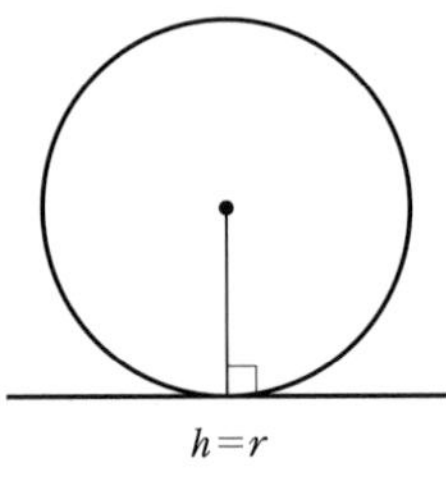

$h=r$

③　円と直線は共有点をもたない

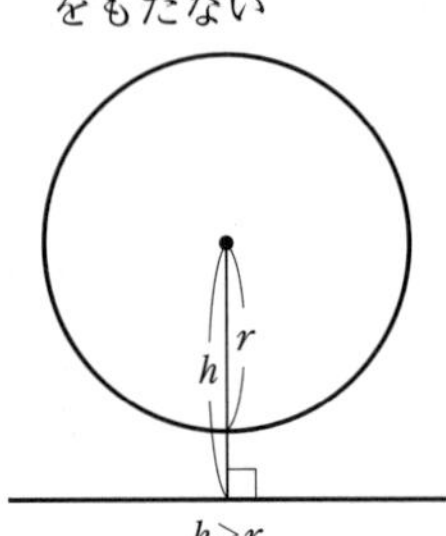

$h>r$

これらのことを円の方程式に直線の方程式を代入して2次方程式をつくり，その解の判別で考えることはできるが，かなり計算量が増える.

泥沼の解法

［A］
$$\begin{cases} x^2+y^2=16 & \cdots\cdots ① \\ (x-6)^2+y^2=1 & \cdots\cdots ② \end{cases}$$

接線を $y=mx+n$ ……③ とすると(図1より①と②の共通接線が y 軸と平行となることはない)，①，③より y を消去して

$$x^2+(mx+n)^2=16$$

$$(m^2+1)x^2+2mnx+n^2-16=0 \quad \cdots\cdots ④$$

①と③は接するから，④の判別式を D とすると

$$0=\frac{D}{4}=(mn)^2-(m^2+1)(n^2-16)=16m^2-n^2+16$$

$$\therefore \quad 16m^2-n^2+16=0 \quad \cdots\cdots ⑤$$

⑤より　$n^2=16(m^2+1)$　……⑤′

②と③より

$$(x-6)^2+(mx+n)^2=1$$

$$\therefore \quad (m^2+1)x^2+2(mn-6)x+n^2+35=0 \quad \cdots\cdots ⑥$$

②と③は接するから，⑥の判別式を D' とすると

$$0=\frac{D'}{4}=(mn-6)^2-(m^2+1)(n^2+35)=-35m^2-12mn-n^2+1$$

$$\therefore \quad -35m^2-12mn-n^2+1=0 \quad \cdots\cdots ⑦$$

⑤－⑦ より

$$51m^2+12mn+15=0$$

$$\therefore \quad 17m^2+4mn+5=0$$

$$\therefore \quad 4mn=-(17m^2+5) \quad \cdots\cdots ⑧$$

⑧の両辺を2乗して

$$16m^2n^2=(17m^2+5)^2 \quad \cdots\cdots ⑨$$

⑤′を⑨に代入して

$$16m^2\cdot16(m^2+1)=17^2m^4+170m^2+25$$

$$\therefore \quad 0=33m^4-86m^2+25$$

$$=(3m^2-1)(11m^2-25)=0$$

$$\therefore \quad m^2=\frac{1}{3},\ \frac{25}{11}$$

⑤′より　$m^2=\dfrac{1}{3}$ のとき　$n^2=16\left(\dfrac{1}{3}+1\right)=\dfrac{64}{3}$

$m^2=\dfrac{25}{11}$ のとき　$n^2=16\left(\dfrac{25}{11}+1\right)=\dfrac{16\times36}{11}$

⑧より m, n は異符号であるから

$$(m,\ n)=\left(\pm\frac{1}{\sqrt{3}},\ \mp\frac{8}{\sqrt{3}}\right),\ \left(\pm\frac{5}{\sqrt{11}},\ \mp\frac{24}{\sqrt{11}}\right) \quad \text{(複号同順)}$$

よって，求める接線の方程式は

$$y=\pm\frac{1}{\sqrt{3}}x\mp\frac{8}{\sqrt{3}} \iff \pm\frac{1}{\sqrt{3}}x-y=\pm\frac{8}{\sqrt{3}}$$

$$\therefore \quad \frac{1}{\sqrt{3}}x\pm y=\frac{8}{\sqrt{3}} \qquad \therefore \quad x\pm\sqrt{3}\,y=8$$

$$y=\pm\frac{5}{\sqrt{11}}x\mp\frac{24}{\sqrt{11}} \iff \pm\frac{5}{\sqrt{11}}x-y=\pm\frac{24}{\sqrt{11}}$$

$$\therefore \quad \frac{5}{\sqrt{11}}x\pm y=\frac{24}{\sqrt{11}} \qquad \therefore \quad 5x\pm\sqrt{11}\,y=24$$

以上より

$$x\pm\sqrt{3}\,y=8,\ 5x\pm\sqrt{11}\,y=24$$

別解

［A］　グラフより接線は y 軸と平行にはならないので，$y=mx+n$ ……⑤ とおける．

⑤と C_1，⑤と C_2 の距離を考えて

$$\frac{|n|}{\sqrt{m^2+1}}=4 \iff |n|=4\sqrt{m^2+1} \quad \cdots\cdots ⑥$$

$$\frac{|6m+n|}{\sqrt{m^2+1}}=1 \iff |6m+n|=\sqrt{m^2+1} \quad \cdots\cdots ⑦$$

⑥，⑦より

$$|n|=4|6m+n| \qquad \therefore \quad 4(6m+n)=\pm n$$

(イ)　$4(6m+n)=n$ のとき

$$24m+4n=n \qquad \therefore \quad n=-8m \quad \cdots\cdots ⑧$$

⑧を⑥に代入して

$$|-8m|=4\sqrt{m^2+1} \qquad 2|m|=\sqrt{m^2+1}$$

両辺を2乗して

$$4m^2=m^2+1 \qquad \therefore \quad m^2=\frac{1}{3} \qquad \therefore \quad m=\pm\frac{1}{\sqrt{3}}$$

このとき⑧より　$n=-8m=\mp\frac{8}{\sqrt{3}}$

求める接線は　$y=\pm\frac{1}{\sqrt{3}}x\mp\frac{8}{\sqrt{3}}$　(複号同順)

(ロ)　$4(6m+n)=-n$ のとき

$$24m+4n=-n \qquad \therefore \quad n=-\frac{24}{5}m \quad \cdots\cdots ⑨$$

⑨を⑥に代入して

$$\frac{24}{5}|m|=4\sqrt{m^2+1} \qquad \therefore \quad 6|m|=5\sqrt{m^2+1}$$

両辺を2乗して

$$36m^2=25m^2+25 \qquad \therefore \quad m^2=\frac{25}{11} \qquad \therefore \quad m=\pm\frac{5}{\sqrt{11}}$$

⑨より　$n=\mp\frac{24}{\sqrt{11}}$

求める接線は　$y=\pm\frac{5}{\sqrt{11}}x\mp\frac{24}{\sqrt{11}}$　(複号同順)

[B]　x 軸にも y 軸にも接するということは，中心から x 軸，y 軸への距離が等しいということだから，中心は $y=\pm x$ 上にある．

$(x-2)^2+(y-3)^2=25$ と $y=\pm x$ を連立させると

$$(x-2)^2+(\pm x-3)^2=25$$

$\therefore \quad 2x^2-(4\pm6)x-12=0$　(複号同順)

$y=x$ のとき

$$2x^2-10x-12=0$$

$$\therefore \quad x^2-5x-6=0$$

$$\therefore \quad (x-6)(x+1)=0 \qquad \therefore \quad x=6,\ -1$$

中心は $(6,\ 6)$，$(-1,\ -1)$

$y=-x$ のとき

$2x^2+2x-12=0$　　　$\therefore\ x^2+x-6=0$

$(x+3)(x-2)=0$　　　$\therefore\ x=-3,\ 2$

中心は $(-3,\ 3)$，$(2,\ -2)$

以上より求める円の方程式は

$(x-6)^2+(y-6)^2=36$，$(x+1)^2+(y+1)^2=1$

$(x+3)^2+(y-3)^2=9$，$(x-2)^2+(x+2)^2=4$

50 (1) 放物線 $y=x^2+2x-3$ と直線 $y=2x+4$ の交点の座標を求めよ．

(2) 次の連立不等式で表される領域を D とする．領域 D を図示せよ．

$$y \geqq x^2+2x-3,\quad y \leqq 2x+4,\quad y \leqq 0$$

(3) 点 $(x,\ y)$ が(2)の領域 D を動くとき，$x+2y$ のとり得る値の範囲を求めよ．

（愛媛大）

思考のひもとき

1. 直線で囲まれた xy 平面上の領域 D 内の点 $(x,\ y)$ に対し，$ax+by$（a，b は実数）の最大・最小は直線 $ax+by=k$ と領域 D が 共有点をもつような k の範囲 を考える．

2. 領域 D の境界が直線でなく曲線部分もある場合，直線 $ax+by=k$ と曲線の 接する点 を考える．

解答

(1) $\begin{cases} y=x^2+2x-3 & \cdots\cdots① \\ y=2x+4 & \cdots\cdots② \end{cases}$

①，②より

$x^2+2x-3=2x+4$

$\therefore\ x^2=7$

$\therefore\ x=\pm\sqrt{7}$

よって，求める交点の座標は

$(\sqrt{7},\ 2\sqrt{7}+4)$，$(-\sqrt{7},\ -2\sqrt{7}+4)$

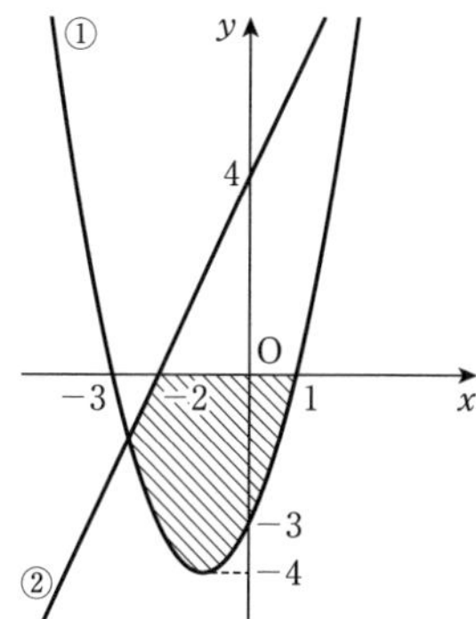

(2) $y=x^2+2x-3=(x+3)(x-1)$

また，$y=x^2+2x-3=(x+1)^2-4$ より，D は右上図の斜線部分で，境界を含む．

(3)　$x+2y=k$ ……③ とする．

$$y=-\frac{1}{2}x+\frac{k}{2} \quad \cdots\cdots③'$$

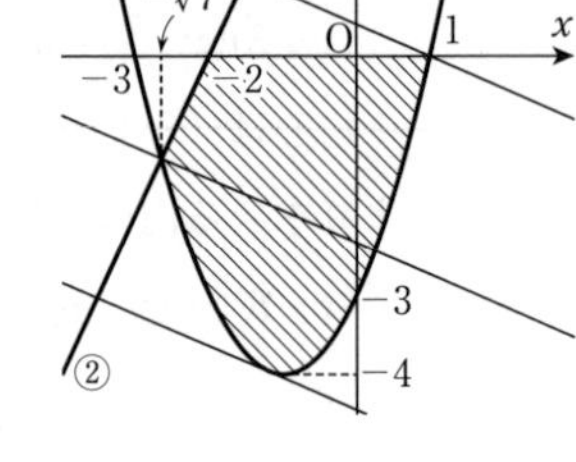

よって，③は，傾き $-\frac{1}{2}$，y 切片が $\frac{k}{2}$ の直線を表す．

③′と領域 D が共有点をもつような k の範囲を考える．

領域 D と③′のグラフを考えて，k が最大となるのは，

③′が(1, 0)を通るとき．

③より，k の最大値は

$$1+2\times0=1$$

最小となるのは，$-\sqrt{7}\leqq x\leqq1$ の範囲内で③′が①に接するとき．ここで

$$x^2+2x-3=-\frac{1}{2}x+\frac{k}{2} \iff 2x^2+5x-(6+k)=0 \quad \cdots\cdots④$$

④の判別式を D' とすると

$$D'=5^2+4\cdot2\cdot(k+6)=0$$

$$\therefore \quad k=-\frac{73}{8}$$

$k=-\frac{73}{8}$ のとき，重解は $x=-\frac{5}{4}$ であり，$-\sqrt{7}<-\frac{5}{4}<1$ より，この接点は領域 D に含まれる．

よって，求める k の範囲は

$$-\frac{73}{8}\leqq k\leqq1$$

$$\therefore \quad \boldsymbol{-\frac{73}{8}\leqq x+2y\leqq1}$$

解説

1°　よくある問題は領域が xy 平面上の第1象限内で x 軸，y 軸と直線とで囲まれている場合である．この様な場合に $ax+by$（a，b は実数）の最大・最小を求める場合は，$ax+by=k$ とおき，4つの頂点のいずれかを通る場合となるから，グラフ内に直線をかきこんでいって，どこで最大・最小になるかを考えることになる．

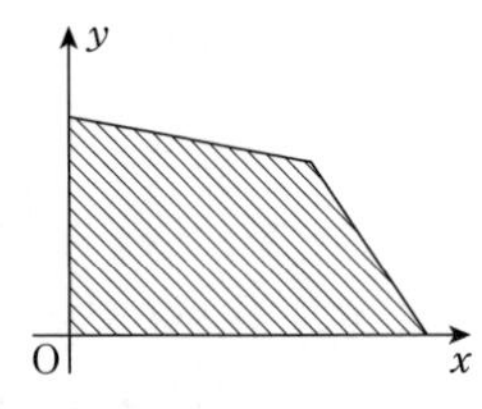

2°　本問の場合，領域の一部が曲線となるので，$ax+by=k$ とその曲線が接する場合

を考えることになる．この際，接点を求めたあとで，その接点が領域内に存在するのか否かを考えることは重要である．

3°　領域を図示する場合，軸との交点と各グラフの交点は明示すること．また，図の斜線部分，境界を含む，含まない，はきちんと書く習慣をつけること．

51 ［A］　xy 平面で，不等式 $(y-x^2)(y-3x)<0$ で表される領域を図示せよ．（山梨大）

［B］　点A，BをA$(-1,\ 5)$，B$(2,\ -1)$とする．実数 a，b について直線 $y=(b-a)x-(3b+a)$ が線分ABと共有点をもつとする．点P$(a,\ b)$の存在する領域を図示せよ．（茨城大）

思考のひもとき

1. $AB>0$ ということは，$\boxed{A>0,\ B>0 \text{ または } A<0,\ B<0}$ ということである．
   $AB<0$ ということは，$\boxed{A>0,\ B<0 \text{ または } A<0,\ B>0}$ ということである．

解答

［A］　$(y-x^2)(y-3x)<0$ より

$$\begin{cases} y-x^2>0 \text{ かつ } y-3x<0 \\ \text{または} \\ y-x^2<0 \text{ かつ } y-3x>0 \end{cases}$$

$$\Longleftrightarrow \begin{cases} y>x^2 \text{ かつ } y<3x \\ \text{または} \\ y<x^2 \text{ かつ } y>3x \end{cases}$$

$y=x^2$ と $y=3x$ の交点を求めると

$$x^2=3x \iff x^2-3x=0 \iff x(x-3)=0$$

より　$x=0,\ 3$

交点は　$(0,\ 0)$と$(3,\ 9)$

よって，求める領域は右図の斜線部分で，境界は含まない．

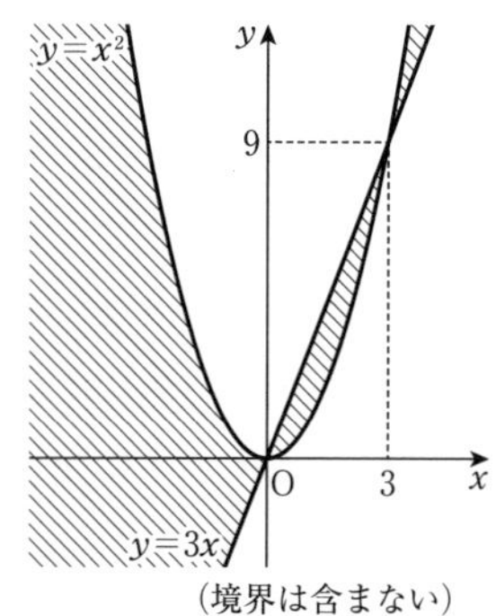

（境界は含まない）

［B］　$y=(b-a)x-(3b+a)$ ……①　より

$$f(x,\ y)=(b-a)x-y-(3b+a)$$

とする．

線分 AB と直線①が共有点をもつ

$\iff$ 直線①に関して点 A と点 B は反対側にあるか，点 A または点 B が直線①上にある

$\iff$ $f(x,\ y)$ に点 A，B を代入したものが異符号になるか 0 となる

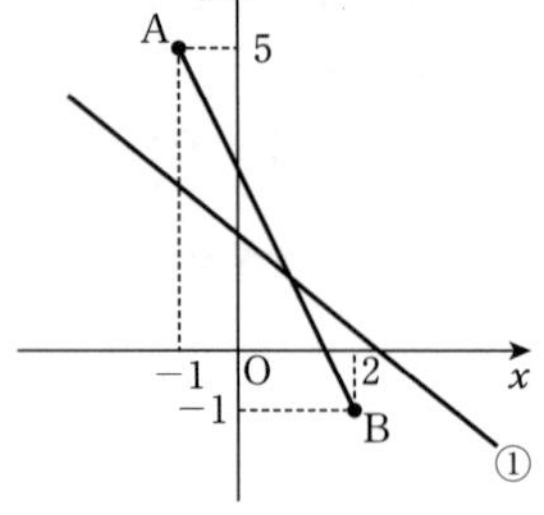

$\iff$ $f(-1,\ 5)\times f(2,\ -1)\leqq 0$

$\iff$ $\{(b-a)(-1)-5-(3b+a)\}\{(b-a)\times 2-(-1)-(3b+a)\}\leqq 0$

$\therefore\ (-4b-5)(-3a-b+1)\leqq 0$

$\therefore\ (4b+5)(3a+b-1)\leqq 0$

$$\iff \begin{cases} 4b+5\leqq 0 \text{ かつ } 3a+b-1\geqq 0 \\ \text{または} \\ 4b+5\geqq 0 \text{ かつ } 3a+b-1\leqq 0 \end{cases}$$

$$\iff \begin{cases} b\leqq -\dfrac{5}{4} \text{ かつ } b\geqq -3a+1 \\ \text{または} \\ b\geqq -\dfrac{5}{4} \text{ かつ } b\leqq -3a+1 \end{cases}$$

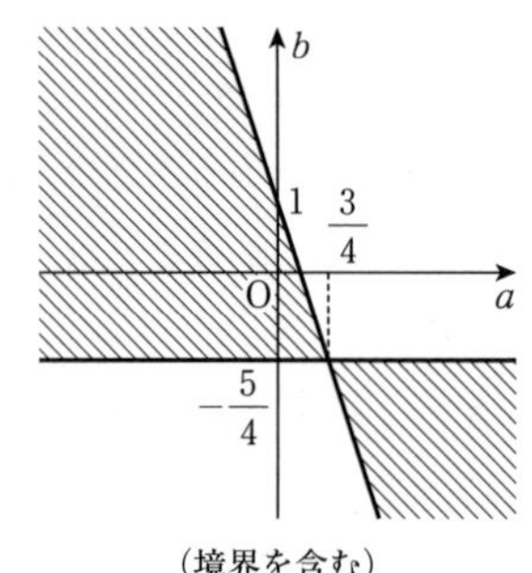

（境界を含む）

よって，求める領域は右図の斜線部分で，境界を含む．

解説

1° $f(x,\ y)=0$ に関して $f(x,\ y)>0$ を満たす領域を**正領域**，$f(x,\ y)<0$ を満たす領域を**負領域**という．$f(x,\ y)=0$ によって座標平面は 2 つの部分に分けられる．必ずしもグラフの上側が正領域となるわけではないので注意すること．

2° たとえば，[A]の領域の境界は「$y=x^2$ または $y=3x$」で，これらによって 4 つの領域に分けられる．$(1,\ 0)$，$(1,\ 2)$，$(0,\ 1)$，$(-1,\ 0)$ などを代入して不等式が成り立つかどうかを吟味するとミスが防げる．

3° [B]では，グラフを考えれば，$f(x,\ y)=0$ に対して点 A と点 B がそれぞれ正領域，負領域，異なる領域に存在すればよいということになる．「線分 AB と共有点をもつ」ので，両端を通る場合を含むことになり条件に等号が入る．

52 ［A］ 原点を中心とする半径1の円Cと，点A(2, 0)を中心とする半径1の円C_1がある．円C上の点P$(\cos\theta,\ \sin\theta)$をとり，Pを中心とする半径1の円を$C_2$とする．次の問いに答えよ．

(1) 円C_1と円C_2が異なる2点で交わるとき，$\cos\theta$のとり得る値の範囲を求めよ．

(2) 円C_1と円C_2が異なる2点で交わるとき，その2点と点Pを頂点とする三角形の面積をSとする．以下の(i)，(ii)に答えよ．

(i) Sをθを用いて表せ．

(ii) Sの最大値を求めよ．　　　　（奈良女子大）

［B］ a，bは実数で$a>0$とする．円$x^2+y^2=1$と放物線$y=ax^2+b$の共有点の個数をmとおく．次の問いに答えよ．

(1) $m=2$となるためのa，bに関する必要十分条件を求めよ．

(2) $m=3$となるためのa，bに関する必要十分条件を求めよ．

(3) $m=4$となるためのa，bに関する必要十分条件を求めよ．　（大阪市立大）

思考のひもとき

1. 2つの異なる円C_1，円C_2の共有点を考えるときに，中心間の距離と半径の関係を考える．C_1，C_2の半径をr_1，r_2 $(r_1\leqq r_2)$，中心間の距離をhとすると

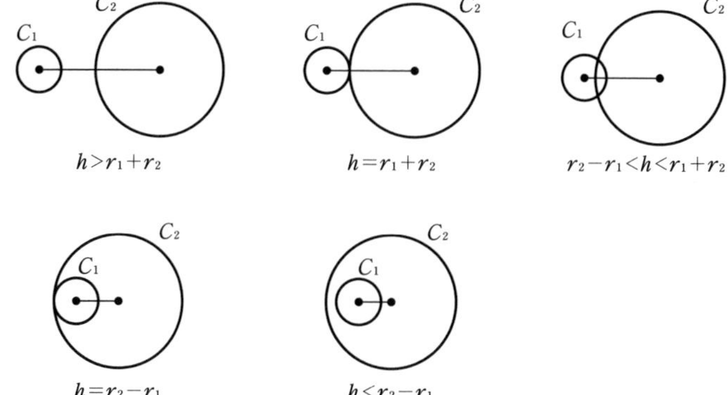

図形と方程式

2. 円 $x^2+y^2=1$ と放物線 $y=ax^2+b$ $\left(a>\frac{1}{2}\right)$ の関係は以下のようになる.

(a)

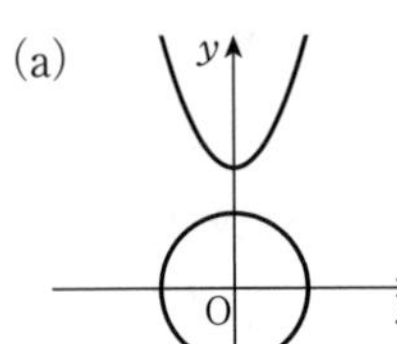

共有点は 0 個

(b)

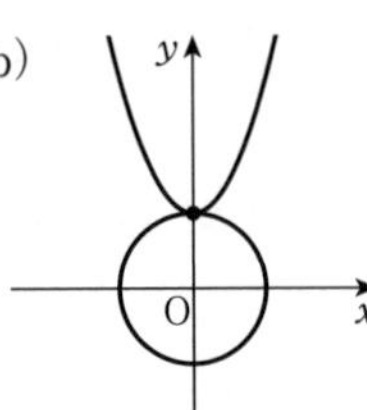

共有点は 1 個

(c)

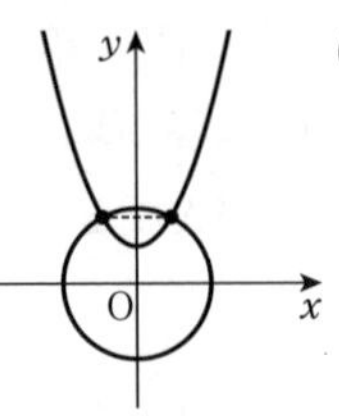

共有点は 2 個

(d)

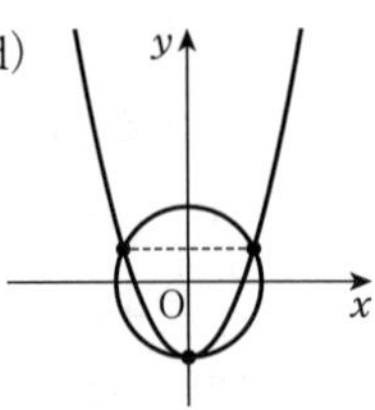

共有点は 3 個

(e)

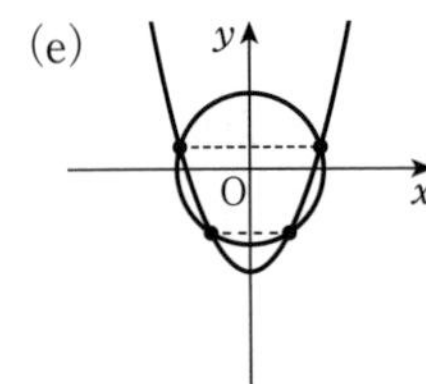

共有点は 4 個

(f)

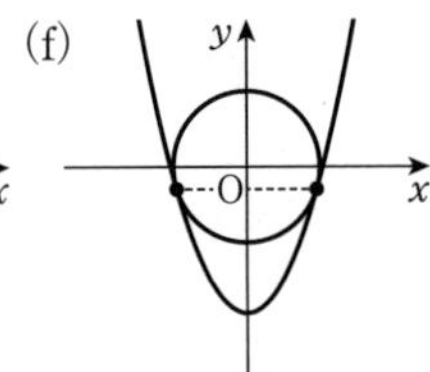

共有点は 2 個

(g)

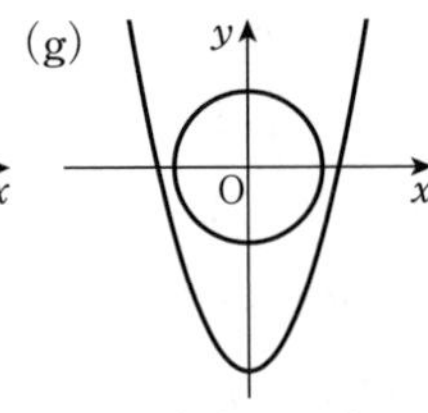

共有点は 0 個

解答

［A］ (1) 2円が異なる2点で交わるための条件は

(2円の半径の差)<(中心間の距離)<(2円の半径の和)

となることであるから，2円 C_1, C_2 が異なる2点で交わるとき

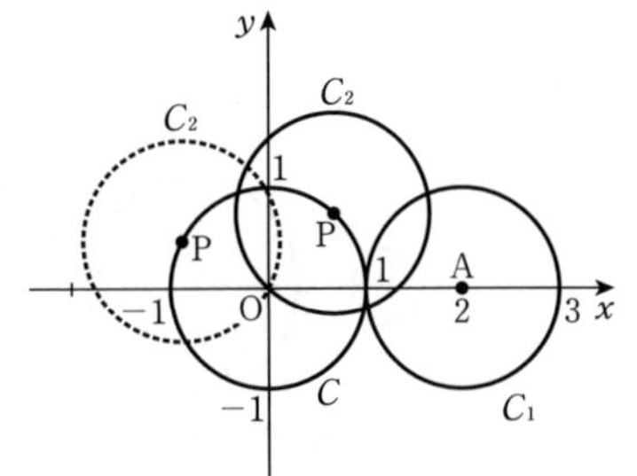

$$|1-1|<\sqrt{(\cos\theta-2)^2+(\sin\theta)^2}<1+1$$

$$\therefore\quad 0<\sqrt{(\cos\theta-2)^2+\sin^2\theta}<2$$

辺々を2乗して

$$0<(\cos\theta-2)^2+\sin^2\theta<4$$

$$\therefore\quad 0<-4\cos\theta+5<4$$

$$\therefore\quad \frac{1}{4}<\cos\theta<\frac{5}{4}$$

$-1\leqq\cos\theta\leqq1$ より　$\boldsymbol{\frac{1}{4}<\cos\theta\leqq1}$

(2) (i) 2円の方程式は

$C_1:(x-2)^2+y^2=1$ ……①

$C_2:(x-\cos\theta)^2+(y-\sin\theta)^2=1$ ……②

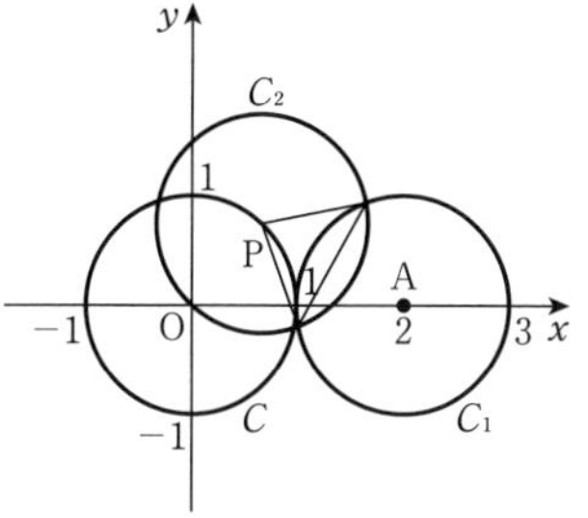

C_1, C_2が異なる2点で交わるとき$\left(\dfrac{1}{4}<\cos\theta\leqq 1\right.$ ……③ のとき$\left.\right)$，この異なる2点を通る直線lの方程式は，①−②より

$$
\begin{array}{rl}
& x^2-4x+4+y^2=1 \\
-) & x^2-2(\cos\theta)x+\cos^2\theta+y^2-2(\sin\theta)y+\sin^2\theta=1 \\
\hline
& 2(\cos\theta-2)x+2(\sin\theta)y+3=0 \quad \cdots\cdots④
\end{array}
$$

となる．

⇓

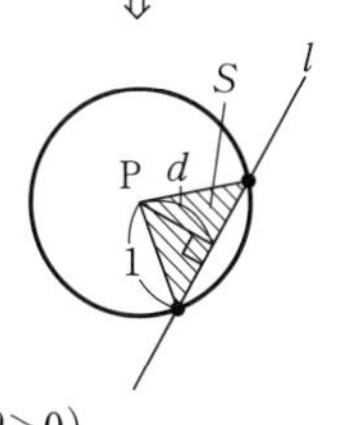

点P$(\cos\theta,\ \sin\theta)$と④との距離を$d$とすると

$$d=\frac{|2(\cos\theta-2)\cos\theta+2(\sin\theta)(\sin\theta)+3|}{\sqrt{2^2(\cos\theta-2)^2+2^2(\sin\theta)^2}}$$

$$=\frac{|5-4\cos\theta|}{\sqrt{4(5-4\cos\theta)}}=\frac{1}{2}\sqrt{5-4\cos\theta} \quad (③より\ 5-4\cos\theta>0)$$

求める面積Sは

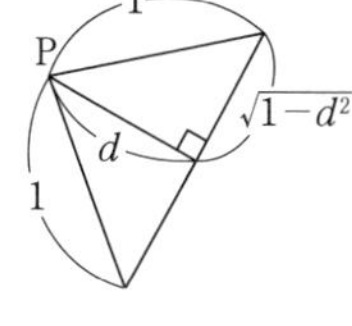

$$S=\frac{1}{2}d(\sqrt{1-d^2}\times 2)=d\sqrt{1-d^2}$$

$$=\frac{1}{2}\sqrt{5-4\cos\theta}\sqrt{1-\left(\frac{1}{2}\sqrt{5-4\cos\theta}\right)^2}$$

$$=\frac{1}{2}\sqrt{(5-4\cos\theta)\left(-\frac{1}{4}+\cos\theta\right)}$$

$$=\frac{1}{2}\sqrt{-\frac{5}{4}+6\cos\theta-4\cos^2\theta}$$

$$=\frac{1}{2}\sqrt{\frac{1}{4}(-16\cos^2\theta+24\cos\theta-5)}$$

$$=\boldsymbol{\frac{1}{4}\sqrt{-16\cos^2\theta+24\cos\theta-5}} \quad \cdots\cdots⑤$$

(ii)　⑤より

$$S=\frac{1}{4}\sqrt{-16\left(\cos^2\theta-\frac{3}{2}\cos\theta\right)-5}$$

$$=\frac{1}{4}\sqrt{-16\left(\cos\theta-\frac{3}{4}\right)^2-5-(-16)\times\left(\frac{3}{4}\right)^2}$$

$$=\frac{1}{4}\sqrt{-16\left(\cos\theta-\frac{3}{4}\right)^2+4}$$

③より$\dfrac{1}{4}<\cos\theta \leqq 1$であるから，$S$は$\cos\theta=\dfrac{3}{4}$のとき最大となる．

$$(S\text{の最大値})=\frac{1}{4}\sqrt{4}=\mathbf{\frac{1}{2}}$$

［B］ (1) $\begin{cases} x^2+y^2=1 & \cdots\cdots① \\ y=ax^2+b & \cdots\cdots② \end{cases}$

②より　　$x^2=\dfrac{y-b}{a}$　……②′

②′を①に代入して

$$\frac{y-b}{a}+y^2=1 \qquad \therefore \quad ay^2+y-(a+b)=0 \quad \cdots\cdots③$$

③の $-1 \leqq y \leqq 1$ における実数解が①と②の共有点の y 座標となる．

①と②はいずれも y 軸対称だから，$m=2$ となるのは，以下の場合である．

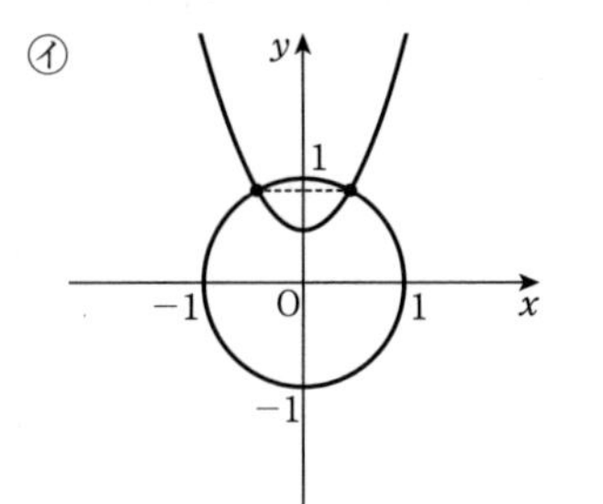

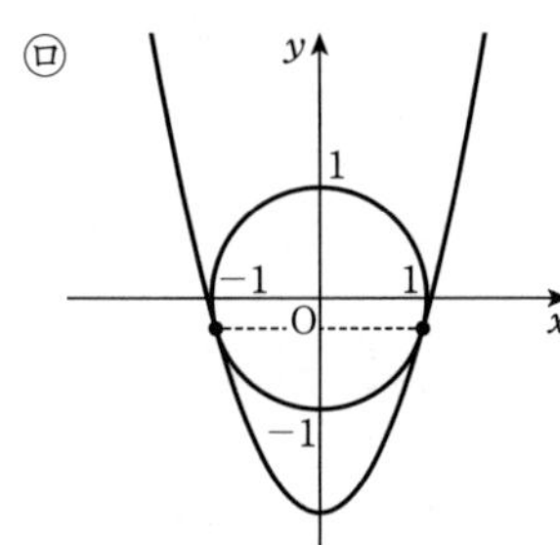

よって，$m=2$ となるのは，③が「$-1<y<1$ にただ1つの実数解をもつ」……Ⓐときである．

Ⓐは

(I) ③が $-1<y<1$ の範囲に実数解を1つもち，それ以外の範囲にもう1つの実数解をもつ．

(II) ③が $-1<y<1$ の範囲に重解をもつ．

のいずれかである．

$f(y)=ay^2+y-(a+b)$ とすると

(I)

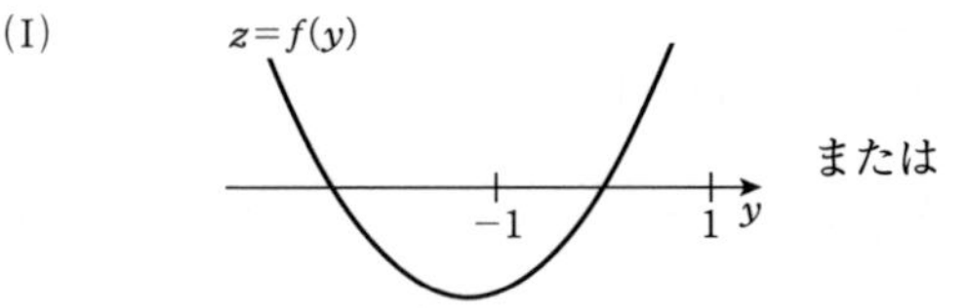

または

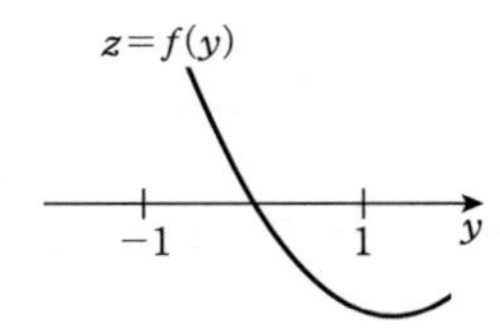

となるから

$f(-1)\cdot f(1)<0$

$\therefore\ \{a-1-(a+b)\}\{a+1-(a+b)\}<0$

$\therefore\ (-1-b)(1-b)<0$

$\therefore\ (b+1)(b-1)<0 \qquad \therefore\ -1<b<1$

(Ⅱ)　③の判別式を D とすると

（i）　$D=1+4a(a+b)=0 \qquad \therefore\ b=-a-\dfrac{1}{4a}$

（ii）　軸の方程式は

$$y=-\frac{1}{2a} \qquad \therefore\ -1<-\frac{1}{2a}<1$$

$$\begin{cases} -1<-\dfrac{1}{2a}\ \text{つまり}\ a>\dfrac{1}{2} \\ -\dfrac{1}{2a}<1\ \text{つまり}\ a>-\dfrac{1}{2} \end{cases} \qquad \therefore\ a>\frac{1}{2}$$

（i），（ii）より　$b=-a-\dfrac{1}{4a}$ かつ $a>\dfrac{1}{2}$

(Ⅰ)，(Ⅱ)より，求める必要十分条件は

「$b=-a-\dfrac{1}{4a}$ かつ $a>\dfrac{1}{2}$」　または　$-1<b<1$

(2)　$m=3$ となるのは下図のとき．

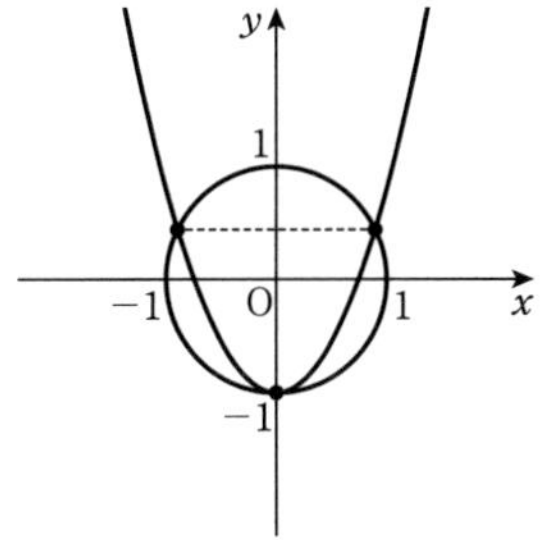

このようになるための必要十分条件は

（i）　③が $y=-1$ を解にもつ

かつ

（ii）　③が $-1<y<1$ の範囲に実数解を1つもつ

である．

（i）　③が $y=-1$ を解にもつから

$a-1-(a+b)=0 \qquad \therefore\ b=-1$

このとき，③は

$$ay^2+y-(a-1)=0 \qquad \therefore \quad a(y^2-1)+(y+1)=0$$

$$\therefore \quad (y+1)\{a(y-1)+1\}=0 \qquad \therefore \quad (y+1)\{ay-(a-1)\}=0$$

$$\therefore \quad y=-1,\ \frac{a-1}{a}$$

(ii) (i)より，もう1つの解が $\frac{a-1}{a}$ であるから　$-1<\frac{a-1}{a}<1$

$a>0$ より　$-a<a-1<a$　$\therefore\ \frac{1}{2}<a$

(i), (ii)より，求める必要十分条件は

$$\boldsymbol{b=-1 \text{ かつ } \frac{1}{2}<a}$$

(3)　$m=4$ となるのは下図のとき.

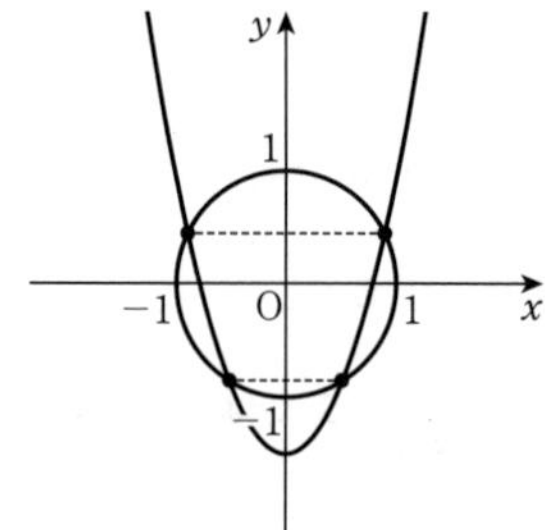

このようになるための必要十分条件は，③が $-1<y<1$ の範囲に異なる2実数解をもつ ……Ⓐ ことである.

$$z=f(y)=a\left(y^2+\frac{y}{a}\right)-(a+b)=a\left(y+\frac{1}{2a}\right)^2-\left(\frac{1}{4a}+a+b\right)$$

$$Ⓐ \iff \begin{cases} f(-1)=-1-b>0 \\ f(1)=1-b>0 \\ -1<-\dfrac{1}{2a}<1 \\ -\left(\dfrac{1}{4a}+a+b\right)<0 \end{cases}$$

$$\iff \begin{cases} -1>b \\ 1>b \\ a>\dfrac{1}{2} \text{ かつ } -\dfrac{1}{2}<a \\ -a-\dfrac{1}{4a}<b \end{cases}$$

$z=f(y)$

-1　1　y

$y=-\frac{1}{2a}$

以上より　　$-a-\dfrac{1}{4a}<b<-1$ かつ $a>\dfrac{1}{2}$

解説

1°　［A］　円と円の位置関係を考えるとき，特に円と円がどのような共有点をもつのかに注目するときには，2円の中心間の距離と2円の半径の和と差の関係を考えること．

2°　［A］　$C_1: x^2+y^2+ax+by+c=0$　　　$C_2: x^2+y^2+px+qy+r=0$

とする．C_1 と C_2 が異なる2つの共有点をもつとき

$$x^2+y^2+ax+by+c+k(x^2+y^2+px+qy+r)=0$$

は，$k \neq -1$ のとき2円の共有点を通る円(C_2 を除く)を表し，$k=-1$ のとき2円の共有点を通る直線を表す．したがって，(2)では①−②を計算することとなる．

3°　［B］　円 $x^2+y^2=1$ ……①　と放物線 $y=ax^2+b$ ……②　の共有点についての考察なので，この2つの方程式から一文字を消去して考えることになる．一見すると②を①に代入して y を消去したくなるが，そうすると x についての4次方程式となってしまう．そこで，②より $x^2=\dfrac{1}{a}(y-b)$ として①に代入して x を消去すると，y についての2次方程式となり，2次方程式の解の問題として考えていくことになる．

4°　3°で求めた y についての2次方程式 $ay^2+y-(a+b)=0$ ……③　の解は何を表しているのかといえば，①と②の共有点の y 座標である．①より $-1 \leqq y \leqq 1$ であるから，③の $-1 \leqq y \leqq 1$ における解を考えることになる．共有点の個数と③の解の個数は必ずしも一致するわけではない．例えば，**思考のひもとき**の**2.**のグラフの中で(d)の図の共有点は3つあるが，共有点の y 座標は2個であり，(f)の図の共有点は2つあるが，共有点の y 座標は1つである．

5°　きちんと理解をしておきたいのは，**思考のひもとき**の**2.**のグラフの(b)と(f)の違いである．(b)も(f)も円と放物線は接しており，共有点の y 座標は1つだけである．

このy座標は③の解として与えられるので，③は実数解を1つだけもつ，すなわち，(③の判別式)$=0$ だと考えていいのだろうか．例えば，(b)の例として，$x^2+y^2=1$ と $y=x^2+1$ のとき，グラフをかいてみると明らかに$(0,\ 1)$で接しているが，$y=x^2+1$ より $x^2=y-1$，これを $x^2+y^2=1$ に代入して

$$(y-1)+y^2=1 \quad すなわち \quad y^2+y-2=0$$

$\therefore\ (y+2)(y-1)=0 \qquad \therefore\ y=-2,\ 1$

ただし，$-1\leqq y\leqq 1$ なので $y=-2$ は不適となる．つまり，接点の y 座標は必ずしも重解とは限らないのである．一方で，(f)の場合は，実際にグラフを動かして考えてみると

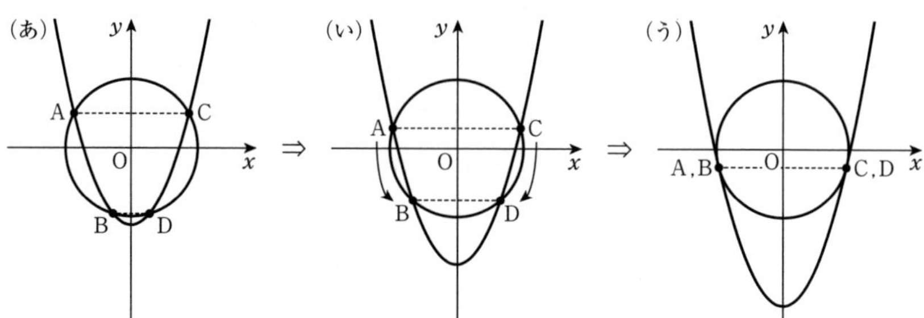

(あ)の状態は，円と放物線が4つの共有点をもつ場合で，この4つの共有点をA，B，C，Dとする．a を固定し，放物線を下方に移動させるにつれて，(い)の状態のようにAはBに，CはDに近づいていく．AとCの y 座標がBとDの y 座標に近づいていく．更に下方に動かしていくと(う)の状態となり，AとB，CとDは一致して円と放物線は接することになる．AとCの y 座標とBとDの y 座標は一致することになる．よって，この場合は③の方程式は重解をもつことになる．

接しているから，ということで常に(判別式)=0とはならないことに注意が必要である．

6° 常に意識をしておきたいことは，どの文字についての方程式であるのか，そして，その方程式の解は何を表しているのか，グラフで考えたときにどこにその解は現れてくるのか，ということである．

7° 特殊な場合を考えてみよう．

$$\begin{cases} x^2+y^2=1 & \cdots\cdots ① \\ y=ax^2-1 & \cdots\cdots ② \quad (a>0) \end{cases}$$

①と②の位置関係について考える．①も②も $(0,\ -1)$ を通り，この点で①と②は接していることになるが，その接し方はどのようになっているのだろうか．

②より $\quad x^2=\dfrac{1}{a}(y+1) \quad \cdots\cdots ②'$

②′を①に代入して整理すると

$$ay^2+y+(1-a)=0 \quad \cdots\cdots ③$$

③の判別式を D とすると

$D=1-4a(1-a)=4a^2-4a+1=(2a-1)^2$

$a=\dfrac{1}{2}$ のとき　　$D=0$

$a\neq\dfrac{1}{2}$ のとき　　$D>0$

(i)　$a=\dfrac{1}{2}$ のとき

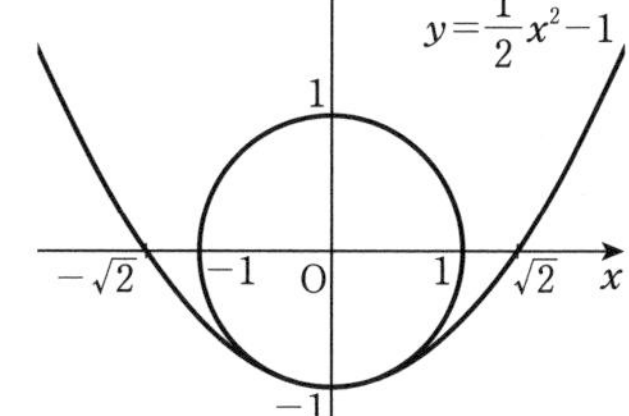

$$\begin{cases} x^2+y^2=1 & \cdots\cdots ① \\ y=\dfrac{1}{2}x^2-1 & \cdots\cdots ④ \end{cases}$$

④より　　$x^2=2y+2$ ……④′

④′を①に代入して

$y^2+2y+1=0$

∴　$(y+1)^2=0$　　　∴　$y=-1$

(ii)　$a=\dfrac{1}{4}$ のとき

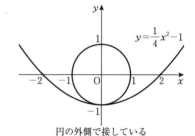

$$\begin{cases} x^2+y^2=1 & \cdots\cdots ① \\ y=\dfrac{1}{4}x^2-1 & \cdots\cdots ⑤ \end{cases}$$

y
$y=\frac{1}{4}x^2-1$
1
−2　−1　O　1　2　x
−1

円の外側で接している

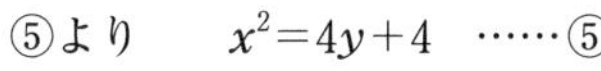

⑤より　　$x^2=4y+4$ ……⑤′

⑤′を①に代入して

$y^2+4y+3=0$

∴　$(y+3)(y+1)=0$　　　∴　$y=-3,\ -1$

①より　　$-1\leqq y\leqq 1$　　　∴　$y=-1$

(iii)　$a=2$ のとき

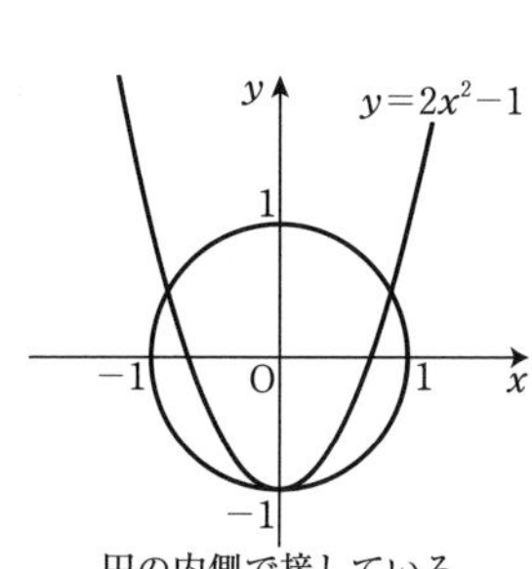

円の内側で接している

$$\begin{cases} x^2+y^2=1 & \cdots\cdots ① \\ y=2x^2-1 & \cdots\cdots ⑥ \end{cases}$$

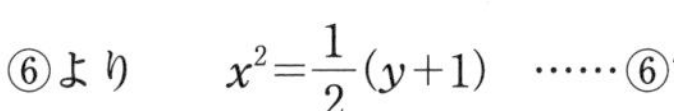

⑥より　　$x^2=\dfrac{1}{2}(y+1)$ ……⑥′

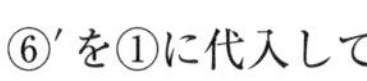

⑥′を①に代入して

$2y^2+y-1=0$

$(2y-1)(y+1)=0$　　　∴　$y=\dfrac{1}{2},\ -1$

①より　$-1 \leqq y \leqq 1$　　$\therefore \ y=\frac{1}{2}, \ -1$

一般的に考えると，①と②の連立方程式を解くと

$$y=-1, \ 1-\frac{1}{a}$$

となる．

・$0<a<\frac{1}{2}$ のとき

$1-\frac{1}{a}<-1$ となり，①と②は $(0, \ -1)$ 以外に共有点をもたない．

・$a>\frac{1}{2}$ のとき

$-1<1-\frac{1}{a}<1$ となり，①と②は $(0, \ -1)$ 以外に2つの共有点をもつ．

以上のことより，$0<a \leqq \frac{1}{2}$ のときには，円と放物線が3点で交わることはない．

思考のひもときの2.で，$a>\frac{1}{2}$ という条件をつけたのは，この理由による．

8°　(3)のⒶの条件の4つ目は，平方完成をしたので（頂点の y 座標）<0 と処理したが，$f(y)=0$ の判別式 D を考えて，$D>0$ としてもよい．

53　xy 平面上に2定点 A$(1, \ 0)$ と O$(0, \ 0)$ をとる．また，m を1より大きい実数とする．

(1)　AP：OP$=m:1$ を満たす点 P$(x, \ y)$ の軌跡を求めよ．

(2)　点Aを通る直線で，(1)で求めた軌跡との共有点が1個のものを求めよ．また，その共有点の座標も求めよ．（筑波大）

思考のひもとき

1.　2定点からの距離の比が一定である点の軌跡は［円］である．

2.　円と直線の位置関係を考えるとき，円の中心と直線の距離と［半径］との大小を考える．

解答

(1)　AP：OP＝m：1より　　mOP＝AP　　∴　$m^2\mathrm{OP}^2=\mathrm{AP}^2$

$$\therefore\quad m^2(x^2+y^2)=\{(x-1)^2+y^2\}$$

$m^2x^2+m^2y^2=x^2-2x+1+y^2$ より　　$(m^2-1)x^2+(m^2-1)y^2+2x-1=0$　……Ⓐ

$m>1$ より　　$m^2-1\neq 0$

$$\therefore\quad x^2+y^2+\frac{2}{m^2-1}x-\frac{1}{m^2-1}=0$$

$$\therefore\quad \left(x+\frac{1}{m^2-1}\right)^2+y^2=\left(\frac{1}{m^2-1}\right)^2+\frac{1}{m^2-1}=\frac{1+m^2-1}{(m^2-1)^2}=\left(\frac{m}{m^2-1}\right)^2$$

求める軌跡は

$$\boldsymbol{\left(x+\frac{1}{m^2-1}\right)^2+y^2=\left(\frac{m}{m^2-1}\right)^2}\quad\cdots\cdots①$$

(2)　(1)の軌跡は中心$\left(-\dfrac{1}{m^2-1},\ 0\right)$，半径$\dfrac{m}{m^2-1}$の円である.

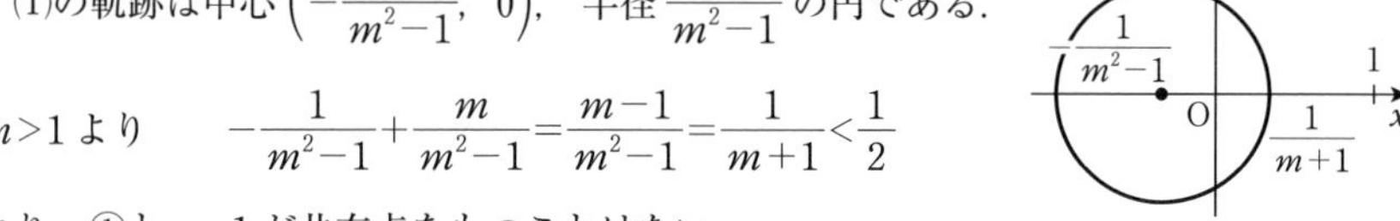

$m>1$ より　　$-\dfrac{1}{m^2-1}+\dfrac{m}{m^2-1}=\dfrac{m-1}{m^2-1}=\dfrac{1}{m+1}<\dfrac{1}{2}$

より，①と $x=1$ が共有点をもつことはない.

よって，点Aを通る直線は　$y=a(x-1)$ ……②　とおける.

$$②\iff ax-y-a=0\quad\cdots\cdots②'$$

①と②の共有点が1個　$\iff$　(①の中心と②との距離)＝(①の半径)　であるから

$$\frac{\left|a\left(-\frac{1}{m^2-1}\right)-a\right|}{\sqrt{a^2+(-1)^2}}=\frac{m}{m^2-1}\iff\frac{|-a-(m^2-1)a|}{(m^2-1)\sqrt{a^2+1}}=\frac{m}{m^2-1}$$

$$\iff\frac{m^2|a|}{(m^2-1)\sqrt{a^2+1}}=\frac{m}{m^2-1}$$

$$\therefore\quad |a|m=\sqrt{a^2+1}$$

両辺を平方すると　　$m^2a^2=a^2+1$　　$(m^2-1)a^2=1$

$$\therefore\quad a^2=\frac{1}{m^2-1}\qquad\therefore\quad a=\pm\frac{1}{\sqrt{m^2-1}}$$

求める直線は

$$y=\pm\frac{1}{\sqrt{m^2-1}}(x-1)$$

$y=\dfrac{1}{\sqrt{m^2-1}}(x-1)$ ……③　と①の交点を求める. ③をⒶに代入して

$$(m^2-1)x^2+(m^2-1)\frac{1}{m^2-1}(x-1)^2+2x-1=0$$

$$(m^2-1)x^2+(x-1)^2+2x-1=0 \qquad m^2x^2=0 \qquad \therefore \quad x=0$$

③より　$y=-\dfrac{1}{\sqrt{m^2-1}}$

$y=-\dfrac{1}{\sqrt{m^2-1}}(x-1)$ も同様で　$y=\dfrac{1}{\sqrt{m^2-1}}$

よって，求める直線は $\boldsymbol{y=\pm\dfrac{1}{\sqrt{m^2-1}}(x-1)}$，共有点は $\boldsymbol{\left(0,\ \mp\dfrac{1}{\sqrt{m^2-1}}\right)}$ **(複号同順)**

解説

1°　2定点A，Bから距離の比が $m:n$ ($m \neq n$)である点の軌跡は円であり，**アポロニウスの円**という．ABを $m:n$ に内分した点と外分した点を直径の両端とする円となる．証明は以下の通り．

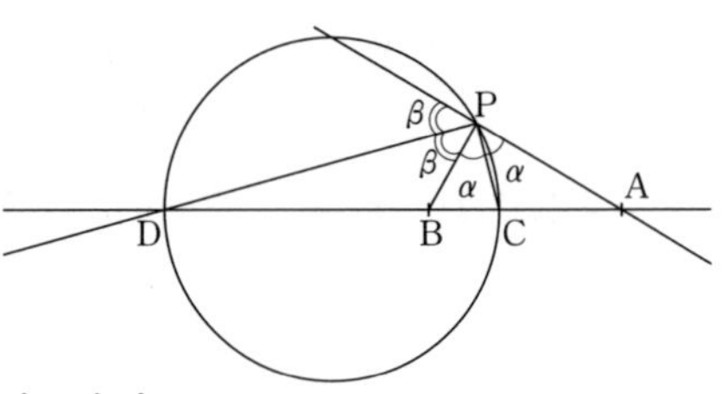

2定点A，Bから $m:n$（一定）である点をPとする．

∠APBの二等分線と線分ABの交点をCとすると

AC：CB＝PA：PB＝$m:n$

よって，点Pによらず，点CはABを $m:n$ に内分する点となる．

∠APBの外角の二等分線と直線ABとの交点をDとすると

AD：DB＝PA：PB＝$m:n$

よって，点Pによらず，点DはABを $m:n$ に外分する点となる．

図のように角度を定めれば

$$\alpha+\alpha+\beta+\beta=180^\circ \qquad \therefore \quad \alpha+\beta=90^\circ \qquad \therefore \quad \angle CPD=90^\circ$$

円周角の定理の逆により，点PはCDを直径とする円周上の点となる．　□

(注)　外角の二等分線については

Bを通りPDに平行な直線を引きAPとの交点をEとする．

PD∥EBより

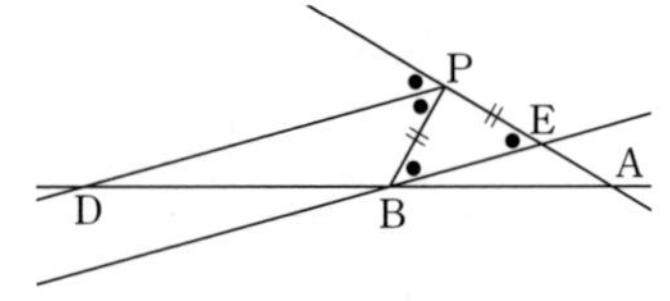

∠DPB＝∠PBE（錯角）

＝∠PEB（同位角）

∴　PB＝PE

∴　AD：DB＝AP：EP＝AP：PB

2°　円と直線の共有点については，円の中心と直線との距離と円の半径の大小で考えると計算量が少なくてすむ．円の方程式に直線の方程式を代入して判別式で考えても答えは出るが，解答が繁雑になり，計算量も増え，ミスをしやすい．

別解

(2)については，点Aを通る直線と(1)で求めた円との接点をQとすれば，Qは③の直線と③に垂直で円の中心を通る直線の交点となるから

$$\begin{cases} y=\dfrac{1}{\sqrt{m^2-1}}(x-1) \\ y=-\sqrt{m^2-1}\left(x+\dfrac{1}{m^2-1}\right) \end{cases}$$

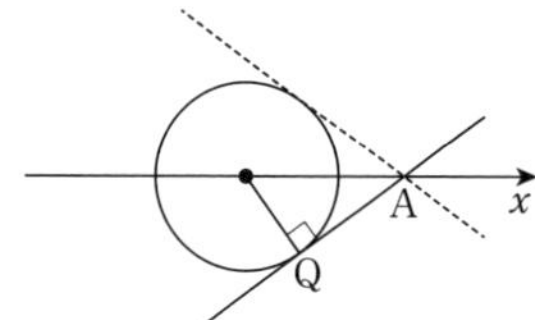

の連立方程式を解けばよいことになる．

$$\frac{1}{\sqrt{m^2-1}}(x-1)=-\sqrt{m^2-1}\left(x+\frac{1}{m^2-1}\right)$$

$$\left(\frac{1}{\sqrt{m^2-1}}+\sqrt{m^2-1}\right)x=0 \qquad \therefore \quad x=0,\ y=-\frac{1}{\sqrt{m^2-1}}$$

円が x 軸について対称であることを考えれば求める共有点は

$$\left(0,\ \pm\frac{1}{\sqrt{m^2-1}}\right)$$

54　点Pが放物線 $y=x^2$ 上を動くとき，定点 $A(1,\ a)$ と点Pとを結ぶ線分APを1：2に内分する点Qの軌跡の方程式を a を用いて書け．　　（福島大）

思考のひもとき

1.　$A(a,\ b)$，$B(c,\ d)$ を結ぶ線分を $m:n$ に内分する点は　$\left(\dfrac{na+mc}{m+n},\ \dfrac{nb+md}{m+n}\right)$

解答

$P(x,\ y)$，$Q(X,\ Y)$ とする．QはAPを1：2に内分する点だから

$$\begin{cases} X=\dfrac{2+x}{1+2}=\dfrac{1}{3}(x+2) \\ Y=\dfrac{2a+y}{1+2}=\dfrac{1}{3}(y+2a) \end{cases}$$

これらを x，y について解くと

$$\begin{cases} x=3X-2 \\ y=3Y-2a \end{cases} \quad \cdots\cdots ①$$

P(x, y)は $y=x^2$ 上の点だから，①を代入して

$$3Y-2a=(3X-2)^2=9X^2-12X+4$$

$$\therefore \quad Y=3X^2-4X+\frac{2}{3}a+\frac{4}{3}$$

よって，求める軌跡は　　$\boldsymbol{y=3x^2-4x+\frac{2}{3}a+\frac{4}{3}}$

解説

1°　軌跡を求めるとき，どの文字とどの文字の関係がわかっている関係であり，どの文字についての関係式を求めればよいのかを意識すること．

2°　$y=f(x)$ 上の点(x, y)を用いて求めたい軌跡上の点(X, Y)を表す．

$$\begin{cases} X=g(x, \ y) \\ Y=h(x, \ y) \end{cases} \quad \cdots\cdots Ⓐ$$

ここで，わかっているのは(x, y)の関係であり，求めたいのは(X, Y)の関係である．よってⒶの関係式から x, y を X, Y で表し，$y=f(x)$ に代入して X, Y の関係式を求める．

55 ［A］ x 軸上の点 $\mathrm{P}(t,\ 0)$ と y 軸上の点 $\mathrm{Q}(0,\ 2)$ について，次の問いに答えよ．

(1) 線分PQの垂直二等分線の方程式を求めよ．

(2) 点Pが x 軸上を動くとき，線分PQの垂直二等分線が通過する領域を求め，図示せよ．（福岡教育大）

［B］ m を実数とする．方程式

$$mx^2-my^2+(1-m^2)xy+5(1+m^2)y-25m=0 \quad \cdots\cdots(*)$$

を考える．このとき，次の問いに答えよ．

(1) xy 平面において，方程式(＊)が表す図形は2直線であることを示せ．

(2) (1)で求めた2直線は m の値にかかわらず，それぞれ定点を通る．これらの定点を求めよ．

(3) m が $-1\leqq m\leqq 3$ の範囲を動くとき，(1)で求めた2直線の交点の軌跡を図示せよ．（富山大）

思考のひもとき

1. $(a,\ 0)$，$(0,\ b)$ を通る直線の方程式は

$$\boxed{\frac{x}{a}+\frac{y}{b}=1}$$

2. $ax+by+c=0$ に垂直で点 $(x_0,\ y_0)$ を通る直線の方程式は

$$\boxed{b(x-x_0)-a(y-y_0)=0}$$

3. $a_1x+b_1y+c_1=0$ と $a_2x+b_2y+c_2=0$ において

$a_1a_2+b_1b_2=0$ ならば，この2直線は $\boxed{\text{直交}}$ している．

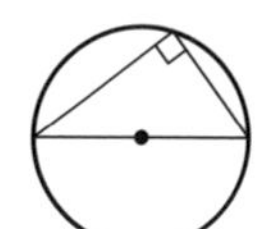

4. 直径に対する円周角は $\boxed{90^\circ}$ である．

5. $ax+by+c=0$ の方向ベクトルは，$\boxed{(b,\ -a)}$ または $\boxed{(-b,\ a)}$ である．

解答

［A］ (1) 線分PQの中点は $\left(\dfrac{t}{2},\ 1\right)$ である．

直線PQの方程式は，$t\neq 0$ のとき

$$\frac{x}{t}+\frac{y}{2}=1 \text{ より} \qquad 2x+ty=2t \quad \cdots\cdots①$$

$t=0$ のときは，$x=0$（y 軸）であるから，①は $t=0$ のときも直線PQを表す．

よって，$\left(\dfrac{t}{2},\ 1\right)$ を通り，①に垂直な直線の方程式は

$$t\left(x-\frac{t}{2}\right)-2(t-1)=0 \qquad \therefore\ \boldsymbol{tx-2y-\frac{t^2}{2}+2=0}$$

(2) 求める領域内の任意の点を$(X,\ Y)$とする．$(X,\ Y)$は線分PQの垂直二等分線上の点だから

$$tX-2Y-\frac{t^2}{2}+2=0 \quad \cdots\cdots②$$

を満たす．点Pがx軸上を動くとき，tは任意の実数をとりうる．

②より

$$t^2-2Xt+4Y-4=0 \quad \cdots\cdots②'$$

②′を満たす実数tが存在するための条件を求めればよい．すなわち，tの2次方程式②′が実数解をもつための条件を求める．

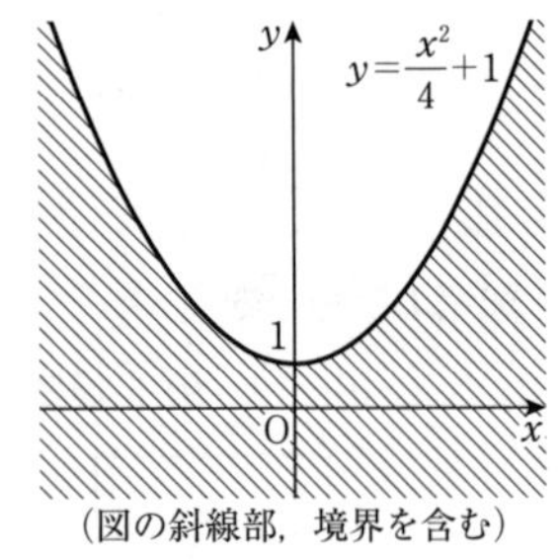

(図の斜線部，境界を含む)

②′の判別式をDとすると

$$\frac{D}{4}=X^2-(4Y-4)\geqq 0$$

$$\therefore\ Y\leqq\frac{X^2}{4}+1$$

よって，求める領域は$y\leqq\frac{x^2}{4}+1$である．

［B］ (1) $mx^2-my^2+(1-m^2)xy+5(1+m^2)y-25m=0 \quad \cdots\cdots(*)$

$(*)$をxについて整理すると

$$mx^2+(1-m^2)yx-\{my^2-5(1+m^2)y+25m\}=0$$

$$mx^2+(1-m^2)yx-(y-5m)(my-5)=0$$

$$\therefore\ \{mx+(y-5m)\}\{x-(my-5)\}=0$$

$$\therefore\ (mx+y-5m)(x-my+5)=0$$

よって，$mx+y-5m=0$または$x-my+5=0$となり，$(*)$は2直線を表す． □

(2) $l_1：mx+y-5m=0 \quad \cdots\cdots①$

$l_2：x-my+5=0 \quad \cdots\cdots②$

とする．

mについて整理をすると

①より $(x-5)m+y=0 \quad \cdots\cdots①'$

mの恒等式と考えて $x=5,\ y=0$

$\therefore$ ①はmの値にかかわらず$(5,\ 0)$を通る．

②より　　$(x+5)-my=0$　……②′

m の恒等式と考えて　　$x=-5$，$y=0$

$\therefore$　②は m の値にかかわらず $(-5,\ 0)$ を通る．

以上より，求める定点は $(\mathbf{5},\ \mathbf{0})$，$(\mathbf{-5},\ \mathbf{0})$ である．

(3)　l_1 と l_2 の方向ベクトルとして，それぞれ $(-1,\ m)$，$(m,\ 1)$ をとれる．内積を考えて $-1\cdot m+m\cdot 1=0$ となるから，l_1 と l_2 は直交している．

l_1 と l_2 は常に直交していて，l_1 は $(5,\ 0)$，l_2 は $(-5,\ 0)$ を必ず通るから，m が任意の実数のときには，l_1 と l_2 の交点は $(5,\ 0)$，$(-5,\ 0)$ を直径の両端とする円周上，つまり原点中心，半径5の円 $x^2+y^2=25$ 上を動く．

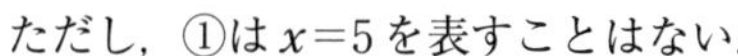

ただし，①は $x=5$ を表すことはない．

②は $y=0$（x 軸）を表すことはない．

つまり，$x=5$ と $y=0$ の交点 $(5,\ 0)$ は除く．

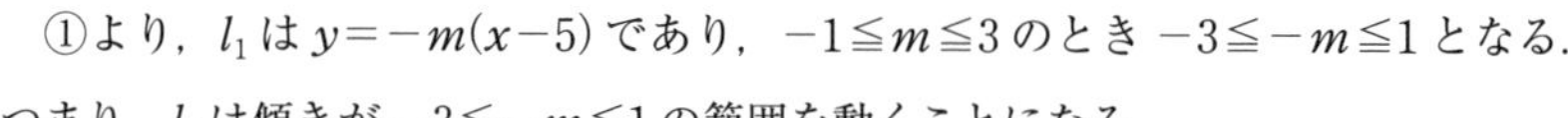

①より，l_1 は $y=-m(x-5)$ であり，$-1\leqq m\leqq 3$ のとき $-3\leqq -m\leqq 1$ となる．つまり，l_1 は傾きが $-3\leqq -m\leqq 1$ の範囲を動くことになる．

$-m=-3$ のとき l_1 は $y=-3(x-5)$ であり，円 $x^2+y^2=25$ との交点は

$$x^2+9(x-5)^2=25 \iff (x-5)(x-4)=0$$

より $(5,\ 0)$，$(4,\ 3)$ となる．

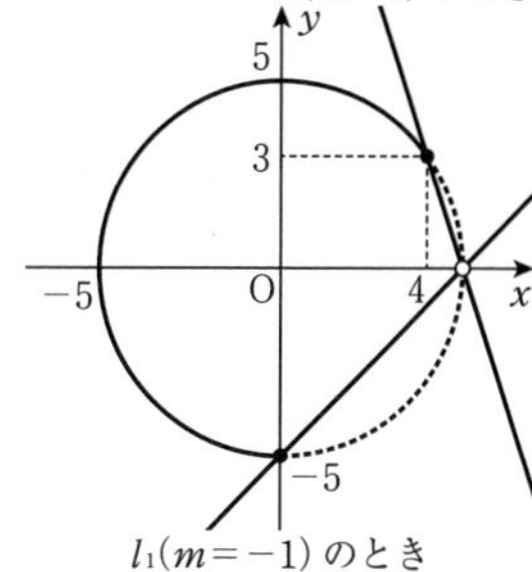

$-m=1$ のとき l_1 は $y=x-5$ であり，円 $x^2+y^2=25$ との交点は

$$x^2+(x-5)^2=25 \iff x(x-5)=0$$

より $(5,\ 0)$，$(0,\ -5)$ となる．

以上より，求める軌跡は右図の円周上の実線部である（ただし黒丸を含む）．

解説

1°　［A］ (1)の線分PQの垂直二等分線の方程式は，t の値が1つ定まれば必ず1つに定まる．よって，(2)ではどのように考えていくのかというと，“実数 t が存在する条件”を考えることになる．したがって，(1)で求めた方程式を t の2次方程式と見て，この2次方程式が実数解をもつ条件を考える．

2°　［B］ (2)で m の値にかかわらずと問われているので，m についての恒等式と考える.

3°　［B］ 2つの直線の位置関係を把握しておくことは大切である．方向ベクトルの内積を考えてみること．ちなみに，直線 $ax+by+c=0$ において $(a,\ b)$ はこの直線の法線ベクトルとなる．法線ベクトル同士の内積 $(m\times1+1\times(-m)=0)$ を考えて，l_1 と l_2 が直交することを示してもかまわない.

4°　円周角の知識がないと，［B］(3)は別解2のように解答することになる.

別解1

［A］ (2)は，$x=k$ として求める領域の切り口を考えること（$x=k$ で固定するということ）もできる．線分PQの垂直二等分線の方程式は，(1)より $tx-2y-\dfrac{t^2}{2}+2=0$ であるから，$x=k$ のとき

$$tk-2y-\frac{t^2}{2}+2=0$$

$$\therefore\quad y=-\frac{1}{4}t^2+\frac{k}{2}t+1$$

$$=-\frac{1}{4}(t^2-2kt)+1$$

$$=-\frac{1}{4}(t-k)^2+\frac{k^2}{4}+1\leqq\frac{k^2}{4}+1$$

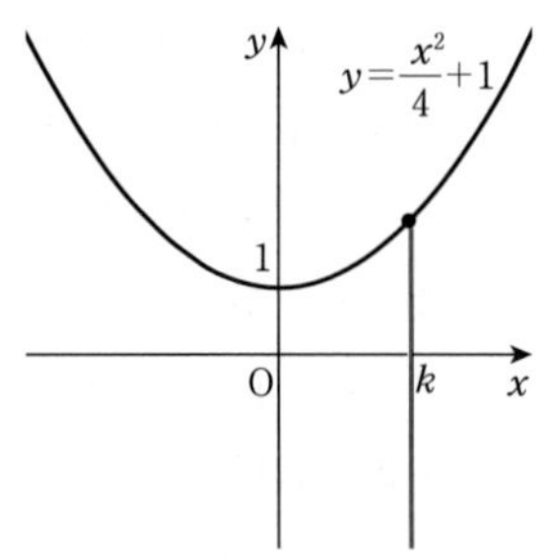

よって，求める領域の $x=k$ での切り口は，半直線 $x=k\left(y\leqq\dfrac{k^2}{4}+1\right)$ である.

k を実数全体で動かすと，この半直線が通過する領域は $y\leqq\dfrac{x^2}{4}+1$ となる.

別解2

［B］ (3)　①より，$y+m(x-5)=0$ であるから，$x\neq5$ のとき

$$m=\frac{y}{5-x}\quad\cdots\cdots①'$$

①′を②に代入して

$$x-\frac{y}{5-x}\cdot y+5=0$$

$$\therefore\quad x(x-5)+y^2+5(x-5)=0$$

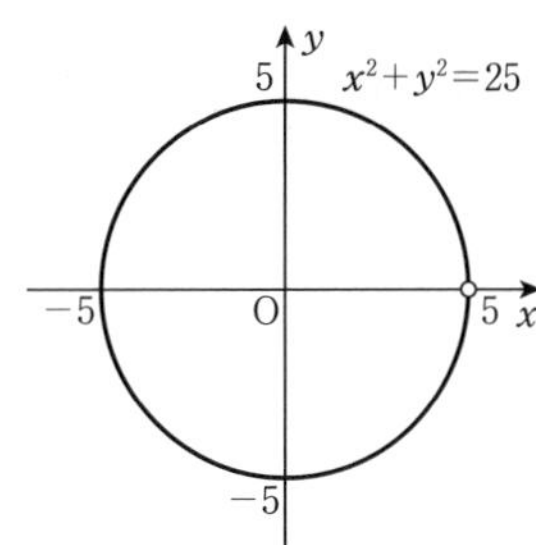

$\therefore\quad (x^2-25)+y^2=0$

$\therefore\quad x^2+y^2=25\quad (x \neq 5)$

$-1 \leqq m \leqq 3$ と①′ より

$$-1 \leqq \frac{y}{5-x} \leqq 3$$

$x^2+y^2=25\ (x \neq 5)$ より $-5 \leqq x < 5$ であるから

$5-x>0$

$\therefore\quad -(5-x) \leqq y \leqq 3(5-x)$

$\therefore\quad x-5 \leqq y \leqq -3x+15$

$x=5$ のときは，①より　　$y=0$

これを②に代入すると $10=0$ となり不適.

$\therefore\quad x \neq 5$

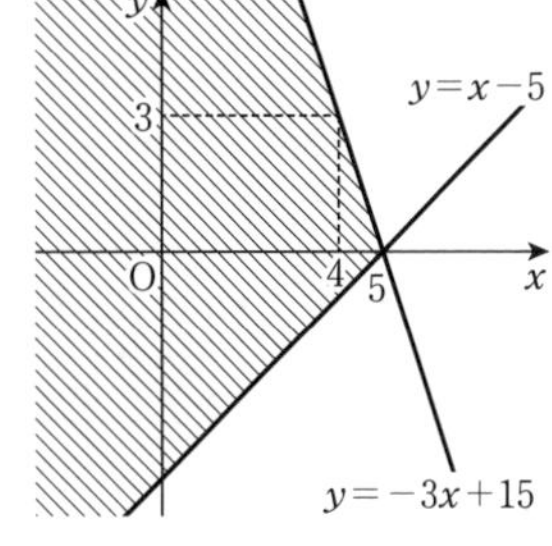

以上より，求める領域は

$x^2+y^2=25\,(x \neq 5)$ かつ $x-5 \leqq y \leqq -3x+15$

となる.

図形と方程式

第７章　三角関数

56 ［A］　$\cos 2x = \sin x + 1$ を解け．ただし，$-\pi \leqq x \leqq \pi$ とする．（信州大）

［B］　$0 \leqq \theta < 2\pi$ とするとき，不等式 $\sin 2\theta - \sqrt{3}\cos 2\theta \leqq \sqrt{3}$ を解け．（宮城教育大）

［C］　$0 \leqq \theta < 2\pi$ のとき，不等式 $6\sin\theta - 5\sin 2\theta + \sin 4\theta < 0$ を満たす θ の値の範囲を求めよ．（富山大）

［D］　$0 \leqq x \leqq \pi$ のとき，次の方程式を解け．

$$\sin x + \sin 2x + \sin 3x = \cos x + \cos 2x + \cos 3x$$ （宮崎大）

思考のひもとき

1. $\sin 2x = \boxed{2\sin x \cos x}$

$\cos 2x = \boxed{\cos^2 x - \sin^2 x} = \boxed{2\cos^2 x - 1} = \boxed{1 - 2\sin^2 x}$

2. $\sin A + \sin B = 2\sin\dfrac{A+B}{2}\cos\dfrac{A-B}{2}$

$\cos A + \cos B = 2\cos\dfrac{A+B}{2}\cos\dfrac{A-B}{2}$

解答

［A］　$\cos 2x = \sin x + 1 \iff 1 - 2\sin^2 x = \sin x + 1$

$\therefore\ 2\sin^2 x + \sin x = 0$　つまり　$\sin x(2\sin x + 1) = 0$

$\therefore\ \sin x = 0$　または　$\sin x = -\dfrac{1}{2}$

$-\pi \leqq x \leqq \pi$ で考えて

$\sin x = 0$ のとき　　$0,\ \pm\pi$

$\sin x = -\dfrac{1}{2}$ のとき　　$x = -\dfrac{\pi}{6},\ -\dfrac{5}{6}\pi$

$\therefore\ \boldsymbol{x = 0,\ \pm\pi,\ -\dfrac{\pi}{6},\ -\dfrac{5}{6}\pi}$

［B］　$\sin 2\theta - \sqrt{3}\cos 2\theta \leqq \sqrt{3}$

左辺を変形すると

$$(\text{左辺}) = \sqrt{1^2 + (-\sqrt{3})^2}\left(\sin 2\theta \cdot \frac{1}{2} - \cos 2\theta \cdot \frac{\sqrt{3}}{2}\right)$$

$$= 2\left(\sin 2\theta \cos\frac{\pi}{3} - \cos 2\theta \sin\frac{\pi}{3}\right)$$

$$=2\sin\left(2\theta-\frac{\pi}{3}\right) \qquad \therefore\quad \sin\left(2\theta-\frac{\pi}{3}\right)\leqq\frac{\sqrt{3}}{2}$$

$0\leqq\theta<2\pi$ より　　$-\dfrac{\pi}{3}\leqq2\theta-\dfrac{\pi}{3}<\dfrac{11}{3}\pi$

この範囲で，単位円周上の y 座標が $\dfrac{\sqrt{3}}{2}$ より小さくなるのは

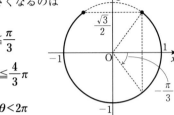

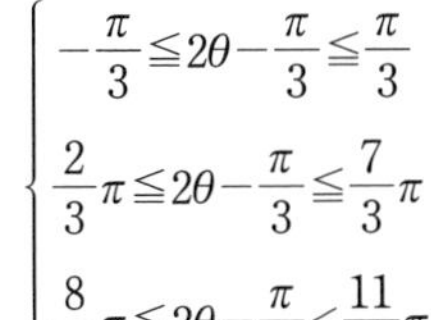

$$\begin{cases}-\dfrac{\pi}{3}\leqq2\theta-\dfrac{\pi}{3}\leqq\dfrac{\pi}{3}\\[2mm] \dfrac{2}{3}\pi\leqq2\theta-\dfrac{\pi}{3}\leqq\dfrac{7}{3}\pi\\[2mm] \dfrac{8}{3}\pi\leqq2\theta-\dfrac{\pi}{3}<\dfrac{11}{3}\pi\end{cases}$$

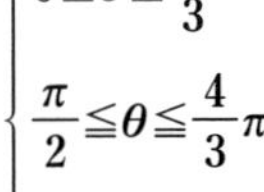

$$\therefore\quad \begin{cases}\mathbf{0\leqq\theta\leqq\dfrac{\pi}{3}}\\[2mm] \mathbf{\dfrac{\pi}{2}\leqq\theta\leqq\dfrac{4}{3}\pi}\\[2mm] \mathbf{\dfrac{3}{2}\pi\leqq\theta<2\pi}\end{cases}$$

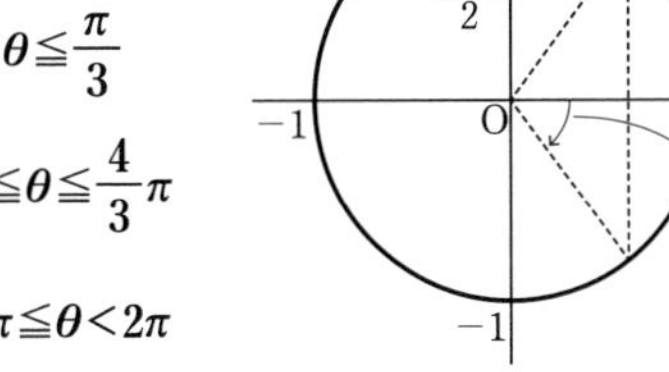

［C］　$6\sin\theta-5\sin2\theta+\sin4\theta<0$ より

$$6\sin\theta-5\cdot2\sin\theta\cos\theta+2\sin2\theta\cos2\theta<0$$

$$6\sin\theta-10\sin\theta\cos\theta+4\sin\theta\cos\theta(2\cos^2\theta-1)<0$$

$$\therefore\quad 3\sin\theta-5\sin\theta\cos\theta+2\sin\theta\cos\theta(2\cos^2\theta-1)<0$$

$$\sin\theta\{3-5\cos\theta+2\cos\theta(2\cos^2\theta-1)\}<0$$

$$\sin\theta(4\cos^3\theta-7\cos\theta+3)<0$$

$$\therefore\quad \sin\theta(\cos\theta-1)(4\cos^2\theta+4\cos\theta-3)<0$$

$$\sin\theta(\cos\theta-1)(2\cos\theta-1)(2\cos\theta+3)<0 \quad\cdots\cdots①$$

$-1\leqq\cos\theta\leqq1$ より $2\cos\theta+3>0$ であるから

①の両辺を $2\cos\theta+3$ で割ると

$$\sin\theta(\cos\theta-1)(2\cos\theta-1)<0 \quad\cdots\cdots②$$

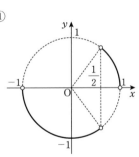

ここで $\cos\theta-1\leqq0$（等号成立は $\theta=0$ のとき）だから

(i)　$\theta\neq0$ のとき，②の両辺を $\cos\theta-1\neq0$ で割ると

$$\sin\theta(2\cos\theta-1)>0$$

「$\sin\theta>0$ かつ $2\cos\theta-1>0$」 または 「$\sin\theta<0$ かつ $2\cos\theta-1<0$」

$\therefore$ 「$\sin\theta>0$ かつ $\cos\theta>\dfrac{1}{2}$」 または 「$\sin\theta<0$ かつ $\cos\theta<\dfrac{1}{2}$」

$\therefore\quad 0<\theta<\dfrac{\pi}{3}$ または $\pi<\theta<\dfrac{5}{3}\pi$

(ii)　$\theta=0$ のとき，②の左辺は0となり成り立たない．

(i)，(ii)より，求める θ の範囲は　　$\mathbf{0<\theta<\dfrac{\pi}{3},\ \pi<\theta<\dfrac{5}{3}\pi}$

三角関数

[D]　$\sin x+\sin 2x+\sin 3x=\cos x+\cos 2x+\cos 3x$ ……①

①より

$$(\sin 3x+\sin x)+\sin 2x=(\cos 3x+\cos x)+\cos 2x$$

$$2\sin\frac{3x+x}{2}\cos\frac{3x-x}{2}+\sin 2x=2\cos\frac{3x+x}{2}\cos\frac{3x-x}{2}+\cos 2x$$

$$2\sin 2x\cos x+\sin 2x=2\cos 2x\cos x+\cos 2x$$

$$(2\cos x+1)\sin 2x=(2\cos x+1)\cos 2x$$

$$\therefore\quad (2\cos x+1)(\sin 2x-\cos 2x)=0$$

$$\therefore\quad \cos x=-\frac{1}{2}\ \cdots\cdots②$$

または $\sin 2x-\cos 2x=0$ （$\Longleftrightarrow$ $\tan 2x=1$ ……③）

$0\leqq x\leqq\pi$ より　$0\leqq 2x\leqq 2\pi$ ……④

②より　$x=\frac{2}{3}\pi$,　③, ④より　$2x=\frac{\pi}{4}$, $\frac{5}{4}\pi$　$\therefore$ $x=\frac{\pi}{8}$, $\frac{5}{8}\pi$

よって　$\boldsymbol{x=\frac{2}{3}\pi,\ \frac{\pi}{8},\ \frac{5}{8}\pi}$

解説

1°　三角方程式，不等式を考えるときには，1つの関数で表すことを考えて式の変形を行う．$\sin^2\theta$, $\cos^2\theta$ については，$\sin^2\theta+\cos^2\theta=1$ より一方を他方で表すことはできるが，1次式の場合には $\sin\theta$ を $\cos\theta$, $\cos\theta$ を $\sin\theta$ で表すと $\sin\theta=\pm\sqrt{1-\cos^2\theta}$ のように $\sqrt{\quad}$ がでてきてしまう．よって，[C]の途中式の｛ ｝の中などは $\cos\theta$ が1次で出てくるので，$\cos 2\theta$ は $\sin\theta$ ではなく $\cos\theta$ で表すことになる．

2°　三角不等式を考える場合には，$(\cos\theta,\ \sin\theta)$ を単位円周上の点と見て，$\cos\theta=$(x 座標)，$\sin\theta=$(y 座標) として，その存在範囲を目で見て確認をしながら解いていくと，ミスが少ない．

3°　[B]のように式を変形して三角関数の角の部分が変化したとき，必ずその式の存在範囲をチェックすることを忘れないこと．

4°　[D]では和積の公式を使う．角の部分が x, $2x$, $3x$ なので，どの2つを組み合わせればよいのかを考えると $\frac{3x+x}{2}=2x$ なので，$\sin 3x$, $\sin x$ を組み合わせれば $\sin 2x$ が出てきて，まとめることができる．右辺も同様である．

5°　三角関数の合成

$$a\sin\theta+b\cos\theta=\sqrt{a^2+b^2}\sin(\theta+\alpha)\quad\left(\cos\alpha=\frac{a}{\sqrt{a^2+b^2}},\ \sin\alpha=\frac{b}{\sqrt{a^2+b^2}}\right)$$

を用いると，［D］の $\sin 2x-\cos 2x=0$ の部分は次のように解いてもよい．

$$\sin 2x-\cos 2x=\sqrt{2}\sin\left(2x-\frac{\pi}{4}\right)=0\quad\left(\cos\alpha=\frac{1}{\sqrt{2}},\ \sin\alpha=-\frac{1}{\sqrt{2}}\right)$$

$0\leqq x\leqq\pi$ より $-\dfrac{\pi}{4}\leqq 2x-\dfrac{\pi}{4}\leqq\dfrac{7}{4}\pi$ だから　　$2x-\dfrac{\pi}{4}=0,\ \pi$

これより $x=\dfrac{\pi}{8},\ \dfrac{5}{8}\pi$ と求められる．

別解

［D］　　$\sin x+\sin 2x+\sin 3x=\cos x+\cos 2x+\cos 3x$

$x=0$ を代入すると，$0=3$ で不成立だから　　$x\neq 0$

そこで，$0<x\leqq\pi$ のもとで両辺に $\sin\dfrac{x}{2}\ (\neq 0)$ を掛けると

$$(\sin x+\sin 2x+\sin 3x)\sin\frac{x}{2}=(\cos x+\cos 2x+\cos 3x)\sin\frac{x}{2}$$

$$\begin{aligned}(\text{左辺})&=\sin x\sin\frac{x}{2}+\sin 2x\sin\frac{x}{2}+\sin 3x\sin\frac{x}{2}\\&=-\frac{1}{2}\left(\cos\frac{3}{2}x-\cos\frac{x}{2}\right)\\&\quad-\frac{1}{2}\left(\cos\frac{5}{2}x-\cos\frac{3}{2}x\right)\\&\quad-\frac{1}{2}\left(\cos\frac{7}{2}x-\cos\frac{5}{2}x\right)\\&=\frac{1}{2}\left(\cos\frac{x}{2}-\cos\frac{7}{2}x\right)\end{aligned}$$

$$\begin{aligned}(\text{右辺})&=\cos x\sin\frac{x}{2}+\cos 2x\sin\frac{x}{2}+\cos 3x\sin\frac{x}{2}\\&=\frac{1}{2}\left(\sin\frac{3}{2}x-\sin\frac{x}{2}\right)\\&\quad+\frac{1}{2}\left(\sin\frac{5}{2}x-\sin\frac{3}{2}x\right)\\&\quad+\frac{1}{2}\left(\sin\frac{7}{2}x-\sin\frac{5}{2}x\right)\\&=\frac{1}{2}\left(\sin\frac{7}{2}x-\sin\frac{x}{2}\right)\end{aligned}$$

三角関数

$$\therefore\quad \cos\frac{x}{2}-\cos\frac{7}{2}x=\sin\frac{7}{2}x-\sin\frac{x}{2}$$

$$\iff\quad \sin\frac{x}{2}+\cos\frac{x}{2}=\sin\frac{7}{2}x+\cos\frac{7}{2}x$$

$$\therefore\quad \sqrt{2}\sin\left(\frac{x}{2}+\frac{\pi}{4}\right)=\sqrt{2}\sin\left(\frac{7}{2}x+\frac{\pi}{4}\right)$$

$$\iff\quad \sin\left(\frac{7x}{2}+\frac{\pi}{4}\right)-\sin\left(\frac{x}{2}+\frac{\pi}{4}\right)=0$$

$$\therefore\quad 2\cos\frac{4x+\frac{\pi}{2}}{2}\sin\frac{3x}{2}=0$$

$$\therefore\quad \cos\left(2x+\frac{\pi}{4}\right)\sin\frac{3}{2}x=0$$

$$\therefore\quad \cos\left(2x+\frac{\pi}{4}\right)=0 \text{ または } \sin\frac{3}{2}x=0$$

(i) $\cos\left(2x+\frac{\pi}{4}\right)=0$ のとき，$0<x\leqq\pi$ より

$$\frac{\pi}{4}<2x+\frac{\pi}{4}\leqq\frac{9}{4}\pi$$

$$\therefore\quad 2x+\frac{\pi}{4}=\frac{\pi}{2},\ \frac{3}{2}\pi$$

$$\therefore\quad x=\frac{\pi}{8},\ \frac{5}{8}\pi$$

(ii) $\sin\frac{3}{2}x=0$ のとき，$0<x\leqq\pi$ より

$$0<\frac{3}{2}x\leqq\frac{3}{2}\pi$$

$$\therefore\quad \frac{3}{2}x=\pi$$

$$\therefore\quad x=\frac{2}{3}\pi$$

(i)，(ii)より　　$x=\frac{\pi}{8},\ \frac{5}{8}\pi,\ \frac{2}{3}\pi$

57 不等式 $|2\sin(x+y)|\geqq 1$ の表す点 $(x,\ y)$ の領域を，$0\leqq x\leqq\pi$，$0\leqq y\leqq\pi$ の範囲で図示せよ．（信州大）

思考のひもとき

1. $|x|>a$ $(a>0)$ のとき，絶対値をはずすと $\boxed{x<-a \text{ または } a<x}$ である．
2. $|x|<a$ $(a>0)$ のとき，絶対値をはずすと $\boxed{-a<x<a}$ である．
3. $\sin x$ のとり得る値の範囲は $\boxed{-1\leqq\sin x\leqq 1}$ である．

解答

$|2\sin(x+y)|\geqq 1$ より　$2\sin(x+y)\leqq -1$ または $1\leqq 2\sin(x+y)$

$$\therefore\ \sin(x+y)\leqq -\frac{1}{2} \text{ または } \frac{1}{2}\leqq\sin(x+y)$$

$0\leqq x\leqq\pi$，$0\leqq y\leqq\pi$ より　$0\leqq x+y\leqq 2\pi$

$$\therefore\ \sin(x+y)\leqq -\frac{1}{2} \iff \frac{7}{6}\pi\leqq x+y\leqq\frac{11}{6}\pi$$

$$\sin(x+y)\geqq\frac{1}{2} \iff \frac{\pi}{6}\leqq x+y\leqq\frac{5}{6}\pi$$

よって，下図の斜線部分で，境界を含む．

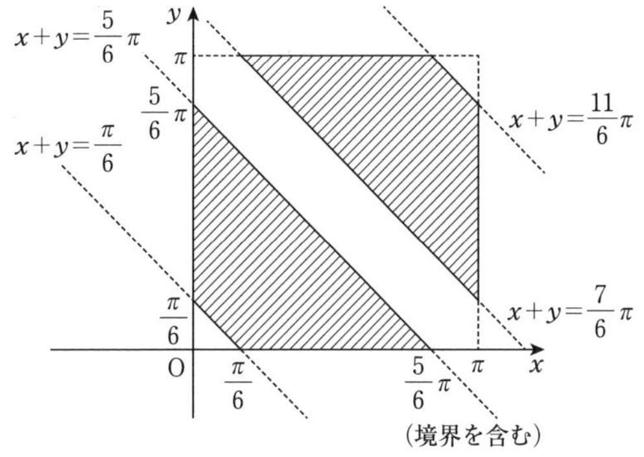

解説

1° 式の見かけに惑わされないことが重要である．三角関数のグラフをかけ，という問題ではない．結局のところ，三角関数の値についての不等式になるので，角の部分の条件を求めていくことになる．

58 $\frac{\pi}{2} \leqq \theta \leqq \pi$ とする．次の問いに答えよ．

(1) $\sin\theta + \cos\theta = \frac{1}{\sqrt{5}}$ のとき，$\cos\theta - \sin\theta$ の値を求めよ．

(2) $\sin\theta + \cos\theta = \frac{1}{\sqrt{5}}$ のとき，$2\cos\left(2\theta - \frac{\pi}{3}\right)$ の値を求めよ．

(3) $2\cos\left(2\theta - \frac{\pi}{3}\right) \leqq -1$ のとき，$\cos\theta + \sqrt{3}\sin\theta$ の最大値と最小値を求めよ．

（岡山大）

思考のひもとき

1. $\sin\theta + \cos\theta = t$ のとき　$t^2 = \boxed{1 + 2\sin\theta\cos\theta}$　$\therefore$ $\sin\theta\cos\theta = \boxed{\frac{1}{2}(t^2 - 1)}$

2. $a\sin\theta + b\cos\theta = \boxed{\sqrt{a^2+b^2}\sin(\theta+\alpha)\quad \left(\cos\alpha = \frac{a}{\sqrt{a^2+b^2}},\ \sin\alpha = \frac{b}{\sqrt{a^2+b^2}}\right)}$

解答

(1)
$$\sin\theta + \cos\theta = \frac{1}{\sqrt{5}} \quad \cdots\cdots ①$$

①の両辺を 2 乗して

$$(\sin\theta + \cos\theta)^2 = \left(\frac{1}{\sqrt{5}}\right)^2$$

$$\therefore \quad \sin^2\theta + 2\sin\theta\cos\theta + \cos^2\theta = \frac{1}{5}$$

$$\therefore \quad 1 + 2\sin\theta\cos\theta = \frac{1}{5} \qquad \therefore \quad \sin\theta\cos\theta = -\frac{2}{5} \quad \cdots\cdots ②$$

$$(\cos\theta - \sin\theta)^2 = \cos^2\theta - 2\sin\theta\cos\theta + \sin^2\theta = 1 - 2\sin\theta\cos\theta \quad \cdots\cdots ③$$

②を③に代入して

$$(\cos\theta - \sin\theta)^2 = 1 - 2\left(-\frac{2}{5}\right) = \frac{9}{5}$$

$\frac{\pi}{2} \leqq \theta \leqq \pi$ より $\cos\theta \leqq 0$，$\sin\theta \geqq 0$ だから

$$\cos\theta - \sin\theta < 0$$

$$\therefore \quad \cos\theta - \sin\theta = \boldsymbol{-\frac{3}{\sqrt{5}}}$$

(2)
$$2\cos\left(2\theta-\frac{\pi}{3}\right)=2\left(\cos 2\theta\cos\frac{\pi}{3}+\sin 2\theta\sin\frac{\pi}{3}\right)$$
$$=2\left(\frac{1}{2}\cos 2\theta+\frac{\sqrt{3}}{2}\sin 2\theta\right)$$
$$=\cos 2\theta+\sqrt{3}\sin 2\theta$$
$$=\cos^2\theta-\sin^2\theta+2\sqrt{3}\sin\theta\cos\theta$$
$$=(\cos\theta+\sin\theta)(\cos\theta-\sin\theta)+2\sqrt{3}\sin\theta\cos\theta \quad \cdots\cdots ④$$

(1)より $\sin\theta+\cos\theta=\dfrac{1}{\sqrt{5}}$ のとき　$\cos\theta-\sin\theta=-\dfrac{3}{\sqrt{5}}$，$\sin\theta\cos\theta=-\dfrac{2}{5}$

だから，これらを④に代入して

$$2\cos\left(2\theta-\frac{\pi}{3}\right)=\frac{1}{\sqrt{5}}\left(-\frac{3}{\sqrt{5}}\right)+2\sqrt{3}\left(-\frac{2}{5}\right)=\boldsymbol{\frac{-3-4\sqrt{3}}{5}}$$

(3)　$2\cos\left(2\theta-\dfrac{\pi}{3}\right)\leqq-1$ より

$$\cos\left(2\theta-\frac{\pi}{3}\right)\leqq-\frac{1}{2} \quad \cdots\cdots ⑤$$

$\dfrac{\pi}{2}\leqq\theta\leqq\pi$ だから

$$\frac{2}{3}\pi\leqq 2\theta-\frac{\pi}{3}\leqq\frac{5}{3}\pi \quad \cdots\cdots ⑥$$

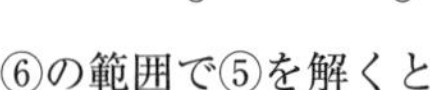
⑥の範囲で⑤を解くと

$$\frac{2}{3}\pi\leqq 2\theta-\frac{\pi}{3}\leqq\frac{4}{3}\pi$$

$$\therefore \quad \frac{\pi}{2}\leqq\theta\leqq\frac{5}{6}\pi \quad \cdots\cdots ⑦$$

$$\cos\theta+\sqrt{3}\sin\theta=\sqrt{(\sqrt{3})^2+1^2}\ \sin(\theta+\alpha) \quad \left(\sin\alpha=\frac{1}{2},\ \cos\alpha=\frac{\sqrt{3}}{2}\right)$$
$$=2\sin\left(\theta+\frac{\pi}{6}\right) \quad \cdots\cdots ⑧$$

$\theta+\dfrac{\pi}{6}$ の範囲は，⑦より　$\dfrac{2}{3}\pi\leqq\theta+\dfrac{\pi}{6}\leqq\pi$

$\theta+\dfrac{\pi}{6}=t$ とすると，⑧は　$2\sin t \quad \left(\dfrac{2}{3}\pi\leqq t\leqq\pi\right)$

だから，$y=2\sin t$ のグラフを考えて

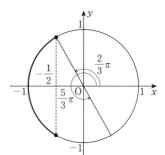

最大となるのは $t=\dfrac{2}{3}\pi$ つまり $\theta=\dfrac{2}{3}\pi-\dfrac{\pi}{6}=\dfrac{\pi}{2}$ のときで

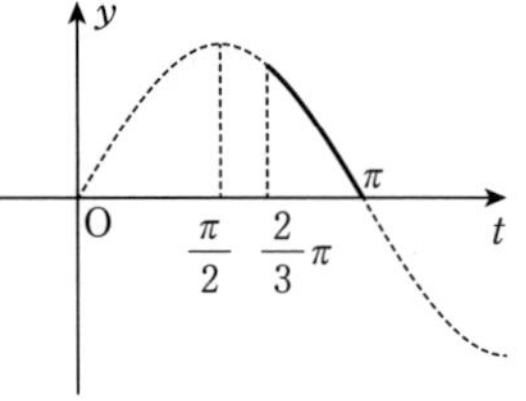

最大値は　　$2\sin\dfrac{2}{3}\pi=2\cdot\dfrac{\sqrt{3}}{2}=\sqrt{3}$

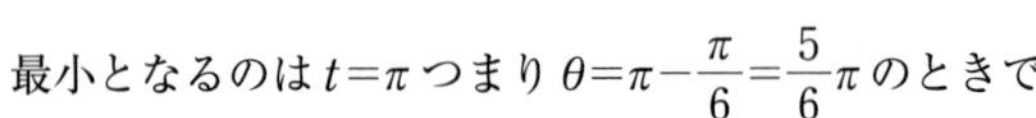

最小となるのは $t=\pi$ つまり $\theta=\pi-\dfrac{\pi}{6}=\dfrac{5}{6}\pi$ のときで

最小値は　　$2\sin\pi=0$

最大値：$\sqrt{3}$　$\left(\theta=\dfrac{\pi}{2}\text{ のとき}\right)$，最小値：0　$\left(\theta=\dfrac{5}{6}\pi\text{ のとき}\right)$

解説

1°　$A+B$ から $A-B$ を求める場合，$(A-B)^2=(A+B)^2-4AB$ の等式を用いる．特に $\sin\theta+\cos\theta$ の場合は2乗することにより $\sin\theta\cos\theta$ の値を求めることができる．

2°　三角関数の合成を行うと，角の部分の変域が変化するので注意が必要である．必ずチェックをする習慣をつけること．

別解

(1)　①より $(\cos\theta,\ \sin\theta)$ は円 $x^2+y^2=1$ ……⑨ と直線 $x+y=\dfrac{1}{\sqrt{5}}$ ……⑩ との交点の1つである．その点をPとすると $\dfrac{\pi}{2}\leqq\theta\leqq\pi$ より点Pは第2象限にある．

⑨，⑩より y を消去すると

$$x^2+\left(\frac{1}{\sqrt{5}}-x\right)^2=1 \iff 5x^2-\sqrt{5}x-2=0$$

$$\iff (\sqrt{5}x+1)(\sqrt{5}x-2)=0$$

$$\therefore\quad x=-\frac{1}{\sqrt{5}},\ \frac{2}{\sqrt{5}}\qquad x<0\ \text{より}\qquad x=-\frac{1}{\sqrt{5}}$$

⑩より　　$y=\dfrac{2}{\sqrt{5}}$

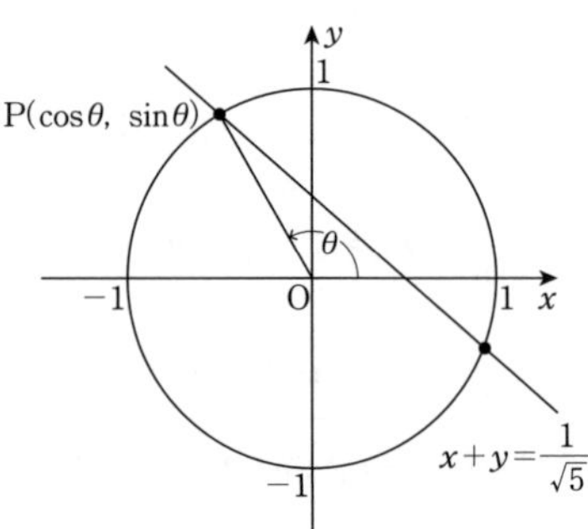

$$\therefore\quad \mathrm{P}\left(-\frac{1}{\sqrt{5}},\ \frac{2}{\sqrt{5}}\right)$$

$$\therefore\quad \cos\theta=-\frac{1}{\sqrt{5}},\ \sin\theta=\frac{2}{\sqrt{5}}$$

$$\therefore\quad \cos\theta-\sin\theta=-\frac{1}{\sqrt{5}}-\frac{2}{\sqrt{5}}=-\frac{3}{\sqrt{5}}$$

59 (1) 等式 $\cos 3\theta = 4\cos^3\theta - 3\cos\theta$ を示せ.

(2) $2\cos 80^\circ$ は3次方程式 $x^3-3x+1=0$ の解であることを示せ.

(3) $x^3-3x+1=(x-2\cos 80^\circ)(x-2\cos\alpha)(x-2\cos\beta)$ となる角度 α, β を求めよ.

ただし, $0^\circ<\alpha<\beta<180^\circ$ とする.　(筑波大)

思考のひもとき

1. $f(x)=0$ の解が $x=\alpha$ であるとき $\boxed{f(\alpha)=0}$ である.

2. 3次方程式 $ax^3+bx^2+cx+d=0$ が, 異なる3つの実数解 $x=p$, q, r をもつとき, $ax^3+bx^2+cx+d=\boxed{a(x-p)(x-q)(x-r)}$ と因数分解される.

解答

(1)

$$\begin{aligned}\cos 3\theta &= \cos(2\theta+\theta)=\cos 2\theta\cos\theta-\sin 2\theta\sin\theta\\ &=(2\cos^2\theta-1)\cos\theta-2\sin\theta\cos\theta\cdot\sin\theta\\ &=2\cos^3\theta-\cos\theta-2(1-\cos^2\theta)\cos\theta\\ &=4\cos^3\theta-3\cos\theta \quad \square\end{aligned}$$

(2) $f(x)=x^3-3x+1$ とすると

$$\begin{aligned}f(2\cos 80^\circ)&=(2\cos 80^\circ)^3-3(2\cos 80^\circ)+1\\ &=8\cos^3 80^\circ-6\cos 80^\circ+1\\ &=2(4\cos^3 80^\circ-3\cos 80^\circ)+1\\ &=2\cos 3\cdot 80^\circ+1 \quad (\because\ (1)\text{より})\\ &=2\cos 240^\circ+1\\ &=2\cdot\left(-\frac{1}{2}\right)+1=-1+1=0\end{aligned}$$

よって, $2\cos 80^\circ$ は $x^3-3x+1=0$ の解となる. $\square$

(3) $x^3-3x+1=(x-2\cos 80^\circ)(x-2\cos\alpha)(x-2\cos\beta)$ より

$$x=2\cos 80^\circ,\ 2\cos\alpha,\ 2\cos\beta$$

は $x^3-3x+1=0$ の3つの実数解となる.

よって, $2\cos\alpha$, $2\cos\beta$ をまとめて $2\cos\theta$ とすると $(\theta=\alpha,\ \beta)$

$$f(2\cos\theta)=2\cos 3\theta+1 \quad (\because\ (2)\text{と同様})$$

$2\cos\theta$ が $f(x)=0$ の解だから

$$2\cos 3\theta+1=0$$

$$\therefore \quad \cos 3\theta = -\frac{1}{2}$$

$\theta=\alpha,\ \beta$ より，$0°<\theta<180°$だから

$$0°<3\theta<540°$$

$$\therefore \quad 3\theta=120°,\ 240°,\ 480° \qquad \therefore \quad \theta=40°,\ 80°,\ 160°$$

これより $x^3-3x+1=0$ の 3 つの解は

$$x=2\cos 80°,\ 2\cos 40°,\ 2\cos 160°$$

である．この 3 つは異なるから

$$f(x)=(x-2\cos 80°)(x-2\cos 40°)(x-2\cos 160°)$$

と因数分解される．

$0°<\alpha<\beta<180°$ より　　$\alpha=\mathbf{40°},\ \beta=\mathbf{160°}$

解説

1°　$\sin 3\theta$，$\cos 3\theta$ ともに 3 倍角の公式は暗記をしておくことが望ましいが，似たような式なので，忘れてしまっても加法定理を用いて素早く自分の手で計算をして出せるようにしておくべき公式である．

2°　$x=\alpha$ が $f(x)=0$ の解である，ということは，$f(\alpha)=0$ が成り立つことである．方程式の解とは何か，というと，その方程式を成り立たせることのできる数であるということである．また $f(x)=0$ を $y=f(x)$ と $y=0$ の連立方程式を解いている，という感覚があれば，$x=\alpha$ は $y=f(x)$ と x 軸 $(y=0)$ の交点である，とも考えられる．

3°　(3)で，$f(x)=0$ が異なる 3 つの実数解をもつことは次のようにしてもわかる．

$f(x)=x^3-3x+1$ を x で微分すると

$$f'(x)=3x^2-3=3(x+1)(x-1)$$

$f'(x)=0$ とすると　　$x=1,\ -1$

増減表は右のようになる．

$$(\text{極大値})=f(-1)=-1+3+1=3$$

$$(\text{極小値})=f(1)=1-3+1=-1$$

$$\therefore \quad (\text{極大値})\times(\text{極小値})=-3<0$$

x	$\cdots$	-1	$\cdots$	1	$\cdots$
$f'(x)$	$+$	0	$-$	0	$+$
$f(x)$	↗	極大	↘	極小	↗

よって，$f(x)=0$ は異なる 3 実数解をもつ．

(極大値)×(極小値)＜ 0 ならば $y=f(x)$ は x 軸と異なる 3 点で交わる．

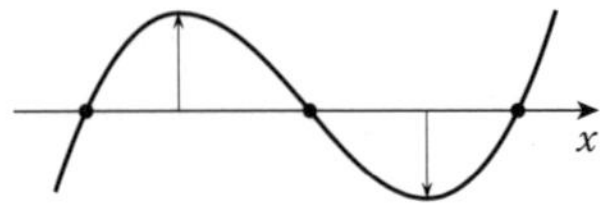

60 (1)　正弦に関する加法定理を用いて

$$\sin\alpha+\sin\beta=2\sin\frac{\alpha+\beta}{2}\cos\frac{\alpha-\beta}{2}$$

が成り立つことを示せ.

(2)　三角形ABCの頂点A，B，Cの内角の大きさをそれぞれA，B，Cで表すことにする．$A=\dfrac{\pi}{3}$のとき，$\sin B+\sin C$および$\cos B+\cos C$，それぞれの範囲を求めよ.　（埼玉大）

思考のひもとき

1. $\cos\alpha+\cos\beta=\boxed{2\cos\dfrac{\alpha+\beta}{2}\cos\dfrac{\alpha-\beta}{2}}$

$\cos\alpha-\cos\beta=\boxed{-2\sin\dfrac{\alpha+\beta}{2}\sin\dfrac{\alpha-\beta}{2}}$

解答

(1)　加法定理より

$$\sin(x+y)=\sin x\cos y+\cos x\sin y \quad \cdots\cdots ①$$

$$\sin(x-y)=\sin x\cos y-\cos x\sin y \quad \cdots\cdots ②$$

①＋② より

$$\sin(x+y)+\sin(x-y)=2\sin x\cos y \quad \cdots\cdots ③$$

$x+y=\alpha$，$x-y=\beta$とすると　　$x=\dfrac{\alpha+\beta}{2}$，$y=\dfrac{\alpha-\beta}{2}$

これらを③に代入して

$$\sin\alpha+\sin\beta=2\sin\frac{\alpha+\beta}{2}\cos\frac{\alpha-\beta}{2}$$

よって成り立つ.　□

(2)　A，B，Cは三角形の内角であるから $A+B+C=\pi$ ……④ である.

(1)より

$$\sin B+\sin C=2\sin\frac{B+C}{2}\cos\frac{B-C}{2}$$

$$=2\sin\frac{\pi-A}{2}\cos\frac{B-C}{2} \quad (\because\ ④)$$

$$=2\sin\frac{\pi}{3}\cos\frac{B-C}{2}=\sqrt{3}\cos\frac{B-C}{2}$$

$B+C=\pi-A=\pi-\dfrac{\pi}{3}=\dfrac{2}{3}\pi$, $B>0$, $C>0$ より

$$0<B<\frac{2\pi}{3},\ 0<C<\frac{2\pi}{3} \qquad \therefore\ -\frac{2\pi}{3}<B-C<\frac{2}{3}\pi$$

$$\therefore\ -\frac{\pi}{3}<\frac{B-C}{2}<\frac{\pi}{3}$$

$$\therefore\ \frac{1}{2}<\cos\frac{B-C}{2}\leqq 1 \quad \cdots\cdots ⑤$$

$$\therefore\ \frac{\sqrt{3}}{2}<\sqrt{3}\cos\frac{B-C}{2}\leqq\sqrt{3}$$

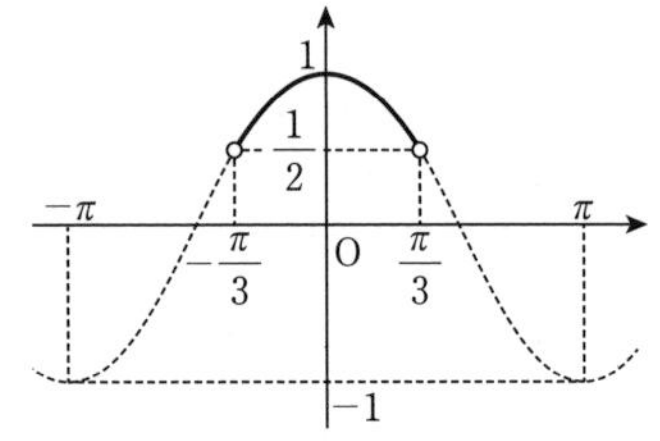

よって　$\boldsymbol{\dfrac{\sqrt{3}}{2}<\sin B+\sin C\leqq\sqrt{3}}$

$\cos B+\cos C=2\cos\dfrac{B+C}{2}\cos\dfrac{B-C}{2}$ より

$$\cos B+\cos C=2\cos\frac{\pi-A}{2}\cos\frac{B-C}{2}$$

$$=2\cos\frac{\pi}{3}\cos\frac{B-C}{2}=\cos\frac{B-C}{2}$$

⑤より　$\dfrac{1}{2}<\cos\dfrac{B-C}{2}\leqq 1$

$$\therefore\ \boldsymbol{\frac{1}{2}<\cos B+\cos C\leqq 1}$$

解説

1°　加法定理に関する公式は多くあるが，受験生諸君が最も苦手とする公式の１つがこの和積の公式である．つくり方は単純で，$\sin(x+y)\pm\sin(x-y)$, $\cos(x+y)\pm\cos(x-y)$ を計算すればよい．無理に暗記するよりは，短時間で公式をつくれるように練習をすること．ちなみに(2)の後半の $\cos B+\cos C$ は

$$\begin{cases}\cos(x+y)=\cos x\cos y-\sin x\sin y & \cdots\cdots ⑥\\ \cos(x-y)=\cos x\cos y+\sin x\sin y & \cdots\cdots ⑦\end{cases}$$

⑥＋⑦ より

$$\cos(x+y)+\cos(x-y)=2\cos x\cos y$$

$x+y=\alpha$, $x-y=\beta$ とすれば　$x=\dfrac{\alpha+\beta}{2}$, $y=\dfrac{\alpha-\beta}{2}$

$$\therefore\ \cos\alpha+\cos\beta=2\cos\frac{\alpha+\beta}{2}\cos\frac{\alpha-\beta}{2}$$

となる.

⑥－⑦ の場合 $\cos(x+y)-\cos(x-y)=-2\sin x\sin y$ と右辺の係数に － が入るので注意すること.

2° A, B, Cが三角形の内角の場合, $A+B+C=\pi$という条件があるので注意すること.

61 関数 $f(x)=-\cos^2 2x-2\sqrt{3}\sin x\cos x+2$ の $0\leqq x\leqq\dfrac{\pi}{2}$ における最大値と最小値を求めよ. また, そのときの x の値をそれぞれ求めよ. (鳥取大)

思考のひもとき

1. $\sin^2\theta+\cos^2\theta=1$ より　$\cos^2\theta=\boxed{1-\sin^2\theta}$

2. $\sin\theta\cos\theta=\boxed{\dfrac{1}{2}\sin 2\theta}$

解答

$$
\begin{aligned}
f(x)&=-\cos^2 2x-2\sqrt{3}\sin x\cos x+2 \quad \cdots\cdots ①\\
&=-(1-\sin^2 2x)-\sqrt{3}\sin 2x+2\\
&=\sin^2 2x-\sqrt{3}\sin 2x+1 \quad \cdots\cdots ①'
\end{aligned}
$$

$\sin 2x=X$ ……② とすると, $0\leqq x\leqq\dfrac{\pi}{2}$ より

$$0\leqq 2x\leqq\pi \quad \cdots\cdots ③$$

$$\therefore\ 0\leqq\sin 2x\leqq 1 \qquad \therefore\ 0\leqq X\leqq 1 \quad \cdots\cdots ④$$

①′, ②より, $f(x)=X^2-\sqrt{3}X+1=g(X)$ とすると

$$g(X)=\left(X-\frac{\sqrt{3}}{2}\right)^2+\frac{1}{4}$$

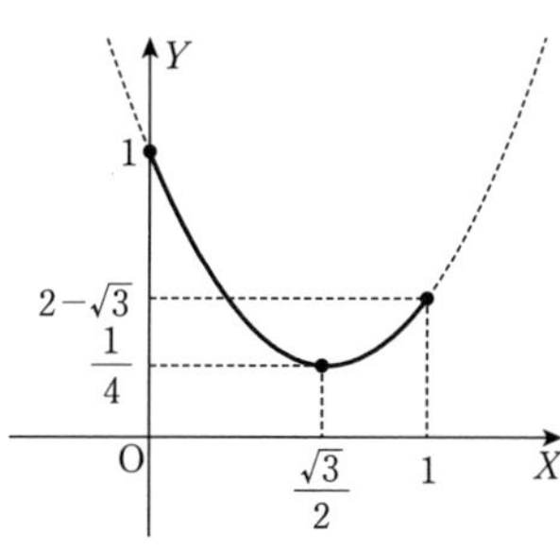

④における $Y=g(X)$ のグラフを考えると, 右図のようになる.

よって, 最大値は　$g(0)=1$ ($X=0$ のとき)

このとき, ②, ③より

$$\sin 2x=0,\ 0\leqq 2x\leqq\pi$$

$$\therefore\quad 2x=0,\ \pi \qquad \therefore\quad x=0,\ \frac{\pi}{2}$$

最小値は　$g\left(\dfrac{\sqrt{3}}{2}\right)=\dfrac{1}{4}$　$\left(X=\dfrac{\sqrt{3}}{2}\ \text{のとき}\right)$

このとき，②，③より

$$\sin 2x=\frac{\sqrt{3}}{2},\quad 0\leqq 2x\leqq\pi$$

$$\therefore\quad 2x=\frac{\pi}{3},\ \frac{2}{3}\pi \qquad \therefore\quad x=\frac{\pi}{6},\ \frac{\pi}{3}$$

以上より

$$\begin{cases} \text{最大値：}\mathbf{1} & \left(\boldsymbol{x=0,\ \dfrac{\pi}{2}}\ \textbf{のとき}\right) \\ \text{最小値：}\boldsymbol{\dfrac{1}{4}} & \left(\boldsymbol{x=\dfrac{\pi}{6},\ \dfrac{\pi}{3}}\ \textbf{のとき}\right) \end{cases}$$

解説

1°　sin，cos の混在している関数の最大，最小を考えるときは，まず $\sin x$ か $\cos x$ のいずれか一方で関数を表すことを考える．

2°　次に見通しをよくするために，三角関数の部分を置き換えて，整式にする．このときに注意するべきことは，関数を置き換えた文字の変域である．いつも置き換えを実行したときには，変域のチェックをする習慣を身につけること．

3°　最大，最小を考えるときには必ずグラフをかいて評価すること．グラフをかくときには，座標軸，原点，座標軸との交点，端点などは必ず明記すること．また考えている定義域内でのみグラフをかくこと．きちんと自分が最大，最小を判定した根拠を示すことは重要である．もともとは X の関数ではなく x の関数なので，最大，最小を与える x の値を求めることを忘れないこと．

62 座標平面上の原点Oを中心とする半径1の円周上に，点Pがある．ただし，Pは第1象限の点である．点Pからx軸に下ろした垂線とx軸との交点をQ，線分PQを2：1に内分する点をRとする．$\theta=\angle\mathrm{QOP}$のときの$\tan\angle\mathrm{QOR}$と$\tan\angle\mathrm{ROP}$の値をそれぞれ$f(\theta)$，$g(\theta)$とおく．次の問いに答えよ．

(1)　$f(\theta)$と$g(\theta)$をθを用いて表せ．

(2)　$g(\theta)$の$0<\theta<\dfrac{\pi}{2}$における最大値と，そのときのθの値を求めよ．　（福井大）

思考のひもとき

1. $\tan(\alpha\pm\beta)=\boxed{\dfrac{\tan\alpha\pm\tan\beta}{1\mp\tan\alpha\tan\beta}}$

$\tan 2\alpha=\boxed{\dfrac{2\tan\alpha}{1-\tan^2\alpha}}$

2. $a>0$，$b>0$のとき，相加・相乗平均の関係とは，$\dfrac{a+b}{2}\geqq\sqrt{ab}$　（等号成立は$a=b$）

解答

(1)　$\angle\mathrm{QOP}=\theta$より$\mathrm{P}(\cos\theta,\ \sin\theta)$である．

よって

$$\mathrm{Q}(\cos\theta,\ 0),\ \mathrm{R}\left(\cos\theta,\ \frac{1}{3}\sin\theta\right)$$

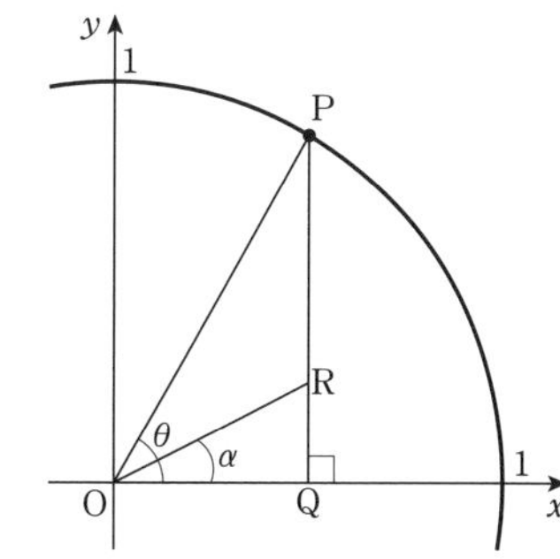

$\angle\mathrm{QOR}=\alpha$とすると

$$\boldsymbol{f(\theta)}=\tan\alpha=\frac{\mathrm{QR}}{\mathrm{OQ}}$$

$$=\frac{\frac{1}{3}\sin\theta}{\cos\theta}=\frac{1}{3}\frac{\sin\theta}{\cos\theta}=\boldsymbol{\frac{1}{3}\tan\theta}\quad\cdots\cdots①$$

$$\boldsymbol{g(\theta)}=\tan\angle\mathrm{ROP}=\tan(\theta-\alpha)$$

$$=\frac{\tan\theta-\tan\alpha}{1+\tan\theta\tan\alpha}=\frac{\tan\theta-\frac{1}{3}\tan\theta}{1+\tan\theta\cdot\frac{1}{3}\tan\theta}\quad(\because\ ①)$$

$$=\frac{\frac{2}{3}\tan\theta}{1+\frac{1}{3}\tan^2\theta}=\boldsymbol{\frac{2\tan\theta}{3+\tan^2\theta}}\quad\cdots\cdots②$$

(2)　　　$g(\theta)=\dfrac{2\tan\theta}{3+\tan^2\theta}$　……②

$\tan\theta=t$ とすると，$0<\theta<\dfrac{\pi}{2}$ より $0<t$ である．②は

$$g(\theta)=\frac{2t}{3+t^2}\quad\cdots\cdots③$$

さらに $t>0$ より，③の分母，分子を t で割ると

$$g(\theta)=\frac{2}{\dfrac{3}{t}+t}$$

$t>0$ だから　　$\dfrac{3}{t}>0$

よって，相加・相乗平均の関係より

$$\frac{3}{t}+t\geqq 2\sqrt{\frac{3}{t}\times t}=2\sqrt{3}$$

等号成立は $\dfrac{3}{t}=t$ のとき．すなわち　　$t^2=3$

$t>0$ より $t=\sqrt{3}$ のとき

$$g(\theta)=\frac{2}{\dfrac{3}{t}+t}\leqq\frac{2}{2\sqrt{3}}=\frac{1}{\sqrt{3}}$$

$g(\theta)$ の $0<\theta<\dfrac{\pi}{2}$ における最大値は $\dfrac{1}{\sqrt{3}}$，このとき $\tan\theta=\sqrt{3}$ より　　$\theta=\dfrac{\pi}{3}$

∴　**最大値：$\boldsymbol{\dfrac{1}{\sqrt{3}}}$　$\left(\boldsymbol{\theta=\dfrac{\pi}{3}}\ \text{のとき}\right)$**

解説

1°　tan の加法定理もすぐに求められるようにしておくこと．

$$\tan(\alpha\pm\beta)=\frac{\sin(\alpha\pm\beta)}{\cos(\alpha\pm\beta)}=\frac{\sin\alpha\cos\beta\pm\cos\alpha\sin\beta}{\cos\alpha\cos\beta\mp\sin\alpha\sin\beta}$$

$$=\frac{\dfrac{\sin\alpha\cos\beta\pm\cos\alpha\sin\beta}{\cos\alpha\cos\beta}}{1\mp\dfrac{\sin\alpha\sin\beta}{\cos\alpha\cos\beta}}=\frac{\tan\alpha\pm\tan\beta}{1\mp\tan\alpha\tan\beta}\quad\text{（複号同順）}$$

2°　③の最大値の求め方であるが，③の右辺を $h(t)$ とおき，数Ⅲの商の微分法を用いると　　$h'(t)=\dfrac{2(3+t^2)-2t(2t)}{(3+t^2)^2}=\dfrac{6-2t^2}{(3+t^2)^2}=\dfrac{2(3-t^2)}{(3+t^2)^2}$

$h'(t)=0$ とすると　　$t=\pm\sqrt{3}$

増減表は，右のようになる．

t	(0)	$\cdots$	$\sqrt{3}$	$\cdots$
$h'(t)$		$+$	0	$-$
$h(t)$		↗		↘

よって $t=\sqrt{3}$ のとき最大となる．

$$\left(\left(\frac{g(x)}{f(x)}\right)'=\frac{g'(x)f(x)-g(x)f'(x)}{\{f(x)\}^2}\text{：商の微分法}\right)$$

3°　分子が単項式の場合，割り算を実行すれば分子は0次となり，結局，分母の最小値を考える問題となる．**2°** のように何でも微分すればよい，ということでもない．ただし，このことに気がつかないと微分をするしかなくなるので，分数関数の微分の公式は知っておいた方がよい．

4°　相加・相乗平均の関係を用いるとき，2数が正であることと，等号成立条件をチェックすることは重要である．特に等号成立条件は，本当にその値となることがあるのか，ないのか，を確認する上で必要である．

63　円周率 π に関して次の不等式が成立することを証明せよ．ただし，数値 $\pi=3.141592\cdots\cdots$ を使用して直接比較する解答は0点とする．

$$3\sqrt{6}-3\sqrt{2}<\pi<24-12\sqrt{3}$$
（大分大）

思考のひもとき

1.　半径 r，中心角 θ $\left(0<\theta<\dfrac{\pi}{2}\right)$ の扇形OABにおいて

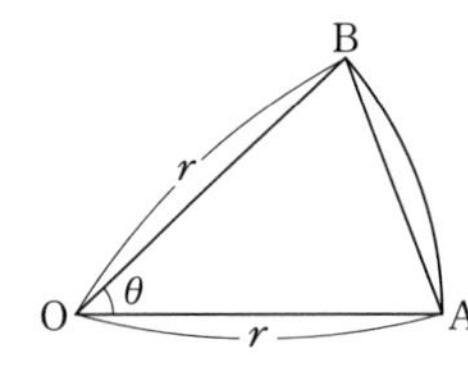

（△OABの面積）$=\boxed{\dfrac{1}{2}r^2\sin\theta}$

（弧ABの長さ）$=\boxed{r\theta}$

（扇形OABの面積）$=\boxed{\dfrac{1}{2}r^2\theta}$

解答

OA＝OB＝1，$\angle\text{AOB}=\theta$ $\left(0<\theta<\dfrac{\pi}{2}\right)$ の扇形OABを考える．

点Aを通りOAに垂直な直線とOBの延長との交点をTとする．

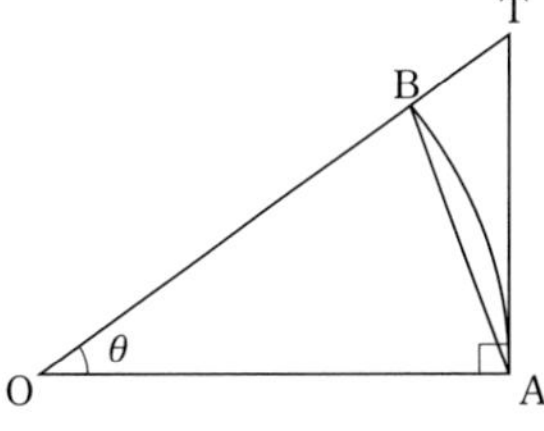

図より，△OABと扇形OABと△OATの面積の大小関係を考えると

$$\triangle\mathrm{OAB} < \text{扇形}\,\mathrm{OAB} < \triangle\mathrm{OAT}$$

が成り立つから

$$\frac{1}{2}\cdot 1\cdot 1\cdot\sin\theta<\frac{1}{2}\cdot 1^2\cdot\theta<\frac{1}{2}\cdot 1\cdot\tan\theta$$

$$\therefore\quad \sin\theta<\theta<\tan\theta\quad\cdots\cdots①$$

$\theta=\dfrac{\pi}{12}=\dfrac{\pi}{3}-\dfrac{\pi}{4}$ ……② とすると

$$\sin\theta=\sin\frac{\pi}{12}=\sin\left(\frac{\pi}{3}-\frac{\pi}{4}\right)=\sin\frac{\pi}{3}\cos\frac{\pi}{4}-\cos\frac{\pi}{3}\sin\frac{\pi}{4}$$

$$=\frac{\sqrt{3}}{2}\times\frac{\sqrt{2}}{2}-\frac{1}{2}\times\frac{\sqrt{2}}{2}=\frac{\sqrt{6}-\sqrt{2}}{4}\quad\cdots\cdots③$$

$$\tan\theta=\tan\frac{\pi}{12}=\tan\left(\frac{\pi}{3}-\frac{\pi}{4}\right)=\frac{\tan\frac{\pi}{3}-\tan\frac{\pi}{4}}{1+\tan\frac{\pi}{3}\tan\frac{\pi}{4}}$$

$$=\frac{\sqrt{3}-1}{1+\sqrt{3}\cdot 1}=\frac{(\sqrt{3}-1)^2}{(\sqrt{3}+1)(\sqrt{3}-1)}$$

$$=\frac{3-2\sqrt{3}+1}{3-1}=2-\sqrt{3}\quad\cdots\cdots④$$

①に②，③，④を代入して

$$\frac{\sqrt{6}-\sqrt{2}}{4}<\frac{\pi}{12}<2-\sqrt{3}$$

辺々を12倍して

$$3\sqrt{6}-3\sqrt{2}<\pi<24-12\sqrt{3}$$

よって示された．□

解説

1° 円周率を評価せよ，という問題である．図のような三角形と扇形の面積で評価をしていけばよい．ここで問題となるのは①の不等式までできたとして，θに何を代入すればよいのか，ということである．θのとり方によって評価が甘めになったり，きつくなったりする．

たとえば，$\theta=\dfrac{\pi}{6}$ だとすると

$$\sin\frac{\pi}{6}<\frac{\pi}{6}<\tan\frac{\pi}{6} \iff \frac{1}{2}<\frac{\pi}{6}<\frac{1}{\sqrt{3}} \iff 3<\pi<2\sqrt{3}$$

という評価になってしまう．式の形を見て，加法定理の利用に気がつくこと．その際，使える角度は，$\frac{\pi}{6}$，$\frac{\pi}{4}$，$\frac{\pi}{3}$ あたりになるので，$\theta=\frac{\pi}{3}-\frac{\pi}{4}$ か $\theta=\frac{\pi}{4}-\frac{\pi}{6}$ を考えることになる(どちらでも結果は同じである)．

2°　$\sin\frac{\pi}{12}=\frac{\sqrt{6}-\sqrt{2}}{4}$，$\tan\frac{\pi}{12}=2-\sqrt{3}$ を知っていれば，$\sin\frac{\pi}{12}<\frac{\pi}{12}<\tan\frac{\pi}{12}$ より

$$12\sin\frac{\pi}{12}<\pi<12\tan\frac{\pi}{12}$$

という評価をすべきことに気がつくであろう．

3°　扇形OABについて，弧ABの長さ l は

$$l=2\pi r\times\frac{\theta}{2\pi}=r\theta$$

扇形OABの面積 S は

$$S=\pi r^2\times\frac{\theta}{2\pi}=\frac{1}{2}r^2\theta=\frac{1}{2}r(r\theta)=\frac{1}{2}rl$$

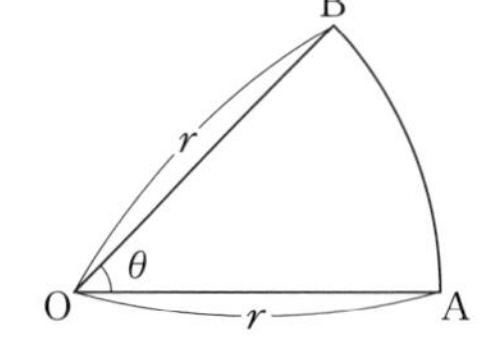

4°　半径が1，中心角が $\frac{\pi}{12}$ の扇形の面積を評価したことになる．円全体で考えれば $3\sqrt{6}-3\sqrt{2}$ は半径1の円に内接する正二十四角形の面積であり，$24-12\sqrt{3}$ は半径1の円に外接する正十二角形の面積である(半径1の円の面積は π である)．

第８章　指数関数・対数関数

64 ［A］　4，$\sqrt[3]{3^4}$，$2^{\sqrt{3}}$，$3^{\sqrt{2}}$ の大小を比べ，小さい順に並べよ．　（県立広島大）

［B］　次の数を小さい順に並べよ．

$$\log_3 5,\quad \frac{1}{2}+\log_9 8,\quad \log_9 26$$

（琉球大）

思考のひもとき

1.　$a>0$ で，m，n が正の整数のとき

$$a^{\frac{m}{n}}=\sqrt[n]{a^{\boxed{m}}}=(\sqrt[n]{a})^{\boxed{m}}$$

2.　$a>1$ のとき

$p<q \iff a^{\boxed{p}}<a^{\boxed{q}}$　（図１参照）

3.　$a<b \iff a^3<b^3$　（図２参照）

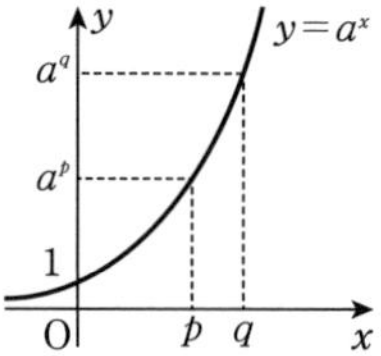

$y=a^x$，a^q，a^p，1，O，p，q，x，y

図１

$y=x^3$，b^3，a^3，O，a，b，x，y

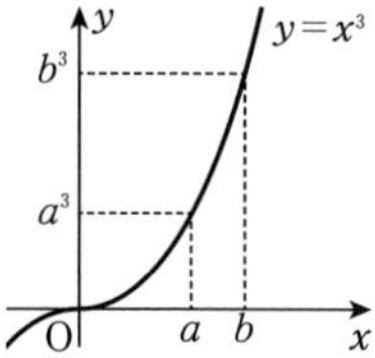

図２

4.　a，b，c は正の数で，$a\neq1$，$c\neq1$ とする．

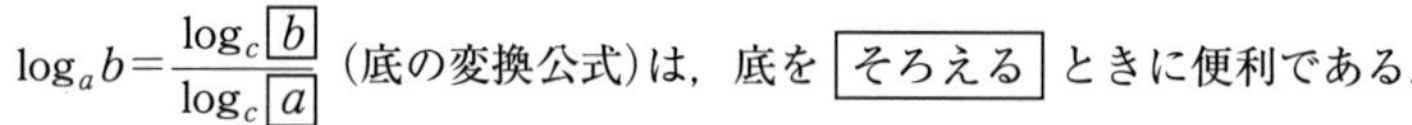

$\log_a b=\dfrac{\log_c \boxed{b}}{\log_c \boxed{a}}$（底の変換公式）は，底を $\boxed{\text{そろえる}}$ ときに便利である．

5.　底 $a>1$ のとき　　$0<p<q \iff \log_a \boxed{p}<\log_a \boxed{q}$

解答

［A］　$4=2^2$ で，$\sqrt{3}<\sqrt{4}=2$，底 $2>1$ だから

$$2^{\sqrt{3}}<2^2=4$$

また，$\sqrt[3]{3^4}=3^{\frac{4}{3}}$ で，$\dfrac{4}{3}=\sqrt{\dfrac{16}{9}}<\sqrt{2}$，底 $3>1$ だから

$$\sqrt[3]{3^4}=3^{\frac{4}{3}}<3^{\sqrt{2}}$$

ここで，4 と $\sqrt[3]{3^4}$ の大小関係を調べると

$$4^3=64<81=(\sqrt[3]{3^4})^3$$

より

$$4<\sqrt[3]{3^4}$$

よって，4つの数を小さい順に並べると

$$\mathbf{2^{\sqrt{3}},\ 4,\ \sqrt[3]{3^4},\ 3^{\sqrt{2}}}$$

［B］ 底を3にそろえて，比べる．

$$\frac{1}{2}+\log_9 8=\frac{1}{2}+\frac{\log_3 8}{\log_3 9}=\frac{1}{2}(1+\log_3 8)$$

$$=\frac{1}{2}(\log_3 3+\log_3 8)$$

$$=\frac{1}{2}\log_3 24=\log_3\sqrt{24}$$

$$\log_9 26=\frac{\log_3 26}{\log_3 9}$$

$$=\frac{1}{2}\log_3 26=\log_3\sqrt{26}$$

$\sqrt{24}<\sqrt{25}<\sqrt{26}$，$\sqrt{25}=5$ であるから，底 $3>1$ の対数について

$$\log_3\sqrt{24}<\log_3 5<\log_3\sqrt{26}$$

が成り立つ．よって，3つの数を小さい順に並べると

$$\boldsymbol{\frac{1}{2}+\log_9 8,\ \log_3 5,\ \log_9 26}$$

解説

1° ［A］について．底が2のもの 2^2，$2^{\sqrt{3}}$，底が3のもの $3^{\frac{4}{3}}$，$3^{\sqrt{2}}$ それぞれは，指数を小数表示して比べて

$\sqrt{3}=1.73\cdots<2$，$\sqrt{2}=1.41\cdots>1.33\cdots=\dfrac{4}{3}$ より

$$2^{\sqrt{3}}<2^2,\ 3^{\frac{4}{3}}<3^{\sqrt{2}}$$

としてもよい．

底が2のものと底が3のものを比較するのは難しいが，4と $3^{\frac{4}{3}}$ は3乗したものどうしを比較して大小を調べたら，$4<3^{\frac{4}{3}}$ なのでうまくいった．

2° ［B］について．底を3にそろえて，真数の大小関係を調べた．

指数関数・対数関数

65 xを実数とするとき，次の不等式を満たすxの値の範囲を求めよ．

$$8^x+8^{-x}-(4^x+4^{-x})-11\geqq 0$$ （宮崎大）

思考のひもとき

1. $a>0$とする．

$$a^{-x}=\frac{1}{\boxed{a^x}},\quad a^{2x}=(\boxed{a^x})^2,\quad a^{-2x}=\frac{1}{(a^x)^2},\quad a^x\cdot a^{-x}=1$$

$$(a^x+a^{-x})^2=\boxed{a^{2x}+a^{-2x}+2},\quad (a^x+a^{-x})^3=a^{3x}+a^{-3x}+\boxed{3(a^x+a^{-x})}$$

解答

$t=2^x+2^{-x}$とすると

$$4^x+4^{-x}=(2^x+2^{-x})^2-2=t^2-2$$

$$8^x+8^{-x}=(2^x+2^{-x})^3-3(2^x+2^{-x})=t^3-3t$$

であるから，与えられた不等式は

$$(t^3-3t)-(t^2-2)-11\geqq 0 \qquad \therefore\ \ t^3-t^2-3t-9\geqq 0 \quad \cdots\cdots ①$$

（①の左辺）$=f(t)$とすると，$f(3)=0$だから，因数定理より，$f(t)$は$t-3$で割り切れて

$$f(t)=(t-3)(t^2+2t+3)$$

$t^2+2t+3=(t+1)^2+2>0$（任意の実数tに対して）を考えると，①：$f(t)\geqq 0$より

$$t-3\geqq 0 \qquad \therefore\ \ 2^x+2^{-x}-3\geqq 0 \quad \cdots\cdots ②$$

$u=2^x$とすると，②より

$$u+\frac{1}{u}-3\geqq 0 \qquad \therefore\ \ u^2-3u+1\geqq 0 \quad (\because\ \ u>0)$$

$$\therefore\ \ \left(u-\frac{3+\sqrt{5}}{2}\right)\left(u-\frac{3-\sqrt{5}}{2}\right)\geqq 0 \quad \cdots\cdots ③$$

$u>0$であり，$\dfrac{3-\sqrt{5}}{2}>0$であるから，③より

$$2^x=u\leqq\frac{3-\sqrt{5}}{2}\ \text{または}\ \frac{3+\sqrt{5}}{2}\leqq u=2^x$$

よって，求めるxの値の範囲は

$$\boldsymbol{x\leqq\log_2\frac{3-\sqrt{5}}{2}}\ \textbf{または}\ \boldsymbol{\log_2\frac{3+\sqrt{5}}{2}\leqq x}$$

解説

1° $t=2^x+2^{-x}$とおくことにより，与えられた不等式の左辺をtの多項式で表して考えることがポイントである．

66 [A]　(1)　次の方程式を解け．

$$\log_2 x-\log_8 x=2(\log_2 x)(\log_4 x)$$

(2)　次の方程式を満たす自然数の組 $(x,\ y)$ をすべて求めよ．

$$\log_{10}x+\log_{10}y=\log_{10}(y+2x^2+1)$$（首都大学東京）

[B]　次の不等式を解け．

$$3\log_{0.5}(x-1)>\log_{0.5}(-x^2+6x-7)$$（福島大）

思考のひもとき

$a>0,\ a\neq1$ とする．

1. $y=\log_a x \iff x=\boxed{a^y}$

2. $p>0,\ q>0$ のもとで

(Ⅰ)　$\log_a pq=\log_a\boxed{p}+\log_a\boxed{q}$

(Ⅱ)　$\log_a p=\log_a q \iff \boxed{p}=\boxed{q}$

(Ⅲ)　(i)　$a>1$ のとき　　$p<q \iff \log_a p\boxed{<}\log_a q$

(ii)　$0<a<1$ のとき　　$p<q \iff \log_a p\boxed{>}\log_a q$

解答

[A]　(1)　真数条件より　　$x>0$　……①

①のもとで，$\log_8 x=\dfrac{\log_2 x}{\log_2 8}=\dfrac{1}{3}\log_2 x$，$\log_4 x=\dfrac{\log_2 x}{\log_2 4}=\dfrac{1}{2}\log_2 x$ であるから，

$\log_2 x=X$ とすると与えられた方程式は

$$X-\frac{1}{3}X=2X\cdot\frac{1}{2}X \quad \text{つまり} \quad X\left(X-\frac{2}{3}\right)=0$$

$$\therefore\quad X=0 \text{ または } \frac{2}{3}$$

$\log_2 x=0$ となる x は　　$x=2^0=1$

$\log_2 x=\dfrac{2}{3}$ となる x は　　$x=2^{\frac{2}{3}}=\sqrt[3]{4}$

いずれも①を満たすから，求める解は　　$\boldsymbol{x=1}$ **または** $\boldsymbol{\sqrt[3]{4}}$

(2)　「$x,\ y$ が自然数」……②　とすると，与えられた方程式は

$$\log_{10}xy=\log_{10}(y+2x^2+1)$$

となり

$$xy=y+2x^2+1 \qquad \therefore\quad (x-1)y=2x^2+1$$

$x=1$ とすると，$0=3$ となり成り立たないから　　$x \neq 1$

$$\therefore \quad y=\frac{2x^2+1}{x-1}=2x+2+\frac{3}{x-1} \quad \cdots\cdots ③$$

②，③より，$x-1$ は，3の正の約数でなければならず

$$x-1=1,\ 3 \qquad \therefore \quad x=2,\ 4$$

$x=2$ のとき　　$y=9$

$x=4$ のとき　　$y=11$

ゆえに，求める $(x,\ y)$ は　　$(x,\ y)=\mathbf{(2,\ 9),\ (4,\ 11)}$

［B］ 真数条件より

$$x-1>0 \text{ かつ } -x^2+6x-7=-(x^2-6x+7)>0$$

$$1<x \text{ かつ } 3-\sqrt{2}<x<3+\sqrt{2}$$

$$\therefore \quad 3-\sqrt{2}<x<3+\sqrt{2} \quad \cdots\cdots ①$$

底 0.5 が，$0<0.5<1$ を満たすから，①のもとで

$$\text{与えられた不等式} \iff \log_{0.5}(x-1)^3>\log_{0.5}(-x^2+6x-7)$$

$$\iff (x-1)^3<-x^2+6x-7 \quad \cdots\cdots ②$$

②より

$$x^3-2x^2-3x+6=(x-2)(x^2-3)<0 \quad \cdots\cdots ③$$

図を参照し，③を解くと

$$x<-\sqrt{3} \text{ または } \sqrt{3}<x<2 \quad \cdots\cdots ④$$

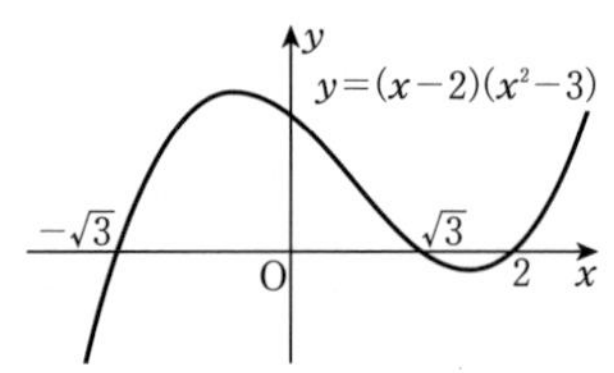

①かつ④を満たす x を求めて

$$\boldsymbol{\sqrt{3}<x<2}$$

解説

1°　［A］(2)は，$xy=y+2x^2+1$ をうまく変形して，次のように解答してもよい．

$$(x-1)y-2(x^2-1)=3 \qquad (x-1)(y-2x-2)=3$$

これより，$x-1$ は3の正の約数であるから

$$\begin{cases} x-1=1 \\ y-2x-2=3 \end{cases} \text{ または } \begin{cases} x-1=3 \\ y-2x-2=1 \end{cases}$$

$$\therefore \quad (x,\ y)=(2,\ 9),\ (4,\ 11)$$

2°　［B］は底がそろっているので，真数の大小を比較する．このとき，真数条件と「0< 底 <1 の場合，真数の大小と対数の大小が逆転する」(**思考のひもとき 2.** (Ⅲ)(ii)) ことに注意する．

67　(1)　$\log_{10}3$ は無理数であることを示せ.

(2)　$\dfrac{6}{13}<\log_{10}3<\dfrac{1}{2}$ が成り立つことを示せ.

(3)　3^{26} の桁数を求めよ.　（新潟大）

思考のひもとき

1. 有理数でない実数を［無理数］という.
2. $\log_{10}10^p=\boxed{p}\log_{10}10=\boxed{p}$　(p は実数)
3. $0<x<y \iff \boxed{\log_{10}x<\log_{10}y}$
4. N は p 桁 $\iff \boxed{10^{p-1}}\leqq N<\boxed{10^p}$

解答

(1)　$\log_{10}3$ を有理数であると仮定すると

$$\log_{10}3=\frac{m}{n}\quad(m,\ n\text{ は互いに素である整数で，}n>0)$$

と表せる.

このとき

$$10^{\frac{m}{n}}=3$$

両辺を n 乗すると

$$10^m=3^n\quad\cdots\cdots①$$

n は正の整数であるから，①の右辺は3の倍数で，10は3と互いに素であることを考えると，10^m は3で割り切れないから①は成立せず，矛盾が起こる.

よって，$\log_{10}3$ は有理数でない，すなわち無理数である.　□

(2)　$\dfrac{6}{13}=\log_{10}10^{\frac{6}{13}}$，$\dfrac{1}{2}=\log_{10}10^{\frac{1}{2}}=\log_{10}\sqrt{10}$，底 $10>1$ だから

$$10^{\frac{6}{13}}<3<\sqrt{10}\quad\cdots\cdots(*)$$

が成り立つことを示せばよい.

ここで

$$3^2=9<10=(\sqrt{10})^2$$

より

$$3<\sqrt{10}\quad\cdots\cdots②$$

次に，10^6 と 3^{13} を比較する．

$3^4=81>80$ を用いて

$$3^{13}=3\cdot(3^4)^3>3\cdot80^3=1536000>10^6$$

$$\therefore\quad 3>10^{\frac{6}{13}}\quad\cdots\cdots③$$

②，③より（∗）が示された．

ゆえに

$$\log_{10}10^{\frac{6}{13}}<\log_{10}3<\log_{10}10^{\frac{1}{2}}$$

つまり

$$\frac{6}{13}<\log_{10}3<\frac{1}{2}$$

が成り立つ． □

(3) $N=3^{26}$ とおくと

$$\log_{10}N=26\log_{10}3$$

(2)で示した不等式の辺々に 26 を掛けると

$$12<\log_{10}N<13\quad\cdots\cdots④$$

$12=\log_{10}10^{12}$，$13=\log_{10}10^{13}$ だから，④より

$$\log_{10}10^{12}<\log_{10}N<\log_{10}10^{13}$$

$$\therefore\quad 10^{12}<N<10^{13}$$

ゆえに，$N=3^{26}$ の桁数は，**13** である．

解説

1° (2)において，地道に計算して

$$3^{13}=1594323>10^6$$

を得てもよい．

2° $10^{12}=1000000000000$ は，13 桁の自然数の中で 1 番小さい数で，13 桁の自然数の中で 1 番大きい数は，9999999999999$(=10^{13}-1)$ である．

68 x の方程式 $|\log_{10}x|=px+q$（p，q は実数）が3つの相異なる正の解をもち，次の2つの条件を満たすとする．

(Ⅰ) 3つの解の比は，1：2：3である．

(Ⅱ) 3つの解のうち最小のものは，$\dfrac{1}{2}$ より大きく，1より小さい．

このとき，$A=\log_{10}2$，$B=\log_{10}3$ とおき，p と q を A と B を用いて表せ．

（筑波大）

思考のひもとき

1. $\log_a M+\log_a N=\log_a \boxed{MN}$

$\log_a M-\log_a N=\log_a \boxed{\dfrac{M}{N}}$

2. 底 a が，$a>1$ のとき

$$|\log_a x|=\begin{cases}\log_a x & (x\geqq 1)\\ -\log_a x & (0<x<1)\end{cases}$$

解答

$$|\log_{10}x|=px+q \quad \cdots\cdots①$$

が3つの相異なる正の解をもつから

$$y=|\log_{10}x| \quad \cdots\cdots②$$

と

$$y=px+q \quad \cdots\cdots③$$

とは，3つの共有点を $x>0$ の範囲にもつ．

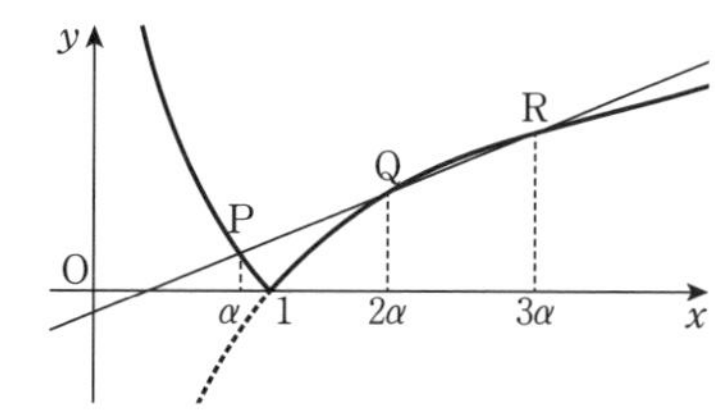

(Ⅰ)より，その3つの共有点の x 座標が

$$\alpha,\ 2\alpha,\ 3\alpha$$

と表せて，(Ⅱ)より

$$\frac{1}{2}<\alpha<1<2\alpha<3\alpha$$

3つの共有点を左から順にP，Q，Rとすると

$$|\log_{10}x|=\begin{cases}\log_{10}x & (1\leqq x\text{ のとき})\\ -\log_{10}x & (0<x<1\text{ のとき})\end{cases}$$

だから

$$\mathrm{P}(\alpha,\ -\log_{10}\alpha),\ \mathrm{Q}(2\alpha,\ \log_{10}2\alpha),\ \mathrm{R}(3\alpha,\ \log_{10}3\alpha)$$

指数関数・対数関数

と表せる．この3点は直線③上にあるから

$$\begin{cases}-\log_{10}\alpha=p\alpha+q \\ \log_{10}2\alpha=2p\alpha+q \\ \log_{10}3\alpha=3p\alpha+q\end{cases} \qquad \therefore \quad \begin{cases}-\log_{10}\alpha=p\alpha+q & \cdots\cdots④ \\ A+\log_{10}\alpha=2p\alpha+q & \cdots\cdots⑤ \\ B+\log_{10}\alpha=3p\alpha+q & \cdots\cdots⑥\end{cases}$$

⑤−④，⑥−⑤ をつくり

$$\begin{cases}A+2\log_{10}\alpha=p\alpha \\ B-A=p\alpha & \cdots\cdots⑦\end{cases}$$

より

$$A+2\log_{10}\alpha=B-A$$

$$\therefore \quad \log_{10}\alpha=\frac{1}{2}(B-2A) \quad \cdots\cdots⑧$$

$$=\frac{1}{2}(\log_{10}3-2\log_{10}2)$$

$$=\log_{10}\frac{\sqrt{3}}{2}$$

$$\therefore \quad \alpha=\frac{\sqrt{3}}{2}$$

⑦より

$$p=\frac{1}{\alpha}(B-A)=\boldsymbol{\frac{2}{\sqrt{3}}(B-A)}$$

④，⑦，⑧より

$$q=-p\alpha-\log_{10}\alpha=-(B-A)-\frac{1}{2}(B-2A)=\boldsymbol{2A-\frac{3}{2}B}$$

解説

1° Qが PR の中点であることから

$$\log_{10}2\alpha=\frac{(-\log_{10}\alpha)+\log_{10}3\alpha}{2}=\frac{1}{2}\log_{10}\frac{3\alpha}{\alpha}=\log_{10}\sqrt{3}$$

より

$$2\alpha=\sqrt{3} \qquad \therefore \quad \alpha=\frac{\sqrt{3}}{2}$$

を求めてもよい．

2° ①の実数解は，②と③の共有点の x 座標であることに注目して，(I)，(II)から，②と③の共有点の x 座標が，α，2α，3α と表せて，$\frac{1}{2}<\alpha<1<2\alpha<3\alpha$ を満たすことがわ

かる．

ついで，**思考のひもとき**の**2.** に注意し，②のグラフをかき，図を参照して考察していけばよい．

69　不等式 $\log_x y \leqq \log_y x$ の表す領域を図示せよ．　(弘前大)

思考のひもとき

1.　$a>1$ のとき　　$\log_a p<\log_a q \iff 0<p<q$

2.　$0<a<1$ のとき　　$\log_a p<\log_a q \iff p>q>0$

解答

$$\log_x y \leqq \log_y x \quad \cdots\cdots ①$$

底および真数の条件から

$$x>0,\ y>0,\ x\neq 1,\ y\neq 1$$

底を x にそろえるために

$$\log_y x=\frac{\log_x x}{\log_x y}=\frac{1}{\log_x y}$$

を用いると，①は

$$\log_x y \leqq \frac{1}{\log_x y} \quad \cdots\cdots ②$$

と表される．

$\log_x y\neq 0$ だから，$\log_x y>0$，$\log_x y<0$ に場合分けして②を解く．

(イ)　$\log_x y>0$ のとき

$$② \iff (\log_x y)^2\leqq 1$$
$$\iff 0<\log_x y\leqq 1$$
$$\iff \log_x 1<\log_x y\leqq \log_x x$$

(ロ)　$\log_x y<0$ のとき

$$② \iff (\log_x y)^2\geqq 1$$
$$\iff \log_x y\leqq -1$$

よって

$②\iff$「$0<\log_x y\leqq 1$ または $\log_x y\leqq -1$」 ……③

$\iff$「$\log_x 1<\log_x y\leqq\log_x x$ または $\log_x y\leqq\log_x\dfrac{1}{x}$」

そこで，底 x と1との大小で場合分けする．

(i) $x>1$ のとき

$$③\iff 1<y\leqq x \text{ または } y\leqq\frac{1}{x}$$

(ii) $0<x<1$ のとき

$$③\iff 1>y\geqq x \text{ または } y\geqq\frac{1}{x}$$

図示すると，下図の斜線部分のようになる．境界は実線を含み，点線は除く．

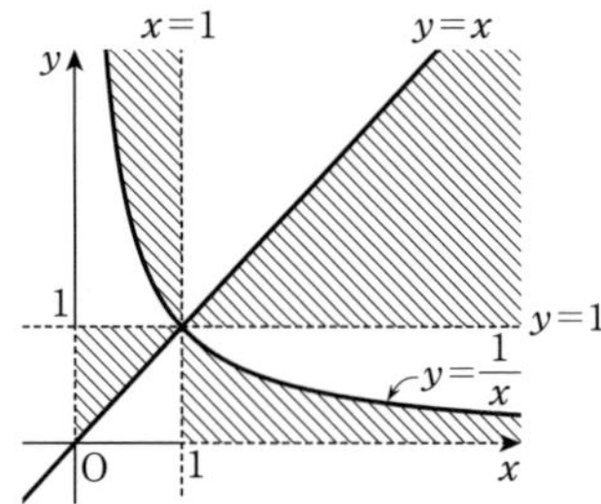

解説

1° 底を x にそろえて，②を得て，$t=\log_x y$ とおき

$$t\leqq\frac{1}{t}$$

より

「$t>0$ かつ $t^2\leqq 1$」 または 「$t<0$ かつ $t^2\geqq 1$」

$\therefore\quad 0<t\leqq 1$ または $t\leqq -1$

としてもよい．

第9章　微分法

70　関数 $f(x)=x^3-3x^2+2$ について，次の問いに答えよ．

(1)　$y=f(x)$ の増減を調べ，極値を求めよ．また，グラフの概形をかけ．

(2)　$-\dfrac{a}{2} \leqq x \leqq a$ における $f(x)$ の最大値 M を求めよ．ただし，a は定数で $a>0$ とする．

(3)　$-\dfrac{a}{2} \leqq x \leqq a$ における $f(x)$ の最小値 m を求めよ．ただし，a は定数で $a>0$ とする．

(宇都宮大)

思考のひもとき

1.　$f'(x)$ が存在するとき，$y=f(x)$ が $x=\alpha$ で極値をとる

$\Longleftrightarrow$ 【$f'(\alpha)=0$ かつ $x=\alpha$ の前後で $f'(x)$ の符号が変化する】

解答

(1)　$$f(x)=x^3-3x^2+2 \quad \cdots\cdots ①$$

①を x で微分すると

$$f'(x)=3x^2-6x=3x(x-2)$$

$f'(x)=0$ とすると　　$x=0,\ 2$

よって増減表は

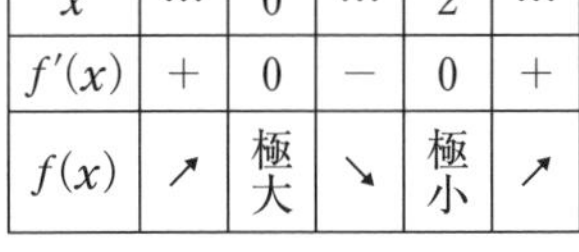

x	$\cdots$	0	$\cdots$	2	$\cdots$
$f'(x)$	$+$	0	$-$	0	$+$
$f(x)$	↗	極大	↘	極小	↗

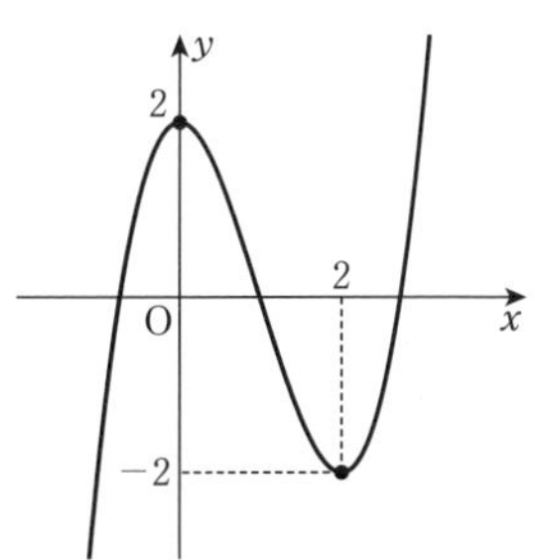

$\therefore$　(極大値)$=f(0)=\mathbf{2}$，(極小値)$=f(2)=\mathbf{-2}$

(2)　$a>0$ より　　$-\dfrac{a}{2}<0$

$y=f(x)$ のグラフを考えて　　$f\left(-\dfrac{a}{2}\right)<f(0)=2$

よって $f(x)$ の最大値は $f(0)$ か $f(a)$ のいずれかである．

$f(x)=2$ となる x を求めると　　$x^3-3x^2+2=2$

$\therefore$　$x^2(x-3)=0$　　　$\therefore$　$x=0,\ 3$

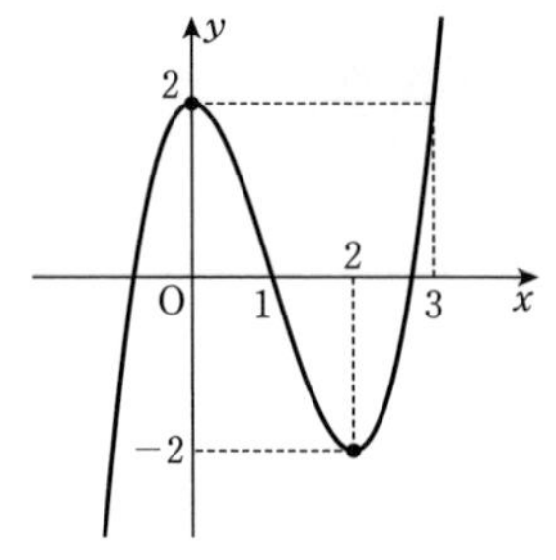

グラフより

$$M=\begin{cases} f(0)=\mathbf{2} & (\mathbf{0<a\leqq 3}\ \textbf{のとき}) \\ f(a)=\boldsymbol{a^3-3a^2+2} & (\mathbf{3\leqq a}\ \textbf{のとき}) \end{cases}$$

(3)　$f(x)=-2$ となる x の値を求めると

$$x^3-3x^2+2=-2 \iff x^3-3x^2+4=0$$
$$\iff (x-2)^2(x+1)=0$$

$\therefore\quad x=2,\ -1$

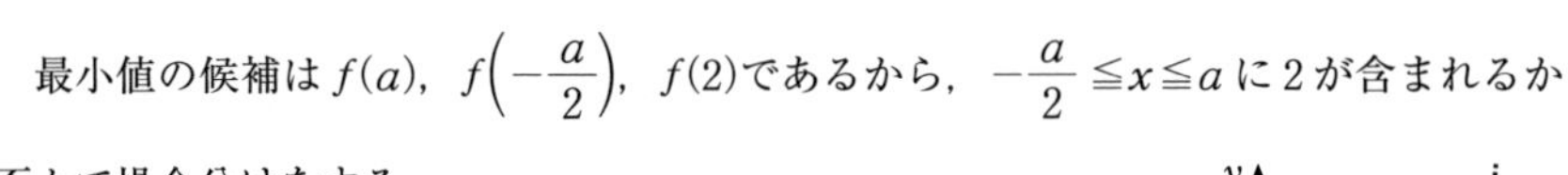

最小値の候補は $f(a)$，$f\left(-\dfrac{a}{2}\right)$，$f(2)$ であるから，$-\dfrac{a}{2}\leqq x\leqq a$ に2が含まれるか否かで場合分けをする．

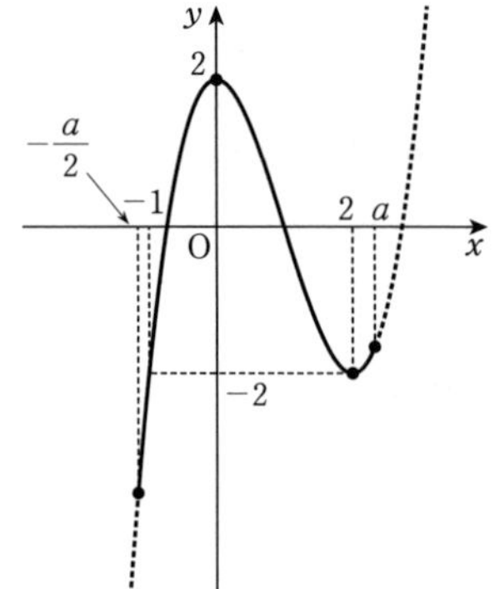

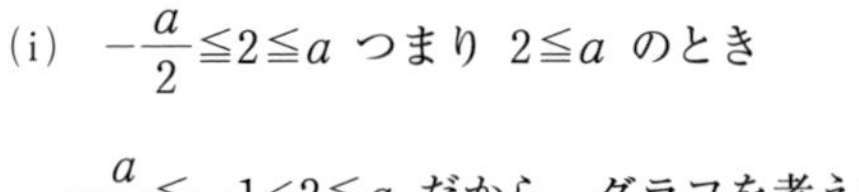

(i)　$-\dfrac{a}{2}\leqq 2\leqq a$ つまり $2\leqq a$ のとき

$-\dfrac{a}{2}\leqq -1<2\leqq a$ だから，グラフを考えて

$$m=f\left(-\frac{a}{2}\right)=-\frac{a^3}{8}-\frac{3}{4}a^2+2$$

(ii)　$0<a<2$ のとき

$-1<-\dfrac{a}{2}<a<2$ だから，グラフを考えて

最小値は $f(a)$ と $f\left(-\dfrac{a}{2}\right)$ の小さい方となる．

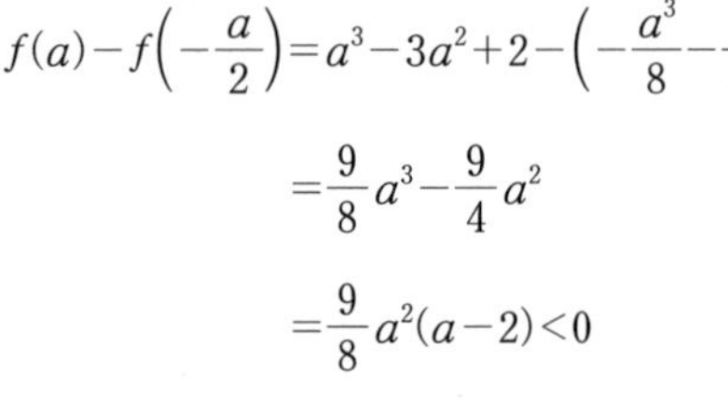

$$f(a)-f\left(-\frac{a}{2}\right)=a^3-3a^2+2-\left(-\frac{a^3}{8}-\frac{3}{4}a^2+2\right)$$
$$=\frac{9}{8}a^3-\frac{9}{4}a^2$$
$$=\frac{9}{8}a^2(a-2)<0$$

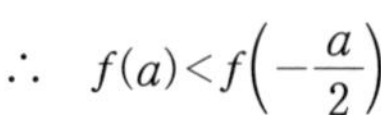

$\therefore\quad f(a)<f\left(-\dfrac{a}{2}\right)$

$\therefore\quad m=f(a)=a^3-3a^2+2$

(i)，(ii)より

$$m=\begin{cases} f(a)=\boldsymbol{a^3-3a^2+2} & (\mathbf{0<a<2}\ \textbf{のとき}) \\ f\left(-\dfrac{a}{2}\right)=\boldsymbol{-\dfrac{a^3}{8}-\dfrac{3}{4}a^2+2} & (\mathbf{2\leqq a}\ \textbf{のとき}) \end{cases}$$

解説

1°　グラフをかくときには必ず増減表をかくこと．関数の増減を調べる上では欠かせない表である．

2°　$f'(x)=0$ を満たす点が必ずしも極値を与える，とは限らない．$x=\alpha$ で極値をとる，ということは，$f'(\alpha)=0$ であって，しかも $x=\alpha$ の前後で $f'(x)$ の符号が変化することである．このことを調べるためにも増減表は欠かせない．

71　a，b は正の数とする．すべての $x>0$ に対して $\dfrac{2x^2+(3-a)x-2a}{x^3}\leqq b$ が成り立つとき，a，b の関係を求めよ．（信州大）

思考のひもとき

1．$x>0$ に対して，$f(x)$ の最小値が m のとき

$x>0$ に対して $f(x)\geqq 0 \iff \boxed{m\geqq 0}$

解答

$$\frac{2x^2+(3-a)x-2a}{x^3}\leqq b \quad \cdots\cdots①$$

$$(①の左辺)=\frac{2x^2}{x^3}+\frac{(3-a)x}{x^3}-\frac{2a}{x^3}$$

$$=2\left(\frac{1}{x}\right)+(3-a)\left(\frac{1}{x}\right)^2-2a\left(\frac{1}{x}\right)^3 \quad \cdots\cdots②$$

$\dfrac{1}{x}=t$ とすると（$x>0$ より $t>0$）②は　$2t+(3-a)t^2-2at^3$　……②′

「すべての $x>0$ に対して①が成り立つ」

$\iff$「すべての $t>0$ に対して $2t+(3-a)t^2-2at^3\leqq b$ が成り立つ」

$\iff$「すべての $t>0$ に対して $2at^3-(3-a)t^2-2t+b\geqq 0$ が成り立つ」……③

$f(t)=2at^3-(3-a)t^2-2t+b$ とすると $f(t)$ を t で微分して

$$f'(t)=6at^2-2(3-a)t-2=2\{3at^2-(3-a)t-1\}=2(3t+1)(at-1)$$

$f'(t)=0$ とすると　$t=-\dfrac{1}{3},\ \dfrac{1}{a}$

$a>0$ より　$\dfrac{1}{a}>0$

t の変域：$t>0$ における増減表は

t	(0)	$\cdots$	$\frac{1}{a}$	$\cdots$
$f'(t)$		$-$	0	$+$
$f(t)$		↘	極小	↗

よって，$t>0$ において，$f(t)$ は $t=\frac{1}{a}$ のとき最小となる．

$$f\left(\frac{1}{a}\right)=2a\left(\frac{1}{a}\right)^3-(3-a)\left(\frac{1}{a}\right)^2-2\left(\frac{1}{a}\right)+b=(2-3+a)\left(\frac{1}{a}\right)^2-\frac{2}{a}+b$$

$$=(a-1)\frac{1}{a^2}-\frac{2}{a}+b=\frac{a-1-2a}{a^2}+b=b-\frac{a+1}{a^2}$$

③より $t>0$ のとき $f(t)>0$ より　　$f\left(\frac{1}{a}\right)\geqq 0$

$$\therefore \quad b-\frac{a+1}{a^2}\geqq 0 \qquad \therefore \quad \boldsymbol{b\geqq\frac{a+1}{a^2}}$$

解説

1°　求める条件は，$x>0$ のときの $\frac{2x^2+(3-a)x-2a}{x^3}$ の最大値を $M(a)$ とすれば，$M(a)\leqq b$ ということである．$M(a)$ が簡単に求まればよいが，これを直接求めようとすると数Ⅲの商の微分法が必要となる（別解参照）．解答は分母が単項式なので，割り算を実行して $\frac{1}{x}=t$ と置き換えることにより3次関数に帰着させている．

2°　$\frac{1}{x}=t$ と置き換えることにより，条件がやや変化する．結局，$t>0$ における $f(t)$ の最小値 m を求め，それが $m\geqq 0$ を満たす条件を考える．

3°　$x>0$ より $\frac{1}{x}=t>0$ であることと，$f'(t)=0$ の解が $t=-\frac{1}{3}$，$\frac{1}{a}$ であり，$a>0$ より $\frac{1}{a}>0$ であることに注意をして増減表をかいて最小値を求めている．

別解

$g(x)=\frac{2x^2+(3-a)x-2a}{x^3}$ ……④ とする．④を x で微分して

$$g'(x)=\frac{\{4x+(3-a)\}x^3-\{2x^2+(3-a)x-2a\}3x^2}{x^6}=\frac{-2x^2+(2a-6)x+6a}{x^4}$$

$$=\frac{-2\{x^2-(a-3)x-3a\}}{x^4}=\frac{-2(x-a)(x+3)}{x^4}$$

$g'(x)=0$ とすると　　$x=a,\ -3$

$x>0,\ a>0$ より　　$x=a$

$x>0$ における増減表は

x	(0)	$\cdots$	a	$\cdots$
$g'(x)$		$+$	0	$-$
$g(x)$		↗	極大	↘

$$g(a)=\frac{2a^2+(3-a)a-2a}{a^3}=\frac{a+1}{a^2}$$

よって，$g(x)$ は $x=a$ で最大値 $g(a)=\dfrac{a+1}{a^2}$ をとる．

∴　求める条件は　　$\dfrac{a+1}{a^2}\leqq b$

72　$a>0$ とする．次の関数 $f(x)$ について，$0\leqq x\leqq 1$ における最大値および最小値を求めよ．

$f(x)=x^3-a^2x$　　（奈良教育大）

思考のひもとき

1.　$y=f(x)$ の区間 $a\leqq x\leqq b$ における

最大値は，$a\leqq x\leqq b$ 内の極大値と $f(a)$，$f(b)$ の値の中で一番大きいもの．

最小値は，$a\leqq x\leqq b$ 内の極小値と $f(a)$，$f(b)$ の値の中で一番小さいもの．

解答

$$f(x)=x^3-a^2x\quad\cdots\cdots①$$

①を x で微分すると

$$f'(x)=3x^2-a^2=(\sqrt{3}x+a)(\sqrt{3}x-a)$$

$f'(x)=0$ とすると　　$x=\pm\dfrac{a}{\sqrt{3}}$

$x\geqq 0$ より　　$x=\dfrac{a}{\sqrt{3}}$

ここで，$\dfrac{a}{\sqrt{3}}$ が1より大きいか否かで場合分けをする．

(i) $0<\dfrac{a}{\sqrt{3}}\leqq 1$，つまり，$0<a\leqq\sqrt{3}$ のとき

増減表は

x	0	$\cdots$	$\dfrac{a}{\sqrt{3}}$	$\cdots$	1
$f'(x)$		$-$	0	$+$	
$f(x)$		↘	極小	↗	

$$f(0)=0$$

$$f\left(\frac{a}{\sqrt{3}}\right)=\frac{a^3}{3\sqrt{3}}-\frac{a^3}{\sqrt{3}}=-\frac{2}{3\sqrt{3}}a^3=-\frac{2\sqrt{3}}{9}a^3$$

$$f(1)=1-a^2$$

最小値は　$f\left(\dfrac{a}{\sqrt{3}}\right)=-\dfrac{2\sqrt{3}}{9}a^3$

最大値は $f(0)$ と $f(1)$ の大きい方であるから

$$f(1)-f(0)=1-a^2\geqq 0 \iff (1-a)(1+a)\geqq 0$$

$$\therefore\quad -1\leqq a\leqq 1$$

$a>0$ より　$0<a\leqq 1$

$\therefore$　$0<a\leqq 1$ のとき　$f(1)\geqq f(0)$

$a>1$ のとき　$f(1)<f(0)$

よって最大値は

$0<a\leqq 1$ のとき　$f(1)=1-a^2$

$a>1$ のとき　$f(0)=0$

(ii) $1<\dfrac{a}{\sqrt{3}}$，つまり，$\sqrt{3}<a$ のとき

増減表は

x	0	$\cdots$	1
$f'(x)$		$-$	
$f(x)$	0	↘	$1-a^2$

最大値　　$f(0)=0$

最小値　　$f(1)=1-a^2$

(i), (ii)より，最大値 M，最小値 m は

$$M=\begin{cases} f(1)=\mathbf{1-a^2} & (\mathbf{0<a\leqq 1}\ \textbf{のとき}) \\ f(0)=\mathbf{0} & (\mathbf{1<a}\ \textbf{のとき}) \end{cases}$$

$$m=\begin{cases} f\left(\dfrac{a}{\sqrt{3}}\right)=\mathbf{-\dfrac{2\sqrt{3}}{9}a^3} & (\mathbf{0<a\leqq\sqrt{3}}\ \textbf{のとき}) \\ f(1)=\mathbf{1-a^2} & (\mathbf{\sqrt{3}<a}\ \textbf{のとき}) \end{cases}$$

解説

1°　最大・最小を考えるときに増減表は答案作成上，欠かすことはできない．最大・最小を判断する根拠になるからである．

2°　$f'(x)=0$ の解を増減表に書き込むことになるが，定義域とこの解の関係にはいつも注意を払うこと．定義域によっては，この解が増減表には表れてこないこともあるからである．

3°　この種の問題の場合，最後に答えはまとめて書く習慣を身につけておくこと．また，最大・最小を与える x の値は指示がなくても書いておくこと．

73　3次関数 $f(x)=x^3-6x^2+3(4-t)x+6t+46$ について，次の問いに答えよ．

(1)　t がどのような実数であっても $y=f(x)$ のグラフはある定点を通ることを示し，その座標を求めよ．

(2)　関数 $y=f(x)$ が極大値，極小値をもつような実数 t の範囲を求めよ．その t について $f(x)$ の極値とそのときの x の値を求めよ．

(3)　(2)のもとで，方程式 $f(x)=0$ がちょうど2つの相異なる実数解をもつ場合の t とそれらの解を求めよ．　(名古屋市立大)

思考のひもとき

1.　3次関数 $y=f(x)$ が極値をもつための条件は

　　$f'(x)=0$ が相異なる2実数解をもつこと　である．

解答

(1)　$y=x^3-6x^2+3(4-t)x+6t+46$ を t について整理すると

$$0=-3(x-2)t+x^3-6x^2+12x+46-y$$

これが，t についての恒等式となる条件を考えると

$$\begin{cases} -3(x-2)=0 & \cdots\cdots① \\ \text{かつ} \\ x^3-6x^2+12x+46-y=0 & \cdots\cdots② \end{cases}$$

①より　$x=2$　……①′

①′を②に代入して

$8-24+24+46-y=0$　　$\therefore\ y=54$

よって，t の値に関係なく **(2, 54)** を通る．□

(2) $f(x)$ を x で微分して

$$f'(x)=3x^2-12x+3(4-t)=3\{x^2-4x+(4-t)\}$$

3次関数 $y=f(x)$ が極値をもつ

$\iff$「$f'(x)=0$ が相異なる2実数解をもつ」……③

$x^2-4x+(4-t)=0$ の判別式を D とすると，③が成り立つ条件は

$\dfrac{D}{4}=4-(4-t)>0$　　$\therefore\ \boldsymbol{t>0}$

このとき，$f'(x)=0$ の解は　$x=2\pm\sqrt{4-(4-t)}=2\pm\sqrt{t}$

増減表は

x	$\cdots$	$2-\sqrt{t}$	$\cdots$	$2+\sqrt{t}$	$\cdots$
$f'(x)$	$+$	0	$-$	0	$+$
$f(x)$	↗	極大	↘	極小	↗

ここで，$f(x)$ を $x^2-4x+(4-t)=\dfrac{1}{3}f'(x)$ で割ると，商が $x-2$，余りが $-2tx+4t+54$ となるから

$$f(x)=\{x^2-4x+(4-t)\}(x-2)-2tx+4t+54$$

$$=\frac{1}{3}f'(x)(x-2)-2tx+4t+54$$

$$\therefore\ \begin{cases} \text{極大値}：f(2-\sqrt{t})=-2t(2-\sqrt{t})+4t+54 \\ \qquad\qquad =\boldsymbol{2t\sqrt{t}+54}\quad \boldsymbol{(x=2-\sqrt{t}\text{ のとき})} \\ \text{極小値}：f(2+\sqrt{t})=-2t(2+\sqrt{t})+4t+54 \\ \qquad\qquad =\boldsymbol{-2t\sqrt{t}+54}\quad \boldsymbol{(x=2+\sqrt{t}\text{ のとき})} \end{cases}$$

(3)　$y=f(x)$ のグラフを考えると

「$f(x)=0$ が 2 つの相異なる実数解をもつ」 ……Ⓐ

のは

(i)

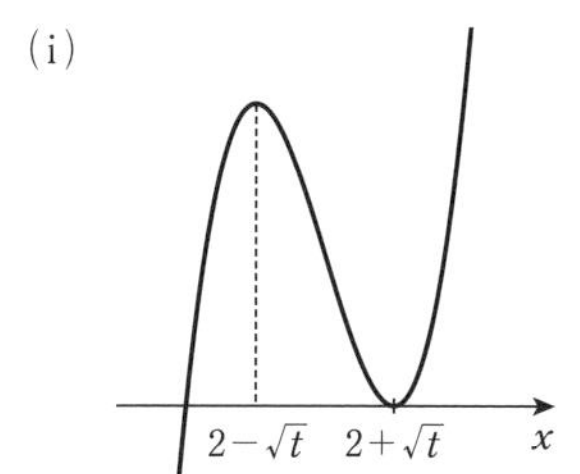

(ii)

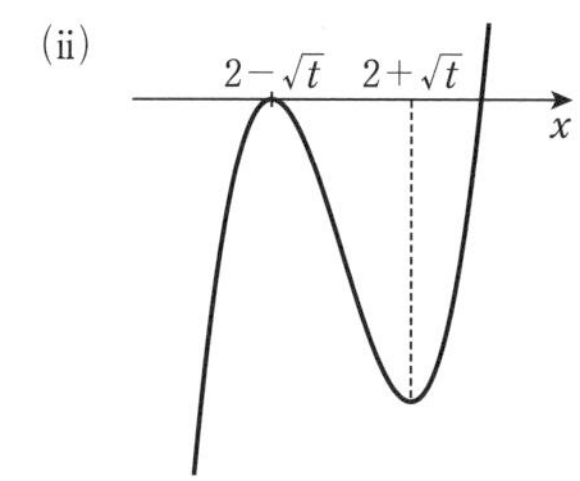

このいずれかの場合である．すなわち，極大値か極小値のいずれか一方が0となる場合である．

$t>0$，極大値：$2t\sqrt{t}+54$，極小値：$-2t\sqrt{t}+54$

より，極大値が0となることはない．

よってⒶとなるのは(i)の場合である．

$\therefore\quad -2t\sqrt{t}+54=0 \iff t\sqrt{t}=27 \iff t^{\frac{3}{2}}=3^3$

$\therefore\quad t^{\frac{1}{2}}=3 \qquad \therefore\quad t=9$

このとき，(i)のグラフを考えると，$2+\sqrt{t}=5$ のところで x 軸と接しているので，$f(x)$ は $(x-5)^2$ を因数にもつ．よって

$f(x)=x^3-6x^2-15x+100=(x-5)^2(x+4)$

$\therefore$　$t=\mathbf{9}$，**解は −4，5**

解説

1°　(1)では，「t がどのような実数であっても」と問われているので，t について整理をして t の恒等式として考える．

2°　3次関数 $y=f(x)=ax^3+bx^2+cx+d$ $(a>0)$ が極値をもつのは $f'(x)=0$ が相異なる2実数解 α，β $(\alpha<\beta)$ をもつときである．このとき，実際に増減表を考えれば

x	…	α	…	β	…
$f'(x)$	+	0	−	0	+
$f(x)$	↗	極大	↘	極小	↗

3°　$f'(x)=0$ の解 α，β が繁雑な形をしているときに極値を求める場合，$f(x)$ を $f'(x)$ で割ることにより

$$f(x)=f'(x)(x-p)+qx+r$$

の形に変形してからα，βを代入すると計算が楽になる．

4°　$f(x)=0$ の解とは $y=f(x)$ と x 軸との共有点の x 座標の値である．

5°　3 次関数 $y=f(x)=ax^3+bx^2+cx+d$ $(a>0)$ が極値をもつ場合，グラフの形状は右の図となる．x 軸との位置関係を考えてみると

(i)　$f(x)=0$ が 3 つの異なる実数解をもつ

$\iff$　$y=f(x)$ が x 軸と 3 点を共有する

$\iff$　(極大値)と(極小値)が異符号である

$\iff$　(極大値)$\times$(極小値)<0

(ii)　$f(x)=0$ が 2 つの異なる実数解をもつ

$\iff$　$y=f(x)$ が x 軸と 2 点を共有する

$\iff$　極値のいずれか一方が 0 となる

$\iff$　(極大値)$\times$(極小値)$=0$

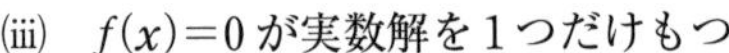

(iii)　$f(x)=0$ が実数解を 1 つだけもつ

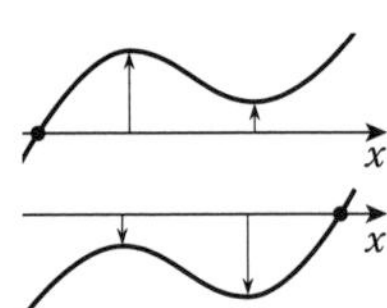

$\iff$　$y=f(x)$ と x 軸が 1 点を共有する

$\iff$　(極大値)と(極小値)が同符号である

$\iff$　(極大値)$\times$(極小値)>0

74　(1)　a を実数とする．$x\leqq 0$ において，常に $x^3+4x^2\leqq ax+18$ が成り立っているものとする．このとき，a のとり得る値の範囲を求めよ．

(2)　(1)で求めた範囲にある a のうち，最大のものを a_0 とするとき，不等式 $x^3+4x^2\leqq a_0x+18$ を解け．　　（岡山大）

思考のひもとき

1.　$x\leqq 0$ において，$f(x)\leqq g(x)$

$\iff$　$x\leqq 0$ において，常に $y=g(x)$ のグラフが $y=f(x)$ のグラフよりも 上 にある(共有点をもってもよい)

解答

(1)　　$f(x)=x^3+4x^2$　……①

$g(x)=ax+18$　……②

とする．

①を x で微分して　　$f'(x)=3x^2+8x=3x\left(x+\frac{8}{3}\right)$

$f'(x)=0$ とすると　　$x=0,\ -\frac{8}{3}$

増減表は

x	$\cdots$	$-\frac{8}{3}$	$\cdots$	0	$\cdots$
$f'(x)$	$+$	0	$-$	0	$+$
$f(x)$	↗	極大	↘	極小	↗

極大値：$f\left(-\frac{8}{3}\right)=\left(-\frac{8}{3}\right)^3+4\left(-\frac{8}{3}\right)^2=\left(-\frac{8}{3}\right)^2\left(-\frac{8}{3}+4\right)=\frac{256}{27}$

極小値：$f(0)=0$

$x\leqq 0$ において

$x^3+4x^2\leqq ax+18$

$\iff$　$x\leqq 0$ において $f(x)\leqq g(x)$

$\iff$　$x\leqq 0$ において常に $y=g(x)$ が $y=f(x)$ より上にある　……Ⓐ

$y=f(x)$，$y=g(x)$ のグラフを考えると，$y=g(x)$ は傾き a，y 切片 18 の直線であるから，$y=f(x)$ と $y=g(x)$ が接するときの a の値を p とすると，グラフよりⒶを満たす a の範囲は，$p\geqq a$ である．

$y=f(x)$ 上の点 $(t,\ f(t))$ における接線は

$y-(t^3+4t^2)=(3t^2+8t)(x-t)$　……③

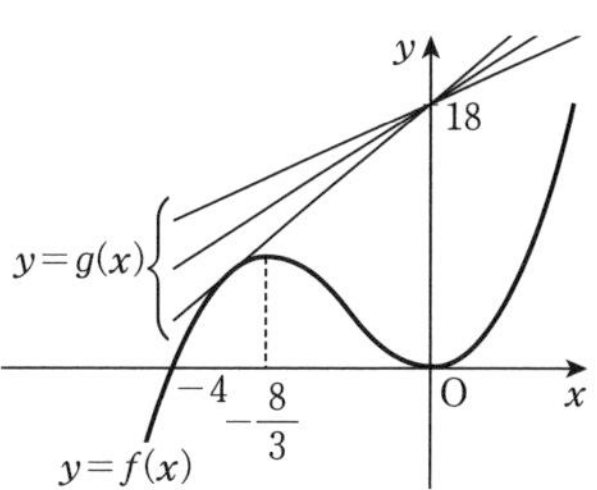

であり，これが $(0,\ 18)$ を通る条件は，③に $(0,\ 18)$ を代入して

$18-(t^3+4t^2)=(3t^2+8t)(-t)$

$\therefore$　$2t^3+4t^2+18=0$

$\therefore$　$t^3+2t^2+9=0$

$\therefore$　$(t+3)(t^2-t+3)=0$

$t^2-t+3=\left(t-\frac{1}{2}\right)^2+3-\frac{1}{4}=\left(t-\frac{1}{2}\right)^2+\frac{11}{4}>0$ より　　$t=-3$

このとき，接線の傾きは　　$27-24=3$　　　$\therefore\ \ p=3$

よって，求める a の範囲は　　$\boldsymbol{a \leqq 3}$

(2)　$a \leqq 3$ より　　$a_0=3$

このとき $x^3+4x^2 \leqq a_0x+18$ は　　$x^3+4x^2-3x-18 \leqq 0$

$(x+3)(x^2+x-6) \leqq 0$　　　$(x+3)^2(x-2) \leqq 0$

$(x+3)^2 \geqq 0$ より　　$\boldsymbol{x \leqq 2}$

解説

1°　(1)では，$x^3+4x^2 \leqq ax+18\ (x \leqq 0)$ が成り立つような a の条件を求めればよいので，$x^3+4x^2-ax-18 \leqq 0\ (x \leqq 0)$ と考えれば，$y=x^3+4x^2-ax-18$ の $x \leqq 0$ における最大値が0以下である，と考えてもよいが，極値が容易に求まらないので，最大値を求めることは難しい．

2°　そこで改めて式を“読んで”みると，$x \leqq 0$ において x^3+4x^2 が $ax+18$ 以下である(小さくなる)条件を求めよ，ということだから，$y=x^3+4x^2$ と $y=ax+18$ のグラフの位置関係を考えればよいことに気がつくであろう．

$y=x^3+4x^2$ のグラフは微分して増減表をかけば容易にかくことができるし，$y=ax+18$ は $(0,\ 18)$ を通り傾きが a の直線なので，その位置関係を把握するのはたやすい．

3°　曲線と曲線が接する条件は，接点を共有し，その点における接線が一致することであるから，$f(t)=g(t)$ かつ $f'(t)=g'(t)$ となる．

4°　(2)で，$a=a_0$ のとき $y=f(x)$ と $y=g(x)$ は接する．その接点の x 座標が -3 であるので，$f(x)-g(x)$ は $(x+3)^2$ を因数にもつ．

別解1

(1)の後半は次のように解いてもよい．

$y=f(x)$ と $y=g(x)$ が接する点の x 座標を t とすると

$y=f(x)$ と $y=g(x)$ が接する

$$\iff \begin{cases} f(t)=g(t) \\ f'(t)=g'(t) \end{cases}$$

$$\iff \begin{cases} t^3+4t^2=at+18 & \cdots\cdots③ \\ 3t^2+8t=a & \cdots\cdots④ \end{cases}$$

④を③に代入して　　$t^3+4t^2=(3t^2+8t)t+18$

$\therefore\ 2t^3+4t^2+18=0$

$\therefore\ t^3+2t^2+9=0$　　　$\therefore\ (t+3)(t^2-t+3)=0$

$t^2-t+3=\left(t-\dfrac{1}{2}\right)^2+3-\dfrac{1}{4}=\left(t-\dfrac{1}{2}\right)^2+\dfrac{11}{4}>0$ より　　$t=-3$　……⑤

④，⑤より　　$a=27-24=3$

$p=3$ ということであるから，求める a の範囲は　　$a\leqq 3$

別解2

(1)は a を分離して，分数関数の微分法を用いてもよい．

$x^3+4x^2\leqq ax+18$　……①

①より　　$x^3+4x^2-18\leqq ax$

$x\neq 0$ のとき，$x<0$ に注意して

$\dfrac{x^3+4x^2-18}{x}\geqq a$　……②

$f(x)=\dfrac{x^3+4x^2-18}{x}$ とすると，$f(x)$ を x で微分して

$$f'(x)=\frac{(3x^2+8x)x-(x^3+4x^2-18)}{x^2}=\frac{2(x^3+2x^2+9)}{x^2}=\frac{2(x+3)(x^2-x+3)}{x^2}$$

$f'(x)=0$ とすると

$$x=-3,\ x^2-x+3=\left(x-\frac{1}{2}\right)^2+\frac{11}{4}>0$$

よって，$x<0$ における増減表は次のようになる．

x	$\cdots$	-3	$\cdots$	0
$f'(x)$	$-$	0	$+$	
$f(x)$	↘	極小	↗	

ゆえに，$x\leqq 0$ における $f(x)$ の最小値は $f(-3)$ である．

$$(\text{最小値})=f(-3)=\frac{-27+36-18}{-3}=3\qquad \therefore\ f(x)\geqq 3\ \cdots\cdots③$$

$x=0$ のとき，①は成り立つ．

よって，$x\leqq 0$ のとき，②，③より求める a の範囲は　　$3\geqq a$

75 関数$y=f(x)=\dfrac{x^3}{3}-4x$のグラフについて，次の問いに答えよ．

(1) このグラフ上の点$(p,\ f(p))$における接線の方程式を求めよ．

(2) aを実数とする．点$(2,\ a)$からこのグラフに引くことのできる接線の本数を求めよ．

(3) このグラフに3本の接線を引くことができる点全体からなる領域を求め，図示せよ．（名古屋市立大）

思考のひもとき

1. 関数$y=f(x)$上の点$(t,\ f(t))$における接線の方程式は $\boxed{y-f(t)=f'(t)(x-t)}$ である．

2. 点$(\alpha,\ \beta)$が関数$y=g(x)$上にある $\iff$ $\boxed{\beta=g(\alpha)}$

3. 3次関数では，接線の本数と接点の個数は $\boxed{\text{一致する}}$．

解答

(1) $$y=f(x)=\frac{x^3}{3}-4x \quad \cdots\cdots①$$

①をxで微分して　$y'=f'(x)=x^2-4$

よって$(p,\ f(p))$における接線の方程式は

$$y-\left(\frac{p^3}{3}-4p\right)=(p^2-4)(x-p) \qquad \therefore\ \boldsymbol{y=(p^2-4)x-\frac{2}{3}p^3} \quad \cdots\cdots②$$

(2) ②が点$(2,\ a)$を通るとき　$a=2(p^2-4)-\dfrac{2}{3}p^3$

$$\therefore\ 2p^3-6p^2+3a+24=0 \quad \cdots\cdots③$$

③の実数解は点$(2,\ a)$を通る接線の接点のx座標となる．

「3次関数では，接線の本数と接点の個数は1：1に対応する」……Ⓐ　から，③の実数解の個数が点$(2,\ a)$を通る接線の本数となる．

$$2p^3-6p^2+3a+24=0 \iff 3a=-2p^3+6p^2-24$$

だから，③の実数解は$y=3a$と$y=-2p^3+6p^2-24(=g(p)$とする$)$の共有点のp座標である．

$y=3a$と$y=g(p)$の共有点の個数を考えると

$y=g(p)$をpで微分すると　$y'=g'(p)=-6p^2+12p=-6p(p-2)$

$g'(p)=0$とすると　$p=0,\ 2$

増減表は

p	$\cdots$	0	$\cdots$	2	$\cdots$
$g'(p)$	$-$	0	$+$	0	$-$
$g(p)$	↘	極小	↗	極大	↘

$g(0)=-24$

$g(2)=-16+24-24=-16$

グラフを考えて，共有点の個数は

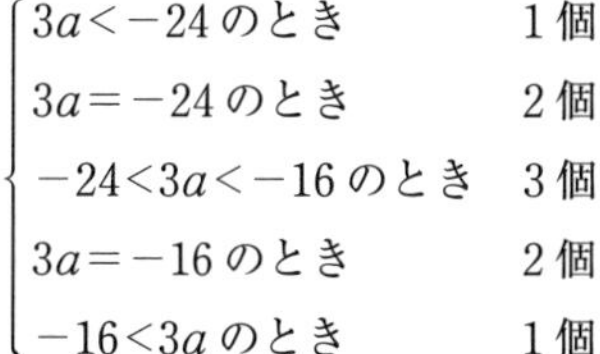

$$\begin{cases} 3a<-24 \text{ のとき} & 1\text{個} \\ 3a=-24 \text{ のとき} & 2\text{個} \\ -24<3a<-16 \text{ のとき} & 3\text{個} \\ 3a=-16 \text{ のとき} & 2\text{個} \\ -16<3a \text{ のとき} & 1\text{個} \end{cases}$$

ゆえに，Ⓐより求める接線の本数は

$$\begin{cases} \boldsymbol{a<-8,\ -\frac{16}{3}<a} \textbf{ のとき} & \textbf{1本} \\ \boldsymbol{a=-8,\ -\frac{16}{3}} \textbf{ のとき} & \textbf{2本} \\ \boldsymbol{-8<a<-\frac{16}{3}} \textbf{ のとき} & \textbf{3本} \end{cases}$$

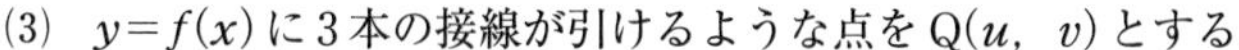

(3)　$y=f(x)$ に3本の接線が引けるような点を $\mathrm{Q}(u,\ v)$ とする．

点Qは②上の点だから

$$v=(p^2-4)u-\frac{2}{3}p^3 \qquad \therefore \quad 2p^3-3up^2+12u+3v=0 \quad \cdots\cdots④$$

点Qから $y=f(x)$ に3本の接線が引ける　$\iff$　④が異なる3個の実数解もつ

……Ⓑ（$\because$　Ⓐ）

$h(p)=2p^3-3up^2+12u+3v$ とする．

Ⓑ　$\iff$　$h(p)$ が極大値と極小値をもち　……Ⓒ　かつ　それらが異符号　……Ⓓ

$h(p)$ を p で微分すると

$h'(p)=6p^2-6up=6p(p-u)$　　$h'(p)=0$ とすると　　$p=0,\ u$

Ⓒ　$\iff$　$h(p)=0$ が相異なる2実数解をもつ　　$\therefore$　$u\neq 0$

Ⓓ　$\iff$　(極大値)×(極小値)<0

$h'(p)$ は $p=0,\ u$ の前後で符号が変化するので，$h(p)$ は $p=0,\ u$ のいずれか一方で極大値，他方で極小値をとる．

$$h(0)\times h(u)<0 \iff (12u+3v)(-u^3+12u+3v)<0$$

$$\iff \begin{cases} 12u+3v>0 \\ \text{かつ} \\ -u^3+12u+3v<0 \end{cases} \text{または} \begin{cases} 12u+3v<0 \\ \text{かつ} \\ -u^3+12u+3v>0 \end{cases}$$

$(u,\ v)$ を $(x,\ y)$ と書き直すと

$$x\neq 0 \quad \text{かつ} \quad \begin{cases} y>-4x \\ \text{かつ} \\ y<\dfrac{x^3}{3}-4x \end{cases} \text{または} \begin{cases} y<-4x \\ \text{かつ} \\ y>\dfrac{x^3}{3}-4x \end{cases}$$

$y=\dfrac{x^3}{3}-4x$ より　　$y'=x^2-4=(x+2)(x-2)$

$y'=0$ とすると　　$x=\pm 2$

x	$\cdots$	-2	$\cdots$	2	$\cdots$
y'	$+$	0	$-$	0	$+$
y	↗	極大 $\dfrac{16}{3}$	↘	極小 $-\dfrac{16}{3}$	↗

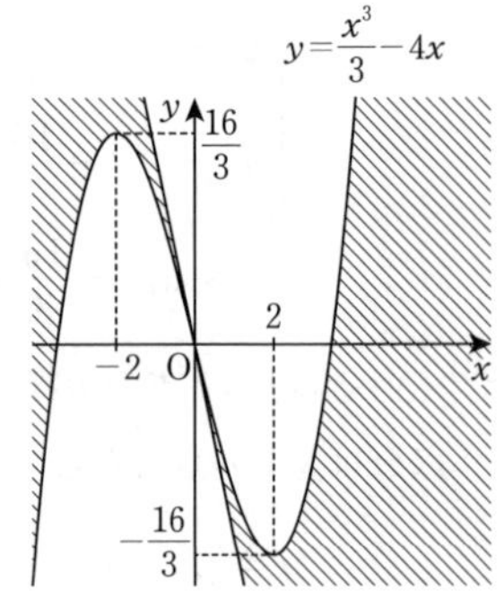

$x=0$ における微分係数は -4 より，$y=-4x$ は $y=\dfrac{x^3}{3}-4x$ の原点における接線となる．

以上より，求める領域は右図の斜線部分で，境界はすべて含まない．

解説

1°　3次関数においては1本の接線には1個の接点が対応する．すなわち，関数上のある点での接線が，再びこの関数と接することはないのである．したがって，3次関数の接線の本数の問題は，接点の個数の問題として処理をすることができる．答案作成上は，このことは必ず明記すること(条件Ⓐがこれにあたる)．

2°　4次関数ではⒶは必ずしも成り立たない(問題76参照)．

1本の接線に接点が2個対応することがある．

3°　接点の個数について考えていくので，接点の x 座標を変数と見て方程式の解の個数を考えていく．文字がたくさん出てくるので，どの文字についての方程式なのかをしっかりと意識すること．

4°　(3)で，$y=-4x$ は原点における接線であることに注意をして図をかくこと．

76　$f(x)=x^4+2x^3-2x^2$ として，次の問いに答えよ．

(1)　$y=f(x)$ の増減と極値を調べ，グラフをかけ．

(2)　曲線 $y=f(x)$ に2点で接する直線の方程式を $y=g(x)=ax+b$ とする．その接点の x 座標を x_1，x_2（ただし $x_1<x_2$）とするとき，4次方程式 $f(x)-g(x)=0$ が $(x-x_1)^2(x-x_2)^2=0$ と表せることを使ってこの直線の方程式を求めよ．

（山形大）

思考のひもとき

1.　4次関数のグラフでは，必ずしも接点の個数と接線の本数が一致するとは限らない．
[異なる2点] で接する接線が存在することがある．

解答

(1)　$$f(x)=x^4+2x^3-2x^2 \quad \cdots\cdots①$$

①を x で微分して

$$f'(x)=4x^3+6x^2-4x=2x(2x^2+3x-2)=2x(2x-1)(x+2)$$

$f'(x)=0$ とすると　　$x=0,\ \dfrac{1}{2},\ -2$

増減表は

x	$\cdots$	-2	$\cdots$	0	$\cdots$	$\frac{1}{2}$	$\cdots$
$f'(x)$	$-$	0	$+$	0	$-$	0	$+$
$f(x)$	↘	極小	↗	極大	↘	極小	↗

$$f(-2)=16-16-8=-8$$

$$f(0)=0$$

$$f\left(\frac{1}{2}\right)=\frac{1}{16}+\frac{1}{4}-\frac{1}{2}=\frac{1+4-8}{16}=-\frac{3}{16}$$

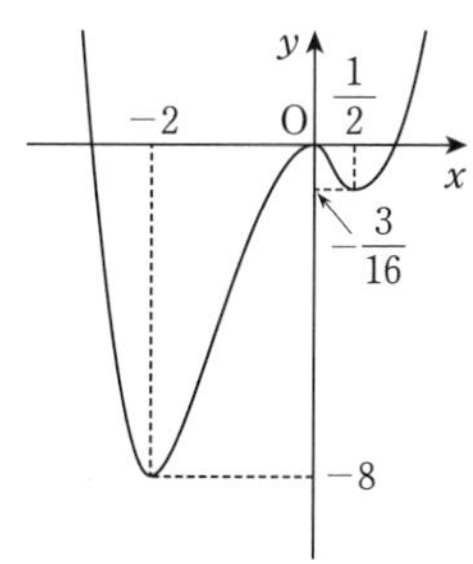

以上よりグラフは右図．

(2)　$$f(x)-g(x)=(x^4+2x^3-2x^2)-(ax+b)$$
$$=x^4+2x^3-2x^2-ax-b$$

$$=(x-x_1)^2(x-x_2)^2$$

ここで

$$(x-x_1)^2(x-x_2)^2=(x^2-2x_1x+x_1{}^2)(x^2-2x_2x+x_2{}^2)$$
$$=x^4-2(x_1+x_2)x^3+(x_1{}^2+4x_1x_2+x_2{}^2)x^2$$
$$-2x_1x_2(x_1+x_2)x+x_1{}^2x_2{}^2$$

よって

$$x^4+2x^3-2x^2-ax-b$$
$$=x^4-2(x_1+x_2)x^3+(x_1{}^2+4x_1x_2+x_2{}^2)x^2-2x_1x_2(x_1+x_2)x+x_1{}^2x_2{}^2$$

これが x についての恒等式となるから

$$\begin{cases} x_1+x_2=-1 & \cdots\cdots② \\ x_1{}^2+4x_1x_2+x_2{}^2=-2 & \cdots\cdots③ \\ 2x_1x_2(x_1+x_2)=a & \cdots\cdots④ \\ x_1{}^2x_2{}^2=-b & \cdots\cdots⑤ \end{cases}$$

が成り立つ.

③より　$(x_1+x_2)^2+2x_1x_2=-2$　……③′

③′に②を代入して

$$1+2x_1x_2=-2 \qquad \therefore\ x_1x_2=-\frac{3}{2} \quad \cdots\cdots⑥$$

②，⑥を④に代入して

$$a=2\left(-\frac{3}{2}\right)(-1)=3$$

⑤，⑥より

$$b=-(x_1x_2)^2=-\left(-\frac{3}{2}\right)^2=-\frac{9}{4}$$

よって，求める方程式は　$\boldsymbol{y=3x-\frac{9}{4}}$

解説

1°　4次関数の場合，本問のように異なる2点で接する接線が存在する(これを**複接線**という).

2°　$y=f(x)$ と $y=g(x)$ を連立させると $f(x)=g(x)$ であり，$f(x)-g(x)=0$ となる．$f(x)$ と $g(x)$ は $(x_1,\ f(x_1))$，$(x_2,\ f(x_2))$ で接するので，$f(x)-g(x)=0$ の実数解は x_1 と x_2 のみであり，それぞれが重解となるから，$f(x)-g(x)=(x-x_1)^2(x-x_2)^2$ と

書くことができる.

3°　(2)のような誘導がない場合，以下のような解答も考えられるが，計算量はかなり多くなる.

泥沼の解法

$f(x)$ の $(x_1,\ f(x_1))$，$(x_2,\ f(x_2))$ における接線の方程式は，それぞれ

$y-f(x_1)=f'(x_1)(x-x_1)$，$y-f(x_2)=f'(x_2)(x-x_2)$ より

$$\begin{cases} y=(4{x_1}^3+6{x_1}^2-4x_1)x-3{x_1}^4-4{x_1}^3+2{x_1}^2 & \cdots\cdots ⑦ \\ y=(4{x_2}^3+6{x_2}^2-4x_2)x-3{x_2}^4-4{x_2}^3+2{x_2}^2 & \cdots\cdots ⑧ \end{cases}$$

⑦と⑧は一致するから

$$\begin{cases} 4{x_1}^3+6{x_1}^2-4x_1=4{x_2}^3+6{x_2}^2-4x_2 & \cdots\cdots ⑨ \\ -3{x_1}^4-4{x_1}^3+2{x_1}^2=-3{x_2}^4-4{x_2}^3+2{x_2}^2 & \cdots\cdots ⑩ \end{cases}$$

⑨より　$4({x_1}^3-{x_2}^3)+6({x_1}^2-{x_2}^2)-4(x_1-x_2)=0$

$x_1 \neq x_2$ より　$2\{(x_1+x_2)^2-x_1x_2\}+3(x_1+x_2)-2=0$　$\cdots\cdots$⑨′

⑩より　$-3({x_1}^4-{x_2}^4)-4({x_1}^3-{x_2}^3)+2({x_1}^2-{x_2}^2)=0$

$x_1 \neq x_2$ より

$$-3\{(x_1+x_2)^2-2x_1x_2\}(x_1+x_2)-4\{(x_1+x_2)^2-x_1x_2\}+2(x_1+x_2)=0 \quad \cdots\cdots ⑩'$$

$x_1+x_2=k$，$x_1x_2=l$ とすると，⑨′，⑩′ は

$$2(k^2-l)+3k-2=0 \iff 2l=2k^2+3k-2 \quad \cdots\cdots ⑪$$

$$-3(k^2-2l)k-4(k^2-l)+2k=0 \quad \cdots\cdots ⑫$$

⑪を⑫に代入して l を消去すると

$$3k^3+9k^2+2k-4=0 \iff (k+1)(3k^2+6k-4)=0$$

$$\therefore\ k=-1,\ 3k^2+6k-4=0 \iff k=\frac{-3\pm\sqrt{21}}{3}$$

(i)　$k=-1$ のとき

⑪より　$2l=-3$　　$\therefore\ l=-\dfrac{3}{2}$

よって，$x_1+x_2=-1$，$x_1x_2=-\dfrac{3}{2}$ より，解と係数の関係より，x_1，x_2 は

$$t^2+t-\frac{3}{2}=0 \iff 2t^2+2t-3=0$$

の2実数解である.

$$\therefore\ 2{x_1}^2+2x_1-3=0$$

$$\begin{cases} 4{x_1}^3+6{x_1}^2-4x_1=(2{x_1}^2+2x_1-3)(2x_1+1)+3 \\ -3{x_1}^4-4{x_1}^3+2{x_1}^2=(2{x_1}^2+2x_1-3)\left(-\dfrac{3}{2}{x_1}^2-\dfrac{1}{2}x_1-\dfrac{3}{4}\right)-\dfrac{9}{4} \end{cases}$$ であるから，⑦より

求める接線は　$y=3x-\dfrac{9}{4}$

(ii) $3k^2+6k-4=0$ のとき，つまり $k=\dfrac{-3\pm\sqrt{21}}{3}$ のとき

$$k^2=\frac{1}{3}(-6k+4)$$

ゆえに，⑪より

$$2l=\frac{2}{3}(-6k+4)+3k-2=-k+\frac{2}{3}$$

$$\therefore\quad l=-\frac{k}{2}+\frac{1}{3}=\frac{5\mp\sqrt{21}}{6}$$

x_1，x_2 は解と係数の関係より $t^2-\dfrac{-3\pm\sqrt{21}}{3}t+\dfrac{5\mp\sqrt{21}}{6}=0$ の 2 解である（複号同順）.

判別式を D とすると

$$D=\left(\frac{-3\pm\sqrt{21}}{3}\right)^2-4\left(\frac{5\mp\sqrt{21}}{6}\right)=\frac{9\mp6\sqrt{21}+21}{9}-\frac{10\mp2\sqrt{21}}{3}$$

$$=\frac{30\mp6\sqrt{21}-30\pm6\sqrt{21}}{9}=0$$

$$\therefore\quad x_1=x_2$$

$x_1 \neq x_2$ より，これは不適.

(i)，(ii)より求める接線の方程式は

$$y=3x-\frac{9}{4}$$

77　aを正の定数とする．次の問いに答えよ．

(1)　半径aの球面に内接する円柱の高さをg，底面の半径をrとする．rをaとgを用いて表せ．

(2)　(1)の円柱で，体積が最大になるときの高さ，およびそのときの底面の半径と体積をそれぞれaを用いて表せ．

(3)　半径aの球面に内接する円錐がある．ただし，円錐の頂点と底面の中心を結ぶ線分は球の中心を通るものとする．円錐の高さをh，底面の半径をsとする．sをaとhを用いて表せ．

(4)　(3)の円錐で，体積が最大になるときの高さ，およびそのときの底面の半径と体積をそれぞれaを用いて表せ．　　（長崎大）

思考のひもとき

1.　中心Oの球面に内接する直円柱（直円錐）の底面へOから下ろした垂線の足Kは底面の円の［中心］となる．

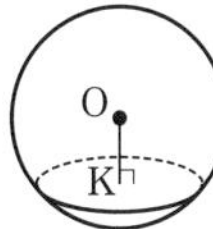

解答

(1)　円柱は球に内接しているから

$$0<g<2a \quad \cdots\cdots ①$$

右図のように点を定めると，三角形OABに三平方の定理を用いて

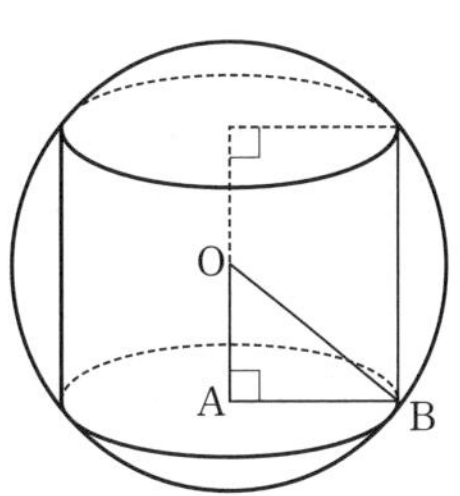

$$r^2+\left(\frac{g}{2}\right)^2=a^2$$

$$\therefore\quad r^2=a^2-\frac{g^2}{4}$$

$r>0$より

$$\boldsymbol{r=\sqrt{a^2-\frac{1}{4}g^2}\quad (0<g<2a)}$$

(2)　円柱の体積をV_1とすると

$$V_1=\pi r^2 g=\pi\left(a^2-\frac{1}{4}g^2\right)g=-\frac{\pi}{4}(g^3-4a^2g)$$

V_1をgで微分すると

$$\frac{dV_1}{dg}=-\frac{\pi}{4}(3g^2-4a^2)$$

$\dfrac{dV_1}{dg}=0$ とすると

$$g=\pm\sqrt{\frac{4a^2}{3}}=\pm\frac{2}{\sqrt{3}}a$$

$g>0$ より

$$g=\frac{2}{\sqrt{3}}a$$

$0<g<2a$ で増減表を考えて

g	(0)	$\cdots$	$\frac{2}{\sqrt{3}}a$	$\cdots$	$(2a)$
$\frac{dV_1}{dg}$		$+$	0	$-$	
V_1		↗	極大	↘	

よって，V_1 は $\boldsymbol{g=\frac{2}{\sqrt{3}}a}$ で極大かつ最大となる.

このとき

$$\boldsymbol{r}=\sqrt{a^2-\frac{1}{4}\left(\frac{4}{3}a^2\right)}=\sqrt{\frac{2}{3}}a=\boldsymbol{\frac{\sqrt{6}}{3}a}$$

$$\boldsymbol{V_1}=\pi r^2g=\pi\left(\frac{\sqrt{6}}{3}a\right)^2\cdot\frac{2}{\sqrt{3}}a=\boldsymbol{\frac{4\sqrt{3}}{9}\pi a^3}$$

(3) 円錐は球に内接しているから

$$0<2s\leqq 2a$$

$$\therefore\quad 0<s\leqq a\quad\cdots\cdots②$$

右図のように点を定めると

$$\mathrm{OA}=\mathrm{OB}=a\qquad \mathrm{OH}=\mathrm{AH}-\mathrm{OA}=h-a$$

より，△OBH に三平方の定理を用いて

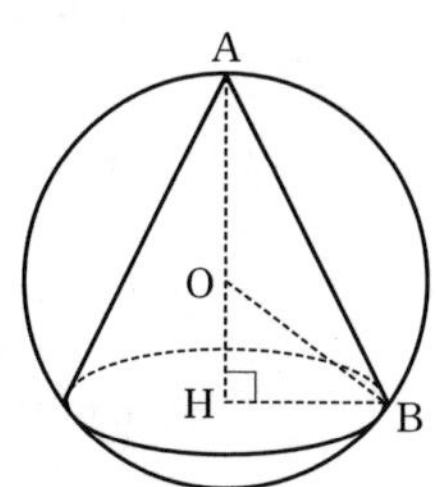

$$s^2+(h-a)^2=a^2$$

$$\therefore\quad s^2=a^2-(h-a)^2=2ah-h^2$$

$$\therefore\quad \boldsymbol{s=\sqrt{2ah-h^2}\quad (0<s\leqq a)}$$

(4) 円錐の体積を V_2 とすると

$$V_2=\frac{1}{3}\pi s^2h=\frac{1}{3}\pi(2ah-h^2)h=-\frac{\pi}{3}(h^3-2ah^2)$$

V_2 を h で微分して

$$\frac{dV_2}{dh}=-\frac{\pi}{3}(3h^2-4ah)=-\frac{\pi}{3}h(3h-4a)$$

$\frac{dV_2}{dh}=0$ とすると

$$h=0,\ \frac{4}{3}a$$

$0<h<2a$ より増減表は

h	(0)	$\cdots$	$\frac{4}{3}a$	$\cdots$	$(2a)$
$\frac{dV_2}{dh}$		$+$	0	$-$	
V_2		↗	極大	↘	

V_2 は $\boldsymbol{h=\frac{4}{3}a}$ のとき極大かつ最大となる．

このとき

$$\boldsymbol{s}=\sqrt{2a\left(\frac{4}{3}a\right)-\left(\frac{4}{3}a\right)^2}=\sqrt{\frac{8}{9}}a=\boldsymbol{\frac{2\sqrt{2}}{3}a}$$

$$\boldsymbol{V_2}=\frac{1}{3}\pi s^2h=\frac{1}{3}\pi\left(\frac{2\sqrt{2}}{3}a\right)^2\frac{4}{3}a=\boldsymbol{\frac{32}{81}\pi a^3}$$

解説

1°　図形の見取り図をかいて，立体のようすをきちんと把握することは重要である．与えられている長さ，求める長さ，変域など正確に認識すること．

2°　V_1 や V_2 を考えるとき，文字が多く出てくるので，どの文字に関しての式なのかを常に考えること．どの文字で微分をするのかを意識すること．その際，V_1'，V_2' という表現ではなく，$\frac{dV_1}{dg}$ とか $\frac{dV_2}{dh}$ とすると，V_1，V_2 を何で微分をしているのかを認識しやすい．

第10章　積分法

78　$k=1,\ 2$ に対して放物線 $y=x^2-kx+1$ を C_k で表す．点 A(1，1) での C_1 の接線に，点Aで直交している直線を l とし，l と C_2 の交点のうち x 座標が正となる点をBとする．次の問いに答えよ．

(1)　点Bの座標を求めよ．

(2)　曲線 C_1，C_2 と線分 AB で囲まれた図形の面積を求めよ．　　　　（茨城大）

思考のひもとき

1.　$y=f(x)$ と $y=g(x)$ に挟まれた $\alpha \leqq x \leqq \beta$ の部分の面積は $\boxed{\int_\alpha^\beta |f(x)-g(x)|dx}$ で求められる．

解答

(1)　$C_1 : y=x^2-x+1$　……①

$C_2 : y=x^2-2x+1$　……②

①より　$y'=2x-1$

よって，点Aにおける接線の傾きは　$2\times1-1=1$　$\therefore$　l の傾きは -1 である．

$\therefore$　l の方程式は　$y-1=-(x-1)$　$\therefore$　$y=-x+2$　……③

②，③より

$$x^2-2x+1=-x+2 \iff x^2-x-1=0$$

$$\therefore\quad x=\frac{1\pm\sqrt{5}}{2}$$

点Bの x 座標は正より　$x=\dfrac{1+\sqrt{5}}{2}$　……④

③に④を代入して　$y=-\dfrac{1+\sqrt{5}}{2}+2=\dfrac{3-\sqrt{5}}{2}$

$$\therefore\quad \mathbf{B}\left(\frac{\mathbf{1+\sqrt{5}}}{\mathbf{2}},\ \frac{\mathbf{3-\sqrt{5}}}{\mathbf{2}}\right)$$

(2)　$C_1 : y=\left(x-\dfrac{1}{2}\right)^2+\dfrac{3}{4}$

$C_2 : y=(x-1)^2$

求める面積は右図の斜線部分である．

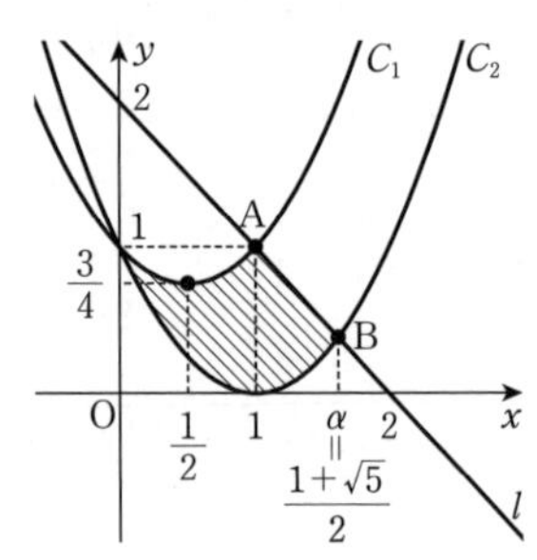

$\dfrac{1+\sqrt{5}}{2}=\alpha$，求める面積を$S$とすると

$$S=\int_0^1\{(x^2-x+1)-(x^2-2x+1)\}dx+\int_1^\alpha\{(-x+2)-(x^2-2x+1)\}dx$$
$$=\int_0^1 x\,dx+\int_1^\alpha(-x^2+x+1)dx$$
$$=\left[\frac{1}{2}x^2\right]_0^1+\left[-\frac{1}{3}x^3+\frac{1}{2}x^2+x\right]_1^\alpha$$
$$=\frac{1}{2}+\left(-\frac{1}{3}\alpha^3+\frac{1}{2}\alpha^2+\alpha\right)-\left(-\frac{1}{3}+\frac{1}{2}+1\right)$$
$$=-\frac{1}{6}(2\alpha^3-3\alpha^2-6\alpha)-\frac{2}{3}$$

ここで，αは$x^2-x-1=0$の解の1つだから　　$\alpha^2-\alpha-1=0$

$$2\alpha^3-3\alpha^2-6\alpha=(\alpha^2-\alpha-1)(2\alpha-1)+(-5\alpha-1)$$
$$=-5\alpha-1$$
$$=-5\cdot\frac{1+\sqrt{5}}{2}-1$$
$$=\frac{-7-5\sqrt{5}}{2}$$

$$\therefore\quad S=-\frac{1}{6}\,\frac{-7-5\sqrt{5}}{2}-\frac{2}{3}=\frac{7+5\sqrt{5}-8}{12}=\boldsymbol{\frac{5\sqrt{5}-1}{12}}$$

解説

1°　2つ以上の曲線で囲まれた部分の面積を考えるとき，必ず，互いのグラフを考えて，その上下関係を把握することが大切である．

2°　(2)は，グラフより，$C_1: y=f_1(x)$，$C_2: y=f_2(x)$，$l: y=g(x)$とすると

$$S=\int_0^1\{f_1(x)-f_2(x)\}dx+\int_1^\alpha\{g(x)-f_2(x)\}dx$$

と考えていくことになる．常に$\displaystyle\int_a^b\{(\text{上にある関数})-(\text{下にある関数})\}dx$で考えること．

3°　αが単純な値ならば素直に代入して計算をしていけばよいが，本問のように2次方程式の解の公式を用いるような値の場合，工夫が必要である．極値を求めるところでも実行したが，αが$f(x)=0$の解であれば$f(\alpha)=0$なので，この$f(\alpha)$で値を求めたい式に割り算を実行すると，式の次数を下げることができるのでαを代入した計算は楽になる．

79 放物線 $y=x^2$ 上に2点 $\mathrm{A}(a,\ a^2)$，$\mathrm{B}(b,\ b^2)$ がある．ただし，$a>b$ とする．次の問いに答えよ．

(1) 2点 A，B を通る直線の方程式を a，b を用いて表せ．

(2) 直線 AB と放物線 $y=x^2$ で囲まれる領域の面積 S が $S=\dfrac{(a-b)^3}{6}$ で表されることを示せ．

(3) 2点 A，B が $S=\dfrac{4}{3}$ となるように放物線上を動くとき，線分 AB の長さの最小値を求めよ．（名古屋市立大）

思考のひもとき

1. $\displaystyle\int_\alpha^\beta (x-\alpha)(x-\beta)\,dx=\boxed{-\frac{1}{6}(\beta-\alpha)^3}$

解答

(1) $y-a^2=\dfrac{b^2-a^2}{b-a}(x-a) \iff y=(b+a)(x-a)+a^2$

$\therefore\ \boldsymbol{y=(a+b)x-ab}$

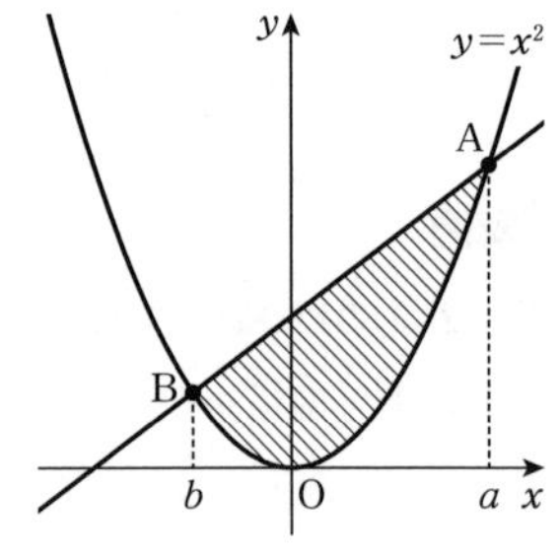

(2) $\displaystyle S=\int_b^a\{(a+b)x-ab-x^2\}dx$

$=\left[-\dfrac{1}{3}x^3+\dfrac{1}{2}(a+b)x^2-abx\right]_b^a$

$=-\dfrac{1}{3}(a^3-b^3)+\dfrac{1}{2}(a+b)(a^2-b^2)-ab(a-b)$

$=\dfrac{1}{6}(a-b)\{-2(a^2+ab+b^2)+3(a+b)^2-6ab\}$

$=\dfrac{1}{6}(a-b)(a^2+b^2-2ab)=\dfrac{1}{6}(a-b)^3$ □

(3) $S=\dfrac{1}{6}(a-b)^3=\dfrac{4}{3}$ より　$(a-b)^3=8$

$a>b$ より　$a-b=2$

$\mathrm{AB}^2=(a-b)^2+(a^2-b^2)^2$

$=(a-b)^2\{1+(a+b)^2\}$

$=4\{1+(a+b)^2\}$　($\because$　$a-b=2$)

$(a+b)^2\geqq 0$ より

$4\{1+(a+b)^2\}\geqq 4$

等号成立は，$a-b=2$ かつ $a+b=0$，つまり $a=1$，$b=-1$ のとき．

よって，求めるABの最小値は　$\sqrt{4}=2$

最小値：2　($a=1$，$b=-1$ のとき)

解説

1°　(2)の積分において，$y=x^2$ と $y=(a+b)x-ab$ の共有点の x 座標が a，b なので

$$x^2=(a+b)x-ab \iff x^2-(a+b)x+ab=0$$

の解が $x=a$，b だから，$x^2-(a+b)x+ab=(x-a)(x-b)$ と因数分解できることを用いると

$$\begin{aligned}S&=\int_b^a\{(a+b)x-ab-x^2\}dx\\&=-\int_b^a\{x^2-(a+b)x+ab\}dx\\&=-\int_b^a(x-a)(x-b)\,dx\\&=-\int_b^a\{(x-b)+(b-a)\}(x-b)\,dx\\&=-\int_b^a\{(x-b)^2+(b-a)(x-b)\}dx\\&=-\left[\frac{1}{3}(x-b)^3+\frac{1}{2}(b-a)(x-b)^2\right]_b^a\\&=-\left\{\frac{1}{3}(a-b)^3-\frac{1}{2}(a-b)^3\right\}=\frac{1}{6}(a-b)^3\end{aligned}$$

ここでは，下端の b を代入したときに0となるように $x-a=x-b+(b-a)$ と変形した．また数Ⅲの範囲となるが

$$\int(x+p)^n\,dx=\frac{1}{n+1}(x+p)^{n+1}+C$$

であることを用いた．この位の積分計算は知っておきたいものである．

2°　(2)で示した公式は，非常によく利用する式なので，よく理解をして，計算をできるようにしておきたい．

80 2つの曲線 $y=x^2+p^2$, $y=x^2-2px+3p^2$ (p は正の定数とする) の両方に接する直線とこの2曲線で囲まれた部分の面積を求めよ. (岩手大)

思考のひもとき

1.

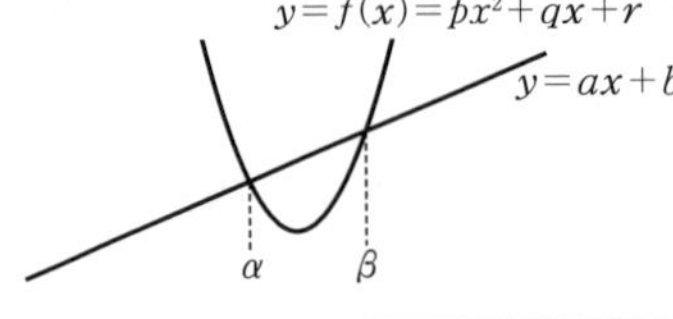

$f(x)-(ax+b)=\boxed{p(x-\alpha)(x-\beta)}$

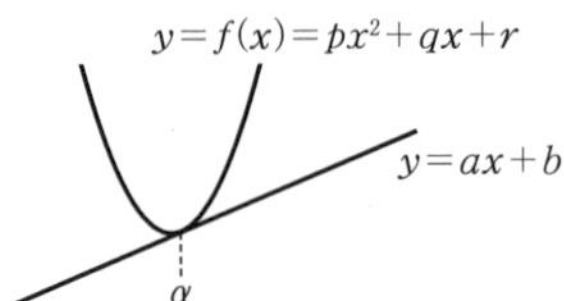

$f(x)-(ax+b)=\boxed{p(x-\alpha)^2}$

解答

$$y=f(x)=x^2+p^2 \quad \cdots\cdots ①$$

$$y=g(x)=x^2-2px+3p^2 \quad \cdots\cdots ②$$

とする.

①の点 $(s,\ f(s))$ における接線の方程式は

$$y-(s^2+p^2)=2s(x-s) \qquad \therefore\ \ y=2sx-s^2+p^2 \quad \cdots\cdots ③$$

②の点 $(t,\ g(t))$ における接線の方程式は

$$y-(t^2-2pt+3p^2)=(2t-2p)(x-t)$$

$$\therefore\ \ y=(2t-2p)x-t^2+3p^2 \quad \cdots\cdots ④$$

③と④が一致する条件は

$$\begin{cases} 2s=2(t-p) \\ -s^2+p^2=-t^2+3p^2 \end{cases} \iff \begin{cases} s=t-p & \cdots\cdots ⑤ \\ -s^2+t^2=2p^2 & \cdots\cdots ⑥ \end{cases}$$

⑤を⑥に代入して

$$-(t-p)^2+t^2=2p^2 \iff 2pt-p^2=2p^2 \qquad \therefore\ \ 2pt=3p^2$$

$p>0$ より　$t=\dfrac{3}{2}p$

⑤より　$s=\dfrac{3}{2}p-p=\dfrac{1}{2}p$

よって, ①と②の共通な接線の方程式は　$y=px+\dfrac{3}{4}p^2$

①と②の共有点は

$x^2+p^2=x^2-2px+3p^2$ より　$2px=2p^2$

$p>0$ より　$x=p$

また　　$g(x)=(x-p)^2+2p^2$

よって，右図の斜線部分の面積Sを求めて

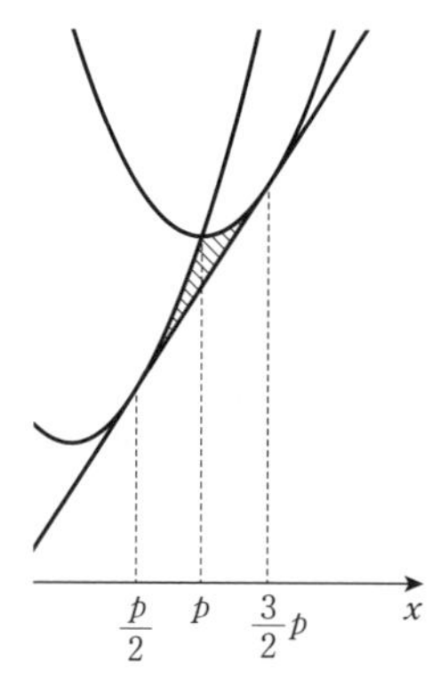

$$S=\int_{\frac{p}{2}}^{p}\left\{(x^2+p^2)-\left(px+\frac{3}{4}p^2\right)\right\}dx$$

$$+\int_{p}^{\frac{3}{2}p}\left\{(x^2-2px+3p^2)-\left(px+\frac{3}{4}p^2\right)\right\}dx$$

$$=\int_{\frac{p}{2}}^{p}\left(x-\frac{p}{2}\right)^2dx+\int_{p}^{\frac{3}{2}p}\left(x-\frac{3}{2}p\right)^2dx$$

$$=\left[\frac{1}{3}\left(x-\frac{p}{2}\right)^3\right]_{\frac{p}{2}}^{p}+\left[\frac{1}{3}\left(x-\frac{3}{2}p\right)^3\right]_{p}^{\frac{3}{2}p}$$

$$=\frac{1}{3}\left(\frac{p}{2}\right)^3-\frac{1}{3}\left(-\frac{p}{2}\right)^3=\frac{1}{3}\left(\frac{p}{2}\right)^3\times 2=\boldsymbol{\frac{1}{12}p^3}$$

解説

1°　接点をそれぞれおいて，接線の方程式を2つ求めて，実はそれが一致する，ということから接線を求めている．$y=f(x)$の$(s,\ f(s))$における接線(③)が$y=g(x)$と接するという条件から解いても構わないが，計算量はやや増える(別解参照)．

2°　積分の計算で，$(x^2+p^2)-\left(px+\frac{3}{4}p^2\right)$が出てくるが，$px+\frac{3}{4}p^2$は$x^2+p^2$の接線だから$x=\frac{p}{2}$のところで接しているので，$\left(x-\frac{p}{2}\right)^2$と因数分解することができる．$(x^2-2px+3p^2)-\left(px+\frac{3}{4}p^2\right)$についても同様である．実際に積分を実行する際には，このことに気がつかないと，いたずらに計算量が増えてしまう(泥沼の解法参照)．

　グラフから，関数どうしの関係を読み解く力と，そこからどのように因数分解されていくのか，を把握する力は大切なことである．

泥沼の解法

$$S=\int_{\frac{p}{2}}^{p}\left\{(x^2+p^2)-\left(px+\frac{3}{4}p^2\right)\right\}dx+\int_{p}^{\frac{3}{2}p}\left\{(x^2-2px+3p^2)-\left(px+\frac{3}{4}p^2\right)\right\}dx$$

$$=\left[\frac{x^3}{3}-\frac{1}{2}px^2+\frac{1}{4}p^2x\right]_{\frac{p}{2}}^{p}+\left[\frac{x^3}{3}-\frac{3}{2}px^2+\frac{9}{4}p^2x\right]_{p}^{\frac{3}{2}p}$$

$$=\frac{1}{3}\left\{p^3-\left(\frac{p}{2}\right)^3\right\}-\frac{p}{2}\left\{p^2-\left(\frac{p}{2}\right)^2\right\}+\frac{p^2}{4}\left(p-\frac{p}{2}\right)$$

$$+\frac{1}{3}\left\{\left(\frac{3}{2}p\right)^3-p^3\right\}-\frac{3}{2}p\left\{\left(\frac{3}{2}p\right)^2-p^2\right\}+\frac{9}{4}p^2\left(\frac{3}{2}p-p\right)$$

$$=\frac{1}{3}\cdot\frac{7}{8}p^3-\frac{p}{2}\cdot\frac{3}{4}p^2+\frac{p^2}{4}\cdot\frac{p}{2}+\frac{1}{3}\cdot\frac{19}{8}p^3-\frac{3}{2}p\cdot\frac{5}{4}p^2+\frac{9}{4}p^2\cdot\frac{p}{2}$$

$$=\left(\frac{7}{24}-\frac{3}{8}+\frac{1}{8}+\frac{19}{24}-\frac{15}{8}+\frac{9}{8}\right)p^3$$

$$=\frac{1}{12}p^3$$

▶▶▶別解◀

②，③より

$$x^2-2px+3p^2=2sx-s^2+p^2 \iff x^2-2(p+s)x+s^2+2p^2=0 \quad \cdots\cdots⑦$$

⑦の判別式をDとすると，②と③は接するので

$$0=\frac{D}{4}=(p+s)^2-(s^2+2p^2)$$

$$=p^2+2ps+s^2-(s^2+2p^2)=2ps-p^2=p(2s-p)$$

$p>0$ より　$s=\dfrac{p}{2}$

このとき，⑦は

$$x^2-3px+\frac{9}{4}p^2=0 \qquad \therefore \left(x-\frac{3}{2}p\right)^2=0 \qquad \therefore x=\frac{3}{2}p$$

よって，接点は，それぞれ$\left(\dfrac{p}{2},\ f\left(\dfrac{p}{2}\right)\right)$，$\left(\dfrac{3}{2}p,\ g\left(\dfrac{3}{2}p\right)\right)$となる．

81　正の定数mに対して，放物線$y=mx^2$をCとする．C上の異なる2点A，BにおけるCの接線が点Pで直交しているとする．Cと直線ABで囲まれる部分の面積をS_1，△APBの面積をS_2とするとき，次の問いに答えよ．

(1)　$S_1:S_2$を求めよ．

(2)　S_1の最小値を求めよ．　（信州大）

思考のひもとき

1.　$y=f(x)=ax^2+bx+c$ 上の異なる2点$(\alpha,\ f(\alpha))$，$(\beta,\ f(\beta))$における接線の交点のx座標は，$\boxed{\dfrac{\alpha+\beta}{2}}$である．

（証明なしで用いないこと）

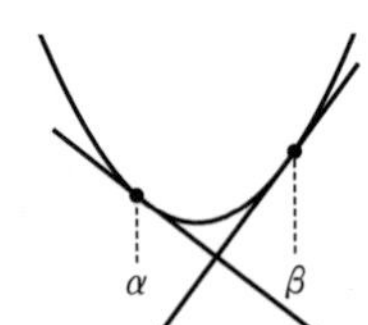

解答

(1)　　$C : y = mx^2$　……①

$\mathrm{A}(\alpha,\ m\alpha^2)$，$\mathrm{B}(\beta,\ m\beta^2)$（$\alpha<\beta$）とすると，①の点Aにおける接線は

$$y - m\alpha^2 = 2m\alpha(x-\alpha)$$

$$\therefore\quad y = 2m\alpha x - m\alpha^2 \quad \cdots\cdots ②$$

同様に点Bにおける①の接線の方程式は

$$y = 2m\beta x - m\beta^2 \quad \cdots\cdots ③$$

②，③より

$$2m\alpha x - m\alpha^2 = 2m\beta x - m\beta^2 \iff 2m(\alpha-\beta)x = m(\alpha^2-\beta^2)$$

$m>0$，$\alpha<\beta$より　　$\alpha-\beta \neq 0$　　　$\therefore\quad x = \dfrac{\alpha+\beta}{2}$

②に代入して　　$y = 2m\alpha\dfrac{\alpha+\beta}{2} - m\alpha^2 = m\alpha\beta$

よって　　$\mathrm{P}\left(\dfrac{\alpha+\beta}{2},\ m\alpha\beta\right)$

$\triangle$PABについて，線分ABの中点をMとすると$\mathrm{M}\left(\dfrac{\alpha+\beta}{2},\ \dfrac{\alpha^2+\beta^2}{2}m\right)$だから

$$\begin{aligned} S_2 &= \triangle\mathrm{APB} = \triangle\mathrm{AMP} + \triangle\mathrm{BMP} \\ &= 2\triangle\mathrm{AMP} = 2\cdot\frac{1}{2}\cdot\frac{\beta-\alpha}{2}\mathrm{MP} \\ &= \frac{\beta-\alpha}{2}\left(\frac{\alpha^2+\beta^2}{2}m - m\alpha\beta\right) \\ &= \frac{m}{4}(\beta-\alpha)(\alpha^2+\beta^2-2\alpha\beta) = \frac{m}{4}(\beta-\alpha)^3 \end{aligned}$$

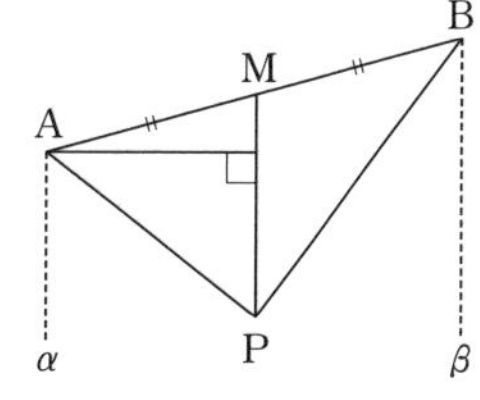

直線ABの方程式は

$$y - m\alpha^2 = \frac{m\beta^2 - m\alpha^2}{\beta-\alpha}(x-\alpha) \iff y = m(\beta+\alpha)x - m\alpha\beta \quad \cdots\cdots ④$$

$$\begin{aligned} S_1 &= \int_\alpha^\beta \{m(\beta+\alpha)x - m\alpha\beta - mx^2\}dx \\ &= \int_\alpha^\beta -m(x-\alpha)(x-\beta)\,dx = \frac{m}{6}(\beta-\alpha)^3 \end{aligned}$$

$$\therefore\quad S_1 : S_2 = \frac{m}{6}(\beta-\alpha)^3 : \frac{m}{4}(\beta-\alpha)^3 = \mathbf{2 : 3}$$

(2) 条件より，②と③は直交するので，

$$2m\alpha\cdot 2m\beta=-1 \qquad \therefore\quad 4\alpha\beta=-\frac{1}{m^2}$$

$$S_1=\frac{m}{6}(\beta-\alpha)^3=\frac{m}{6}\{(\beta-\alpha)^2\}^{\frac{3}{2}}=\frac{m}{6}\{(\beta+\alpha)^2-4\alpha\beta\}^{\frac{3}{2}}$$

$$=\frac{m}{6}\left\{(\beta+\alpha)^2+\frac{1}{m^2}\right\}^{\frac{3}{2}}\geqq\frac{m}{6}\cdot\left(\frac{1}{m^2}\right)^{\frac{3}{2}}=\frac{1}{6m^2}$$

$\therefore$ S_1 は $\alpha+\beta=0$ のとき最小となる．

(S_1 の最小値)$=\boldsymbol{\dfrac{1}{6m^2}}$

解説

1° **思考のひもとき**でも述べたが，放物線上の異なる2点における接線の交点の x 座標は，2つの接点を結ぶ線分の中点の x 座標となる．自明なことではないので，証明なしでは使えないが，知っておきたい事実である．

2° 文字による割り算を実行するときには，その文字が0にならないことを示してから実行すること．

3° △AMPの両端は，PMを底辺と考えれば高さは点Aから辺PMに下ろした垂線の長さとなり，これは点Aと点Bの x 座標の差の半分となっている．

4° S_1 の積分において，直線ABと C との共有点は，点Aと点Bなので，$-m(x-\alpha)(x-\beta)$ と因数分解することができる．その際，x^2 の係数に注意すること．

82 a, mを正の定数とする．座標平面において，曲線$C: y=x^3-2ax^2+a^2x$と直線$l: y=m^2x$は，異なる3点を共有し，そのx座標はいずれも負ではないとする．次の問いに答えよ．

(1)　mのとり得る値の範囲をaで表せ．また，Cとlの共有点のx座標を求めよ．

(2)　Cとlで囲まれた2つの図形の面積が等しいとき，mをaで表せ．

（高知工科大）

思考のひもとき

1.　右図において$S_1=S_2$ならば

$$\int_\alpha^\gamma \{(ax^3+bx^2+cx+d)-(px+q)\}dx=0$$

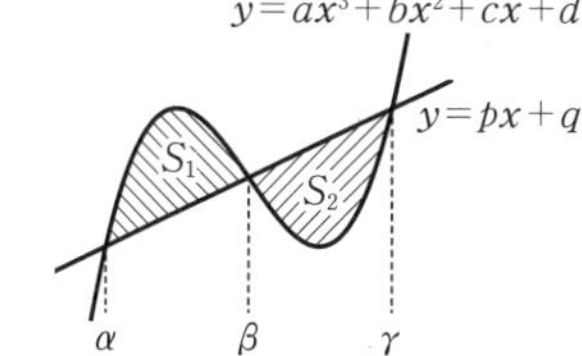

解答

(1)
$$C: y=x^3-2ax^2+a^2x \quad \cdots\cdots ①$$
$$l: y=m^2x \quad \cdots\cdots ②$$

Cとlの共有点のx座標を求めると，①，②より

$$x^3-2ax^2+a^2x=m^2x$$
$$x(x^2-2ax+a^2)-m^2x=0$$
$$x\{(x-a)^2-m^2\}=0$$
$$\therefore\quad x(x-a+m)(x-a-m)=0$$
$$\therefore\quad \boldsymbol{x=0,\ a-m,\ a+m}$$

これらがいずれも異なり，すべてが負ではないから，条件は

$$a-m>0 \text{ かつ } a+m>0 \text{ かつ } a-m \neq a+m$$
$$\iff a>m \text{ かつ } m>-a \text{ かつ } a \neq 0$$

$a>0$，$m>0$を考えて　　$\boldsymbol{0<m<a}$

(2)　グラフを考えると，右図のように2つの部分の面積をそれぞれS_1，S_2とし

$$C: y=f(x)=x^3-2ax^2+a^2x$$
$$l: y=g(x)=m^2x$$

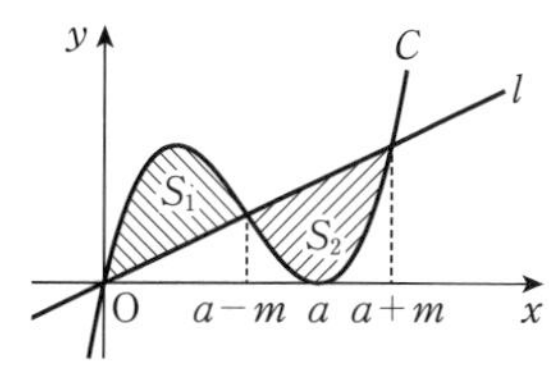

とすると，$S_1=S_2$より

$$\int_0^{a-m}\{f(x)-g(x)\}dx=\int_{a-m}^{a+m}\{g(x)-f(x)\}dx$$

$$\therefore\quad \int_0^{a-m}\{f(x)-g(x)\}dx-\int_{a-m}^{a+m}\{g(x)-f(x)\}dx=0$$

$$\therefore\quad \int_0^{a-m}\{f(x)-g(x)\}dx+\int_{a-m}^{a+m}\{f(x)-g(x)\}dx=0$$

$$\therefore\quad \int_0^{a+m}\{f(x)-g(x)\}dx=0$$

$$\therefore\quad 0=\int_0^{a+m}\{x^3-2ax^2+a^2x-m^2x\}dx$$

$$=\int_0^{a+m}x\{x-(a-m)\}\{x-(a+m)\}dx$$

$$=\frac{1}{12}(a+m-0)^3\{2(a-m)-0-(a+m)\}=\frac{1}{12}(a+m)^3(a-3m)$$

$a>0$，$m>0$ より　　$a+m\neq 0$　　　$\therefore\quad \boldsymbol{m=\frac{a}{3}}$

解説

1°　右図のような場合，$S_1=S_2$ とは

$$\int_\alpha^\gamma\{f(x)-g(x)\}dx=0\quad\cdots\cdots\text{Ⓐ}$$

ということである．面積に符号をつけて考えてみると

$$\int\{(\text{上にある関数})-(\text{下にある関数})\}dx>0$$

$$\int\{(\text{下にある関数})-(\text{上にある関数})\}dx<0$$

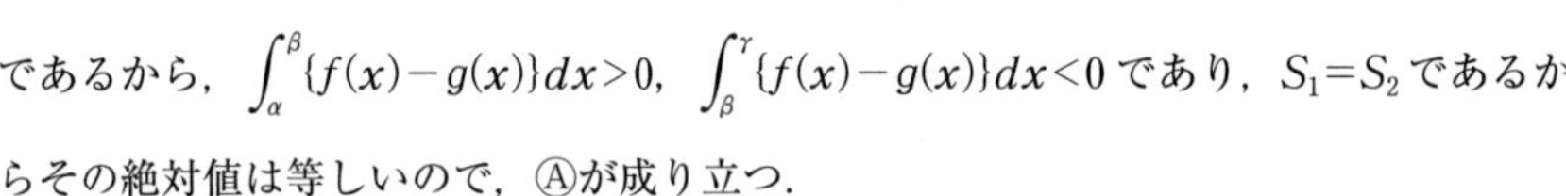

であるから，$\int_\alpha^\beta\{f(x)-g(x)\}dx>0$，$\int_\beta^\gamma\{f(x)-g(x)\}dx<0$ であり，$S_1=S_2$ であるからその絶対値は等しいので，Ⓐが成り立つ．

2°　$\int_\alpha^\beta(x-\alpha)(x-\beta)(x-\gamma)dx=\frac{1}{12}(\beta-\alpha)^3(2\gamma-\alpha-\beta)$ は覚えておきたい公式である．

$$\int_\alpha^\beta(x-\alpha)(x-\beta)(x-\gamma)dx=\int_\alpha^\beta(x-\alpha)\{(x-\alpha)+\alpha-\beta\}\{(x-\alpha)+\alpha-\gamma\}dx$$

$$=\int_\alpha^\beta\{(x-\alpha)^3+(2\alpha-\beta-\gamma)(x-\alpha)^2+(\alpha-\beta)(\alpha-\gamma)(x-\alpha)\}dx$$

$$=\left[\frac{1}{4}(x-\alpha)^4+\frac{1}{3}(2\alpha-\beta-\gamma)(x-\alpha)^3+\frac{1}{2}(\alpha-\beta)(\alpha-\gamma)(x-\alpha)^2\right]_\alpha^\beta$$

$$=\frac{1}{4}(\beta-\alpha)^4+\frac{1}{3}(2\alpha-\beta-\gamma)(\beta-\alpha)^3-\frac{1}{2}(\alpha-\gamma)(\beta-\alpha)^3$$

$$=\frac{1}{12}(\beta-\alpha)^3\{3(\beta-\alpha)+4(2\alpha-\beta-\gamma)-6(\alpha-\gamma)\}=\frac{1}{12}(\beta-\alpha)^3(2\gamma-\alpha-\beta)$$

83 p を実数とする．すべての実数 x に対して $u(x)=x^2+p\int_0^1(1+tx)u(t)dt$ を満たす関数 $u(x)$ が存在するかどうかを考える．このとき，次の問いに答えよ．

(1)　もしこのような $u(x)$ が存在すれば，$u(x)$ は2次関数であることを示せ．

(2)　このような $u(x)$ が存在しないような p の値をすべて求めよ．　　　（富山大）

思考のひもとき

1. $\int_0^1 f(x)dx$ は $f(x)$ がどのような関数であっても $\boxed{\text{定数}}$ となる．

2. $ax+by+c=0$ と $px+qy+r=0$ が平行ならば $\boxed{aq-bp=0}$

解答

(1)　　$u(x)=x^2+p\int_0^1(1+tx)u(t)dt$ ……①

①より　$u(x)=x^2+p\int_0^1 u(t)dt+px\int_0^1 tu(t)dt$ ……①′

このような $u(x)$ が存在するとすると

$\int_0^1 u(t)dt=A$（定数）　……②

$\int_0^1 tu(t)dt=B$（定数）　……③

とおくことができるから

$u(x)=x^2+pA+pBx$ ……④

となり，$u(x)$ は2次関数となる．□

(2)　④と②より

$$A=\int_0^1(t^2+pA+pBt)dt=\left[\frac{1}{3}t^3+pAt+\frac{1}{2}pBt^2\right]_0^1$$

$$=\frac{1}{3}+pA+\frac{1}{2}pB \quad ……⑤$$

④と③より

$$B=\int_0^1 t(t^2+pA+pBt)dt=\int_0^1(t^3+pAt+pBt^2)dt$$

$$=\left[\frac{1}{4}t^4+\frac{1}{2}pAt^2+\frac{1}{3}pBt^3\right]_0^1=\frac{1}{4}+\frac{1}{2}pA+\frac{1}{3}pB \quad ……⑥$$

⑤，⑥より

$$\begin{cases}(p-1)A+\dfrac{1}{2}pB=-\dfrac{1}{3} & \cdots\cdots⑤' \\ \dfrac{1}{2}pA+\left(\dfrac{1}{3}p-1\right)B=-\dfrac{1}{4} & \cdots\cdots⑥'\end{cases}$$

$u(x)$ が存在しない $\iff$ ⑤′，⑥′ を同時に満たす A，B が存在しない．

⑤′，⑥′ を同時に満たす A，B が存在しないとすると

$$(p-1)\left(\frac{1}{3}p-1\right)-\frac{1}{2}p\cdot\frac{1}{2}p=0 \qquad \frac{1}{12}p^2-\frac{4}{3}p+1=0$$

つまり

$$\therefore\ p^2-16p+12=0$$

$$\therefore\ p=8\pm\sqrt{64-12}=8\pm2\sqrt{13}$$

このとき，⑤′ は　$(7\pm2\sqrt{13})A+(4\pm\sqrt{13})B=-\dfrac{1}{3}$

⑥′ は　$(4\pm\sqrt{13})A+\left(\dfrac{5}{3}\pm\dfrac{2}{3}\sqrt{13}\right)B=-\dfrac{1}{4}$

より⑤′，⑥′ が一致することはない．

よって，求める p の値は　$\boldsymbol{p=8\pm2\sqrt{13}}$

解説

1°　$\displaystyle\int_0^1 g(t)dt$ は $g(t)$ がどのような関数であっても，定数となる．よって，$u(t)$ の形がわからなくても $\displaystyle\int_0^1 u(t)dt$ や $\displaystyle\int_0^1 tu(t)dt$ は定数とおくことができる．

2°　⑤′，⑥′ を同時に満たす A，B が存在しないことの条件について．

⑤′，⑥′ の A，B を x，y と考えると

$$\begin{cases}(p-1)x+\dfrac{1}{2}py=-\dfrac{1}{3} & \cdots\cdots⑤'' \\ \dfrac{1}{2}px+\left(\dfrac{1}{3}p-1\right)y=-\dfrac{1}{4} & \cdots\cdots⑥''\end{cases}$$

となり，これらはいずれも x，y についての1次式なので直線を表す．⑤″と⑥″を同時に満たす $(x,\ y)$ とは，この2本の直線の共有点に他ならない．この2本の直線が共有点をもたないとは，この2本の直線が平行であって，一致しないことである．

$ax+by=c$ と $px+qy=r$ が平行であるための条件は $aq-bp=0$ であるから，解答のような条件が求まる．平行であっても一致することがあるので，⑤′ と⑥′ が一致することがないことは，確認をしておくこと．

84　a を実数とする．

(1)　定積分 $\int_0^1 |x^2-ax|dx$ を求めよ．

(2)　この定積分の値を最小にする a の値と，そのときの定積分の値を求めよ．

（弘前大）

思考のひもとき

1.　$a>0$ のとき

$y=x^2-ax$ のグラフは

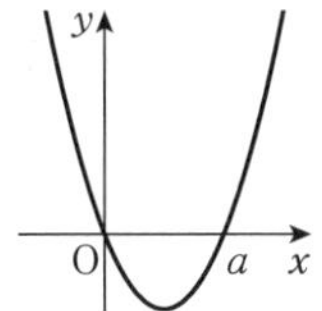

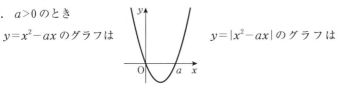

$y=|x^2-ax|$ のグラフは

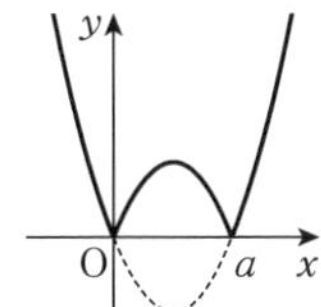

解答

(1)　$y=|x^2-ax|=|x(x-a)|$ ……① とする．

①のグラフと積分区間 $0 \leqq x \leqq 1$ に注意をして場合分けをすると，

$I(a)=\int_0^1 |x^2-ax|dx$ は下図の斜線部分の面積となる．

(i)　$a \leqq 0$ のとき

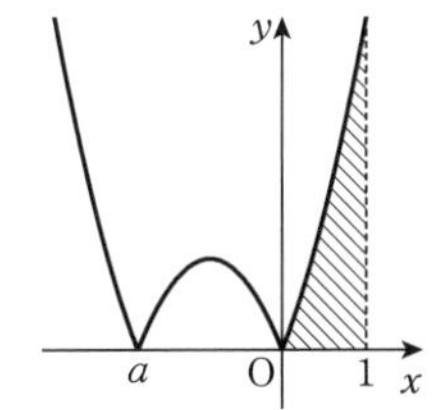

(ii)　$0 \leqq a \leqq 1$ のとき

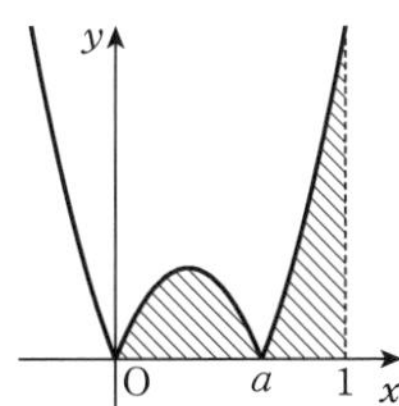

(iii)　$a \geqq 1$ のとき

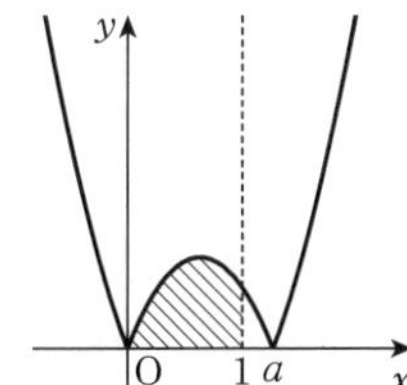

(i)　$a \leqq 0$ のとき

$$I(a)=\int_0^1 (x^2-ax)dx=\left[\frac{1}{3}x^3-\frac{1}{2}ax^2\right]_a^1=\frac{1}{3}-\frac{1}{2}a$$

(ii)　$0 \leqq a \leqq 1$ のとき

$$I(a)=\int_0^a -(x^2-ax)dx+\int_a^1 (x^2-ax)dx$$

$$=-\int_0^a x(x-a)dx+\left[\frac{1}{3}x^3-\frac{1}{2}ax^2\right]_a^1$$

$$=-\left(-\frac{1}{6}\right)(a-0)^3+\left(\frac{1}{3}-\frac{1}{2}a\right)-\left(\frac{1}{3}a^3-\frac{1}{2}a^3\right)$$

$$=\frac{a^3}{6}+\frac{1}{3}-\frac{1}{2}a+\frac{a^3}{6}=\frac{a^3}{3}-\frac{1}{2}a+\frac{1}{3}$$

(iii)　$a \geqq 1$ のとき

$$I(a)=\int_0^1 -(x^2-ax)dx=-\left(\frac{1}{3}-\frac{1}{2}a\right)=\frac{1}{2}a-\frac{1}{3}$$

以上より

$$I(a)=\int_0^1 |x^2-ax|dx=\begin{cases} -\dfrac{1}{2}a+\dfrac{1}{3} & (a \leqq 0) \\ \dfrac{1}{3}a^3-\dfrac{1}{2}a+\dfrac{1}{3} & (0 \leqq a \leqq 1) \\ \dfrac{1}{2}a-\dfrac{1}{3} & (a \geqq 1) \end{cases}$$

(2)　$I(a)$ を a で微分すると

$a<0$ のとき　$I'(a)=-\dfrac{1}{2}<0$　　$\therefore$　$I(a)$ は $a \leqq 0$ で単調減少

$a>1$ のとき　$I'(a)=\dfrac{1}{2}>0$　　$\therefore$　$I(a)$ は $a \geqq 1$ で単調増加

$0<a<1$ のとき　$I'(a)=a^2-\dfrac{1}{2}$　　$I'(a)=0$ とすると　　$a=\pm\dfrac{1}{\sqrt{2}}$

$0<a<1$ より　　$a=\dfrac{1}{\sqrt{2}}$

増減表は

a	$\cdots$	0	$\cdots$	$\frac{1}{\sqrt{2}}$	$\cdots$	1	$\cdots$
$I'(a)$	$-$		$-$	0	$+$		$+$
$I(a)$	↘		↘	極小	↗		↗

よって，$I(a)$ は $a=\dfrac{1}{\sqrt{2}}$ のとき最小となる．このとき

$$I\left(\frac{1}{\sqrt{2}}\right)=\frac{1}{3}\left(\frac{1}{\sqrt{2}}\right)^3-\frac{1}{2}\left(\frac{1}{\sqrt{2}}\right)+\frac{1}{3}=\frac{2-\sqrt{2}}{6}$$

$\therefore$　**最小値：$\dfrac{2-\sqrt{2}}{6}$　$\left(a=\dfrac{1}{\sqrt{2}}\right)$**

解説

1°　被積分関数のグラフを考える．放物線の $y<0$ の部分を x 軸に関して折り返したグラフになることはすぐにわかるだろう．その際，x 軸との交点の1つは0と決まるので，問題はもう一方の a の位置はどこかということになる．次に積分区間を考えて，

a の位置は積分区間の左側か，積分区間の中か，積分区間の右側かで場合分けをしていくことになる．実際にグラフをかいてみること．

2°　与えられた定積分は，どの積分の面積に相当するのかを考える．

3°　$\displaystyle\int_\alpha^\beta (x-\alpha)(x-\beta)dx=-\frac{1}{6}(\beta-\alpha)^3$ を用いるときには必ず，$\displaystyle\int_\alpha^\beta (x-\alpha)(x-\beta)\,dx$ の形まで変形をしてから使うこと．$\displaystyle\int_\alpha^\beta \{x^2-(\alpha+\beta)x+\alpha\beta\}dx=-\frac{1}{6}(\beta-\alpha)^3$ は自明なことではない．

4°　(2)では，$I(a)$ の式の形を見れば，$a<0$ のときは傾きが負の直線となるので微分を実行しなくても単調減少とわかる．$a>1$ のときは傾きが正の直線なので単調増加である．このことを明記して $0\leqq a\leqq 1$ における増減表をかいてもよい．

85　$x\geqq -1$ のとき，関数 $f(x)$ を $\displaystyle f(x)=\int_x^{x+1}|t^2-1|dt$ で定める．このとき，$y=f(x)$ の極値を求めよ．　（滋賀大）

思考のひもとき

1.　$\displaystyle\int_x^{x+1} g(t)dt$ の積分区間は $\boxed{x\leqq t\leqq x+1}$ であり，幅は $\boxed{1}$ である．この区間に1が含まれるような，x の範囲は，$x\leqq 1\leqq x+1$ より $\boxed{0\leqq x\leqq 1}$．

解答

$g(t)=|t^2-1|=|(t+1)(t-1)|$ ……① とする．

$y=g(t)$ のグラフは右図である．$x\geqq -1$ で積分区間が $x\leqq t\leqq x+1$ であるから

(i)　$-1\leqq x<0$　　(ii)　$0\leqq x<1$　　(iii)　$1\leqq x$

の場合分けをする．

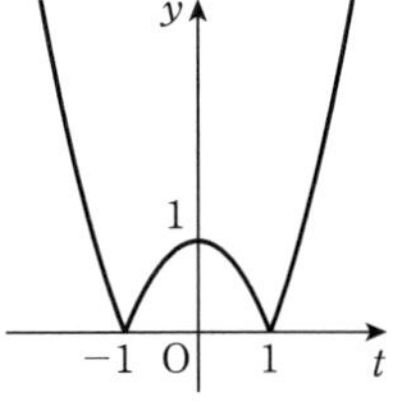

(i)　$-1\leqq x\leqq 0$ のとき

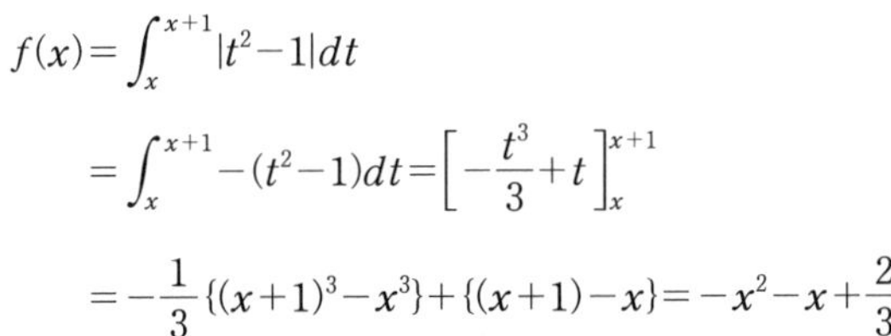

$$f(x)=\int_x^{x+1}|t^2-1|dt$$
$$=\int_x^{x+1}-(t^2-1)dt=\left[-\frac{t^3}{3}+t\right]_x^{x+1}$$
$$=-\frac{1}{3}\{(x+1)^3-x^3\}+\{(x+1)-x\}=-x^2-x+\frac{2}{3}$$

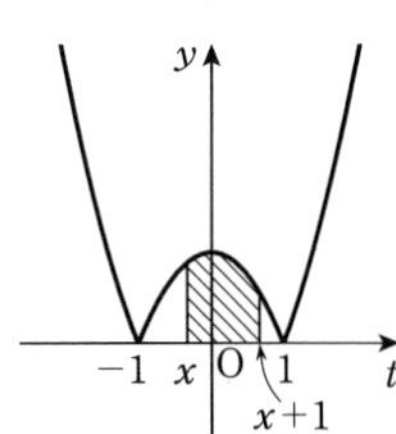

(ii)　$0 \leqq x \leqq 1$ のとき

$$f(x)=\int_x^{x+1}|t^2-1|dt$$
$$=\int_x^1 -(t^2-1)dt+\int_1^{x+1}(t^2-1)dt$$
$$=\left[-\frac{t^3}{3}+t\right]_x^1+\left[\frac{t^3}{3}-t\right]_1^{x+1}$$
$$=\left(-\frac{1}{3}+1\right)-\left(-\frac{x^3}{3}+x\right)+\frac{1}{3}\{(x+1)^3-1\}-\{(x+1)-1\}$$
$$=\frac{2}{3}+\frac{x^3}{3}-x+\frac{x^3}{3}+x^2+x-x=\frac{2}{3}x^3+x^2-x+\frac{2}{3}$$

(iii)　$1 \leqq x$ のとき

$$f(x)=\int_x^{x+1}|t^2-1|dt$$
$$=\int_x^{x+1}(t^2-1)dt=x^2+x-\frac{2}{3}$$

(i)〜(iii)より

$$f(x)=\begin{cases}-x^2-x+\dfrac{2}{3} & (-1 \leqq x \leqq 0) \\ \dfrac{2}{3}x^3+x^2-x+\dfrac{2}{3} & (0 \leqq x \leqq 1) \\ x^2+x-\dfrac{2}{3} & (1 \leqq x)\end{cases}$$

x で微分をすると

$$f'(x)=\begin{cases}-2x-1 & (-1<x<0) \\ 2x^2+2x-1 & (0<x<1) \\ 2x+1 & (1<x)\end{cases}$$

$f'(x)=0$ とすると，$-1<x<0$ のとき　　$-\dfrac{1}{2}$

$0<x<1$ のとき $x=\dfrac{-1\pm\sqrt{3}}{2}$ より　　$x=\dfrac{-1+\sqrt{3}}{2}$

($1<x$ のときは存在しない)

増減表は

x	-1	$\cdots$	$-\frac{1}{2}$	$\cdots$	0	$\cdots$	$\frac{-1+\sqrt{3}}{2}$	$\cdots$	1	$\cdots$
$f'(x)$		$+$	0	$-$		$-$	0	$+$		$+$
$f(x)$		↗	極大	↘		↘	極小	↗		↗

$$(\text{極大値})=f\left(-\frac{1}{2}\right)=-\left(-\frac{1}{2}\right)^2-\left(-\frac{1}{2}\right)+\frac{2}{3}=-\frac{1}{4}+\frac{1}{2}+\frac{2}{3}=\frac{11}{12}$$

$\frac{-1+\sqrt{3}}{2}=p$ とすると　　$2p^2+2p-1=0$

$$\therefore\quad 2p^2=-2p+1 \qquad \therefore\quad p^2=-p+\frac{1}{2}\quad\cdots\cdots②$$

$$p^3=p\cdot p^2=p\left(-p+\frac{1}{2}\right)=-p^2+\frac{1}{2}p=p-\frac{1}{2}+\frac{p}{2}=\frac{3}{2}p-\frac{1}{2}\quad\cdots\cdots③$$

②，③より

$$\begin{aligned}\therefore\quad (\text{極小値})=f(p)&=\frac{2}{3}p^3+p^2-p+\frac{2}{3}\\&=\frac{2}{3}\left(\frac{3}{2}p-\frac{1}{2}\right)+\left(-p+\frac{1}{2}\right)-p+\frac{2}{3}\\&=\frac{5}{6}-p=\frac{5}{6}-\frac{-1+\sqrt{3}}{2}=\frac{8-3\sqrt{3}}{6}\end{aligned}$$

以上より　　極大値：$\boldsymbol{\frac{11}{12}}$　$\left(\boldsymbol{x=-\frac{1}{2}}\ \textbf{のとき}\right)$

極小値：$\boldsymbol{\frac{8-3\sqrt{3}}{6}}$　$\left(\boldsymbol{x=\frac{-1+\sqrt{3}}{2}}\ \textbf{のとき}\right)$

解説

1°　まず，被積分関数のグラフをかいてみることは重要である．次に積分区間を考えると $x \leqq t \leqq x+1$ であり区間の幅は1である．x は -1 からなので，この幅1の区間を動かしていき，積分区間を分割する必要のあるときとないときで場合分けを考えていくことになる．

2°　極小値の計算であるが，$f(p)$ を $f'(p)=2p^2+2p-1$ で割って余りに注目してもよいが，$f(p)$ の係数がやや繁雑なので，$2p^2+2p-1=0$ より“次数下げ”を行った．

$p^2=-p+\frac{1}{2}$ なので，2次式を1次式で表して計算量を減らすわけである．

86 (1) a を定数とする．次の関数 $f(x)$ の導関数 $f'(x)$ を求めよ．

$$f(x)=\int_a^x (t^2+a^2t)dt+\int_0^a (t^2+ax)dt$$

(2) 次の関係式を満たす定数 a および関数 $g(x)$ を求めよ．

$$\int_a^x (g(t)+tg(a))dt=x^2-2x-3$$

(埼玉大)

思考のひもとき

1. $\dfrac{d}{dx}\displaystyle\int_a^x f(t)dt=\boxed{f(x)}$

2. $\displaystyle\int_a^a f(x)dx=\boxed{0}$

解答

(1)
$$f(x)=\int_a^x (t^2+a^2t)dt+\int_0^a (t^2+ax)dt$$
$$=\int_a^x (t^2+a^2t)dt+\int_0^a t^2dt+\Big[\,axt\,\Big]_0^a$$
$$=\int_a^x (t^2+a^2t)dt+\int_0^a t^2dt+a^2x$$

両辺を x で微分すると

$$f'(x)=\frac{d}{dx}\int_a^x (t^2+a^2t)dt+\frac{d}{dx}\int_0^a t^2dt+(a^2x)'$$
$$=\boldsymbol{x^2+a^2x+a^2}$$

(2)
$$\int_a^x (g(t)+tg(a))dt=x^2-2x-3 \quad \cdots\cdots ①$$

①の両辺を x で微分して

$$g(x)+xg(a)=2x-2 \quad \cdots\cdots ②$$

①で $x=a$ を代入して

$$0=a^2-2a-3=(a-3)(a+1) \qquad \therefore \quad a=3,\ -1$$

(i) $a=3$ のとき

②より

$$g(x)+xg(3)=2x-2 \quad \cdots\cdots ③$$

$x=3$ を代入して

$$4g(3)=6-2=4 \qquad \therefore \quad g(3)=1$$

このとき，③より

$$g(x)+x=2x-2 \qquad \therefore \quad g(x)=x-2$$

(ii)　$a=-1$ のとき

②より

$$g(x)+xg(-1)=2x-2$$

$x=-1$ を代入すると

$$g(-1)-g(-1)=-2-2=-4$$

$0=-4$ となり，不適

(i)，(ii)より

$$a=\mathbf{3},\ \ g(x)=\boldsymbol{x-2}$$

解説

1°　どの文字についての関数として考えているのか，を常に意識することが必要である．積分で dt と書いてあるので，t について積分を実行せよという命令であり，この積分計算に関する限りは t 以外の文字はすべて定数として考える．

2°　定積分を実行するから上端，下端に x があれば結果として x の関数となる．

$\int_a^x (t^2+a^2t)dt$ は結局，x の関数ということになる．一方で，$\int_0^a t^2 dt$ は x については定数扱いであるから，微分をすると0になる．

3°　どんなに被積分関数が複雑なものであっても，上端と下端が同じならば，その定積分は0となる．

第11章　数　列

87 [A]　等差数列$\{a_n\}$は$a_9=-5$，$a_{13}=6$を満たすとする．このとき，次の問いに答えよ．

(1)　一般項a_nを求めよ．

(2)　a_nが正となる最小のnを求めよ．

(3)　第1項から第n項までの和S_nを求めよ．

(4)　S_nが正となる最小のnを求めよ．　（高知大）

[B]　等比数列3，6，12，……を$\{a_n\}$とし，この数列の第n項から第$2n-1$項までの和をT_nとする．

(1)　数列$\{a_n\}$の一般項を求めよ．

(2)　T_nを求めよ．

(3)　$\displaystyle\sum_{k=1}^{n} T_k$を求めよ．　（大分大）

思考のひもとき

1.　初項a，公差dの等差数列$\{a_n\}$の

一般項a_nは　$a_n=\boxed{a+(n-1)d}$

初項から第n項までの和S_nは　$S_n=\dfrac{1}{2}\boxed{(a_1+a_n)}\cdot n=\dfrac{1}{2}\boxed{\{2a+(n-1)d\}}\cdot n$

2.　初項a，公比r（$r\neq 1$）の等比数列$\{a_n\}$の

一般項a_nは　$a_n=\boxed{ar^{n-1}}$

初項から第n項までの和S_nは　$S_n=\dfrac{\boxed{a(r^n-1)}}{r-1}=\dfrac{\boxed{a(1-r^n)}}{1-r}$

解答

[A]　(1)　等差数列$\{a_n\}$の初項を$a_1=a$，公差をdとおくと，$a_9=-5$，$a_{13}=6$より

$$\begin{cases} a+8d=-5 \\ a+12d=6 \end{cases} \qquad \therefore \begin{cases} a=-27 \\ d=\dfrac{11}{4} \end{cases}$$

よって，一般項a_nは

$$a_n=(-27)+(n-1)\cdot\frac{11}{4}=\mathbf{\frac{11n-119}{4}}$$

(2)　$a_n>0$ となる条件は

$$11n-119>0 \qquad \therefore\ n>\frac{119}{11}=10+\frac{9}{11}$$

これを満たす最小の n は

$$\boldsymbol{n=11}$$

(3)　初項 $a_1=-27$，末項 $a_n=\dfrac{11n-119}{4}$，項数 n の等差数列の和 S_n は

$$S_n=\frac{1}{2}\left\{(-27)+\frac{11n-119}{4}\right\}\cdot n$$

$$=\boldsymbol{\frac{1}{8}(11n^2-227n)}$$

(4)　$S_n>0$ となる条件は

$$n(11n-227)>0 \quad \cdots\cdots①$$

$n\geqq1$ だから，①より

$$11n-227>0 \qquad \therefore\ n>\frac{227}{11}=20+\frac{7}{11}$$

これを満たす最小の n は

$$\boldsymbol{n=21}$$

［B］ (1)　$\{a_n\}$は，初項3，公比 $\dfrac{6}{3}=2$ の等比数列であるから，一般項 a_n は

$$a_n=\boldsymbol{3\cdot2^{n-1}}$$

(2)　第 n 項から第 $2n-1$ 項までの和 T_n は

$$T_n=\frac{a_n(2^n-1)}{2-1}=\boldsymbol{3\cdot2^{n-1}(2^n-1)}$$

(3)　$T_n=6\cdot4^{n-1}-3\cdot2^{n-1}$ だから

$$\sum_{k=1}^{n}T_k=\sum_{k=1}^{n}(6\cdot4^{k-1}-3\cdot2^{k-1})=\frac{6(4^n-1)}{4-1}-\frac{3(2^n-1)}{2-1}$$

$$=2(4^n-1)-3(2^n-1)$$

$$=\boldsymbol{2^{2n+1}-3\cdot2^n+1}$$

解説

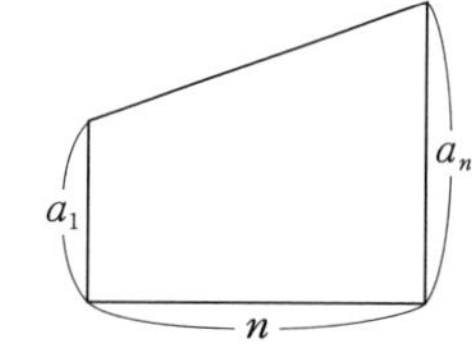

1°　［A］ (1)では，初項と公差がわかれば，等差数列の一般項は求まる．(3)では，等差数列の和の公式を用いる．右図のような台形の面積を念頭におくと公式を覚えやすい．また，次

のようにΣ計算してもよい.

$$S_n=\sum_{k=1}^{n}\frac{11k-119}{4}=\frac{11}{4}\cdot\frac{1}{2}n(n+1)-\frac{119}{4}n$$

$$=\frac{1}{8}(11n^2-227n)$$

2° ［B］ (1)では，初項と公比がわかれば，等比数列の一般項は求まる．(2)，(3)では，等比数列の和の公式を用いた．(2)においては

$$T_n=3\cdot2^{n-1}(1+2+2^2+\cdots\cdots+2^{n-1})=3\cdot2^{n-1}\cdot\frac{2^n-1}{2-1}$$

(3)においては

$$\sum_{k=1}^{n}T_k=6(1+4+4^2+\cdots\cdots+4^{n-1})-3(1+2+2^2+\cdots\cdots+2^{n-1})$$

のように，初めの項でくくって書き並べると，公式を使いやすい．

3° $(x-1)(x^{n-1}+\cdots\cdots+x+1)=x^n-1$ の展開式を知っていると，$x=r$ として

$$r\neq1 \text{ のとき，} 1+r+r^2+\cdots\cdots+r^{n-1}=\frac{r^n-1}{r-1}$$

が当たり前に見えてくる

88 1，3，3^2，……，3^k ($k=1$，2，3，……) を順番に並べて得られる数列

1，3，1，3，3^2，1，3，3^2，3^3，1，3，3^2，3^3，3^4，……

について，次の問いに答えよ．

(1) 21 回目に現れる 1 は第何項か．

(2) 初項から第 n 項までの和を S_n とするとき，$S_n\leqq555$ を満たす最大の n を求めよ．

(埼玉大)

思考のひもとき

1. 群数列の問題は，第 k 群に何個の項があるか に注目する．

2. $r\neq1$ のとき，$1+r+r^2+\cdots\cdots+r^k=\dfrac{r^{k+1}-1}{r-1}$ ($k=1$，2，3，……)

解答

(1) 1，3 | 1，3，3^2 | 1，3，3^2，3^3 | 1，3，3^2，3^3，3^4 | 1，……

のように区切ると，第 k 群には，1，3，3^2，……，3^k の $k+1$ 個の項がある．

21回目に現れる1は，第21群の最初の項だから，初めから数えて

$$\sum_{k=1}^{20}(k+1)+1=\frac{1}{2}\cdot 20\cdot 21+20+1=231\ (\text{番目})$$

すなわち，**第231項**である．

(2)　第k群は，初項1，公比3，項数$k+1$の等比数列だから，その和をT_kとすると

$$T_k=1+3+3^2+\cdots\cdots+3^k=\frac{3^{k+1}-1}{3-1}=\frac{1}{2}(3^{k+1}-1)$$

したがって，初項から第m群の最後までの和をU_mとすると

$$U_m=\sum_{k=1}^{m}T_k=\sum_{k=1}^{m}\frac{1}{2}(3^{k+1}-1)$$

$$=\frac{9}{2}\cdot\frac{3^m-1}{3-1}-\frac{1}{2}m$$

$$=\frac{9}{4}(3^m-1)-\frac{1}{2}m$$

$$U_5=\frac{9}{4}(243-1)-\frac{5}{2}=542$$

$$U_6=\frac{9}{4}(729-1)-\frac{6}{2}=1635$$

であるから　　$U_5<555\leqq 1635=U_6<U_7<\cdots\cdots$

したがって，$S_n\leqq 555$ を満たす最大のnをNとすると，第N項は，第6群にある．
$555-542=13$ で，$1+3+3^2=13$ であることを考えると，第6群の3番目で

$$N=(2+3+4+5+6)+3=23,\ S_{23}=555$$

よって，求める最大のnは

$$n=\mathbf{23}$$

解説

1°　群数列は，第k群に何個の項があるか，に注目することがポイントである．

1回目の1は，第1群の1番目で，第1項

2回目の1は，第2群の1番目で，第$2+1$項

3回目の1は，第3群の1番目で，第$2+3+1$項

4回目の1は，第4群の1番目で，第$2+3+4+1$項

⋮　　　　⋮

21回目の1は，第21群の1番目で，第$2+3+4+\cdots\cdots+21+1$項

のように，規則性をつかむまで書き並べるとミスしない．

2° (2)で，$\{T_n\}$，$\{U_n\}$ を順に求めていき，次のように解答してもよい．

$T_1=4$,　　　　　　　$U_1=4$

$T_2=\frac{1}{2}(3^3-1)=13$,　　$U_2=4+13=17$

$T_3=\frac{1}{2}(3^4-1)=40$,　　$U_3=17+40=57$

$T_4=\frac{1}{2}(3^5-1)=121$,　　$U_4=57+121=178$

$T_5=\frac{1}{2}(3^6-1)=364$,　　$U_5=178+364=542$

第6群：1，3，3^2，……，3^6

より，第6群の3番目までの和が

$$542+(1+3+3^2)=555$$

であることを考えると，求める最大の n は

$$\sum_{k=1}^{5}(k+1)+3=(2+3+4+5+6)+3=23$$

89 1，3，7，13，21，31，…… で与えられた数列 $\{a_n\}$ について，次の問いに答えよ．

(1) 一般項 a_n を求めよ．

(2) 初項から第 n 項までの和 S_n を求めよ．

(3) $n \geqq 4$ のとき，不等式 $S_{n+1}<2S_n$ が成り立つことを示せ．　(島根大)

思考のひもとき

1. 数列 $\{a_n\}$ の階差数列 $\{b_n\}$ は，$b_n=\boxed{a_{n+1}-a_n}$ ($n=1, 2, 3, \cdots\cdots$) で得られる．

このとき，$a_n=a_1+\boxed{\sum_{k=1}^{n-1}b_k}$ ($n \geqq 2$ のとき)

2. $\sum_{k=1}^{n}k=\boxed{\frac{1}{2}n(n+1)}$ の n を $n-1$ に置き換えると

$$\sum_{k=1}^{n-1}k=\boxed{\frac{1}{2}(n-1)n}$$

3. $\sum_{k=1}^{n}k^2=\boxed{\frac{1}{6}n(n+1)(2n+1)}$

解答

(1)　数列 $\{a_n\}$ の階差数列を $\{b_n\}$ とすると，$b_n=a_{n+1}-a_n$ ($n=1,\ 2,\ 3,\ \cdots\cdots$) で

$$2,\ 4,\ 6,\ 8,\ 10,\ \cdots\cdots$$

のように，初項2，公差2の等差数列だから，$b_n=2+(n-1)\cdot 2=2n$ と表される．

したがって，$n\geqq 2$ のとき

$$a_n=a_1+\sum_{k=1}^{n-1}b_k=1+\sum_{k=1}^{n-1}2k$$

$$=1+2\sum_{k=1}^{n-1}k=1+2\cdot\frac{1}{2}(n-1)n=n^2-n+1 \quad \cdots\cdots①$$

$a_1=1=1^2-1+1$ だから，$n=1$ のときも①は成り立つ．

よって，一般項 a_n は

$$a_n=\boldsymbol{n^2-n+1} \quad (n=1,\ 2,\ 3,\ \cdots\cdots)$$

(2)
$$S_n=\sum_{k=1}^{n}(k^2-k+1)$$

$$=\frac{1}{6}n(n+1)(2n+1)-\frac{1}{2}n(n+1)+n$$

$$=\frac{1}{6}n\{(2n^2+3n+1)-3(n+1)+6\}$$

$$=\boldsymbol{\frac{1}{3}n(n^2+2)}$$

(3)
$$2S_n-S_{n+1}=\frac{1}{3}[2(n^3+2n)-(n+1)\{(n+1)^2+2\}]$$

$$=\frac{1}{3}\{(2n^3+4n)-(n^3+3n^2+3n+1)-(2n+2)\}$$

$$=\frac{1}{3}(n^3-3n^2-n-3)$$

$n\geqq 4$ のとき，$n^3-3n^2=n^2(n-3)\geqq n^2(4-3)=n^2$ だから

$$2S_n-S_{n+1}\geqq\frac{1}{3}(n^2-n-3)$$

$$=\frac{1}{3}\{n(n-1)-3\}$$

$$\geqq\frac{1}{3}\{4\cdot(4-1)-3\}=3>0$$

$\therefore\ S_{n+1}<2S_n$ □

解説

1° (1)では，$a_{n+1}-a_n=2n$ ($n=1$, 2, 3, ……) を順に書いていき，辺々を加えると

$$\begin{array}{rlll} & a_2 & -a_1 & =2\cdot 1 \\ & a_3 & -a_2 & =2\cdot 2 \\ & a_4 & -a_3 & =2\cdot 3 \\ & & \vdots & \quad\vdots \\ +) & a_n & -a_{n-1} & =2\cdot(n-1) \\ \hline & a_n & -a_1 & =2\sum_{k=1}^{n-1} k \end{array} \quad (n\geqq 2 \text{ のとき})$$

が得られる．このように書くと $\sum_{k=1}^{n-1}$ の $n-1$ の部分を n と間違えたり，「$n\geqq 2$ のとき」を明記しなかったり，といったミスを防ぐことができる．

2° (2)では

$$\sum_{k=1}^{n}(k^2-k+1)=\sum_{k=1}^{n}k^2-\sum_{k=1}^{n}k+\sum_{k=1}^{n}1$$

となることに注意して，**思考のひもとき**の**2.**，**3.**に書かれている公式を用いる．ちなみに $\sum_{k=1}^{n}1=1+1+1+\cdots\cdots+1=n$ である．

3° (3)では，$f(x)=x^3-3x^2-x-3$ とおき，$f(x)$ の増減を調べて次のように解答してもよい．

$$f'(x)=3x^2-6x-1=3(x-1)^2-4\geqq f'(4)=23>0 \quad (x\geqq 4 \text{ のとき})$$

であるから，$x\geqq 4$ において，$f(x)$ は単調増加である．

$$\therefore \quad f(x)\geqq f(4)=9>0$$

$$\therefore \quad S_{n+1}<2S_n$$

90 ［A］ $\dfrac{\sqrt{2}-\sqrt{1}}{\sqrt[4]{2}+\sqrt[4]{1}}+\dfrac{\sqrt{3}-\sqrt{2}}{\sqrt[4]{3}+\sqrt[4]{2}}+\cdots\cdots+\dfrac{\sqrt{n+1}-\sqrt{n}}{\sqrt[4]{n+1}+\sqrt[4]{n}}=\boxed{}$.　（小樽商科大）

［B］ 数列 $\{a_n\}$ は

$$a_1=\frac{1}{6},\ \frac{1}{a_{n+1}}-\frac{1}{a_n}=2\quad (n=1,\ 2,\ 3,\ \cdots\cdots)$$

を満たしている．また数列 $\{b_n\}$ は

$$b_1=8a_1a_2,\ b_{n+1}-b_n=8a_{n+1}a_{n+2}\quad (n=1,\ 2,\ 3,\ \cdots\cdots)$$

を満たしている．このとき，次の問いに答えよ．

(1) 数列 $\{a_n\}$ の一般項 a_n を n を用いて表せ．

(2) 数列 $\{b_n\}$ の一般項 b_n を n を用いて表せ．　（新潟大）

思考のひもとき

1. $(a_2-a_1)+(a_3-a_2)+\cdots\cdots+(a_{n+1}-a_n)=\boxed{a_{n+1}-a_1}$

2. $c_{n+1}-c_n=2$ $(n=1,\ 2,\ 3,\ \cdots\cdots)$ は，数列 $\{c_n\}$ が公差 $\boxed{2}$ の等差数列であることを示している．

3. $b_n=b_1+\displaystyle\sum_{k=1}^{n-1}\boxed{(b_{k+1}-b_k)}$ $(n\geqq 2$ のとき$)$

解答

［A］ 左辺の和の k 番目の項は

$$\frac{\sqrt{k+1}-\sqrt{k}}{\sqrt[4]{k+1}+\sqrt[4]{k}}=\frac{(\sqrt[4]{k+1})^2-(\sqrt[4]{k})^2}{\sqrt[4]{k+1}+\sqrt[4]{k}}$$
$$=\sqrt[4]{k+1}-\sqrt[4]{k}$$

であるから，求める和は

$$\sum_{k=1}^{n}(\sqrt[4]{k+1}-\sqrt[4]{k})=(\sqrt[4]{2}-\sqrt[4]{1})+(\sqrt[4]{3}-\sqrt[4]{2})+\cdots\cdots+(\sqrt[4]{n+1}-\sqrt[4]{n})$$
$$=\boldsymbol{\sqrt[4]{n+1}-1}$$

［B］ (1) $\dfrac{1}{a_{n+1}}-\dfrac{1}{a_n}=2$ $(n=1,\ 2,\ 3,\ \cdots\cdots)$

は，数列 $\left\{\dfrac{1}{a_n}\right\}$ が公差2の等差数列であることを示している．

初項は $\dfrac{1}{a_1}=6$ だから，一般項 $\dfrac{1}{a_n}$ は

$$\frac{1}{a_n}=6+(n-1)\cdot 2=2n+4$$

よって，数列 $\{a_n\}$ の一般項は

$$\boldsymbol{a_n=\frac{1}{2n+4}}$$

(2)　$b_1=8\cdot\frac{1}{6}\cdot\frac{1}{8}=\frac{1}{6}$ が初項で，階差数列が

$$b_{n+1}-b_n=\frac{8}{2(n+3)\cdot 2(n+4)}$$
$$=\frac{2}{(n+3)(n+4)}\quad (n=1,\ 2,\ 3,\ \cdots\cdots)$$

で得られる数列 $\{b_n\}$ の一般項は，$n\geqq 2$ のとき

$$b_n=\frac{1}{6}+\sum_{k=1}^{n-1}\frac{2}{(k+3)(k+4)}$$
$$=\frac{1}{6}+\sum_{k=1}^{n-1}2\left(\frac{1}{k+3}-\frac{1}{k+4}\right)$$
$$=\frac{1}{6}+2\left\{\left(\frac{1}{4}-\frac{1}{5}\right)+\left(\frac{1}{5}-\frac{1}{6}\right)+\cdots\cdots+\left(\frac{1}{n+2}-\frac{1}{n+3}\right)\right\}$$
$$=\frac{1}{6}+2\left(\frac{1}{4}-\frac{1}{n+3}\right)$$
$$=\frac{2}{3}-\frac{2}{n+3}\quad\cdots\cdots①$$

$b_1=\frac{1}{6}=\frac{2}{3}-\frac{1}{2}$ であるから，①は $n=1$ のときも成り立つ．

よって，数列 $\{b_n\}$ の一般項は

$$\boldsymbol{b_n=\frac{2}{3}-\frac{2}{n+3}}$$

解説

1°　［A］では $\frac{\sqrt{k+1}-\sqrt{k}}{\sqrt[4]{k+1}+\sqrt[4]{k}}$，［B］の(2)では $\frac{2}{(k+3)(k+4)}$ が階差数列となっている形 $\sqrt[4]{k+1}-\sqrt[4]{k}$，$2\left(\frac{1}{k+3}-\frac{1}{k+4}\right)$ と変形できることに気づくことがポイントである．階差数列は次のように縦に並べて加えていくとわかりやすい．

[A]　$(\sqrt[4]{2}-\sqrt[4]{1})$
$+(\sqrt[4]{3}-\sqrt[4]{2})$
$+(\sqrt[4]{4}-\sqrt[4]{3})$
$\vdots \quad \vdots$
$+(\sqrt[4]{n+1}-\sqrt[4]{n})$
$=\sqrt[4]{n+1}-\sqrt[4]{1}$

[B]の(2)

$$b_2-b_1=2\left(\frac{1}{4}-\frac{1}{5}\right)$$
$$b_3-b_2=2\left(\frac{1}{5}-\frac{1}{6}\right)$$
$$b_4-b_3=2\left(\frac{1}{6}-\frac{1}{7}\right)$$
$$\vdots \quad \vdots \quad \vdots$$
$$+)\ b_n-b_{n-1}=2\left(\frac{1}{n+2}-\frac{1}{n+3}\right)$$
$$b_n-b_1=2\left(\frac{1}{4}-\frac{1}{n+3}\right)$$

91　数列 $\{a_n\}$ の初項から第 n 項までの和 S_n が条件

$$S_n=4n-3a_n$$

を満たすとする．このとき，次の問いに答えよ．

(1)　初項 a_1 を求めよ．

(2)　一般項 a_n を求めよ．

(3)　$a_n>\frac{35}{9}$ となる最小の自然数 n を求めよ．ただし，必要ならば $\log_{10}2=0.301$，$\log_{10}3=0.477$ として計算してよい．　(愛媛大)

思考のひもとき

数列 $\{a_n\}$ について

1.　$S_n=\sum_{k=1}^{n}a_k$ とすると　$S_1=\boxed{a_1}$，$S_{n+1}-S_n=\boxed{a_{n+1}}$

2.　漸化式 $a_{n+1}=pa_n+q$ $(n=1,\ 2,\ 3,\ \cdots\cdots)$ は，$a_{n+1}-\alpha=p(a_n-\alpha)$ ……Ⓐ の形に変形できる．そのような定数 α は，$\boxed{\alpha=p\alpha+q}$ を満たす α である．
Ⓐは，数列 $\{a_n-\alpha\}$ が $\boxed{\text{公比 } p \text{ の等比数列}}$ であることを示している．

解答

$$S_n=4n-3a_n \quad \cdots\cdots①$$

(1)　①で，$n=1$ とすると

$$S_1=4-3a_1$$

ここで，$S_1=a_1$ だから

$$a_1=4-3a_1$$

$$\therefore \quad a_1=\mathbf{1}$$

(2) ①で，n を $n+1$ とすると

$$S_{n+1}=4(n+1)-3a_{n+1} \quad \cdots\cdots ②$$

②−① をつくり

$$S_{n+1}-S_n=4-3a_{n+1}+3a_n$$

ここで $S_{n+1}-S_n=a_{n+1}$ だから

$$a_{n+1}=4-3a_{n+1}+3a_n$$

$$\therefore \quad a_{n+1}=\frac{3}{4}a_n+1 \quad (n=1,\ 2,\ 3,\ \cdots\cdots) \quad \cdots\cdots ③$$

③は

$$a_{n+1}-4=\frac{3}{4}(a_n-4) \quad \cdots\cdots ④$$

と変形できる．④は，数列 $\{a_n-4\}$ が公比 $\frac{3}{4}$ の等比数列であることを示している．

したがって

$$a_n-4=(a_1-4)\cdot\left(\frac{3}{4}\right)^{n-1}=-3\cdot\left(\frac{3}{4}\right)^{n-1}$$

$$\therefore \quad a_n=\mathbf{4-3\left(\frac{3}{4}\right)^{n-1}}$$

(3)
$$a_n>\frac{35}{9} \iff \frac{1}{9}>3\cdot\left(\frac{3}{4}\right)^{n-1}$$

$$\iff 4^{n-1}>3^{n+2} \quad \cdots\cdots ⑤$$

⑤の両辺の常用対数をとると，⑤は

$$(n-1)\log_{10}4>(n+2)\log_{10}3$$

$$\therefore \quad 2(n-1)\log_{10}2>(n+2)\log_{10}3$$

と表される．$\log_{10}2=0.301$，$\log_{10}3=0.477$ として計算すると

$$0.602(n-1)>0.477(n+2)$$

$$0.125n>1.556$$

$$\therefore \quad n>\frac{1.556}{0.125}=12.448$$

これを満たす最小の自然数 n は

$$n=\mathbf{13}$$

解説

1°　(2)で，数列 $\{a_n\}$ の漸化式を求めようとしたので，a_n と a_{n+1} の関係式をつくるために，$S_{n+1}-S_n=a_{n+1}$ を利用した．

2°　①は

$$\begin{cases} S_1=4-3a_1 \\ S_2=8-3a_2 \\ \quad\vdots \\ S_n=4n-3a_n \\ S_{n+1}=4(n+1)-3a_{n+1} \\ \quad\vdots \end{cases}$$

をまとめて表した式である．これから，**思考のひもとき**の **1.** に注目すると

$$S_1=a_1=4-3a_1$$

$$S_{n+1}-S_n=a_{n+1}=4-3a_{n+1}+3a_n$$

を得る．この部分が第1のポイントである．

漸化式③を求めた後は，これが④の形に変形できることに気づくことがポイントとなる(実際④を展開して整理すると③となることを確かめよう！)．ここで，

$\alpha=\dfrac{3}{4}\alpha+1$ を満たす α を求めると $\alpha=4$ であり，

$4=\dfrac{3}{4}\cdot 4+1$ を③の辺々から引くと，④が得られる．

$$\begin{array}{rrl} ③: & a_{n+1}= & \dfrac{3}{4}a_n+1 \\ -) & 4= & \dfrac{3}{4}\cdot 4+1 \\ \hline & a_{n+1}-4= & \dfrac{3}{4}(a_n-4) \end{array}$$

④は　$a_2-4=\dfrac{3}{4}(a_1-4)$

$$a_3-4=\frac{3}{4}(a_2-4)$$

$$a_4-4=\frac{3}{4}(a_3-4)$$

$$\vdots$$

のように，数列 a_1-4，a_2-4，a_3-4，…… が公比 $\dfrac{3}{4}$ の等比数列であることを意味することを理解したい．これが第2のポイントである．

92 [A]　次の条件で定まる数列 $\{a_n\}$ について，次の問いに答えよ．

$$a_1=3,\ a_{n+1}=3a_n+2n+3\quad (n=1,\ 2,\ 3,\ \cdots\cdots)$$

(1)　$b_n=a_n+n+2$ $(n=1,\ 2,\ 3,\ \cdots\cdots)$ で定まる数列 $\{b_n\}$ は等比数列となることを示せ．

(2)　数列 $\{a_n\}$ の一般項を求めよ．

(3)　数列 $\{a_n\}$ の初項から第 n 項までの和を求めよ．　(岐阜大)

[B]　数列 $\{a_n\}$ を次の式 $a_1=1$，$a_2=3$，$a_{n+2}+a_{n+1}-6a_n=0$ $(n=1,\ 2,\ 3,\ \cdots\cdots)$ で定める．また，α，β を $a_{n+2}-\alpha a_{n+1}=\beta(a_{n+1}-\alpha a_n)$ $(n=1,\ 2,\ 3,\ \cdots\cdots)$ を満たす実数とする．ただし，$\alpha<\beta$ とする．次の問いに答えよ．

(1)　a_3，a_4 を求めよ．

(2)　α，β を求めよ．

(3)　$n=1,\ 2,\ 3,\ \cdots\cdots$ に対し $b_n=a_{n+1}-\alpha a_n$ とおくとき，数列 $\{b_n\}$ の一般項を求めよ．

(4)　$n=1,\ 2,\ 3,\ \cdots\cdots$ に対し $c_n=a_{n+1}-\beta a_n$ とおくとき，数列 $\{c_n\}$ は等比数列である．数列 $\{c_n\}$ の公比と一般項を求めよ．

(5)　数列 $\{a_n\}$ の一般項を求めよ．　(秋田大)

[C]　2つの数列 $\{a_n\}$，$\{b_n\}$ を，$a_1=\dfrac{1}{2}$，$b_1=2$，および $\begin{cases} a_{n+1}=a_n+b_n \\ b_{n+1}=2a_n+1 \end{cases}$ $(n=1,\ 2,\ 3,\ \cdots\cdots)$ で定める．このとき，次の問いに答えよ．

(1)　a_2，b_2，a_3，b_3 を求めよ．

(2)　次の式を満たす定数 p，q，r の組を2組求めよ．

$$a_{n+1}+pb_{n+1}+q=r(a_n+pb_n+q)\quad (n=1,\ 2,\ 3,\ \cdots\cdots)$$

(3)　$\{a_n\}$，$\{b_n\}$ について，それぞれの第 n 項 a_n，b_n を求めよ．

(4)　2つの数列 $\{c_n\}$，$\{d_n\}$ を，$c_1=\sqrt{2}$，$d_1=4$，および $\begin{cases} c_{n+1}=c_nd_n \\ d_{n+1}=2{c_n}^2 \end{cases}$ $(n=1,\ 2,\ 3,\ \cdots\cdots)$ で定める．$\{c_n\}$，$\{d_n\}$ の第 n 項 c_n，d_n について，${c_n}^2d_n$ を求めよ．

(宮崎大)

思考のひもとき

1. rを定数とすると，漸化式 $b_{n+1}=rb_n$ $(n=1,\ 2,\ 3,\ \cdots\cdots)$ は，数列 $\{b_n\}$ が 公比 r の等比数列 であることを意味する．

2. $p,\ q,\ r$ が定数のとき，漸化式 $a_{n+1}+pb_{n+1}+q=r(a_n+pb_n+q)$ $(n=1,\ 2,\ 3,\ \cdots\cdots)$ は数列 $\{a_n+pb_n+q\}$ が，初項 a_1+pb_1+q，公比 r の等比数列であることを意味する．

$$\underbrace{a_1+pb_1+q,\ a_2+pb_2+q,\ a_3+pb_3+q,\ \cdots\cdots}_{\times r\quad \times r\quad \times r\quad \cdots\cdots}$$

解答

［A］
$$a_1=3 \quad \cdots\cdots①$$
$$a_{n+1}=3a_n+2n+3 \quad (n=1,\ 2,\ 3,\ \cdots\cdots) \quad \cdots\cdots②$$

(1) $b_n=a_n+n+2$ とすると

$$a_n=b_n-n-2$$
$$a_{n+1}=b_{n+1}-(n+1)-2$$

であるから，②に代入すると

$$b_{n+1}-n-3=3(b_n-n-2)+2n+3$$
$$\therefore\quad b_{n+1}=3b_n \quad (n=1,\ 2,\ 3,\ \cdots\cdots) \quad \cdots\cdots③$$

③は，数列 $\{b_n\}$ が公比3の等比数列であることを示している．　□

(2) ①より，$b_1=a_1+3=6$ だから

$$b_n=6\cdot3^{n-1}=2\cdot3^n \qquad \therefore\quad \boldsymbol{a_n=2\cdot3^n-n-2} \quad \boldsymbol{(n=1,\ 2,\ 3,\ \cdots\cdots)}$$

(3) 求める和 S_n は

$$S_n=\sum_{k=1}^{n}(2\cdot3^k-k-2)$$
$$=\frac{6(3^n-1)}{3-1}-\frac{1}{2}n(n+1)-2n$$
$$=\boldsymbol{3^{n+1}-\frac{1}{2}n^2-\frac{5}{2}n-3}$$

［B］
$$\begin{cases} a_1=1,\ a_2=3 & \cdots\cdots① \\ a_{n+2}+a_{n+1}-6a_n=0 \quad (n=1,\ 2,\ 3,\ \cdots\cdots) & \cdots\cdots② \end{cases}$$

(1) ①，②より

$$a_3=-a_2+6a_1=\mathbf{3},\quad a_4=-a_3+6a_2=-3+18=\mathbf{15}$$

(2) ②を変形すると

$$a_{n+2}-\alpha a_{n+1}=\beta(a_{n+1}-\alpha a_n) \quad \cdots\cdots ③$$

となるようなα，β（$\alpha<\beta$）を求めればよい．ここで，③は

$$a_{n+2}-(\alpha+\beta)a_{n+1}+\alpha\beta a_n=0$$

と表されるから，②と係数を比較すると

$$\alpha+\beta=-1,\ \alpha\beta=-6$$

そこで，解と係数の関係から，α，βは

$$t^2+t-6=0 \text{ つまり } (t-2)(t+3)=0$$

の2解 $t=2$，-3 であるから

$$\boldsymbol{\alpha=-3,\ \beta=2}$$

(3) (2)より，②は

$$a_{n+2}+3a_{n+1}=2(a_{n+1}+3a_n) \quad \cdots\cdots ④$$

と変形できる．ここで，$b_n=a_{n+1}-\alpha a_n=a_{n+1}+3a_n$ とおくと，④より

$$b_{n+1}=2b_n \quad (n=1,\ 2,\ 3,\ \cdots\cdots)$$

これは，数列$\{b_n\}$が公比2の等比数列であることを示しているから

$b_1=a_2+3a_1=6$ より

$$b_n=b_1\cdot 2^{n-1}=6\cdot 2^{n-1}=\boldsymbol{3\cdot 2^n}$$

(4) ③は，$a_{n+2}-\beta a_{n+1}=\alpha(a_{n+1}-\beta a_n)$ と変形できる．つまり，②は

$$a_{n+2}-2a_{n+1}=-3(a_{n+1}-2a_n) \quad \cdots\cdots ⑤$$

と変形できる．

ここで，$c_n=a_{n+1}-\beta a_n=a_{n+1}-2a_n$ とおくと，⑤より

$$c_{n+1}=-3c_n \quad (n=1,\ 2,\ 3,\ \cdots\cdots)$$

これは，数列$\{c_n\}$が公比 $\boldsymbol{-3}$ の等比数列であることを示している．初項が

$c_1=a_2-2a_1=1$ だから，一般項は

$$c_n=c_1\cdot(-3)^{n-1}=\boldsymbol{(-3)^{n-1}}$$

(5) (3)，(4)の結果より

$$\begin{cases} a_{n+1}+3a_n=3\cdot 2^n & \cdots\cdots ⑥ \\ a_{n+1}-2a_n=(-3)^{n-1} & \cdots\cdots ⑦ \end{cases}$$

⑥－⑦ をつくり

$$5a_n=3\cdot 2^n-(-3)^{n-1}$$

$$\therefore\quad a_n=\boldsymbol{\frac{1}{5}\{3\cdot 2^n-(-3)^{n-1}\}}$$

［C］ (1) 与えられた漸化式を用いると

$$a_2=a_1+b_1=\mathbf{\frac{5}{2}},\quad b_2=2a_1+1=\mathbf{2},$$

$$a_3=a_2+b_2=\mathbf{\frac{9}{2}},\quad b_3=2a_2+1=\mathbf{6}$$

(2) 与えられた漸化式を用いると

$$\begin{aligned}a_{n+1}+pb_{n+1}+q&=(a_n+b_n)+p(2a_n+1)+q\\&=(1+2p)a_n+b_n+p+q\end{aligned}$$

であるから，与えられた等式は

$$(1+2p)a_n+b_n+p+q=ra_n+rpb_n+rq \quad \cdots\cdots①$$

と変形でき，①の両辺の係数をくらべて

$$\begin{cases}1+2p=r & \cdots\cdots②\\ 1=rp & \cdots\cdots③\\ p+q=rq & \cdots\cdots④\end{cases}$$

③より $r=\dfrac{1}{p}$ で，これを②に代入して

$1+2p=\dfrac{1}{p}$ より　　$2p^2+p-1=0$

$$\therefore \quad (p+1)(2p-1)=0 \qquad \therefore \quad p=-1,\ \frac{1}{2}$$

$p=-1$ のとき　　$r=-1,\ q=\dfrac{1}{2}$

$p=\dfrac{1}{2}$ のとき　　$r=2,\ q=\dfrac{1}{2}$

$$\therefore \quad (p,\ q,\ r)=\left(\mathbf{-1},\ \mathbf{\frac{1}{2}},\ \mathbf{-1}\right),\ \left(\mathbf{\frac{1}{2}},\ \mathbf{\frac{1}{2}},\ \mathbf{2}\right)$$

(3) (2)の結果から，次の2つの等式が成り立つ．

$$a_{n+1}-b_{n+1}+\frac{1}{2}=-\left(a_n-b_n+\frac{1}{2}\right) \quad \cdots\cdots⑤$$

$$a_{n+1}+\frac{1}{2}b_{n+1}+\frac{1}{2}=2\left(a_n+\frac{1}{2}b_n+\frac{1}{2}\right) \quad \cdots\cdots⑥$$

⑤は，数列 $\left\{a_n-b_n+\dfrac{1}{2}\right\}$ が初項 $a_1-b_1+\dfrac{1}{2}=-1$，公比 -1 の等比数列であること，⑥は，数列 $\left\{a_n+\dfrac{1}{2}b_n+\dfrac{1}{2}\right\}$ が初項 $a_1+\dfrac{1}{2}b_1+\dfrac{1}{2}=2$，公比2の等比数列で

あることを示している．

したがって

$$\begin{cases} a_n-b_n+\dfrac{1}{2}=(-1)\cdot(-1)^{n-1}=(-1)^n \\ a_n+\dfrac{1}{2}b_n+\dfrac{1}{2}=2\cdot 2^{n-1}=2^n \end{cases} \quad \therefore \quad \begin{cases} a_n=\boldsymbol{\dfrac{1}{3}\{2^{n+1}+(-1)^n\}-\dfrac{1}{2}} \\ b_n=\boldsymbol{\dfrac{2}{3}\{2^n-(-1)^n\}} \end{cases}$$

(4) 与えられた漸化式の両辺を底2で対数をとると

$$(*)\begin{cases} \log_2 c_{n+1}=\log_2 c_n+\log_2 d_n \\ \log_2 d_{n+1}=1+2\log_2 c_n \end{cases}$$

（∵ $c_1>0$，$d_1>0$ であり，「$c_k>0$，$d_k>0$ ならば，漸化式より，$c_{k+1}=c_kd_k>0$，$d_{k+1}=2c_k{}^2>0$」が成り立つから，数学的帰納法を用いると，$c_n>0$，$d_n>0$（$n=1$，2，3，……）が成り立つ．）

$$\log_2 c_1=\log_2\sqrt{2}=\frac{1}{2},\quad \log_2 d_1=\log_2 4=2$$

であるから，$(*)$より

$$\log_2 c_n=a_n,\quad \log_2 d_n=b_n \quad (n=1,\ 2,\ 3,\ \cdots\cdots)$$

(3)の結果より

$$\log_2 c_n=\frac{1}{3}\{2^{n+1}+(-1)^n\}-\frac{1}{2},\quad \log_2 d_n=\frac{2}{3}\{2^n-(-1)^n\}$$

よって

$$\log_2 c_n{}^2 d_n=2\log_2 c_n+\log_2 d_n=2a_n+b_n=2^{n+1}-1$$

$$\therefore\quad c_n{}^2 d_n=\boldsymbol{2^{2^{n+1}-1}}$$

解説

1° ［A］，［B］ いずれも与えられた漸化式を変形し，等比数列をつくることがポイントとなる．

2° ［A］について．(1)が(2)を解くための大きなヒントとなる．

(1)のヒントがなければ，階差数列 $\{c_n\}$（$c_n=a_{n+1}-a_n$）を考えるのも1つの方法である．②より

$$\begin{array}{rl} & a_{n+2}=3a_{n+1}+2(n+1)+3 \\ -) & a_{n+1}=3a_n+2n+3 \\ \hline & a_{n+2}-a_{n+1}=3(a_{n+1}-a_n)+2 \end{array}$$

$$\therefore\quad c_{n+1}=3c_n+2$$

これは

$$c_{n+1}+1=3(c_n+1)$$

と変形でき，数列 $\{c_n+1\}$ が公比 3 の等比数列とわかるから

$$c_n+1=(c_1+1)\cdot 3^{n-1}=12\cdot 3^{n-1}=4\cdot 3^n$$

$$\therefore\quad a_{n+1}-a_n=c_n=4\cdot 3^n-1$$

よって，$n\geqq 2$ のとき

$$a_n=a_1+\sum_{k=1}^{n-1}(4\cdot 3^k-1)=3+\frac{12(3^{n-1}-1)}{3-1}-(n-1)$$

$$=6\cdot 3^{n-1}-n-2=2\cdot 3^n-n-2$$

これは，$n=1$ のときも成り立つ．

3°　[B]について．(5)で一般項を求めるために，(2)，(3)，(4)で，②は

$$a_{n+2}+3a_{n+1}=2(a_{n+1}+3a_n)\qquad\text{つまり}\quad b_{n+1}=2b_n$$

$$a_{n+2}-2a_{n+1}=-3(a_{n+1}-2a_n)\quad\text{つまり}\quad c_{n+1}=-3c_n$$

のいずれにも変形できることを誘導している．

ここで得られた α，β を 2 解にもつ方程式 $t^2+t-6=0$ は漸化式②の特性方程式とよばれている．

4°　一般に

$$a_{n+2}+pa_{n+1}+qa_n=0\qquad\cdots\cdots Ⓐ$$

を　　$$a_{n+2}-\alpha a_{n+1}=\beta(a_{n+1}-\alpha a_n)\quad\cdots\cdots Ⓑ$$

と変形することを考える．

Ⓑを展開して整理すると

$$a_{n+2}-(\alpha+\beta)a_{n+1}+\alpha\beta a_n=0\quad\cdots\cdots Ⓑ'$$

ⒶとⒷ′の係数を比較して

$$\begin{cases} p=-(\alpha+\beta) \\ q=\alpha\beta \end{cases}$$

解と係数の関係により α，β は

$$t^2+pt+q=0\quad\cdots\cdots Ⓒ$$

の 2 解となる．

このⒸをⒶの**特性方程式**という．

5°　［C］(4)において，与えられた漸化式の両辺を底2で対数をとることに驚いた人がいるかもしれない．(4)を(3)の結果に帰着するのでは？と思うと，底2で対数をとることにより

$c_{n+1}=c_nd_n$ は，$\log_2 c_{n+1}=\log_2 c_n+\log_2 d_n$ に

$d_{n+1}=2c_n{}^2$ は，$\log_2 d_{n+1}=1+2\log_2 c_n$

となり，$\log_2 c_n=a_n$，$\log_2 d_n=b_n$ となることに気づくのである．積についての条件を和についての条件に変形するときに両辺の対数をとるとよいときがある．

6°　(1)〜(3)のヒントなしに，(4)が単独で出題された場合は，次のように解くのが自然である．

別解

［C］(4)　与えられた漸化式により

$$c_{n+1}{}^2d_{n+1}=2c_n{}^4d_n{}^2$$

$e_n=c_n{}^2d_n$ とすると

$$e_{n+1}=2e_n{}^2$$

両辺を底2で対数をとると

$$\log_2 e_{n+1}=1+2\log_2 e_n$$

ここで，$f_n=\log_2 e_n$ $(n=1,\ 2,\ 3,\ \cdots\cdots)$ とすると

$$f_{n+1}=1+2f_n \quad (n=1,\ 2,\ 3,\ \cdots\cdots)$$

が成り立ち，変形すると

$$f_{n+1}+1=2(f_n+1) \qquad \therefore\ f_n+1=(f_1+1)\cdot 2^{n-1} \quad (n=1,\ 2,\ 3,\ \cdots\cdots)$$

$f_1=\log_2 e_1=\log_2 c_1{}^2d_1=3$ だから

$$f_n=2^{n+1}-1 \qquad \therefore\ c_n{}^2d_n=e_n=2^{f_n}=2^{2^{n+1}-1}$$

93 [A]　漸化式 $\begin{cases} a_{n+1}=a_n+a_{n-1} & (n=2,\ 3,\ 4,\ \cdots\cdots) \\ a_1=1,\ a_2=1 \end{cases}$ で定義される数列を $\{a_n\}$ とする．このとき，次の問いに答えよ．

(1)　$\{a_n\}$ の第1項から第9項までを書け．

(2)　自然数 n ($n\geqq 2$) に対して $a_1{}^2+a_2{}^2+\cdots\cdots+a_n{}^2=a_na_{n+1}$ が成り立つことを数学的帰納法を用いて示せ．　　　　（福島大）

[B]　数列 $\{a_n\}$ は $a_1=\dfrac{3}{2}$，$a_{n+1}=3-\dfrac{2}{a_n}$ ($n=1,\ 2,\ 3,\ \cdots\cdots$) により定まるものとして，次の問いに答えよ．

(1)　すべての自然数 n について，$1<a_n<2$ であることを示せ．

(2)　$x_n=\dfrac{1}{2-a_n}$ とおくとき，x_{n+1} と x_n の間に成り立つ関係式を求めよ．

(3)　数列 $\{x_n\}$ の一般項 x_n を求めよ．

(4)　数列 $\{a_n\}$ の一般項 a_n を求めよ．　　　　（鹿児島大）

思考のひもとき

1.　数学的帰納法

自然数 n についての命題を(＊)とする．すべての自然数 n について(＊)が成り立つことを証明するには次の(i)，(ii)を示せばよい．

(i)　$n=1$ のとき(＊)が成立．

(ii)　$n=k$ のとき(＊)が成立するならば $n=k+1$ のときも(＊)が成立．

解答

[A] (1)　$a_{n+1}=a_n+a_{n-1}$ ($n=2,\ 3,\ 4,\ \cdots\cdots$)　……①

$a_1=\mathbf{1}$，$a_2=\mathbf{1}$　……②

①で $n=2$ として

$$a_3=a_2+a_1=1+1=\mathbf{2}$$

同様に①をくり返し用いて

$$a_4=a_3+a_2=2+1=\mathbf{3},\quad a_5=a_4+a_3=3+2=\mathbf{5},$$
$$a_6=a_5+a_4=5+3=\mathbf{8},\quad a_7=a_6+a_5=8+5=\mathbf{13},$$
$$a_8=a_7+a_6=13+8=\mathbf{21},\quad a_9=a_8+a_7=21+13=\mathbf{34}$$

(2)　$a_1{}^2+a_2{}^2+\cdots\cdots+a_n{}^2=a_na_{n+1}$　……(＊)

が，2以上のすべての自然数 n に対して成り立つことを数学的帰納法で示す．

(i) ②より，$a_1{}^2+a_2{}^2=1^2+1^2=2=1\cdot 2=a_2a_3$

したがって，$n=2$ のとき(＊)は成り立つ.

(ii) $n=k$ のとき(＊)が成り立つと仮定すると

$$a_1{}^2+a_2{}^2+\cdots\cdots+a_k{}^2=a_ka_{k+1}$$

が成立するので，両辺に $a_{k+1}{}^2$ を加えると

$$\begin{aligned}a_1{}^2+a_2{}^2+\cdots\cdots+a_k{}^2+a_{k+1}{}^2&=a_ka_{k+1}+a_{k+1}{}^2\\&=a_{k+1}(a_k+a_{k+1})\\&=a_{k+1}a_{k+2}\end{aligned}$$

これは，$n=k+1$ のときも(＊)が成り立つことを示している.

(i), (ii)より，2以上のすべての自然数 n に対して(＊)は成り立つ. □

［B］ $a_1=\dfrac{3}{2}$ ……①

$$a_{n+1}=3-\frac{2}{a_n}\quad(n=1,\ 2,\ 3,\ \cdots\cdots)\quad\cdots\cdots②$$

(1) すべての自然数 n について

$$1<a_n<2\quad\cdots\cdots(＊)$$

が成り立つことを数学的帰納法を用いて示す.

(i) ①より，$1<a_1<2$ であり，$n=1$ について(＊)が成り立つ.

(ii) $n=k$ のとき，(＊)が成り立つと仮定すると

$$1<a_k<2$$

が成立するので $\dfrac{2}{2}<\dfrac{2}{a_k}<\dfrac{2}{1}$

$$\therefore\quad 3-2<3-\frac{2}{a_k}<3-1$$

$$\therefore\quad 1<a_{k+1}<2$$

よって，$n=k+1$ についても(＊)が成り立つ.

(i), (ii)より，すべての自然数 n について(＊)が成り立つ. □

(2) $x_n=\dfrac{1}{2-a_n}$ とおくと，$\dfrac{1}{x_n}=2-a_n$ より $a_n=2-\dfrac{1}{x_n}$

そこで，②を x_n, x_{n+1} を用いて表すと

$$2-\frac{1}{x_{n+1}}=3-\frac{2}{2-\dfrac{1}{x_n}}$$

$$\therefore\quad \frac{1}{x_{n+1}}=\frac{2x_n}{2x_n-1}-1=\frac{1}{2x_n-1}$$

$$\therefore\quad \boldsymbol{x_{n+1}=2x_n-1}\quad \cdots\cdots③$$

(3)　③は　$x_{n+1}-1=2(x_n-1)$

と変形できるから，数列 $\{x_n-1\}$ は公比 2 の等比数列である．①より

$x_1=\dfrac{1}{2-a_1}=2$ だから

$$x_n-1=(x_1-1)\cdot 2^{n-1}=2^{n-1}$$

$$\therefore\quad \boldsymbol{x_n=2^{n-1}+1\quad (n=1,\ 2,\ 3,\ \cdots\cdots)}$$

(4)　$a_n=2-\dfrac{1}{x_n}=2-\dfrac{1}{2^{n-1}+1}=\boldsymbol{\dfrac{2^n+1}{2^{n-1}+1}}\quad \boldsymbol{(n=1,\ 2,\ 3,\ \cdots\cdots)}$

解説

1°　自然数 n についての命題を(＊)とするとき，すべての自然数 n について(＊)が成り立つことを

(i)　$n=1$ のとき(＊)が成り立つ
(ii)　$n=k$ のとき(＊)が成り立つと仮定すると，$n=k+1$ のときも(＊)が成り立つ

の 2 つを示すことによって証明する方法を**数学的帰納法**という．

［A］(2)，［B］(1)で用いた．

2°　［A］について．①，②で定義される数列を**フィボナッチ数列**という．多くの興味深い性質をもっていて，(2)で示したこともその 1 つである．ここでは，目で見てわかる方法を紹介する．

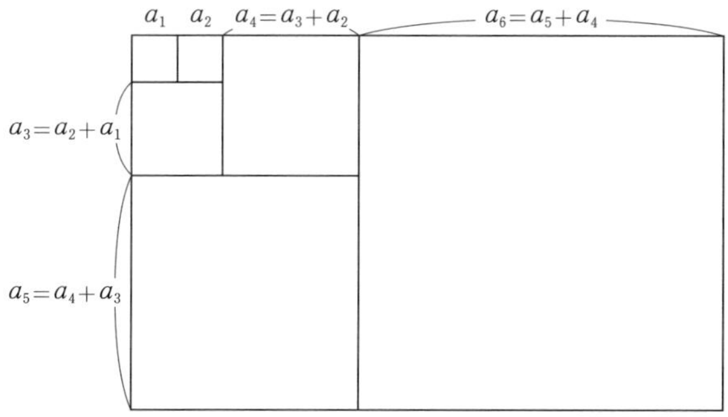

上図のようにとると，次々と 1 辺が a_1，a_2，a_3，a_4，$\cdots\cdots$ の正方形がつくられていく．そこで n 個の正方形の面積の和

$$a_1{}^2+a_2{}^2+\cdots\cdots+a_n{}^2$$

は，縦，横が a_n，a_{n+1} の長方形の面積 a_na_{n+1} と等しく

$$a_1{}^2+a_2{}^2+\cdots\cdots+a_n{}^2=a_na_{n+1}$$

が成り立つ．

［B］について．(2)で誘導にうまく乗り，a_n を x_n で表し

$a_n=2-\dfrac{1}{x_n}$，$a_{n+1}=2-\dfrac{1}{x_{n+1}}$ を②に代入しさえすれば，おなじみの形の漸化式③が得られる．

94

(1) $\displaystyle\sum_{k=1}^{n}2^k$ を求めよ．

(2) $\displaystyle\sum_{k=1}^{n}k2^k$ を求めよ．

(3) 次の関係式を満たす数列 $\{a_n\}$ をすべて求めよ．

$$\sum_{k=1}^{n}ka_k=(n-1)\left(\sum_{k=1}^{n}a_k+2\right)+2\quad(n=1,\ 2,\ 3,\ \cdots\cdots)$$

（埼玉大）

思考のひもとき

1.

$$S_n=r+2r^2+3r^3+\cdots\cdots+nr^n \quad \text{の両辺を } r \text{ 倍すると}$$

$$rS_n=\quad r^2+2r^3+\cdots\cdots+(n-1)r^n+nr^{n+1} \quad \text{となり辺々引くと}$$

$$(1-r)S_n=\boxed{r+r^2+r^3+\cdots\cdots+r^n-nr^{n+1}}$$

解答

(1) 初項2，公比2の等比数列の初項から第 n 項までの和を求めて

$$\sum_{k=1}^{n}2^k=\sum_{k=1}^{n}2\cdot2^{k-1}=\frac{2(2^n-1)}{2-1}=\boldsymbol{2^{n+1}-2}$$

(2) $S_n=\displaystyle\sum_{k=1}^{n}k2^k$ とおくと

$$\begin{aligned}S_n&=1\cdot2+2\cdot2^2+3\cdot2^3+\cdots\cdots+n\cdot2^n\\ -)\ 2S_n&=\qquad 1\cdot2^2+2\cdot2^3+\cdots\cdots+(n-1)\cdot2^n+n\cdot2^{n+1}\\ \hline -S_n&=2+2^2+2^3+\cdots\cdots+2^n-n\cdot2^{n+1}\\ &=2^{n+1}-2-n\cdot2^{n+1}\end{aligned}$$

$$\therefore\quad S_n=\boldsymbol{(n-1)\cdot2^{n+1}+2}$$

(3)　$$\sum_{k=1}^{n} ka_k=(n-1)\left(\sum_{k=1}^{n} a_k+2\right)+2 \quad (n=1,\ 2,\ 3,\ \cdots\cdots) \quad \cdots\cdots①$$

①で，$n=1$ として　$a_1=2$

$n=2$ として　$a_1+2a_2=(a_1+a_2+2)+2$　　$\therefore\ a_2=4$

$n=3$ として　$a_1+2a_2+3a_3=2(a_1+a_2+a_3+2)+2$　　$\therefore\ a_3=8$

これらより

$$a_n=2^n \quad \cdots\cdots(*)$$

と推定される．$(*)$が，すべての自然数 n について成り立つことを数学的帰納法で示す．

(i)　$a_1=2=2^1$ より，$n=1$ のとき$(*)$は成り立つ．

(ii)　$n \leqq m$ のとき，$(*)$が成り立つと仮定すると

$$a_k=2^k \quad (k=1,\ 2,\ \cdots\cdots,\ m) \quad \cdots\cdots②$$

が成り立つから，①で $n=m+1$ の式を考えると

$$\sum_{k=1}^{m+1} ka_k=m\left(\sum_{k=1}^{m+1} a_k+2\right)+2$$

②より

$$S_m+(m+1)a_{m+1}=m\left(\sum_{k=1}^{m} 2^k+a_{m+1}+2\right)+2$$

(1)，(2)の結果を用いると

$$(m-1)2^{m+1}+2+a_{m+1}=m\cdot(2^{m+1}-2)+2m+2$$

$$\therefore\ a_{m+1}=2^{m+1}$$

となり，$n=m+1$ のときも$(*)$が成り立つ．

以上(i)，(ii)より，すべての自然数 n について$(*)$が成り立つ．

よって，①を満たす数列 $\{a_n\}$ は

$$\boldsymbol{a_n=2^n}$$

解説

1°　(2)で用いた方法は，等比数列の和の公式を導くときに使われる方法と同じである．

$$\begin{cases} S=a+ar+ar^2+\cdots\cdots+ar^{n-1} \\ rS=\quad ar+ar^2+\cdots\cdots+ar^{n-1}+ar^n \end{cases} \text{より}\quad (1-r)S=a(1-r^n)$$

2°　(3)では，数学的帰納法を使わずに，①から数列 $\{a_n\}$ の漸化式を求めて次のように解いてもよい．

▶▶▶ **別解** ◀

(3) $T_n=\sum_{k=1}^{n}ka_k$ とおくと，与えられた関係式①で，n，$n+1$ の場合を書き並べて

$$T_n \quad =(n-1)(a_1+a_2+\cdots\cdots+a_n+2)+2 \quad \cdots\cdots Ⓐ$$

$$T_{n+1}= \quad n(a_1+a_2+\cdots\cdots+a_n+a_{n+1}+2)+2 \quad \cdots\cdots Ⓑ$$

Ⓑ－Ⓐ をつくると，($T_{n+1}-T_n=(n+1)a_{n+1}$ だから)

$$(n+1)a_{n+1}=a_1+a_2+\cdots\cdots+a_n+na_{n+1}+2$$

$$\therefore \quad a_{n+1}=a_1+a_2+\cdots\cdots+a_n+2 \quad \cdots\cdots Ⓒ$$

ここで，n を $n-1$ として，$n \geqq 2$ のとき

$$a_n=a_1+a_2+\cdots\cdots+a_{n-1}+2 \quad \cdots\cdots Ⓓ$$

Ⓒ－Ⓓ より

$$a_{n+1}-a_n=a_n$$

$$\therefore \quad a_{n+1}=2a_n \quad (n \geqq 2 \text{ のとき}) \quad \cdots\cdots Ⓔ$$

ここで，①で $n=1$，2 として $a_1=2$，$a_2=4$ が得られるから，$a_2=2a_1$ でⒺは $n=1$ のときも成り立つ．

よって，数列 $\{a_n\}$ は，初項 2，公比 2 の等比数列である．一般項は

$$a_n=2^n$$

95　1辺の長さが$2a$の正方形ABCDを底面とする高さhの正四角錐O-ABCDがある．ここで，辺OA，OB，OC，ODの長さはすべて等しい．正四角錐O-ABCDに内接する球をQ_1とし，また正四角錐O-ABCDの4つの側面とQ_1に接する球をQ_2とする．

以下同様にして球Q_3，Q_4，……，Q_nをつくる．次の問いに答えよ．

(1)　球Q_1の半径r_1を求めよ．

(2)　球Q_{k+1}の半径r_{k+1}を球Q_kの半径r_kで示せ．

(3)　球Q_nの体積をa，h，nで示せ．

(4)　$h=2\sqrt{2}\,a$のとき，球Q_1，Q_2，Q_3，……，Q_nの体積の和をa，nで示せ．

（名古屋市立大）

思考のひもとき

1.　正四角錐O-ABCDに内接する球の中心は

　　頂点Oから底面ABCDへ下ろした垂線上 にある．

2.　「2つの球が外接する」 $\Longleftrightarrow$ （中心間距離）=（ 半径の和 ）

解答

(1)　AB，CDの中点をそれぞれE，Fとおく．正四角錐O-ABCDを平面OEFで切った断面は図2のようになり，球Q_1の断面は，△OEFの内接円となる．この内接円の中心Iは球Q_1の中心である．図のように記号をつける．

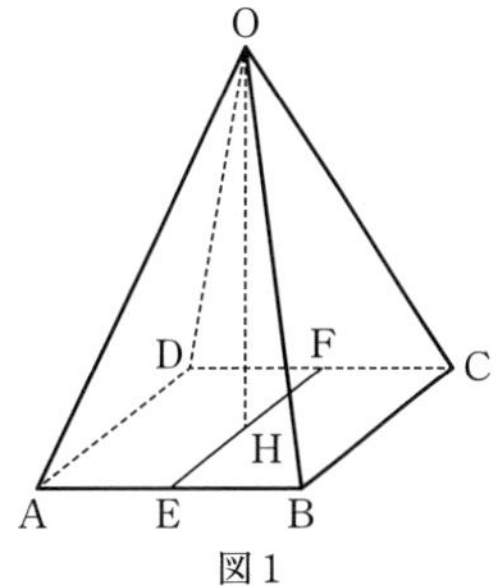

図1

△OEH∽△OIJであるから

$$\mathrm{EH}:\mathrm{OE}=\mathrm{IJ}:\mathrm{OI}$$

ここで

$$\mathrm{EH}=\frac{1}{2}\mathrm{EF}=a,\quad \mathrm{OE}=\sqrt{a^2+h^2},$$

$$\mathrm{IH}=\mathrm{IJ}=r_1,\quad \mathrm{OI}=h-r_1$$

だから

$$a:\sqrt{a^2+h^2}=r_1:h-r_1$$

$$r_1\sqrt{a^2+h^2}=a(h-r_1)$$

$$\therefore\quad r_1=\boldsymbol{\frac{ah}{\sqrt{a^2+h^2}+a}}$$

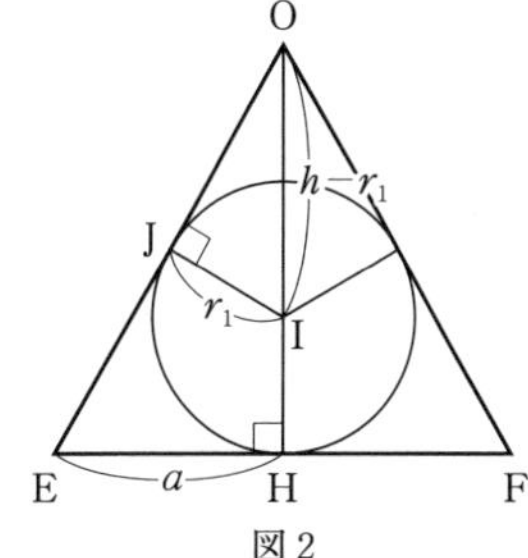

図2

(2) Q_k, Q_{k+1} の平面OEFで切った断面は，図3のように I_k, I_{k+1} を中心とする円になる．

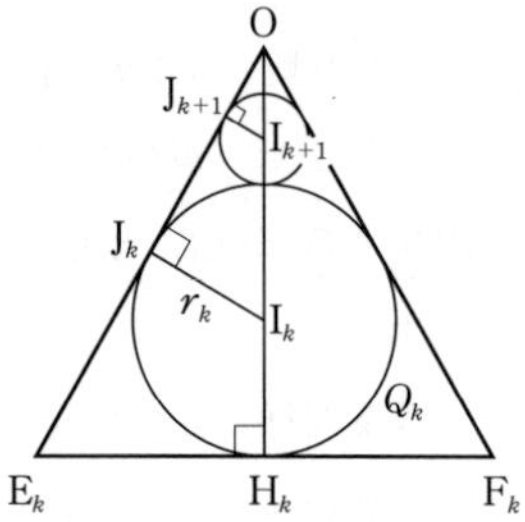

$$\triangle \mathrm{OI}_k\mathrm{J}_k \backsim \triangle \mathrm{OEH} \quad (k=1,\ 2,\ 3,\ \cdots\cdots)$$

であるから

$$\mathrm{OI}_k=\frac{\sqrt{a^2+h^2}}{a}r_k \quad (k=1,\ 2,\ 3,\ \cdots\cdots) \cdots\cdots①$$

図3

Q_{k+1} は Q_k に外接しているから

$$\mathrm{I}_k\mathrm{I}_{k+1}=r_k+r_{k+1} \quad \cdots\cdots②$$

①より

$$\mathrm{I}_k\mathrm{I}_{k+1}=\mathrm{OI}_k-\mathrm{OI}_{k+1}=\frac{\sqrt{a^2+h^2}}{a}(r_k-r_{k+1})$$

であるから，②に代入して

$$\frac{\sqrt{a^2+h^2}}{a}(r_k-r_{k+1})=r_k+r_{k+1}$$

$$\therefore \quad \boldsymbol{r_{k+1}=\frac{\sqrt{a^2+h^2}-a}{\sqrt{a^2+h^2}+a}r_k}$$

(3) Q_n の体積を V_n とおくと

$$V_n=\frac{4}{3}\pi r_n{}^3$$

(2)の結果は，数列 $\{r_n\}$ が公比 $\dfrac{\sqrt{a^2+h^2}-a}{\sqrt{a^2+h^2}+a}$ の等比数列であることを示しているから

$$r_n=r_1\cdot(\text{公比})^{n-1}=\frac{ah}{\sqrt{a^2+h^2}+a}\cdot\left(\frac{\sqrt{a^2+h^2}-a}{\sqrt{a^2+h^2}+a}\right)^{n-1}=ah\cdot\frac{(\sqrt{a^2+h^2}-a)^{n-1}}{(\sqrt{a^2+h^2}+a)^n}$$

よって

$$\boldsymbol{V_n=\frac{4}{3}\pi a^3h^3\frac{(\sqrt{a^2+h^2}-a)^{3n-3}}{(\sqrt{a^2+h^2}+a)^{3n}}}$$

(4) $h=2\sqrt{2}a$ のとき，$\sqrt{a^2+h^2}=\sqrt{9a^2}=3a$ だから，$\{r_n\}$ の公比は $\dfrac{1}{2}$,

$\{V_n\}$ は，公比 $\dfrac{1}{8}$ の等比数列である．

よって，求める和 S_n は

$$S_n=\frac{V_1\left\{1-\left(\frac{1}{8}\right)^n\right\}}{1-\frac{1}{8}}=\frac{4}{3}\pi\cdot a^3\cdot 16\sqrt{2}a^3\cdot\frac{1}{(4a)^3}\cdot\frac{8}{7}\left\{1-\left(\frac{1}{8}\right)^n\right\}$$

$$=\boldsymbol{\frac{8\sqrt{2}}{21}\pi a^3\left\{1-\left(\frac{1}{8}\right)^n\right\}}$$

解説

1°　四角錐をどの平面で切った断面で考えるかがポイントとなる．内接する球の中心は，垂線OH上にあり，側面との接点は，各側面の二等辺三角形の頂点Oから底辺への垂線上にあるから，断面OEFを考えている．

(1)では，△OEFの内接円の半径がr_1なので，△OEFの面積を考えて

$$\frac{1}{2}\cdot 2a\cdot h=\frac{1}{2}(2a+\sqrt{a^2+h^2}+\sqrt{a^2+h^2})\cdot r_1$$

よりr_1を求める方法もある．

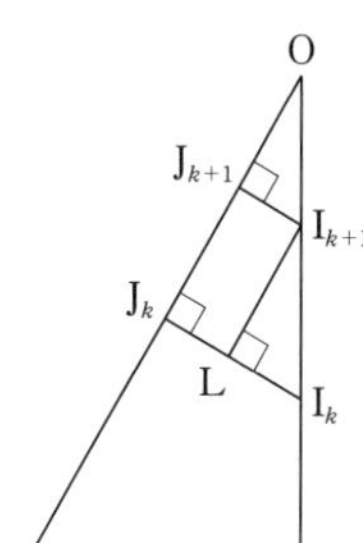

(2)では，Q_kとQ_{k+1}が外接し合っているから，(中心間距離)＝(半径の和) となり②を得る．右図のようにLをとると，$\triangle I_{k+1}I_kL \backsim \triangle OI_kJ_k$ であるから，②と$I_kL=r_k-r_{k+1}$ より

$$r_k+r_{k+1}=\frac{\sqrt{a^2+h^2}}{a}(r_k-r_{k+1})$$

として，r_{k+1}をr_kで表してもよい．

96 (1) kを0以上の整数とするとき

$$\frac{x}{3}+\frac{y}{2}\leqq k$$

を満たす0以上の整数x，yの組$(x,\ y)$の個数をa_kとする．a_kをkの式で表せ．

(2) nを0以上の整数とするとき

$$\frac{x}{3}+\frac{y}{2}+z\leqq n$$

を満たす0以上の整数x，y，zの組$(x,\ y,\ z)$の個数をb_nとする．b_nをnの式で表せ． (横浜国立大)

思考のひもとき

1. kを0以上の整数とする．

$y=2j$ $(j=0,\ 1,\ 2,\ \cdots\cdots,\ k)$ のとき，$\dfrac{x}{3}+\dfrac{y}{2}\leqq k$ より

$$x\leqq \boxed{3(k-j)}$$

これを満たす0以上の整数xは $\boxed{3(k-j)+1\text{ 個}}$

$y=2j-1$ $(j=1,\ 2,\ \cdots\cdots,\ k)$ のとき，$\dfrac{x}{3}+\dfrac{y}{2}\leqq k$ より

$$x\leqq \boxed{3(k-j)+\frac{3}{2}}$$

これを満たす0以上の整数xは $\boxed{3(k-j)+2\text{ 個}}$

解答

(1) $\begin{cases}\dfrac{x}{3}+\dfrac{y}{2}\leqq k & \cdots\cdots① \\ x\geqq 0,\ y\geqq 0 & \cdots\cdots②\end{cases}$

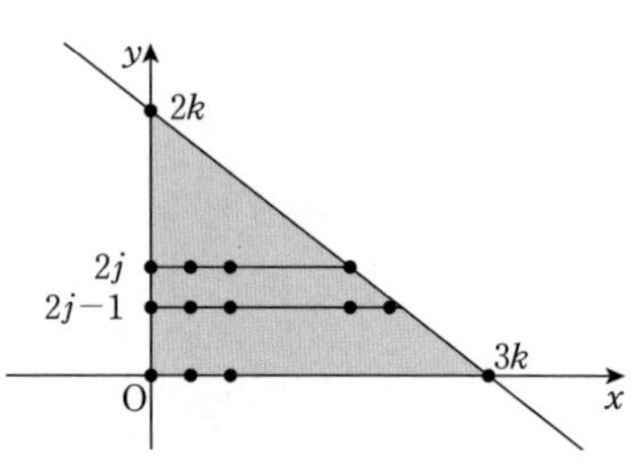

が表す領域は，右図の網部分である．

yのとり得る値の範囲は $0\leqq y\leqq 2k$

yの偶奇で場合分けして数える．jを整数として

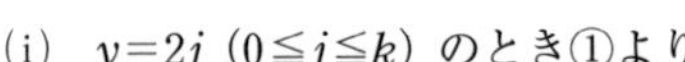

(i) $y=2j$ $(0\leqq j\leqq k)$ のとき①より

$$\frac{x}{3}+j\leqq k \qquad \therefore\ x\leqq 3(k-j)$$

これを満たす0以上の整数xは

$x=0,\ 1,\ 2,\ \cdots\cdots,\ 3(k-j)$ の $3(k-j)+1$ 個

(ii)　$y=2j-1$ $(1\leqq j\leqq k)$ のとき，①より

$$\frac{x}{3}+\frac{2j-1}{2}\leqq k \qquad \therefore \quad x\leqq 3(k-j)+\frac{3}{2}$$

これを満たす0以上の整数 x は

$x=0,\ 1,\ 2,\ \cdots\cdots,\ 3(k-j)+1$ の $3(k-j)+2$ 個

(i)，(ii)より

$$\begin{aligned}\boldsymbol{a_k}&=\sum_{j=0}^{k}\{3(k-j)+1\}+\sum_{j=1}^{k}\{3(k-j)+2\}\\&=(3k+1)+\sum_{j=1}^{k}\{(6k+3)-6j\}\\&=(3k+1)+(6k+3)k-6\cdot\frac{1}{2}k(k+1)\\&=\boldsymbol{3k^2+3k+1}\end{aligned}$$

(2)　$\begin{cases}\dfrac{x}{3}+\dfrac{y}{2}+z\leqq n & \cdots\cdots③\\ x\geqq 0,\ y\geqq 0,\ z\geqq 0 & \cdots\cdots④\end{cases}$

より，z のとり得る値の範囲は　　$0\leqq z\leqq n$

③において，$z=n-k$ $(0\leqq k\leqq n)$ のとき，③より

$$\frac{x}{3}+\frac{y}{2}\leqq k$$

これを満たす0以上の整数 x，y の組 $(x,\ y)$ は，(1)より

$a_k=3k^2+3k+1$ 組

よって

$$\begin{aligned}\boldsymbol{b_n}&=\sum_{k=0}^{n}(3k^2+3k+1)\\&=3\cdot\frac{1}{6}n(n+1)(2n+1)+3\cdot\frac{1}{2}n(n+1)+(n+1)\\&=\frac{1}{2}(n+1)\{n(2n+1)+3n+2\}\\&=\boldsymbol{(n+1)^3}\end{aligned}$$

解説

1°　(1)では，y を固定したとき（y を定数とみなしたとき）の個数を求めて，Σ計算にもち込んだ．①における y の項の分母が2なので，y の偶奇で場合分けした．

x を固定して，x を3で割った余りで場合分けしても次のようにできる．

数列

(i) $x=3m$ $(0\leqq m\leqq k)$ のとき，$0\leqq y\leqq 2(k-m)$ より

$2(k-m)+1$ 個

(ii) $x=3m-2$ $(1\leqq m\leqq k)$ のとき，$0\leqq y\leqq 2(k-m)+\dfrac{4}{3}$ より

$2(k-m)+2$ 個

(iii) $x=3m-1$ $(1\leqq m\leqq k)$ のとき，$0\leqq y\leqq 2(k-m)+\dfrac{2}{3}$ より

$2(k-m)+1$ 個

よって

$$a_k=\sum_{m=0}^{k}\{2(k-m)+1\}+\sum_{m=1}^{k}\{2(k-m)+2\}+\sum_{m=1}^{k}\{2(k-m)+1\}$$

$$=2k+1+\sum_{m=1}^{k}(6k+4-6m)=3k^2+3k+1$$

2° (2)で，(1)をヒントとみなすと，$z=n-k$ のときの $(x,\ y)$ の組を考えたくなる．ここで，z のとり得る値の範囲が，$0\leqq z\leqq n$ だから，$z=n-k$ $(k=0,\ 1,\ 2,\ \cdots\cdots,\ n)$ のときについて調べて解答していった．

3° (1)では，次のような解法もある．

▶▶▶別解◀

(1) 右図のように記号をつける．

長方形OACBの周およびその内部にある格子点（x，y 両座標ともに整数である点）の個数は

$(3k+1)(2k+1)$ （個）

このうち，線分AB（両端を含む）上には

$(0,\ 2k)$，$(3,\ 2(k-1))$，……，$(3i,\ 2(k-i))$，……，$(3k,\ 0)$ の $k+1$ 個

△OAB，△CBAの周およびその内部の格子点の個数は等しいから

$$a_k=\frac{(3k+1)(2k+1)+(k+1)}{2}=3k^2+3k+1$$

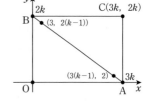

第12章　平面ベクトル

97 ［A］ 正六角形ABCDEFにおいて，辺CDの中点をPとする．また，$\overrightarrow{\mathrm{AC}}=\vec{c}$，$\overrightarrow{\mathrm{AE}}=\vec{e}$ とおく．このとき，$\overrightarrow{\mathrm{FP}}$ を $\vec{c}$，$\vec{e}$ を用いて表せ．（愛媛大）

［B］ 四角形ABCDは平行四辺形ではないとし，辺AB，BC，CD，DAの中点をそれぞれP，Q，R，Sとする．

(1) 線分PRの中点Kと線分QSの中点Lは一致することを示せ．

(2) 線分ACの中点Mと線分BDの中点Nを結ぶ直線は点Kを通ることを示せ．

（岡山大）

思考のひもとき

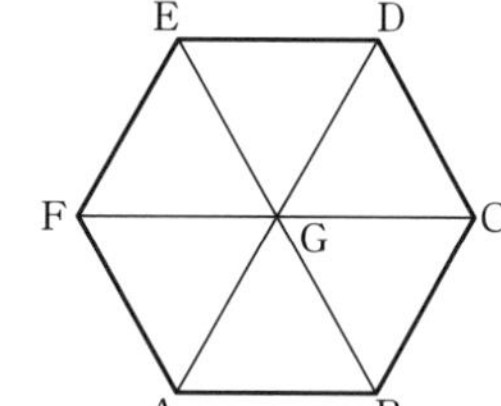

1. 正六角形ABCDEFの中心をGとおくと，四角形ABCG，ABGF，AGEF，BCDGは，いずれも **平行四辺形** である（正確には，ひし形である）．

2. 2点の位置ベクトルが一致する
$\Longrightarrow$ その2点は **一致する**

3. $\mathrm{A}(\vec{a})$，$\mathrm{B}(\vec{b})$ のとき，ABの中点 $\mathrm{P}(\vec{p})$ の位置ベクトルは　$\vec{p}=\boxed{\dfrac{\vec{a}+\vec{b}}{2}}$

解答

［A］ $\overrightarrow{\mathrm{AB}}=\vec{b}$，$\overrightarrow{\mathrm{AF}}=\vec{f}$ とおくと

$$\begin{cases}\vec{c}=\overrightarrow{\mathrm{AF}}+\overrightarrow{\mathrm{FC}}=\vec{f}+2\vec{b} & \cdots\cdots ① \\ \vec{e}=\overrightarrow{\mathrm{AB}}+\overrightarrow{\mathrm{BE}}=\vec{b}+2\vec{f} & \cdots\cdots ②\end{cases}$$

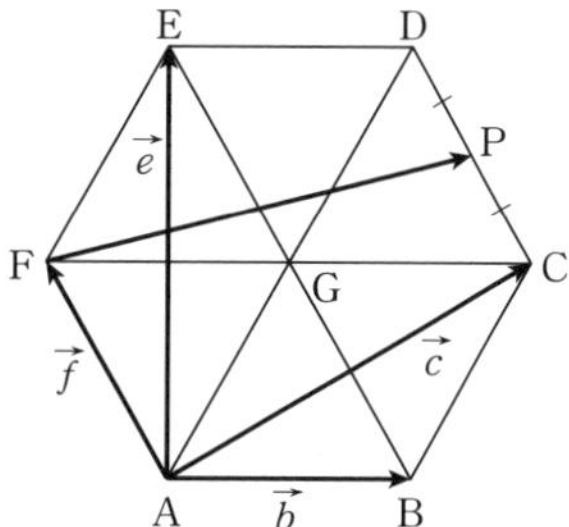

ここで，①×2−②，②×2−① をつくり，両辺を $\dfrac{1}{3}$ 倍することにより

$$\vec{b}=\frac{1}{3}(2\vec{c}-\vec{e}),\quad \vec{f}=\frac{1}{3}(2\vec{e}-\vec{c})$$

したがって

$$\overrightarrow{\mathrm{FP}}=\overrightarrow{\mathrm{FC}}+\frac{1}{2}\overrightarrow{\mathrm{CD}}=2\vec{b}+\frac{1}{2}\vec{f}$$

$$=\frac{2}{3}(2\vec{c}-\vec{e})+\frac{1}{6}(2\vec{e}-\vec{c})=\boldsymbol{\frac{7}{6}\vec{c}-\frac{1}{3}\vec{e}}$$

［B］ 右図のように各点の位置ベクトルをその小文字を用いて表すことにする.

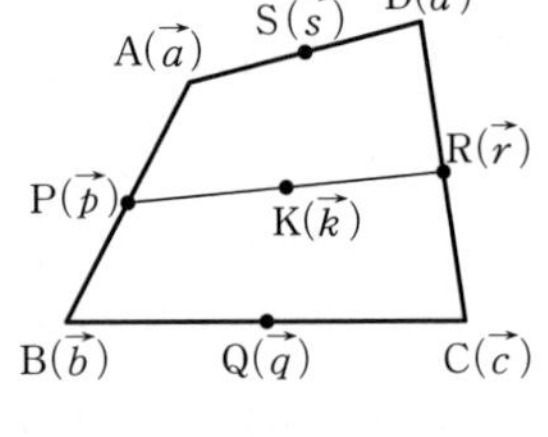

⑴ P, Q, R, Sは各辺の中点だから

$$\vec{p}=\frac{\vec{a}+\vec{b}}{2},\ \vec{q}=\frac{\vec{b}+\vec{c}}{2},$$

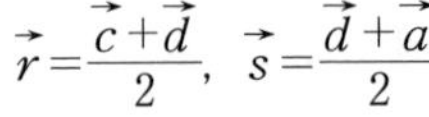

$$\vec{r}=\frac{\vec{c}+\vec{d}}{2},\ \vec{s}=\frac{\vec{d}+\vec{a}}{2}$$

K, Lは, PR, QSの中点だから

$$\vec{k}=\frac{\vec{p}+\vec{r}}{2}=\frac{\vec{a}+\vec{b}+\vec{c}+\vec{d}}{4},\ \vec{l}=\frac{\vec{q}+\vec{s}}{2}=\frac{\vec{a}+\vec{b}+\vec{c}+\vec{d}}{4}$$

したがって, $\vec{k}=\vec{l}$, すなわち, KとLは一致する. □

⑵ M($\vec{m}$), N($\vec{n}$)は, AC, BDの中点だから

$$\vec{m}=\frac{\vec{a}+\vec{c}}{2},\ \vec{n}=\frac{\vec{b}+\vec{d}}{2}$$

ここで, MNの中点をJ($\vec{j}$)とすると

$$\vec{j}=\frac{\vec{m}+\vec{n}}{2}=\frac{\vec{a}+\vec{b}+\vec{c}+\vec{d}}{4}$$

となり, JはKと一致する.

よって, KはMNの中点であり, 直線MNは点Kを通る. □

解説

1° ［A］は, $\vec{c}$, $\vec{e}$を基準にするよりは, 同じベクトルが多くある$\vec{b}$, $\vec{f}$を基準とした方がわかりやすい. そこで, $\vec{c}$, $\vec{e}$, $\overrightarrow{FP}$を$\vec{b}$, $\vec{f}$で表し, $\vec{b}$, $\vec{f}$を$\vec{c}$, $\vec{e}$で表し, 最終的には, $\overrightarrow{FP}$を$\vec{c}$, $\vec{e}$で表した.

もちろん, $\vec{c}$, $\vec{e}$を基準にした次のような解答も可能である.

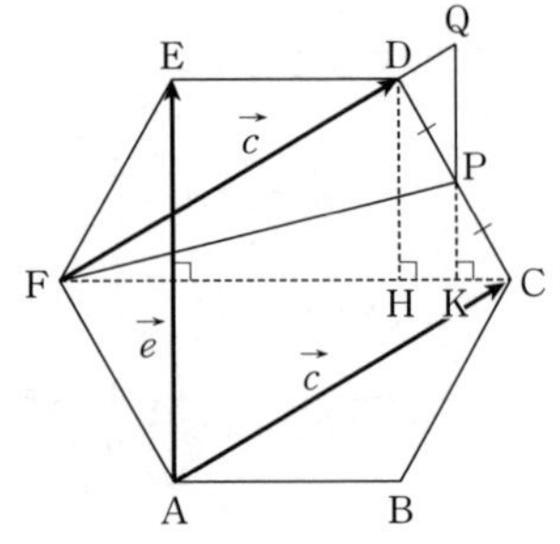

右図のようにQ, H, Kをとり, 正六角形の1辺の長さをaとすると

$$\mathrm{FH}:\mathrm{HK}:\mathrm{KC}=\frac{3}{2}a:\frac{a}{4}:\frac{a}{4}=6:1:1$$

であるから

$$\overrightarrow{\mathrm{FQ}}=\frac{7}{6}\overrightarrow{\mathrm{FD}}=\frac{7}{6}\vec{c}$$

また

$$\overrightarrow{\mathrm{QK}}=\frac{7}{6}\overrightarrow{\mathrm{DH}}=-\frac{7}{12}\vec{e},\ \overrightarrow{\mathrm{PK}}=\frac{1}{2}\overrightarrow{\mathrm{DH}}=-\frac{1}{4}\vec{e}$$

より

$$\overrightarrow{\mathrm{QP}}=\overrightarrow{\mathrm{QK}}-\overrightarrow{\mathrm{PK}}=\left(-\frac{7}{12}+\frac{1}{4}\right)\vec{e}=-\frac{1}{3}\vec{e}$$

よって

$$\overrightarrow{\mathrm{FP}}=\overrightarrow{\mathrm{FQ}}+\overrightarrow{\mathrm{QP}}=\frac{7}{6}\vec{c}-\frac{1}{3}\vec{e}$$

2°　[B]は，**思考のひもとき**の**2.**にもあるように，(1)では，KとLの位置ベクトルが一致することを示せばよい．(2)では，M，Nの位置ベクトルを求め，MNの中点の位置ベクトルが(1)で求めたKの位置ベクトルと等しくなることを見通すことがポイントとなる．

98　AD∥BC，BC＝2ADである四角形ABCDがある．点P，Qが

$$\overrightarrow{\mathrm{PA}}+2\overrightarrow{\mathrm{PB}}+3\overrightarrow{\mathrm{PC}}=\vec{0},\ \overrightarrow{\mathrm{QA}}+\overrightarrow{\mathrm{QC}}+\overrightarrow{\mathrm{QD}}=\vec{0}$$

を満たすとき，次の問いに答えよ．

(1)　ABとPQが平行であることを示せ．

(2)　3点P，Q，Dが一直線上にあることを示せ．　　(滋賀大)

思考のひもとき

1.　始点をAにして$\overrightarrow{\mathrm{BC}}$を表すと，$\overrightarrow{\mathrm{BC}}=\boxed{\overrightarrow{\mathrm{AC}}-\overrightarrow{\mathrm{AB}}}$

2.　AB∥PQ　⟺　$\boxed{\overrightarrow{\mathrm{PQ}}=k\overrightarrow{\mathrm{AB}}\text{ となる実数}k\text{が存在}}$

3.　点Dは直線PQ上　⟺　$\boxed{\overrightarrow{\mathrm{PD}}=k\overrightarrow{\mathrm{PQ}}\text{ となる実数}k\text{が存在}}$

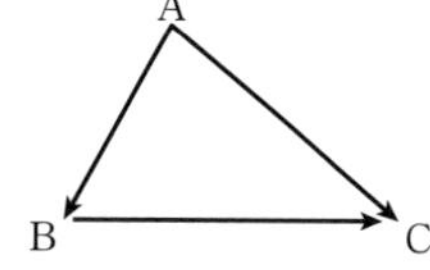

解答

(1)　AD∥BC，BC＝2AD より

$$\overrightarrow{\mathrm{BC}}=2\overrightarrow{\mathrm{AD}}\quad\cdots\cdots①$$

始点をAにそろえて与えられた2つの等式を表すと

$$\begin{cases} -\overrightarrow{AP}+2(\overrightarrow{AB}-\overrightarrow{AP})+3(\overrightarrow{AC}-\overrightarrow{AP})=\vec{0} \\ -\overrightarrow{AQ}+(\overrightarrow{AC}-\overrightarrow{AQ})+(\overrightarrow{AD}-\overrightarrow{AQ})=\vec{0} \end{cases}$$

より

$$\overrightarrow{AP}=\frac{1}{6}(2\overrightarrow{AB}+3\overrightarrow{AC}) \quad \cdots\cdots ②$$

$$\overrightarrow{AQ}=\frac{1}{3}(\overrightarrow{AC}+\overrightarrow{AD}) \quad \cdots\cdots ③$$

したがって，②，③より

$$\overrightarrow{PQ}=\overrightarrow{AQ}-\overrightarrow{AP}=\left(\frac{1}{3}\overrightarrow{AC}+\frac{1}{3}\overrightarrow{AD}\right)-\left(\frac{1}{3}\overrightarrow{AB}+\frac{1}{2}\overrightarrow{AC}\right)$$

$$=-\frac{1}{3}\overrightarrow{AB}-\frac{1}{6}\overrightarrow{AC}+\frac{1}{3}\overrightarrow{AD} \quad \cdots\cdots ④$$

ここで，①の左辺の始点を A にそろえると

$$\overrightarrow{AC}-\overrightarrow{AB}=2\overrightarrow{AD}$$

$$\therefore \quad \overrightarrow{AD}=\frac{1}{2}(\overrightarrow{AC}-\overrightarrow{AB}) \quad \cdots\cdots ⑤$$

となるから，⑤を④に代入すると

$$\overrightarrow{PQ}=-\frac{1}{3}\overrightarrow{AB}-\frac{1}{6}\overrightarrow{AC}+\frac{1}{6}(\overrightarrow{AC}-\overrightarrow{AB})$$

$$=-\frac{1}{2}\overrightarrow{AB} \quad \cdots\cdots ⑥$$

よって　　AB // PQ　□

(2)　$\overrightarrow{PD}=\overrightarrow{AD}-\overrightarrow{AP}$ だから，②，⑤より

$$\overrightarrow{PD}=\frac{1}{2}(\overrightarrow{AC}-\overrightarrow{AB})-\left(\frac{1}{3}\overrightarrow{AB}+\frac{1}{2}\overrightarrow{AC}\right)$$

$$=-\frac{5}{6}\overrightarrow{AB} \quad \cdots\cdots ⑦$$

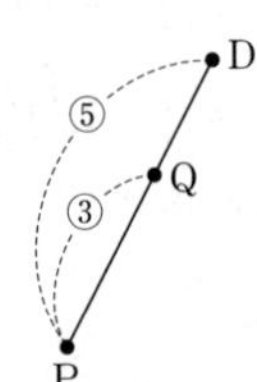

⑥，⑦より

$$\overrightarrow{PD}=\frac{5}{3}\overrightarrow{PQ}$$

ゆえに，3 点 P，Q，D は一直線上にある．　□

解説

1°　与えられた条件は，すべて始点をAにそろえて表すと，⑤，②，③となる．そこで，$\overrightarrow{AB}$ と $\overrightarrow{AC}$ を基準にして考えるために $\overrightarrow{AD}$ を消去すると，⑥，⑦を得る．

2°　2点P，Qがどのような点なのかが図でかけなくても解答できたが，②，③より，2点の位置を次のように説明できる．

②より $\overrightarrow{AP}=\dfrac{5}{6}\left(\dfrac{2\overrightarrow{AB}+3\overrightarrow{AC}}{5}\right)$ で，$\overrightarrow{AE}=\dfrac{2\overrightarrow{AB}+3\overrightarrow{AC}}{5}$ となる点Eをとると，点Eは，BCの3：2の内分点で，$\overrightarrow{AP}=\dfrac{5}{6}\overrightarrow{AE}$ より，点Pは，AEの5：1の内分点であることがわかる．

また，③より $\overrightarrow{AQ}=\dfrac{2}{3}\left(\dfrac{\overrightarrow{AC}+\overrightarrow{AD}}{2}\right)$ で，CDの中点をFとおくと，$\overrightarrow{AQ}=\dfrac{2}{3}\overrightarrow{AF}$ となるから，点QはAFの2：1の内分点である（△ACDの重心である）ことがわかる．

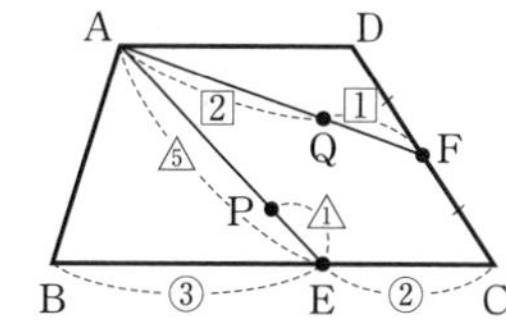

99 [A]　△OABにおいて$\overrightarrow{OA}=(-2,\ 1)$，$\overrightarrow{OB}=(1,\ 3)$とし，$\overrightarrow{OA}$と$\overrightarrow{OB}$のなす角を$\theta$とする．このとき，次の問いに答えよ．

(1)　$\cos\theta$の値を求めよ．

(2)　△OABの面積を求めよ．

(3)　OAの中点をCとし，AB上にOM⊥BCとなるように点Mをとる．AM：MBを求めよ．　（秋田大）

[B]　長方形ABCDに対して，それぞれの辺の長さを

$$AB=CD=1,\ BC=DA=t,\ 0<t<1$$

とする．辺AB上の点Pおよび辺BC上の点Qを，点Cと点Pが2点D，Qを通る直線に関して対称になるようにとる．

$$\overrightarrow{AB}=\vec{a},\ \overrightarrow{BC}=\vec{b},\ \overrightarrow{AP}=x\vec{a}\ (0<x<1),\ \overrightarrow{BQ}=y\vec{b}\ (0<y<1)$$

とおく．このとき，次の問いに答えよ．

(1)　$\overrightarrow{DP}$，$\overrightarrow{PQ}$を$\vec{a}$，$\vec{b}$，x，yで表せ．

(2)　x，yをtで表せ．

(3)　$x=\dfrac{3}{5}$のとき，tおよびyを求めよ．　（新潟大）

[C]　△OABにおいて，OA=1，OB=AB=2とし，$\overrightarrow{OA}=\vec{a}$，$\overrightarrow{OB}=\vec{b}$とおく．このとき，次の問いに答えよ．

(1)　内積$\vec{a}\cdot\vec{b}$を求めよ．

(2)　∠AOBの二等分線上の点PがAP=BPを満たすとき，線分APの長さを求めよ．　（新潟大）

思考のひもとき

1.　[A]　点Pが直線AB上にある　⟺　$\overrightarrow{OP}=\boxed{(1-t)\overrightarrow{OA}+t\overrightarrow{OB}}$
となる実数tが存在する
⟺　$\overrightarrow{OP}=s\overrightarrow{OA}+t\overrightarrow{OB}$　$\boxed{(s+t=1)}$
となる実数s，tが存在する

2.　[B]　$|\vec{a}+\vec{b}|^2=\boxed{(\vec{a}+\vec{b})\cdot(\vec{a}+\vec{b})}=\boxed{|\vec{a}|^2+2(\vec{a}\cdot\vec{b})+|\vec{b}|^2}$

3.　[C]　∠AOBの二等分線上の点Pは

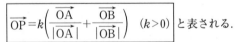

$\boxed{\overrightarrow{OP}=k\left(\dfrac{\overrightarrow{OA}}{|\overrightarrow{OA}|}+\dfrac{\overrightarrow{OB}}{|\overrightarrow{OB}|}\right)\quad(k>0)}$と表される．

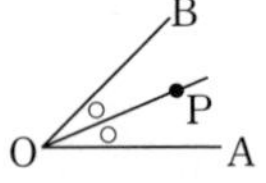

解答

［A］ (1) $|\overrightarrow{\mathrm{OA}}|=\sqrt{(-2)^2+1^2}=\sqrt{5}$，$|\overrightarrow{\mathrm{OB}}|=\sqrt{1^2+3^2}=\sqrt{10}$，$\overrightarrow{\mathrm{OA}}\cdot\overrightarrow{\mathrm{OB}}=(-2)\cdot1+1\cdot3=1$

内積の定義から

$$\overrightarrow{\mathrm{OA}}\cdot\overrightarrow{\mathrm{OB}}=|\overrightarrow{\mathrm{OA}}||\overrightarrow{\mathrm{OB}}|\cos\theta$$

であるから

$$1=\sqrt{5}\cdot\sqrt{10}\cos\theta \qquad \therefore\quad \cos\theta=\mathbf{\frac{1}{5\sqrt{2}}}$$

(2)
$$\sin^2\theta=1-\cos^2\theta=1-\frac{1}{50}=\frac{49}{50}$$

$\sin\theta>0$ だから

$$\sin\theta=\sqrt{\frac{49}{50}}=\frac{7}{5\sqrt{2}}$$

よって，$\triangle\mathrm{OAB}$ の面積 S は

$$S=\frac{1}{2}\mathrm{OA}\cdot\mathrm{OB}\cdot\sin\theta=\frac{1}{2}\cdot\sqrt{5}\cdot\sqrt{10}\cdot\frac{7}{5\sqrt{2}}=\mathbf{\frac{7}{2}}$$

(3) 点Mは AB 上の点だから，$\mathrm{AM}:\mathrm{MB}=t:(1-t)$ とすると

$$\overrightarrow{\mathrm{OM}}=(1-t)\overrightarrow{\mathrm{OA}}+t\overrightarrow{\mathrm{OB}}$$

$$=(1-t)\begin{pmatrix}-2\\1\end{pmatrix}+t\begin{pmatrix}1\\3\end{pmatrix}=\begin{pmatrix}3t-2\\2t+1\end{pmatrix}$$

と表せる．

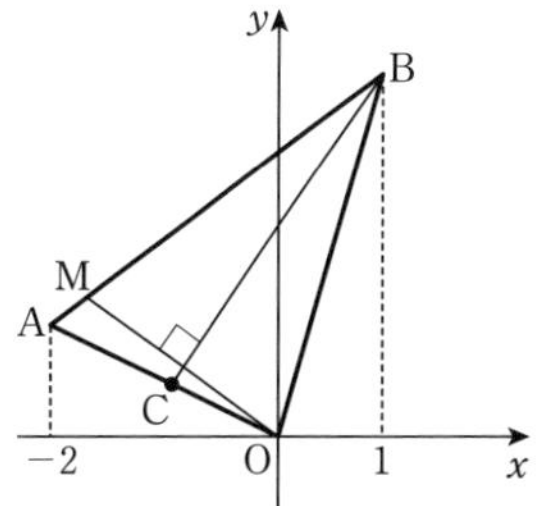

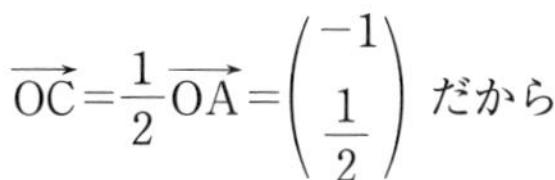

$$\overrightarrow{\mathrm{OC}}=\frac{1}{2}\overrightarrow{\mathrm{OA}}=\begin{pmatrix}-1\\\frac{1}{2}\end{pmatrix}$$ だから

$$\overrightarrow{\mathrm{CB}}=\begin{pmatrix}1\\3\end{pmatrix}-\begin{pmatrix}-1\\\frac{1}{2}\end{pmatrix}=\begin{pmatrix}2\\\frac{5}{2}\end{pmatrix}$$

$\mathrm{OM}\perp\mathrm{CB}$ より

$$\overrightarrow{\mathrm{OM}}\cdot\overrightarrow{\mathrm{CB}}=0$$

$$\therefore\quad 2(3t-2)+\frac{5}{2}(2t+1)=0 \qquad \therefore\quad t=\frac{3}{22}$$

$$\therefore\quad \mathrm{AM}:\mathrm{MB}=\frac{3}{22}:\frac{19}{22}=\mathbf{3:19}$$

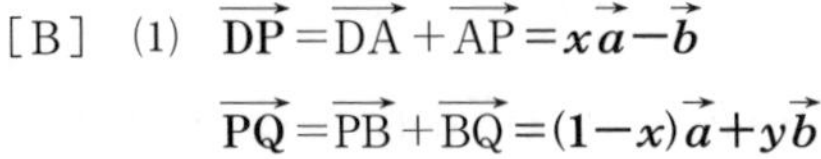

［B］ (1) $\overrightarrow{\mathrm{DP}}=\overrightarrow{\mathrm{DA}}+\overrightarrow{\mathrm{AP}}=\boldsymbol{x\vec{a}-\vec{b}}$

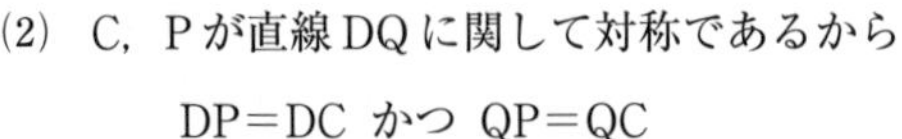

$\overrightarrow{\mathrm{PQ}}=\overrightarrow{\mathrm{PB}}+\overrightarrow{\mathrm{BQ}}=\boldsymbol{(1-x)\vec{a}+y\vec{b}}$

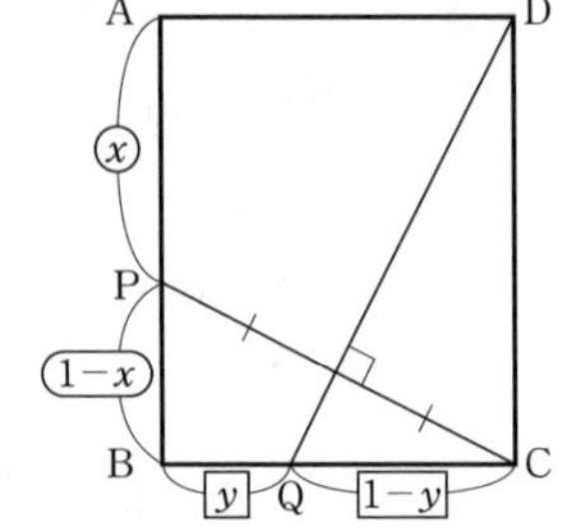

(2) C，P が直線 DQ に関して対称であるから

$\mathrm{DP}=\mathrm{DC}$ かつ $\mathrm{QP}=\mathrm{QC}$

つまり

$|\overrightarrow{\mathrm{DP}}|^2=1$ かつ $|\overrightarrow{\mathrm{PQ}}|^2=(1-y)^2t^2$ ……(＊)

ここで，$|\vec{a}|^2=1$，$|\vec{b}|^2=t^2$，$\vec{a}\cdot\vec{b}=0$ であるから

$$\begin{aligned}|\overrightarrow{\mathrm{DP}}|^2&=|x\vec{a}-\vec{b}|^2\\&=x^2|\vec{a}|^2-2x(\vec{a}\cdot\vec{b})+|\vec{b}|^2\\&=x^2+t^2\end{aligned}$$

$$\begin{aligned}|\overrightarrow{\mathrm{PQ}}|^2&=|(1-x)\vec{a}+y\vec{b}|^2\\&=(1-x)^2|\vec{a}|^2+2(1-x)y(\vec{a}\cdot\vec{b})+y^2|\vec{b}|^2\\&=(1-x)^2+y^2t^2\end{aligned}$$

よって，(＊)から

$$\begin{cases}x^2+t^2=1 & \cdots\cdots①\\(1-x)^2+y^2t^2=(1-y)^2t^2 & \cdots\cdots②\end{cases}$$

$x>0$ だから，①より

$\boldsymbol{x=\sqrt{1-t^2}}$

②より　$1-2x+x^2=(1-2y)t^2$

$$\begin{aligned}\therefore\quad 2yt^2&=t^2-1+2x-x^2\\&=t^2-1+2\cdot\sqrt{1-t^2}-(1-t^2)\\&=2\{(t^2-1)+\sqrt{1-t^2}\}\end{aligned}$$

よって　$\boldsymbol{y=\dfrac{t^2-1+\sqrt{1-t^2}}{t^2}}$ ……③

(3) $x=\dfrac{3}{5}$ のとき，①より　$t=\sqrt{1-\left(\dfrac{3}{5}\right)^2}=\boldsymbol{\dfrac{4}{5}}$ （∵ $t>0$）

③，①より　$y=\dfrac{-x^2+x}{1-x^2}=\dfrac{x}{1+x}=\boldsymbol{\dfrac{3}{8}}$

［C］　$|\vec{a}|=1,\ |\vec{b}|=2,\ |\vec{b}-\vec{a}|=2$　……①

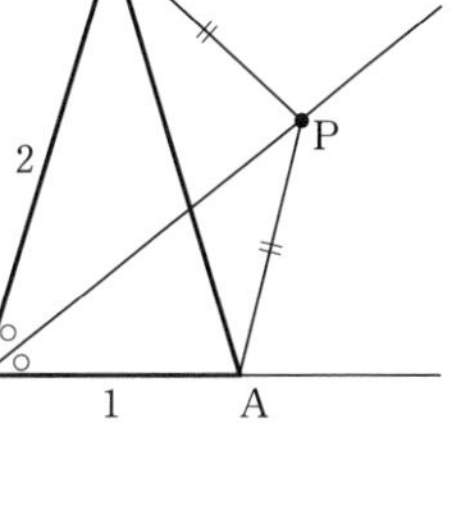

(1)　$|\vec{b}-\vec{a}|^2=|\vec{b}|^2-2(\vec{a}\cdot\vec{b})+|\vec{a}|^2$ だから，①より

$$4=4-2(\vec{a}\cdot\vec{b})+1 \qquad \therefore\ \vec{a}\cdot\vec{b}=\boldsymbol{\frac{1}{2}}$$

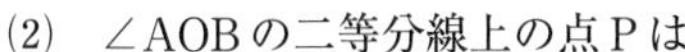
(2)　∠AOBの二等分線上の点Pは

$$\overrightarrow{\mathrm{OP}}=k\left(\frac{\vec{a}}{|\vec{a}|}+\frac{\vec{b}}{|\vec{b}|}\right)=k\left(\vec{a}+\frac{\vec{b}}{2}\right)\quad (k>0)$$

と表せる．

このとき　$\overrightarrow{\mathrm{AP}}=\overrightarrow{\mathrm{OP}}-\overrightarrow{\mathrm{OA}}=(k-1)\vec{a}+\frac{k}{2}\vec{b}$

$$\overrightarrow{\mathrm{BP}}=\overrightarrow{\mathrm{OP}}-\overrightarrow{\mathrm{OB}}=k\vec{a}+\left(\frac{k}{2}-1\right)\vec{b}$$

となるから，①を用いて

$$|\overrightarrow{\mathrm{AP}}|^2=(k-1)^2|\vec{a}|^2+2(k-1)\cdot\frac{k}{2}(\vec{a}\cdot\vec{b})+\left(\frac{k}{2}\right)^2|\vec{b}|^2$$

$$=(k-1)^2+\frac{1}{2}k(k-1)+k^2$$

$$=\frac{5}{2}k^2-\frac{5}{2}k+1$$

$$|\overrightarrow{\mathrm{BP}}|^2=k^2|\vec{a}|^2+2k\left(\frac{k}{2}-1\right)(\vec{a}\cdot\vec{b})+\left(\frac{k}{2}-1\right)^2|\vec{b}|^2$$

$$=k^2+k\left(\frac{k}{2}-1\right)+4\left(\frac{k}{2}-1\right)^2$$

$$=\frac{5}{2}k^2-5k+4$$

よって，AP＝BPを満たすとき

$$\frac{5}{2}k^2-\frac{5}{2}k+1=\frac{5}{2}k^2-5k+4 \qquad \therefore\ k=\frac{6}{5}$$

$$\therefore\ |\overrightarrow{\mathrm{AP}}|^2=\frac{5}{2}\cdot\frac{36}{25}-\frac{5}{2}\cdot\frac{6}{5}+1=\frac{8}{5}$$

ゆえに，求めるAPの長さは

$$\mathrm{AP}=\sqrt{\frac{8}{5}}=\boldsymbol{\frac{2\sqrt{10}}{5}}$$

解説

1°　[A](2)の△OABの面積は

$$\frac{1}{2}(1+3)\cdot 3-\frac{1}{2}\cdot 2\cdot 1-\frac{1}{2}\cdot 1\cdot 3=\frac{7}{2}$$

としてもよい.

2°　三角形ABCの面積を $\overrightarrow{\mathrm{AB}}$, $\overrightarrow{\mathrm{AC}}$ を用いて表す次のような公式がある.

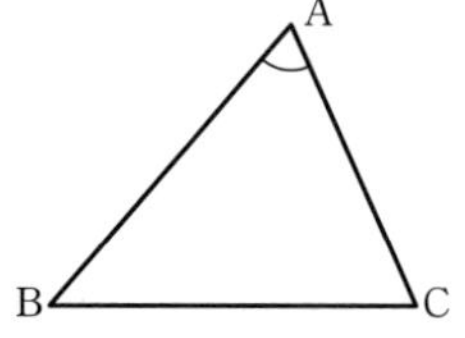

$$(\triangle \mathrm{ABC}\text{の面積})=\frac{1}{2}\sqrt{|\overrightarrow{\mathrm{AB}}|^2|\overrightarrow{\mathrm{AC}}|^2-(\overrightarrow{\mathrm{AB}}\cdot\overrightarrow{\mathrm{AC}})^2}$$

$$\left(\begin{aligned}\because\quad (\triangle \mathrm{ABC}\text{の面積})&=\frac{1}{2}|\overrightarrow{\mathrm{AB}}||\overrightarrow{\mathrm{AC}}|\sin A\\&=\frac{1}{2}|\overrightarrow{\mathrm{AB}}||\overrightarrow{\mathrm{AC}}|\sqrt{1-\cos^2 A}\\&=\frac{1}{2}\sqrt{|\overrightarrow{\mathrm{AB}}|^2|\overrightarrow{\mathrm{AC}}|^2-(|\overrightarrow{\mathrm{AB}}||\overrightarrow{\mathrm{AC}}|\cos A)^2}\\&=\frac{1}{2}\sqrt{|\overrightarrow{\mathrm{AB}}|^2|\overrightarrow{\mathrm{AC}}|^2-(\overrightarrow{\mathrm{AB}}\cdot\overrightarrow{\mathrm{AC}})^2}\end{aligned}\right)$$

これを用いて[A](2)を解くと, △OABの面積 S は

$$S=\frac{1}{2}\sqrt{|\overrightarrow{\mathrm{OA}}|^2|\overrightarrow{\mathrm{OB}}|^2-(\overrightarrow{\mathrm{OA}}\cdot\overrightarrow{\mathrm{OB}})^2}=\frac{1}{2}\sqrt{5\cdot 10-1^2}=\frac{7}{2}$$

3°　2点 $\mathrm{A}(\vec{a})$, $\mathrm{B}(\vec{b})$ を通る直線上に点 $\mathrm{P}(\vec{p})$ があるとすると

$$\begin{aligned}\overrightarrow{\mathrm{OP}}&=\overrightarrow{\mathrm{OA}}+\overrightarrow{\mathrm{AP}}\\&=\overrightarrow{\mathrm{OA}}+t\overrightarrow{\mathrm{AB}}\quad (t\text{は実数})\quad\cdots\cdots\text{Ⓐ}\end{aligned}$$

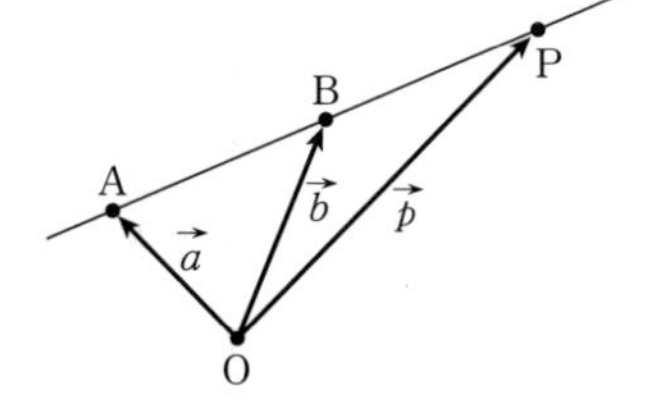

より

$$\vec{p}=\vec{a}+t(\vec{b}-\vec{a})$$

$$\therefore\quad \vec{p}=(1-t)\vec{a}+t\vec{b}\quad\cdots\cdots\text{Ⓑ}$$

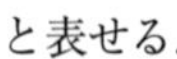

と表せる.

ここで, $s=1-t$ とおくと

$$\vec{p}=s\vec{a}+t\vec{b}\quad (s+t=1)\quad\cdots\cdots\text{Ⓒ}$$

と表せる.

ⒶやⒷやⒸを直線ABの**ベクトル方程式**とよぶ.

$\mathrm{A}(x_0,\ y_0)$，$\overrightarrow{\mathrm{AB}}=\begin{pmatrix}a\\b\end{pmatrix}$，$\overrightarrow{\mathrm{OP}}=\begin{pmatrix}x\\y\end{pmatrix}$ とすると，直線ABのベクトル方程式Ⓐの成分表示は

$$\begin{pmatrix}x\\y\end{pmatrix}=\begin{pmatrix}x_0\\y_0\end{pmatrix}+t\begin{pmatrix}a\\b\end{pmatrix}\quad (t\text{ は実数})$$

となる．このとき，$\begin{pmatrix}a\\b\end{pmatrix}$ を直線ABの**方向ベクトル**とよぶ．

4°　右図において，$\vec{a}$，$\vec{b}$ の単位ベクトル $\overrightarrow{\mathrm{OA_0}}$，$\overrightarrow{\mathrm{OB_0}}$ を考えると，$\mathrm{OA_0C_0B_0}$ はひし形になるから，$\mathrm{C_0}$ は∠AOBの二等分線上にある．

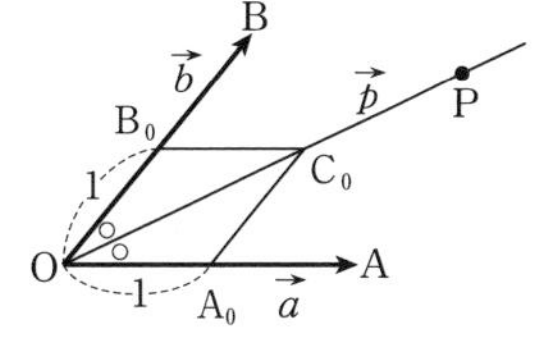

$$\overrightarrow{\mathrm{OC_0}}=\overrightarrow{\mathrm{OA_0}}+\overrightarrow{\mathrm{OB_0}}=\frac{\vec{a}}{|\vec{a}|}+\frac{\vec{b}}{|\vec{b}|}$$

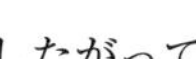
したがって

$$\vec{p}=\overrightarrow{\mathrm{OP}}=k\overrightarrow{\mathrm{OC_0}}=k\left(\frac{\vec{a}}{|\vec{a}|}+\frac{\vec{b}}{|\vec{b}|}\right)\quad (k>0)$$

と表せる．

100 平面ベクトル $\overrightarrow{\mathrm{OA}}$，$\overrightarrow{\mathrm{OB}}$，$\overrightarrow{\mathrm{OC}}$ が，$|\overrightarrow{\mathrm{OA}}|=3$，$|\overrightarrow{\mathrm{OB}}|=6$，$|\overrightarrow{\mathrm{OC}}|=2$ と

$\overrightarrow{\mathrm{OB}}=\dfrac{4}{3}\overrightarrow{\mathrm{OA}}+\dfrac{3}{2}\overrightarrow{\mathrm{OC}}$ を満たす．次の問いに答えよ．

(1) 内積 $\overrightarrow{\mathrm{OA}}\cdot\overrightarrow{\mathrm{OC}}$ を求めよ．

(2) ABを2：1に内分する点をPとするとき，$\overrightarrow{\mathrm{OP}}$ を $\overrightarrow{\mathrm{OA}}$ と $\overrightarrow{\mathrm{OC}}$ で表せ．

(3) $|\overrightarrow{\mathrm{OP}}|$ を求めよ．

(4) 点Qが $\overrightarrow{\mathrm{OQ}}=\dfrac{5}{6}\overrightarrow{\mathrm{OA}}+\dfrac{17}{16}\overrightarrow{\mathrm{OC}}$ を満たすとき，Qが四角形OABCの内部にあることを示せ．

（秋田大）

思考のひもとき

1. $|s\vec{a}+t\vec{b}|^2=\boxed{(s\vec{a}+t\vec{b})\cdot(s\vec{a}+t\vec{b})}$

$=\boxed{s^2|\vec{a}|^2+2st(\vec{a}\cdot\vec{b})+t^2|\vec{b}|^2}$

2. $\overrightarrow{\mathrm{AP}}=k\overrightarrow{\mathrm{AB}}$ $(0<k<1)$ のとき，点Pは $\boxed{\text{線分AB}}$（両端を除く）上の点である．

解答

$\vec{a}=\overrightarrow{\mathrm{OA}}$，$\vec{b}=\overrightarrow{\mathrm{OB}}$，$\vec{c}=\overrightarrow{\mathrm{OC}}$ とおくと

$|\vec{a}|=3$，$|\vec{b}|=6$，$|\vec{c}|=2$ ……①

$\vec{b}=\dfrac{4}{3}\vec{a}+\dfrac{3}{2}\vec{c}$ ……②

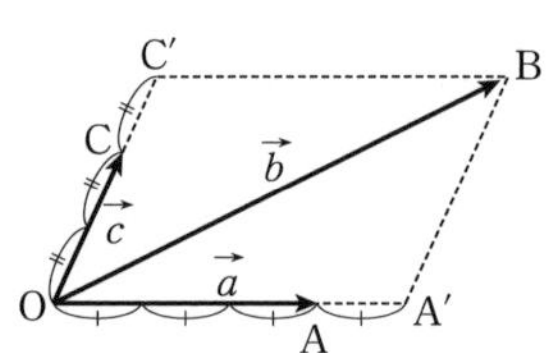

$\dfrac{4}{3}\vec{a}=\overrightarrow{\mathrm{OA'}}$，$\dfrac{3}{2}\vec{c}=\overrightarrow{\mathrm{OC'}}$ とする．

(1) ②より $|\vec{b}|^2=\left|\dfrac{4}{3}\vec{a}+\dfrac{3}{2}\vec{c}\right|^2$

$$=\frac{16}{9}|\vec{a}|^2+2\cdot\frac{4}{3}\cdot\frac{3}{2}(\vec{a}\cdot\vec{c})+\frac{9}{4}|\vec{c}|^2$$

ここで，①より，$|\vec{a}|^2=9$，$|\vec{b}|^2=36$，$|\vec{c}|^2=4$ であるから

$36=16+4(\vec{a}\cdot\vec{c})+9$ $\quad\therefore\ \overrightarrow{\mathrm{OA}}\cdot\overrightarrow{\mathrm{OC}}=\vec{a}\cdot\vec{c}=\boldsymbol{\dfrac{11}{4}}$

(2) 点Pは，ABの2：1の内分点だから

$$\overrightarrow{\mathrm{OP}}=\frac{\vec{a}+2\vec{b}}{2+1}=\frac{1}{3}(\vec{a}+2\vec{b})$$

そこで②を代入すると

$$\overrightarrow{\mathrm{OP}}=\frac{1}{3}\vec{a}+\frac{2}{3}\left(\frac{4}{3}\vec{a}+\frac{3}{2}\vec{c}\right)=\frac{11}{9}\vec{a}+\vec{c}=\boldsymbol{\frac{11}{9}\overrightarrow{\mathrm{OA}}+\overrightarrow{\mathrm{OC}}}$$

(3)　(2)より

$$|\overrightarrow{\mathrm{OP}}|^2=\left|\frac{11}{9}\vec{a}+\vec{c}\right|^2$$

$$=\frac{121}{81}|\vec{a}|^2+\frac{22}{9}\vec{a}\cdot\vec{c}+|\vec{c}|^2$$

$$=\frac{121}{9}+\frac{121}{18}+4=\frac{145}{6}$$

$$\therefore\quad |\overrightarrow{\mathrm{OP}}|=\sqrt{\boldsymbol{\frac{145}{6}}}$$

(4)　$$\overrightarrow{\mathrm{OQ}}=\frac{5}{6}\vec{a}+\frac{17}{16}\vec{c}\quad\cdots\cdots③$$

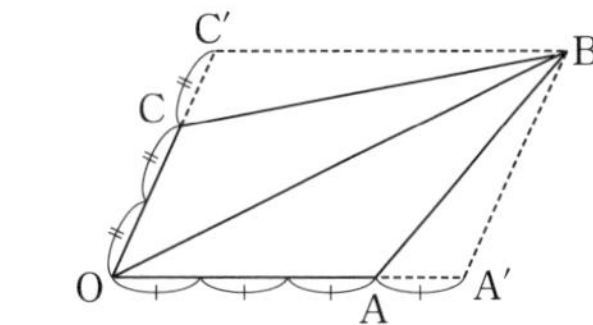

②より　$$\vec{a}=\frac{3}{4}\left(\vec{b}-\frac{3}{2}\vec{c}\right)\quad\cdots\cdots④$$

④を③に代入し，$\overrightarrow{\mathrm{OQ}}$ を $\vec{b}$，$\vec{c}$ で表すと

$$\overrightarrow{\mathrm{OQ}}=\frac{5}{6}\cdot\frac{3}{4}\left(\vec{b}-\frac{3}{2}\vec{c}\right)+\frac{17}{16}\vec{c}$$

$$=\frac{5}{8}\vec{b}+\frac{1}{8}\vec{c}=\frac{1}{8}(5\vec{b}+\vec{c})$$

$$=\frac{3}{4}\left(\frac{5\vec{b}+\vec{c}}{6}\right)$$

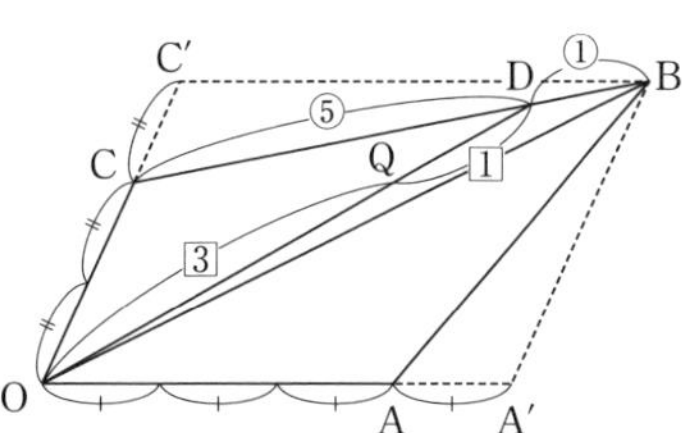

これは，「BCの1：5の内分点DとOを結ぶ線分ODを3：1に内分した点がQである」ことを示している．ゆえに，点Qは，△OBCの内部の点であるから，四角形OABCの内部にある．　□

解答

1°　(1)の結果から，∠AOC$=\theta$ とおくと

$$\cos\theta=\frac{\vec{a}\cdot\vec{c}}{|\vec{a}||\vec{c}|}=\frac{11}{24}$$

であるから，θは60°より少し大きいくらいの角である．そして，②より図1のような平行四辺形をかき，点Bの位置がわかる．

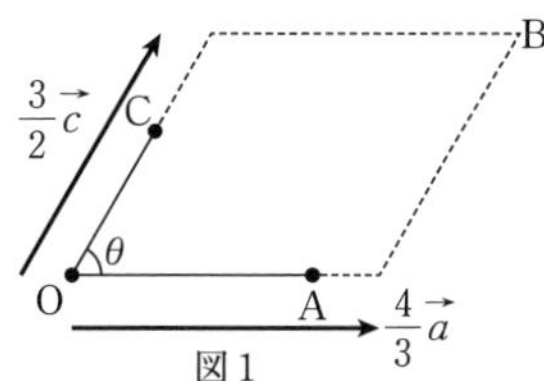

図1

さらに，②を

$$\vec{b}=\frac{1}{6}(8\vec{a}+9\vec{c})$$

とし，$8\vec{a}+9\vec{c}$ に注目して，$8+9(=17)$ で割ると

$$\vec{b}=\frac{17}{6}\left(\frac{8\vec{a}+9\vec{c}}{17}\right)$$

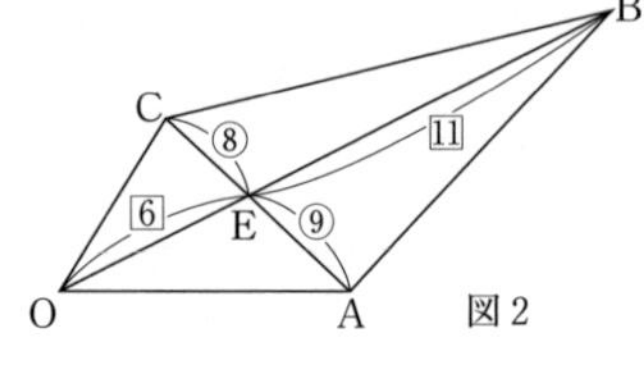

図 2

となり，点Bが図2のような位置にあることがわかる．$\left(\overrightarrow{OE}=\frac{8\vec{a}+9\vec{c}}{17}\right)$

2° ④において，$\vec{a}$ を $\vec{b}$，$\vec{c}$ で表したのは，以下の理由による．

$\overrightarrow{OA''}=\frac{5}{6}\vec{a}$ となる点 A″ をとり，A″Q と OB の交点を R とすると A″R // A′B だから

$$OR:OB=OA'':OA'=\frac{5}{6}:\frac{4}{3}=5:8$$

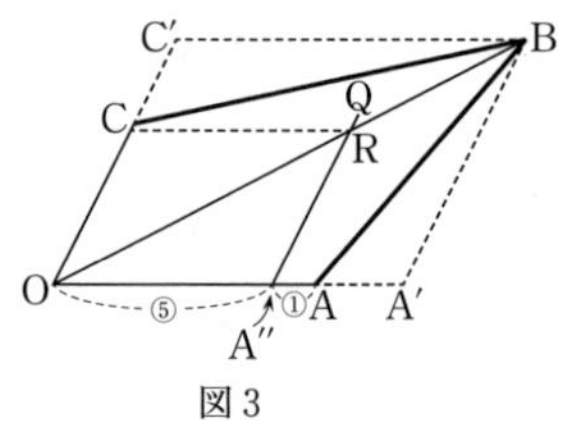

図 3

したがって　　$\overrightarrow{OR}=\frac{5}{6}\vec{a}+\frac{5}{8}\overrightarrow{A'B}=\frac{5}{6}\vec{a}+\frac{15}{16}\vec{c}$

$\frac{15}{16}<\frac{17}{16}$ より，点 Q は図3のように点 R より少し上にあるから，△OBC の内部にある点と予想できる．そこで，$\overrightarrow{OQ}$ を $\vec{b}$，$\vec{c}$ で表し，点 Q が △OBC の内部にあることを示した．

101 平面上の △ABC において，辺 AB を 4：3 に内分する点を D，辺 BC を 1：2 に内分する点を E とし，線分 AE と CD の交点を O とする．

(1) $\overrightarrow{AB}=\vec{p}$，$\overrightarrow{AC}=\vec{q}$ とするとき，ベクトル $\overrightarrow{AO}$ を $\vec{p}$，$\vec{q}$ で表せ．

(2) 点 O が △ABC の外接円の中心になるとき，3 辺 AB，BC，CA の長さの 2 乗の比を求めよ．

(千葉大)

思考のひもとき

1. $\vec{a}\neq\vec{0}$，$\vec{b}\neq\vec{0}$，$\vec{a}\not\parallel\vec{b}$ のとき，$\vec{a}$ と $\vec{b}$ は **1 次独立である** という．

2. $\vec{a}$ と $\vec{b}$ が 1 次独立であるとき

$$s\vec{a}+t\vec{b}=s'\vec{a}+t'\vec{b} \iff \boxed{s=s',\ t=t'}$$

3. 三角形の外心は，**各辺の垂直二等分線の交点** である．

解答

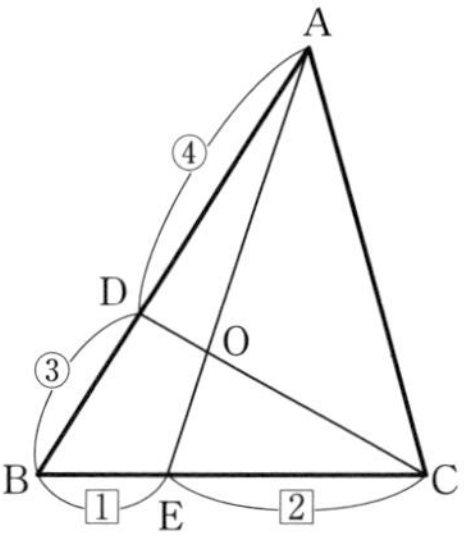

(1)　$\overrightarrow{AD}=\dfrac{4}{7}\vec{p}$，$\overrightarrow{AE}=\dfrac{2\vec{p}+\vec{q}}{3}$

点Oは，AE上にあるから，AO：OE$=s:1-s$ とすると

$$\overrightarrow{AO}=s\overrightarrow{AE}=\frac{2s}{3}\vec{p}+\frac{s}{3}\vec{q}\quad\cdots\cdots①$$

点Oは，CD上にもあるから，CO：OD$=t:1-t$ とすると

$$\overrightarrow{AO}=t\overrightarrow{AD}+(1-t)\overrightarrow{AC}$$
$$=\frac{4t}{7}\vec{p}+(1-t)\vec{q}\quad\cdots\cdots②$$

①，②より

$$\frac{2s}{3}\vec{p}+\frac{s}{3}\vec{q}=\frac{4t}{7}\vec{p}+(1-t)\vec{q}\quad\cdots\cdots③$$

$\vec{p}$，$\vec{q}$ は1次独立であるから，③より

$$\begin{cases}\dfrac{2s}{3}=\dfrac{4t}{7}\\[2mm]\dfrac{s}{3}=1-t\end{cases}\quad\therefore\quad\begin{cases}s=\dfrac{2}{3}\\[2mm]t=\dfrac{7}{9}\end{cases}\quad\therefore\quad\boldsymbol{\overrightarrow{AO}=\frac{4}{9}\vec{p}+\frac{2}{9}\vec{q}}$$

(2)　AB，ACの中点をそれぞれM，Nとおく．

点Oが，△ABCの外心になるとき

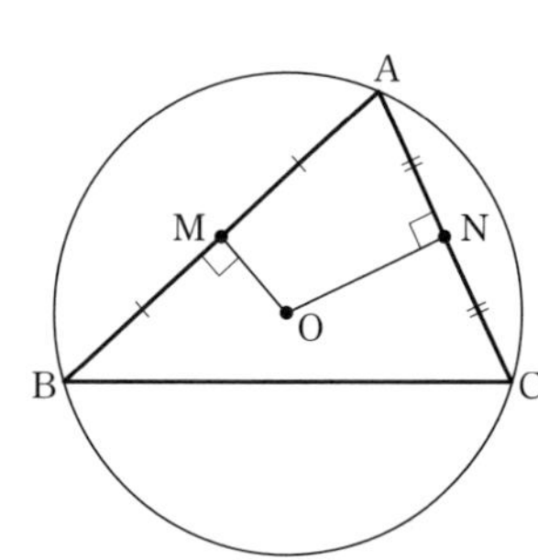

$$\text{AB}\perp\text{MO},\ \text{AC}\perp\text{NO}\quad\cdots\cdots④$$

$$\overrightarrow{MO}=\overrightarrow{AO}-\overrightarrow{AM}=-\frac{1}{18}\vec{p}+\frac{2}{9}\vec{q}$$

$$\overrightarrow{NO}=\overrightarrow{AO}-\overrightarrow{AN}=\frac{4}{9}\vec{p}-\frac{5}{18}\vec{q}$$

であるから，④より

$$\overrightarrow{AB}\cdot\overrightarrow{MO}=0,\ \overrightarrow{AC}\cdot\overrightarrow{NO}=0$$

となり

$$\begin{cases}\vec{p}\cdot\left(-\dfrac{1}{18}\vec{p}+\dfrac{2}{9}\vec{q}\right)=0\\[2mm]\vec{q}\cdot\left(\dfrac{4}{9}\vec{p}-\dfrac{5}{18}\vec{q}\right)=0\end{cases}\quad\begin{cases}\dfrac{1}{18}|\vec{p}|^2=\dfrac{2}{9}\vec{p}\cdot\vec{q}\\[2mm]\dfrac{5}{18}|\vec{q}|^2=\dfrac{4}{9}\vec{p}\cdot\vec{q}\end{cases}\quad\therefore\quad\begin{cases}|\vec{p}|^2=4\vec{p}\cdot\vec{q}\\[2mm]|\vec{q}|^2=\dfrac{8}{5}\vec{p}\cdot\vec{q}\end{cases}$$

これより

$$|\overrightarrow{BC}|^2=|\vec{q}-\vec{p}|^2=|\vec{q}|^2+|\vec{p}|^2-2\vec{p}\cdot\vec{q}=\frac{18}{5}\vec{p}\cdot\vec{q}$$

よって，求める比は

$$\begin{aligned}AB^2:BC^2:CA^2&=|\vec{p}|^2:|\vec{q}-\vec{p}|^2:|\vec{q}|^2\\&=4\vec{p}\cdot\vec{q}:\frac{18}{5}\vec{p}\cdot\vec{q}:\frac{8}{5}\vec{p}\cdot\vec{q}\\&=\mathbf{10:9:4}\end{aligned}$$

解説

1° $\vec{a}$ と $\vec{b}$ が1次独立であるとき，この平面上の任意のベクトル $\vec{x}$ は

$$\vec{x}=m\vec{a}+n\vec{b}\quad (m,\ n\text{は実数})$$

の形でただ1通りに表すことができる(**思考のひもとき 2.** 参照).

2° (2)では，AB，BC，CA の長さの2乗が

$$|\overrightarrow{AB}|^2=|\vec{p}|^2,\ |\overrightarrow{BC}|^2=|\vec{q}-\vec{p}|^2,\ |\overrightarrow{CA}|^2=|-\vec{q}|^2=|\vec{q}|^2$$

であることに注意して，④より内積を考えることにより，$|\vec{p}|^2$，$|\vec{q}|^2$ を $\vec{p}\cdot\vec{q}$ で表す.

102 平面上に △ABC と点Pがある．次の問いに答えよ．

(1) $\overrightarrow{AP}=k\overrightarrow{AB}+l\overrightarrow{AC}$ とする．点Pが △ABC の周および内部にあるための条件を k，l を用いて表せ．

(2) $5\overrightarrow{AP}+11\overrightarrow{CP}=2\overrightarrow{CB}$ が成り立つとき，(1)の k，l の値を求めよ．

(3) $5\overrightarrow{AP}+11\overrightarrow{CP}=2\overrightarrow{CB}$ が成り立つとき，面積比 △PAB：△PBC：△PCA を求めよ． (徳島大)

思考のひもとき

1. 一直線上にない3点 A，B，C について

$\overrightarrow{AQ}=s\overrightarrow{AB}+t\overrightarrow{AC}$ となる点Qが線分BC上にある

$\Longleftrightarrow$ $\boxed{s+t=1 \text{ かつ } s\geqq 0 \text{ かつ } t\geqq 0}$

2. 右図において

△ABD：△ADC＝$\boxed{\text{BD : DC}}$

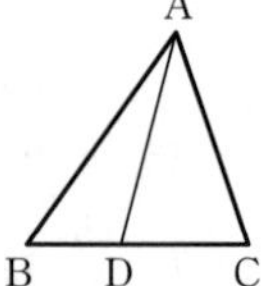

解答

(1)　(i)　$k+l \neq 0$ のとき

$$\overrightarrow{\mathrm{AP}}=k\overrightarrow{\mathrm{AB}}+l\overrightarrow{\mathrm{AC}}=(k+l)\frac{k\overrightarrow{\mathrm{AB}}+l\overrightarrow{\mathrm{AC}}}{k+l}$$

であるから

$$\overrightarrow{\mathrm{AQ}}=\frac{k\overrightarrow{\mathrm{AB}}+l\overrightarrow{\mathrm{AC}}}{k+l}$$

となる点Qをとると，点Qは直線BC上にある．

$$\overrightarrow{\mathrm{AP}}=(k+l)\overrightarrow{\mathrm{AQ}}$$

となるから，点Qは直線AP上にもある．

したがって，点Qは直線APと直線BCとの交点でもある．

よって，「点Pが△ABCの周およびその内部にある」……(＊) ための条件は

点Qが線分BC上（両端を含む）にあり，しかも

点Pが線分AQ上（端点はQのみを含む）にあること．

すなわち

$$\begin{cases}\dfrac{k}{k+l}\geqq 0,\ \dfrac{l}{k+l}\geqq 0\\ 0<k+l\leqq 1\end{cases}\qquad \therefore\ \begin{cases}k\geqq 0,\ l\geqq 0\\ 0<k+l\leqq 1\end{cases}\quad \cdots\cdots ①$$

(ii)　$k+l=0$ のとき，$l=-k$ より

$$\overrightarrow{\mathrm{AP}}=k\overrightarrow{\mathrm{AB}}-k\overrightarrow{\mathrm{AC}}=k(\overrightarrow{\mathrm{AB}}-\overrightarrow{\mathrm{AC}})=k\overrightarrow{\mathrm{CB}}$$

これを満たす点Pは，点Aを通りBCに平行な直線上にあるから

$$(＊)\iff \mathrm{P}=\mathrm{A}\iff k=l=0\quad\cdots\cdots ②$$

以上により，求める条件は，①と②を合わせて

$k\geqq 0$，$l\geqq 0$，$0\leqq k+l\leqq 1$　　∴　$\boldsymbol{k\geqq 0}$**，**$\boldsymbol{l\geqq 0}$**，**$\boldsymbol{k+l\leqq 1}$

(2)

$$5\overrightarrow{\mathrm{AP}}+11\overrightarrow{\mathrm{CP}}=2\overrightarrow{\mathrm{CB}}$$

始点をAにそろえると

$$5\overrightarrow{\mathrm{AP}}+11(\overrightarrow{\mathrm{AP}}-\overrightarrow{\mathrm{AC}})=2(\overrightarrow{\mathrm{AB}}-\overrightarrow{\mathrm{AC}})$$

$$\therefore\ \overrightarrow{\mathrm{AP}}=\frac{1}{16}(2\overrightarrow{\mathrm{AB}}+9\overrightarrow{\mathrm{AC}})\qquad \therefore\ k=\boldsymbol{\frac{1}{8}},\ l=\boldsymbol{\frac{9}{16}}$$

(3)

$$\overrightarrow{\mathrm{AP}}=\frac{11}{16}\left(\frac{2\overrightarrow{\mathrm{AB}}+9\overrightarrow{\mathrm{AC}}}{11}\right)$$

これは，点 P が，$\overrightarrow{AQ}=\dfrac{2\overrightarrow{AB}+9\overrightarrow{AC}}{11}$ となる BC を 9：2 に内分した点 Q と A を結ぶ線分 AQ を 11：5 に内分した点であることを示している．

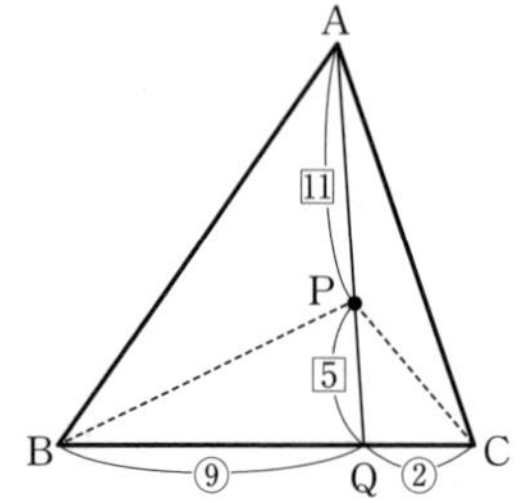

これより

$$\triangle PAB : \triangle PCA = BQ : QC = 9 : 2$$

$\triangle PAB = 11a$ とすると　　$\triangle PBQ = 5a$

$$\triangle PBC = 5a \times \frac{11}{9} = \frac{55}{9}a$$

$$\therefore \quad \triangle PAB : \triangle PBC = 11a : \frac{55}{9}a = 9 : 5$$

$$\therefore \quad \triangle PAB : \triangle PBC : \triangle PCA = \mathbf{9 : 5 : 2}$$

解説

1°　(1)の結果は，理解した上で覚えておくと便利である．

2°　平面上の任意の点 P は

$$\overrightarrow{AP} = x\overrightarrow{AB} + y\overrightarrow{AC}$$

とただ1通りに表せる．したがって，点 A を原点とし，$\overrightarrow{AB}$，$\overrightarrow{AC}$ を単位として B(1，0)，C(0，1) となるような座標を考えると，点 P は P(x，y) と表せる．これを斜交座標とよぶ．

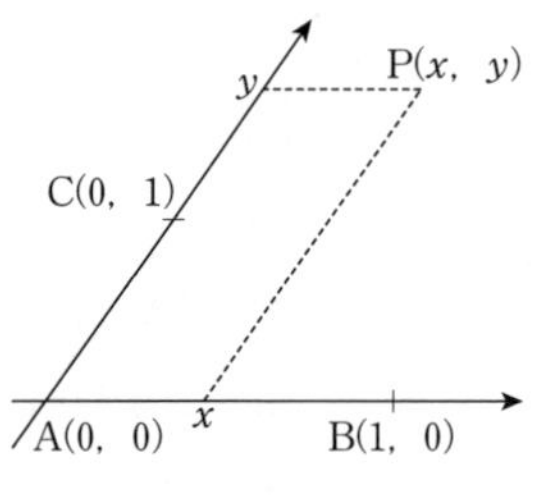

「点 P が直線 BC 上にある」 $\Longleftrightarrow$ 　$x+y=1$

であるから，直線 BC は $x+y=1$ で表せる．

$x \geqq 0$，$y \geqq 0$，$x+y \leqq 1$ のそれぞれの表す領域は下図の斜線部分のようになるから

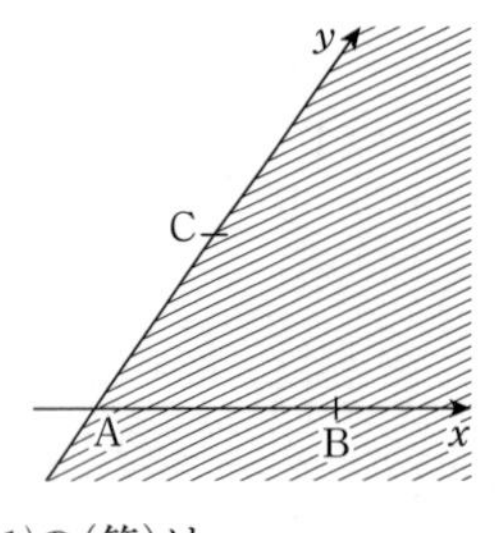

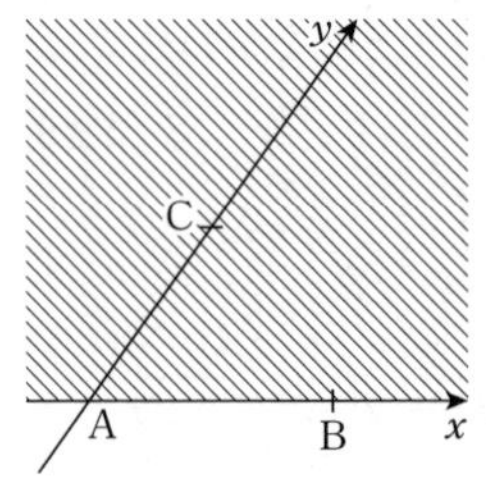

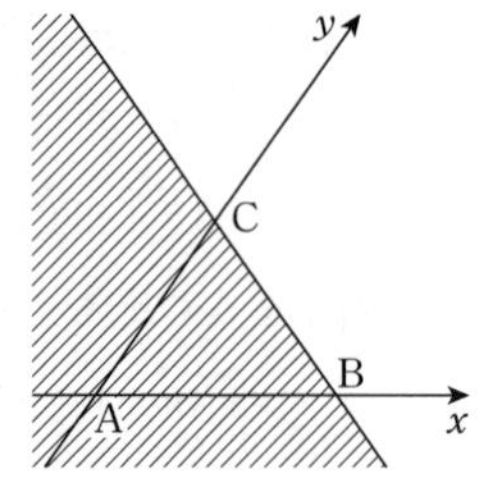

(1)の(答)は

$$k \geqq 0 \quad かつ \quad l \geqq 0 \quad かつ \quad k+l \leqq 1$$

となる．

103 平面上の三角形ABCの頂点A，B，Cの位置ベクトルをそれぞれ$\vec{a}$，$\vec{b}$，$\vec{c}$とするとき，次の問いに答えよ．

(1) 線分ABの垂直二等分線をlとする．l上の点Pの位置ベクトルを$\vec{p}$とするとき，直線lのベクトル方程式は

$$\vec{p}\cdot(\vec{b}-\vec{a})=\frac{1}{2}(|\vec{b}|^2-|\vec{a}|^2)$$

で与えられることを示せ．

(2) (1)の結果を用いて，三角形ABCの3つの辺の垂直二等分線が1点Dで交わることを示せ．

(3) (2)で定まる点Dの位置ベクトル$\vec{d}$が，$\vec{d}=\frac{4}{7}\vec{a}+\frac{4}{7}\vec{b}-\frac{1}{7}\vec{c}$を満たすものとする．

(i) 辺ABの中点をMとするとき，3点C，M，Dは一直線上にあることを示し，CM：MDを求めよ．

(ii) 三角形ABCの3辺の長さの比BC：CA：ABを求めよ．　　　　（広島市立大）

思考のひもとき

1. ABの垂直二等分線はABの［中点］を通り，ABに［垂直］な直線である．
2. 平行でない3直線が1点で交わることを示すのには

［2直線の交点が残りの直線上にあること］を示す．

解答

(1) ABの中点をMとおくと，点PがABの垂直二等分線l上にあるための条件は

AB⊥MP

つまり

$$\overrightarrow{AB}\cdot\overrightarrow{MP}=0$$

$$\therefore\quad (\vec{b}-\vec{a})\cdot\left(\vec{p}-\frac{\vec{a}+\vec{b}}{2}\right)=0$$

$$\therefore\quad (\vec{b}-\vec{a})\cdot\vec{p}-\frac{1}{2}(\vec{b}-\vec{a})\cdot(\vec{b}+\vec{a})=0$$

$$\therefore\quad \vec{p}\cdot(\vec{b}-\vec{a})=\frac{1}{2}(|\vec{b}|^2-|\vec{a}|^2)\quad\cdots\cdots①$$

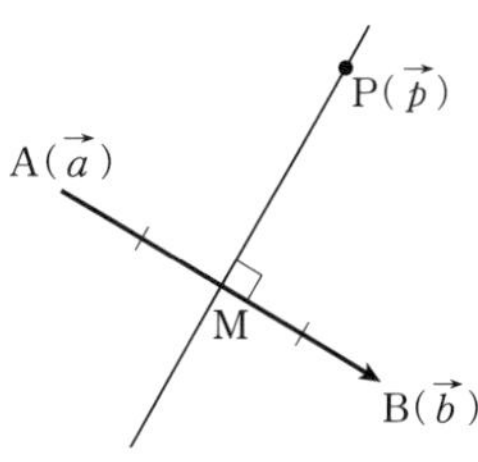

よって，直線lのベクトル方程式は，①である． □

(2) 辺BC，CAの垂直二等分線m，nは，それぞれ

$$m : \vec{p}\cdot(\vec{c}-\vec{b})=\frac{1}{2}(|\vec{c}|^2-|\vec{b}|^2) \quad \cdots\cdots ②$$

$$n : \vec{p}\cdot(\vec{a}-\vec{c})=\frac{1}{2}(|\vec{a}|^2-|\vec{c}|^2) \quad \cdots\cdots ③$$

と表される．$l \nparallel m$だから，lとmは交わり，lとmとの交点をD，その位置ベクトルを$\vec{d}$とおくと，①，②において$\vec{p}$を$\vec{d}$と置き換えた式

$$\begin{cases} \vec{d}\cdot(\vec{b}-\vec{a})=\frac{1}{2}(|\vec{b}|^2-|\vec{a}|^2) \\ \vec{d}\cdot(\vec{c}-\vec{b})=\frac{1}{2}(|\vec{c}|^2-|\vec{b}|^2) \end{cases}$$

が成り立つ．辺々足すと

$$\vec{d}\cdot(\vec{c}-\vec{a})=\frac{1}{2}(|\vec{c}|^2-|\vec{a}|^2)$$

$$\therefore \quad \vec{d}\cdot(\vec{a}-\vec{c})=\frac{1}{2}(|\vec{a}|^2-|\vec{c}|^2)$$

となり，点Dは直線n上にもある．ゆえに，l，m，nは1点Dで交わる． □

(3) (i) $\vec{d}=\frac{4}{7}\vec{a}+\frac{4}{7}\vec{b}-\frac{1}{7}\vec{c}$

とする．このとき

$$\overrightarrow{CD}=\vec{d}-\vec{c}=\frac{4}{7}\vec{a}+\frac{4}{7}\vec{b}-\frac{8}{7}\vec{c}$$

$$=\frac{8}{7}\left(\frac{\vec{a}+\vec{b}}{2}-\vec{c}\right)=\frac{8}{7}\overrightarrow{CM}$$

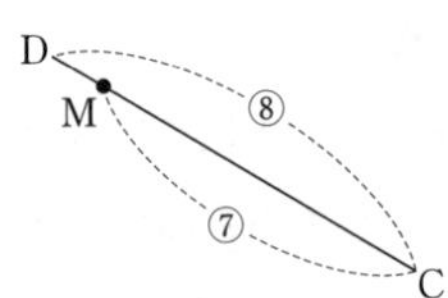

よって，C，M，Dは一直線上にあり

CM : MD = **7 : 1** □

(ii) 点Dは，△ABCの外心で，(i)よりABの垂直二等分線l上に点Cもあるから

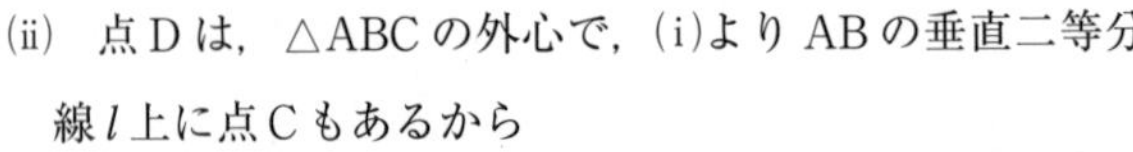

CA=CB ⋯⋯④

△ABCの外接円の半径を$8k$とおくと

CM$=7k$，DM$=k$

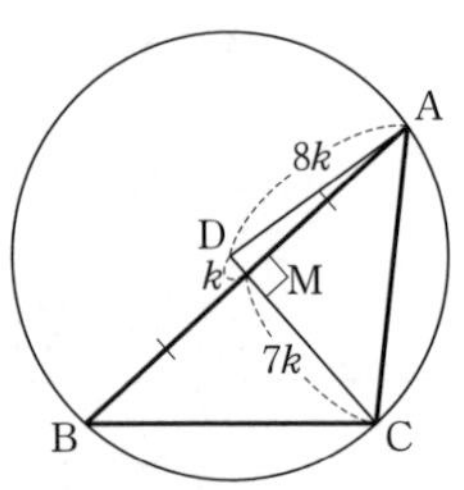

そこで，直角三角形ADMに三平方の定理を用いると

$AM^2=(8k)^2-k^2=63k^2$　　　$\therefore$　$AM=3\sqrt{7}k$

$\therefore$　$AB=2AM=6\sqrt{7}k$　……⑤

直角三角形AMCにも三平方の定理を用いて

$CA^2=AM^2+CM^2=63k^2+49k^2=112k^2$

$\therefore$　$CA=4\sqrt{7}k$　……⑥

ゆえに，④，⑤，⑥より3辺の長さの比は

$BC:CA:AB=4\sqrt{7}:4\sqrt{7}:6\sqrt{7}=\mathbf{2:2:3}$

解説

1°　(1)の結果が直線のベクトル方程式といわれてもピンとこない諸君は多いであろう．具体的に成分で考えてみると

$\overrightarrow{AB}=\begin{pmatrix}p\\q\end{pmatrix}$，$M(\alpha,\ \beta)$，$P(x,\ y)$ とおくと

$\overrightarrow{AB}\cdot\overrightarrow{MP}=0$ より

$p(x-\alpha)+q(y-\beta)=0$

$\therefore$　$px+qy+r=0$　$(r=-p\alpha-q\beta)$

となり，直線の方程式の一般形となる．このように式の形に惑わされることなく，式の意味を考える習慣をつけることは大切なことである．

2°　(2)は(1)がヒントになっているが，(1)がなければ(2)は次のようにして示すことができる．

AB，BCの垂直二等分線 l，m の交点をDとすると，△DAB，△DBCは二等辺三角形となるから

DA＝DB，DB＝DC

$\therefore$　DA＝DB＝DC

となる．これより

DC＝DA

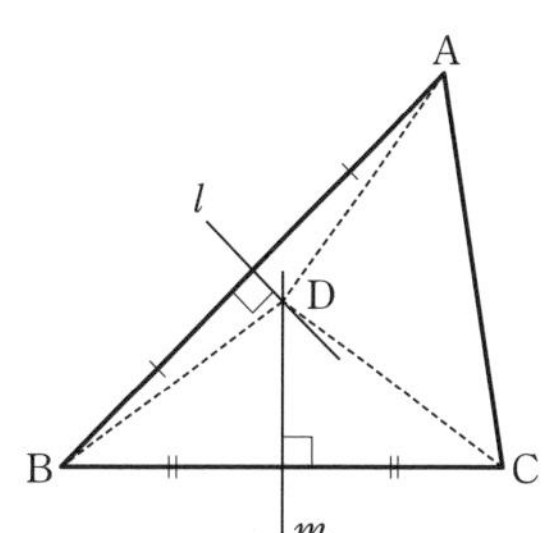

が成り立つから，点DはCAの垂直二等分線 n の上にある．

よって，△ABCの3辺の垂直二等分線は1点Dで交わる．

104 平面上の異なる3点O，A，Bは同一直線上にないものとする．

この平面上の点Pが $2|\overrightarrow{\mathrm{OP}}|^2-\overrightarrow{\mathrm{OA}}\cdot\overrightarrow{\mathrm{OP}}+2\overrightarrow{\mathrm{OB}}\cdot\overrightarrow{\mathrm{OP}}-\overrightarrow{\mathrm{OA}}\cdot\overrightarrow{\mathrm{OB}}=0$ を満たすとき，次の問いに答えよ．

(1) Pの軌跡が円となることを示せ．

(2) (1)の円の中心をCとするとき，$\overrightarrow{\mathrm{OC}}$ を $\overrightarrow{\mathrm{OA}}$ と $\overrightarrow{\mathrm{OB}}$ で表せ．

(3) Oとの距離が最小となる(1)の円周上の点を$\mathrm{P_0}$とする．A，Bが条件 $|\overrightarrow{\mathrm{OA}}|^2+5\overrightarrow{\mathrm{OA}}\cdot\overrightarrow{\mathrm{OB}}+4|\overrightarrow{\mathrm{OB}}|^2=0$ を満たすとき，$\overrightarrow{\mathrm{OP_0}}=s\overrightarrow{\mathrm{OA}}+t\overrightarrow{\mathrm{OB}}$ となる s，t の値を求めよ．

（岡山大）

思考のひもとき

1. 円とは，定点から一定の距離にある点の軌跡のことで，この定点を 中心 ，一定の距離を 半径 という．

2. 中心$\mathrm{C}(\vec{c})$とする半径rの円のベクトル方程式は $|\vec{p}-\vec{c}|=r$ である．

解答

(1) $\overrightarrow{\mathrm{OA}}=\vec{a}$，$\overrightarrow{\mathrm{OB}}=\vec{b}$，$\overrightarrow{\mathrm{OP}}=\vec{p}$ とおくと

$$\begin{cases}\vec{a}\nparallel\vec{b},\ \vec{a}\neq\vec{0},\ \vec{b}\neq\vec{0} & \cdots\cdots ① \\ 2|\vec{p}|^2-\vec{a}\cdot\vec{p}+2(\vec{b}\cdot\vec{p})-\vec{a}\cdot\vec{b}=0 & \cdots\cdots ②\end{cases}$$

②より $\quad |\vec{p}|^2-\dfrac{1}{2}(\vec{a}-2\vec{b})\cdot\vec{p}-\dfrac{1}{2}(\vec{a}\cdot\vec{b})=0$

$$\left|\vec{p}-\frac{1}{4}(\vec{a}-2\vec{b})\right|^2-\frac{1}{16}|\vec{a}-2\vec{b}|^2-\frac{1}{2}(\vec{a}\cdot\vec{b})=0$$

$$\therefore\quad \left|\vec{p}-\left(\frac{1}{4}\vec{a}-\frac{1}{2}\vec{b}\right)\right|^2=\frac{1}{16}\{|\vec{a}|^2-4(\vec{a}\cdot\vec{b})+4|\vec{b}|^2+8(\vec{a}\cdot\vec{b})\}$$

$$=\frac{1}{16}|\vec{a}+2\vec{b}|^2$$

$$\therefore\quad \left|\vec{p}-\left(\frac{1}{4}\vec{a}-\frac{1}{2}\vec{b}\right)\right|=\frac{1}{4}|\vec{a}+2\vec{b}| \quad\cdots\cdots ③$$

①より，$\vec{a}+2\vec{b}\neq\vec{0}$ だから $\quad |\vec{a}+2\vec{b}|>0$

③は，点Pの軌跡が，$\dfrac{1}{4}\vec{a}-\dfrac{1}{2}\vec{b}$ を位置ベクトルとする点を中心とする半径 $\dfrac{1}{4}|\vec{a}+2\vec{b}|$ の円であることを示している． □

(2)　$\overrightarrow{OC}=\frac{1}{4}\vec{a}-\frac{1}{2}\vec{b}=\boldsymbol{\frac{1}{4}\overrightarrow{OA}-\frac{1}{2}\overrightarrow{OB}}$

(3)　$|\vec{a}|^2+5(\vec{a}\cdot\vec{b})+4|\vec{b}|^2=0$ のとき

$$\vec{a}\cdot\vec{b}=-\frac{1}{5}(|\vec{a}|^2+4|\vec{b}|^2)<0$$

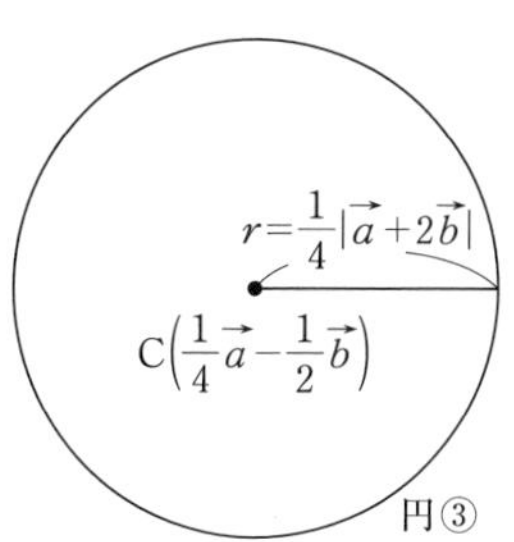

であることに注意して，半径 $r=\frac{1}{4}|\vec{a}+2\vec{b}|$ と $|\overrightarrow{OC}|=\frac{1}{4}|\vec{a}-2\vec{b}|$ の大小を比較すると

$$r^2=\frac{1}{16}|\vec{a}+2\vec{b}|^2=\frac{1}{16}\{|\vec{a}|^2+4|\vec{b}|^2+4(\vec{a}\cdot\vec{b})\}$$

$$=\frac{1}{16}\{-5(\vec{a}\cdot\vec{b})+4(\vec{a}\cdot\vec{b})\}=-\frac{1}{16}(\vec{a}\cdot\vec{b})$$

$$|\overrightarrow{OC}|^2=\frac{1}{16}|\vec{a}-2\vec{b}|^2=\frac{1}{16}\{|\vec{a}|^2+4|\vec{b}|^2-4(\vec{a}\cdot\vec{b})\}$$

$$=\frac{1}{16}\{-5(\vec{a}\cdot\vec{b})-4(\vec{a}\cdot\vec{b})\}=-\frac{9}{16}(\vec{a}\cdot\vec{b})$$

より

$$\frac{r^2}{|\overrightarrow{OC}|^2}=\frac{1}{9}$$

$$\therefore\quad \frac{r}{|\overrightarrow{OC}|}=\frac{1}{3}\qquad\qquad \therefore\quad |\overrightarrow{OC}|=3r\quad \cdots\cdots④$$

$$\therefore\quad r<|\overrightarrow{OC}|$$

したがって，点Oは円③の外部にあり，点 P_0 は線分OCと円③との交点である．④よりその交点はOCの2：1の内分点であるから

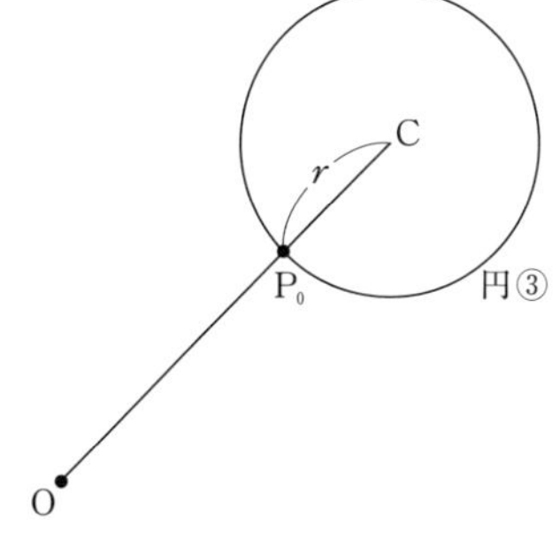

$$\overrightarrow{OP_0}=\frac{2}{3}\overrightarrow{OC}$$

$$=\frac{2}{3}\left(\frac{1}{4}\vec{a}-\frac{1}{2}\vec{b}\right)$$

$$=\frac{1}{6}\overrightarrow{OA}-\frac{1}{3}\overrightarrow{OB}$$

よって

$$s=\boldsymbol{\frac{1}{6}},\ t=\boldsymbol{-\frac{1}{3}}$$

解説

1° DEを直径とする円周上の任意の点Pについて

$$\overrightarrow{DP}\cdot\overrightarrow{EP}=0 \quad \cdots\cdots Ⓐ$$

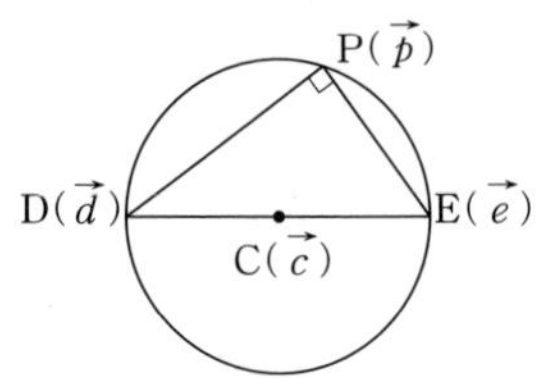

が成り立つ．

したがって，ⒶはDEを直径とする円の方程式といえる．具体的に位置ベクトルを用いて表すと

$$(\vec{p}-\vec{d})\cdot(\vec{p}-\vec{e})=0 \quad \cdots\cdots Ⓐ'$$

である．(1)において，この考え方を用いると

$$|\vec{p}|^2-\frac{1}{2}(\vec{a}-2\vec{b})\cdot\vec{p}-\frac{1}{2}(\vec{a}\cdot\vec{b})=0$$

より

$$\left(\vec{p}-\frac{1}{2}\vec{a}\right)\cdot(\vec{p}+\vec{b})=0$$

と表せるから，$D\left(\frac{1}{2}\vec{a}\right)$，$E(-\vec{b})$とすると，点PはDEを直径とする円を表す

$\left(\right.$ちなみに中心は，DEの中点だから$\vec{c}=\frac{1}{2}\left(\frac{1}{2}\vec{a}-\vec{b}\right)$の表す点である$\left.\right)$.

第13章　空間ベクトル

105 [A]　立方体ABCD-EFGHの各辺の中点を，図1のようにI，J，……，S，Tとする．

(1)　$\overrightarrow{LM}$，$\overrightarrow{LK}$ を使って $\overrightarrow{LQ}$，$\overrightarrow{LR}$，$\overrightarrow{LO}$ をそれぞれ表せ．

(2)　$\overrightarrow{LM}$ と $\overrightarrow{LK}$ のなす角を求めよ．

(3)　点M，L，Kを通る平面による立方体ABCD-EFGHの切り口は，正六角形であることを示せ．

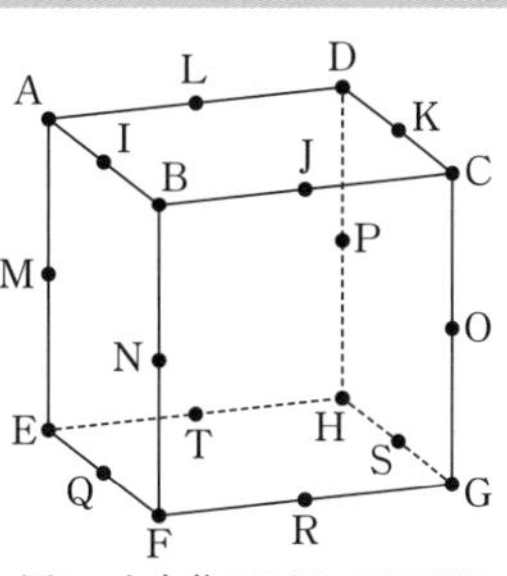

図1　立方体ABCD-EFGH

（京都教育大）

[B]　1辺の長さが1の正十二面体を考える．点O，A，B，C，D，E，F，Gを図に示す正十二面体の頂点とし，$\overrightarrow{OA}=\vec{a}$，$\overrightarrow{OB}=\vec{b}$，$\overrightarrow{OC}=\vec{c}$ とおくとき，次の問いに答えよ．ただし，1辺の長さが1の正五角形の対角線の長さは $\dfrac{1+\sqrt{5}}{2}$ であることを用いてよい．なお，正十二面体では，すべての面は合同な正五角形であり，各頂点は3つの正五角形に共有されている．

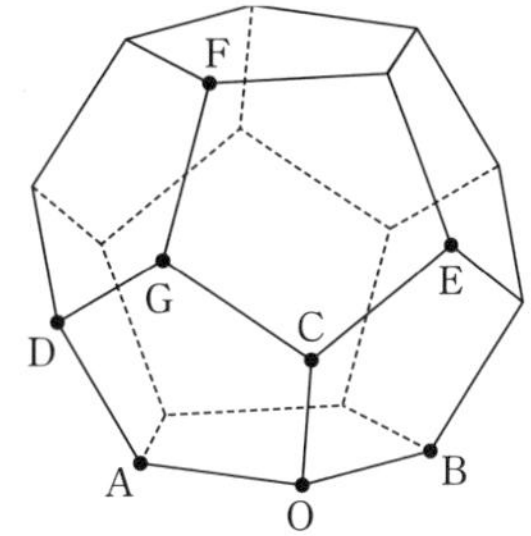

(1)　内積 $\vec{a}\cdot\vec{b}$ を求めよ．

(2)　$\overrightarrow{CD}$，$\overrightarrow{BE}$，$\overrightarrow{OD}$，$\overrightarrow{OE}$，$\overrightarrow{OF}$ を $\vec{a}$，$\vec{b}$，$\vec{c}$ を用いて表せ．

(3)　$\overrightarrow{DF}$ と $\overrightarrow{EF}$ のなす角を求めよ．　（福井大）

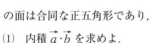

思考のひもとき

1.　[A]の図1において，$\overrightarrow{AB}=\vec{b}$，$\overrightarrow{AD}=\vec{d}$，$\overrightarrow{AE}=\vec{e}$ とすると

$$\overrightarrow{LM}=\overrightarrow{LA}+\boxed{\overrightarrow{AM}}=-\frac{1}{2}\vec{d}+\boxed{\frac{1}{2}\vec{e}}$$

$$\overrightarrow{LK}=\overrightarrow{LD}+\boxed{\overrightarrow{DK}}=\frac{1}{2}\vec{d}+\boxed{\frac{1}{2}\vec{b}}$$

2.　LMQROKは正六角形

$\Longleftrightarrow$　6点が $\boxed{\text{同一平面上}}$ にあり，各辺が等しく，各内角が等しい

3. 正五角形ABCDEについて

$$AB : BE = 1 : \boxed{\dfrac{1+\sqrt{5}}{2}},\quad BE \,/\!/\, \boxed{CD}$$

$$\left(\begin{array}{l} \because\ \ AB=a,\ BE=x\ \text{とすると},\ \triangle FAB \backsim \triangle ABE\ \text{より} \\ \quad x-a : a = a : x \qquad \therefore\ x^2-ax-a^2=0 \\ \qquad\qquad\qquad\qquad\qquad\quad x=\dfrac{1+\sqrt{5}}{2}a \end{array}\right)$$

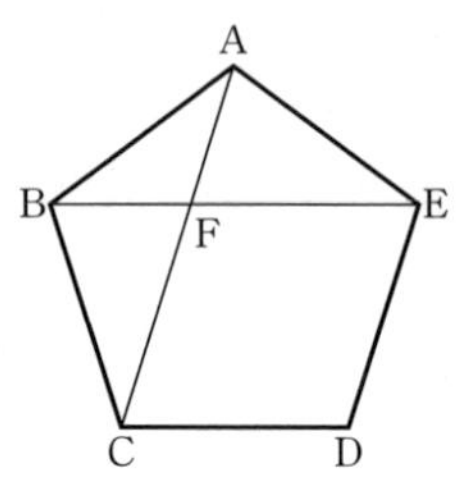

解答

［A］ (1) $\overrightarrow{AB}=\vec{b}$，$\overrightarrow{AD}=\vec{d}$，$\overrightarrow{AE}=\vec{e}$ とすると

$$\overrightarrow{LM}=\overrightarrow{LA}+\overrightarrow{AM}=-\frac{1}{2}\vec{d}+\frac{1}{2}\vec{e},\ \overrightarrow{LK}=\overrightarrow{LD}+\overrightarrow{DK}=\frac{1}{2}\vec{d}+\frac{1}{2}\vec{b}\quad \cdots\cdots①$$

また

$$\overrightarrow{LQ}=\overrightarrow{LA}+\overrightarrow{AE}+\overrightarrow{EQ}=-\frac{1}{2}\vec{d}+\vec{e}+\frac{1}{2}\vec{b},\ \overrightarrow{LR}=\overrightarrow{LJ}+\overrightarrow{JR}=\vec{b}+\vec{e}$$

$$\overrightarrow{LO}=\overrightarrow{LD}+\overrightarrow{DC}+\overrightarrow{CO}=\frac{1}{2}\vec{d}+\vec{b}+\frac{1}{2}\vec{e}$$

①より

$$\overrightarrow{LM}+\overrightarrow{LK}=\frac{1}{2}\vec{b}+\frac{1}{2}\vec{e}$$

したがって

$$\overrightarrow{LQ}=\left(-\frac{1}{2}\vec{d}+\frac{1}{2}\vec{e}\right)+\left(\frac{1}{2}\vec{b}+\frac{1}{2}\vec{e}\right)=\overrightarrow{LM}+(\overrightarrow{LM}+\overrightarrow{LK})=\mathbf{2\overrightarrow{LM}+\overrightarrow{LK}}$$

$$\overrightarrow{LR}=2\left(\frac{1}{2}\vec{b}+\frac{1}{2}\vec{e}\right)=\mathbf{2\overrightarrow{LM}+2\overrightarrow{LK}}$$

$$\overrightarrow{LO}=\left(\frac{1}{2}\vec{b}+\frac{1}{2}\vec{d}\right)+\left(\frac{1}{2}\vec{b}+\frac{1}{2}\vec{e}\right)=\overrightarrow{LK}+(\overrightarrow{LM}+\overrightarrow{LK})=\mathbf{\overrightarrow{LM}+2\overrightarrow{LK}}$$

(2) 立方体の1辺の長さを a とすると

$$|\vec{b}|=|\vec{d}|=|\vec{e}|=a$$

また，各面は正方形だから

$$\vec{b}\cdot\vec{d}=\vec{b}\cdot\vec{e}=\vec{d}\cdot\vec{e}=0$$

$\overrightarrow{LM}$ と $\overrightarrow{LK}$ のなす角を θ とすると

$$\cos\theta=\frac{\overrightarrow{LM}\cdot\overrightarrow{LK}}{|\overrightarrow{LM}||\overrightarrow{LK}|}$$

ここで

$$\overrightarrow{\mathrm{LM}}\cdot\overrightarrow{\mathrm{LK}}=\left(-\frac{1}{2}\vec{d}+\frac{1}{2}\vec{e}\right)\cdot\left(\frac{1}{2}\vec{b}+\frac{1}{2}\vec{d}\right)$$

$$=\frac{1}{4}(-\vec{b}\cdot\vec{d}-|\vec{d}|^2+\vec{b}\cdot\vec{e}+\vec{d}\cdot\vec{e})=-\frac{1}{4}a^2$$

△LAM，△LDK は直角二等辺三角形だから

$$|\overrightarrow{\mathrm{LM}}|=|\overrightarrow{\mathrm{LK}}|=\sqrt{2}\cdot\frac{a}{2}=\frac{\sqrt{2}}{2}a$$

よって　$\cos\theta=\dfrac{-\frac{1}{4}a^2}{\frac{\sqrt{2}}{2}a\cdot\frac{\sqrt{2}}{2}a}=-\dfrac{1}{2}$　　∴　$\boldsymbol{\theta=\dfrac{2}{3}\pi}$

(3)　(2)より　　LM＝LK，$\angle\mathrm{MLK}=\dfrac{2}{3}\pi$

同様にして

$$\mathrm{LM}=\mathrm{MQ}=\mathrm{QR}=\mathrm{RO}=\mathrm{OK}=\mathrm{KL}$$

$$\angle\mathrm{QML}=\angle\mathrm{RQM}=\angle\mathrm{ORQ}=\angle\mathrm{KOR}=\angle\mathrm{LKO}=\frac{2}{3}\pi$$

また，(1)の結果より，点Q，R，Oは平面MLK上にある．

よって，LMQROKは，平面MLK上の六角形で，各辺の長さが等しく，すべての内角が $\dfrac{2}{3}\pi$ で等しいから，正六角形である．□

［B］(1)　$|\vec{a}|=|\vec{b}|=|\vec{c}|=1$

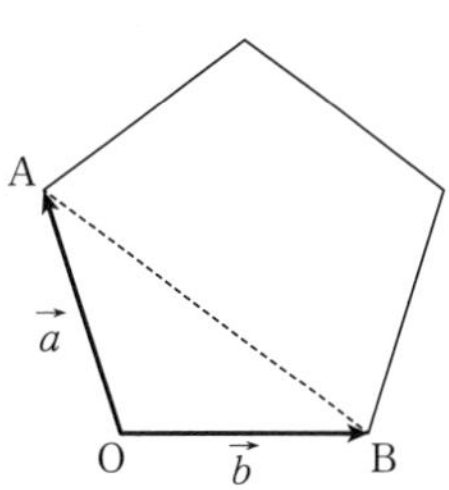

$|\overrightarrow{\mathrm{AB}}|=|\vec{b}-\vec{a}|=\dfrac{1+\sqrt{5}}{2}$ だから

$$|\vec{b}-\vec{a}|^2=|\vec{a}|^2-2(\vec{a}\cdot\vec{b})+|\vec{b}|^2=\frac{6+2\sqrt{5}}{4}$$

$$\therefore\quad 2-2(\vec{a}\cdot\vec{b})=\frac{3+\sqrt{5}}{2}$$

$$\therefore\quad \boldsymbol{\vec{a}\cdot\vec{b}=\frac{1-\sqrt{5}}{4}}$$

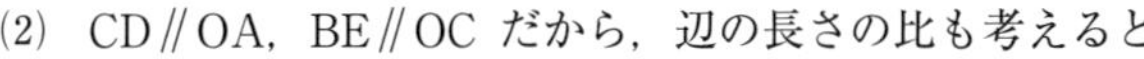

(2)　CD∥OA，BE∥OC だから，辺の長さの比も考えると

$$\boldsymbol{\overrightarrow{\mathrm{CD}}=\frac{1+\sqrt{5}}{2}\vec{a}},\quad \boldsymbol{\overrightarrow{\mathrm{BE}}=\frac{1+\sqrt{5}}{2}\vec{c}}$$

したがって

$$\overrightarrow{\mathrm{OD}}=\overrightarrow{\mathrm{OC}}+\overrightarrow{\mathrm{CD}}=\frac{1+\sqrt{5}}{2}\vec{a}+\vec{c}$$

$$\overrightarrow{\mathrm{OE}}=\overrightarrow{\mathrm{OB}}+\overrightarrow{\mathrm{BE}}=\vec{b}+\frac{1+\sqrt{5}}{2}\vec{c}$$

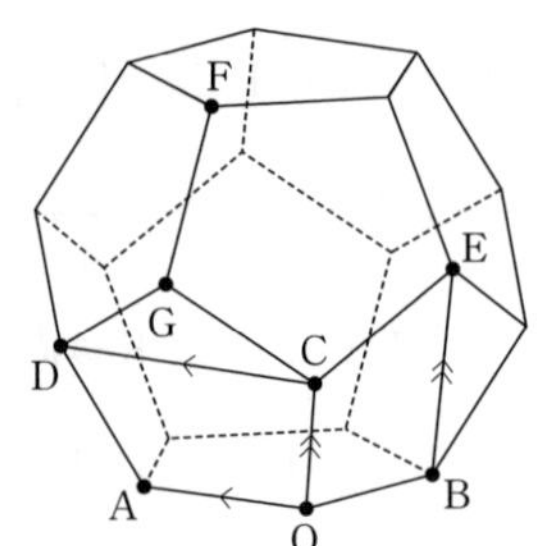

$\overrightarrow{\mathrm{OD}}=\dfrac{1+\sqrt{5}}{2}\overrightarrow{\mathrm{CG}}=\overrightarrow{\mathrm{EF}}$ ……② に注目すると

$$\overrightarrow{\mathrm{OF}}=\overrightarrow{\mathrm{OE}}+\overrightarrow{\mathrm{EF}}=\overrightarrow{\mathrm{OE}}+\overrightarrow{\mathrm{OD}}$$

$$=\frac{1+\sqrt{5}}{2}\vec{a}+\vec{b}+\frac{3+\sqrt{5}}{2}\vec{c}$$

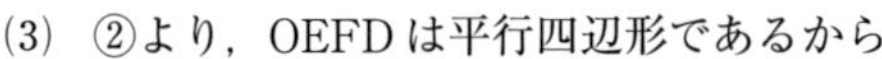

(3) ②より，OEFDは平行四辺形であるから

$$\overrightarrow{\mathrm{DF}}=\overrightarrow{\mathrm{OE}},\ \overrightarrow{\mathrm{EF}}=\overrightarrow{\mathrm{OD}}$$

したがって，$\overrightarrow{\mathrm{OE}}$ と $\overrightarrow{\mathrm{OD}}$ のなす角を求めればよい．

その角をθとすると

$$\cos\theta=\frac{\overrightarrow{\mathrm{OD}}\cdot\overrightarrow{\mathrm{OE}}}{|\overrightarrow{\mathrm{OD}}||\overrightarrow{\mathrm{OE}}|}$$

ここで，$r=\dfrac{1+\sqrt{5}}{2}$ とすると

$$\overrightarrow{\mathrm{OD}}\cdot\overrightarrow{\mathrm{OE}}=(r\vec{a}+\vec{c})\cdot(\vec{b}+r\vec{c})$$

$$=r^2(\vec{a}\cdot\vec{c})+r(\vec{a}\cdot\vec{b}+|\vec{c}|^2)+\vec{b}\cdot\vec{c}$$

(1)と同様にすると，$\vec{a}\cdot\vec{c}=\vec{b}\cdot\vec{c}=\dfrac{1-\sqrt{5}}{4}$ であるから

$$\overrightarrow{\mathrm{OD}}\cdot\overrightarrow{\mathrm{OE}}=\frac{1-\sqrt{5}}{4}\cdot(r^2+r+1)+r$$

$$=\frac{1-\sqrt{5}}{4}\left(\frac{3+\sqrt{5}}{2}+\frac{1+\sqrt{5}}{2}+1\right)+\frac{1+\sqrt{5}}{2}$$

$$=\frac{(1-\sqrt{5})(3+\sqrt{5})+2(1+\sqrt{5})}{4}$$

$$=\frac{(-2-2\sqrt{5})+(2+2\sqrt{5})}{4}=0$$

$$\therefore\quad \theta=\frac{\pi}{2}$$

解説

1°　[A]は，$\overrightarrow{LM}$，$\overrightarrow{LK}$，$\overrightarrow{LQ}$，$\overrightarrow{LR}$，$\overrightarrow{LO}$ を $\overrightarrow{AB}=\vec{b}$，$\overrightarrow{AD}=\vec{d}$，$\overrightarrow{AE}=\vec{e}$ を使って表すことは簡単なので，$\vec{b}$，$\vec{d}$，$\vec{e}$ を基準にして(1)，(2)を解答した．

2°　[A]は，次のように図形の問題としても扱える．

直線LM，TEの交点，直線RQ，TEの交点は一致する．その点をUとする．

直線LK，JCの交点，直線RO，JCの交点は一致する．その点をVとする．

このとき，LURVは平行四辺形である．

(∵　LK∥AC∥EG∥QR，LM∥DE∥CF∥OR)

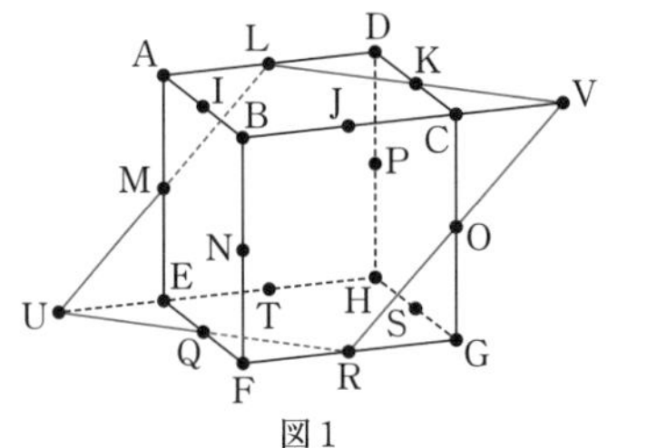

図1

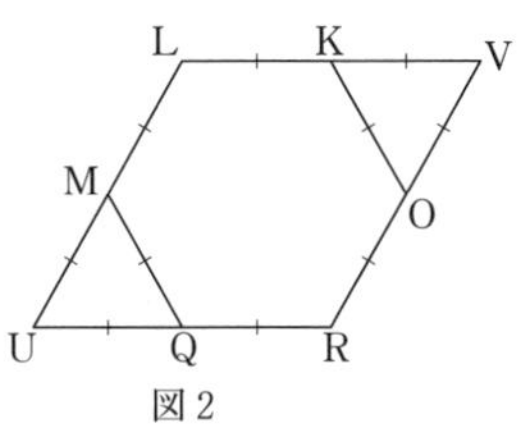

図2

また

LM＝MQ＝QR＝RO＝OK＝KL＝MU＝UQ＝OV＝VK

(∵　△AML≡△EQM≡…… は，直角二等辺三角形)

△MUQ，△OVKは正三角形だから，六角形LMQROKのすべての内角は$120°$となり，この六角形が正六角形であることがわかる．図2を参照すれば，(1)も(2)も解決する．

3°　[A]は立方体なので，(1)，(2)は空間の直交座標を設定して解答する方法もある（別解参照)．

4°　[B]は，正十二面体において，「OEFDは正方形となる」ことを示す問題である．したがって，図3のように正十二面体の20個の頂点から適当に8点を選ぶと立方体（正六面体）がつくれる．

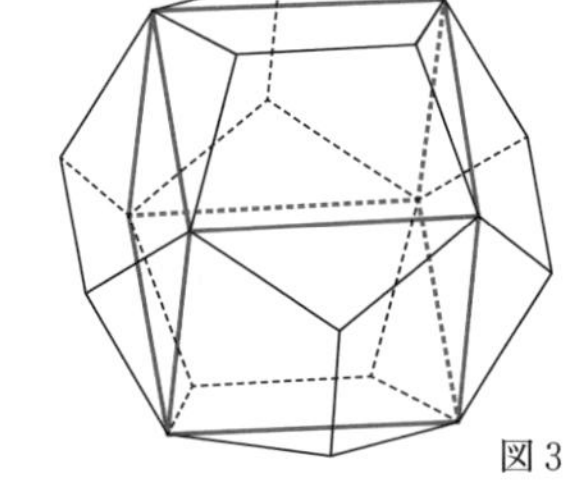
図3

別解

[A]　E(0, 0, 0)，F($2a$, 0, 0)，H(0, $2a$, 0)，A(0, 0, $2a$)となるように座標を設定する．

(1)　$\overrightarrow{LM}=\begin{pmatrix}0\\-a\\-a\end{pmatrix}$，$\overrightarrow{LK}=\begin{pmatrix}a\\a\\0\end{pmatrix}$，$\overrightarrow{LQ}=\begin{pmatrix}a\\-a\\-2a\end{pmatrix}$，$\overrightarrow{LR}=\begin{pmatrix}2a\\0\\-2a\end{pmatrix}$，$\overrightarrow{LO}=\begin{pmatrix}2a\\a\\-a\end{pmatrix}$

となるから

$$\overrightarrow{\mathrm{LQ}}=2\begin{pmatrix}0\\-a\\-a\end{pmatrix}+\begin{pmatrix}a\\a\\0\end{pmatrix}=2\overrightarrow{\mathrm{LM}}+\overrightarrow{\mathrm{LK}}$$

$$\overrightarrow{\mathrm{LR}}=2\begin{pmatrix}0\\-a\\-a\end{pmatrix}+2\begin{pmatrix}a\\a\\0\end{pmatrix}=2\overrightarrow{\mathrm{LM}}+2\overrightarrow{\mathrm{LK}}$$

$$\overrightarrow{\mathrm{LO}}=\begin{pmatrix}0\\-a\\-a\end{pmatrix}+2\begin{pmatrix}a\\a\\0\end{pmatrix}=\overrightarrow{\mathrm{LM}}+2\overrightarrow{\mathrm{LK}}$$

(2) $\overrightarrow{\mathrm{LM}}\cdot\overrightarrow{\mathrm{LK}}=-a^2$，$|\overrightarrow{\mathrm{LM}}|=|\overrightarrow{\mathrm{LK}}|=\sqrt{2}\,a$ だから，$\theta=\angle\mathrm{MLK}$ とすると

$$\cos\theta=\frac{\overrightarrow{\mathrm{LM}}\cdot\overrightarrow{\mathrm{LK}}}{|\overrightarrow{\mathrm{LM}}||\overrightarrow{\mathrm{LK}}|}=-\frac{a^2}{2a^2}=-\frac{1}{2} \qquad \therefore\ \theta=\frac{2}{3}\pi$$

106 直線 $l:(x,\ y,\ z)=(5,\ 0,\ 0)+s(1,\ -1,\ 0)$ 上に点 $\mathrm{P_0}$，
直線 $m:(x,\ y,\ z)=(0,\ 0,\ 2)+t(1,\ 0,\ 2)$ 上に点 $\mathrm{Q_0}$ があり，$\overrightarrow{\mathrm{P_0Q_0}}$ はベクトル $(1,\ -1,\ 0)$ と $(1,\ 0,\ 2)$ の両方に垂直である．次の問いに答えよ．

(1) $\mathrm{P_0}$，$\mathrm{Q_0}$ の座標を求めよ．

(2) $|\overrightarrow{\mathrm{P_0Q_0}}|$ を求めよ．

(3) 直線 l 上の点 P，直線 m 上の点 Q について，$\overrightarrow{\mathrm{PQ}}$ を $\overrightarrow{\mathrm{PP_0}}$，$\overrightarrow{\mathrm{P_0Q_0}}$，$\overrightarrow{\mathrm{Q_0Q}}$ で表せ．
また，$|\overrightarrow{\mathrm{PQ}}|^2=|\overrightarrow{\mathrm{PP_0}}+\overrightarrow{\mathrm{Q_0Q}}|^2+16$ であることを示せ． （金沢大）

思考のひもとき

1. 点 $(\alpha,\ \beta,\ \gamma)$ を通り，ベクトル $(a,\ b,\ c)$ に平行な直線は

$$\begin{pmatrix}x\\y\\z\end{pmatrix}=\boxed{\begin{pmatrix}\alpha\\\beta\\\gamma\end{pmatrix}+t\begin{pmatrix}a\\b\\c\end{pmatrix}} \quad (t\text{ は実数})$$

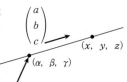

と表せる．$(a,\ b,\ c)$ をこの直線の**方向ベクトル**という．

解答

(1) l，m 上の点 $\mathrm{P_0}$，$\mathrm{Q_0}$ は

$\mathrm{P_0}(5+s,\ -s,\ 0)$，$\mathrm{Q_0}(t,\ 0,\ 2+2t)$

と表せる．

$\overrightarrow{P_0Q_0}=\begin{pmatrix}-s+t-5\\ s\\ 2t+2\end{pmatrix}$ が，$\vec{a}=\begin{pmatrix}1\\ -1\\ 0\end{pmatrix}$，$\vec{b}=\begin{pmatrix}1\\ 0\\ 2\end{pmatrix}$ のいずれにも垂直であることより

$$\begin{cases}\vec{a}\cdot\overrightarrow{P_0Q_0}=(-s+t-5)-s=-2s+t-5=0\\ \vec{b}\cdot\overrightarrow{P_0Q_0}=(-s+t-5)+2(2t+2)=-s+5t-1=0\end{cases}$$

$$\therefore\quad s=-\frac{8}{3},\ t=-\frac{1}{3}$$

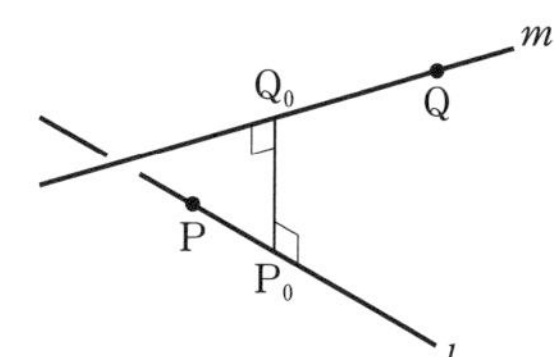

よって，P_0，Q_0 の座標は

$$P_0\left(\frac{7}{3},\ \frac{8}{3},\ 0\right),\ Q_0\left(-\frac{1}{3},\ 0,\ \frac{4}{3}\right)$$

(2)　(1)より，$\overrightarrow{P_0Q_0}=\dfrac{4}{3}\begin{pmatrix}-2\\ -2\\ 1\end{pmatrix}$ であるから

$$|\overrightarrow{P_0Q_0}|=\frac{4}{3}\sqrt{(-2)^2+(-2)^2+1^2}=4$$

(3)　　$\overrightarrow{PQ}=\overrightarrow{PP_0}+\overrightarrow{P_0Q_0}+\overrightarrow{Q_0Q}$

また，$\overrightarrow{PP_0}$，$\overrightarrow{Q_0Q}$ はいずれも $\overrightarrow{P_0Q_0}$ に垂直であるから

$$\overrightarrow{PP_0}\cdot\overrightarrow{P_0Q_0}=0,\ \overrightarrow{Q_0Q}\cdot\overrightarrow{P_0Q_0}=0\quad\cdots\cdots①$$

したがって

$$\begin{aligned}|\overrightarrow{PQ}|^2&=|(\overrightarrow{PP_0}+\overrightarrow{Q_0Q})+\overrightarrow{P_0Q_0}|^2\\ &=|\overrightarrow{PP_0}+\overrightarrow{Q_0Q}|^2+2(\overrightarrow{PP_0}+\overrightarrow{Q_0Q})\cdot\overrightarrow{P_0Q_0}+|\overrightarrow{P_0Q_0}|^2\end{aligned}$$

(2)より　　$|\overrightarrow{P_0Q_0}|^2=16$

①より　　$(\overrightarrow{PP_0}+\overrightarrow{Q_0Q})\cdot\overrightarrow{P_0Q_0}=\overrightarrow{PP_0}\cdot\overrightarrow{P_0Q_0}+\overrightarrow{Q_0Q}\cdot\overrightarrow{P_0Q_0}=0$

よって　　$|\overrightarrow{PQ}|^2=|\overrightarrow{PP_0}+\overrightarrow{Q_0Q}|^2+16$　□

解説

1°　2直線の位置関係は

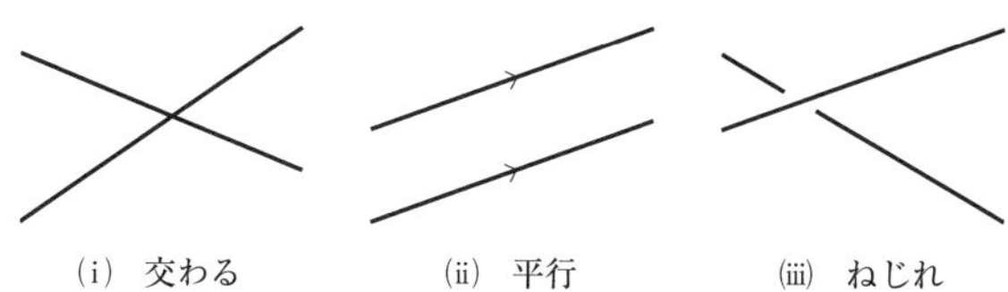

のいずれかであり，この問題の l と m は，ねじれの位置関係にある．

（∵ $\vec{a} \not\parallel \vec{b}$ より平行ではないし，$P_0 \neq Q_0$ より交わってはいない．）

2° (3)において

$$\overrightarrow{PP_0}=\alpha\vec{a},\ \overrightarrow{Q_0Q}=\beta\vec{b} \quad (\alpha,\ \beta \text{は実数})$$

と表せるから，$|\overrightarrow{PQ}|$ が最小となるのは，$|\alpha\vec{a}+\beta\vec{b}|$ が最小となるとき，つまり，$\alpha\vec{a}+\beta\vec{b}=\vec{0}$ のときで，それは $\alpha=\beta=0$ のときである（∵ $\vec{a}$，$\vec{b}$ は1次独立である）．

ゆえに　（PQの最小値）$=4$ （P，QがP$_0$，Q$_0$のとき）

---

107 座標空間の3点 A(1，2，2)，B(2，1，1)，C(2，4，2) を通る平面を α とする．点 D(0，2，1) を通り，ベクトル $\vec{a}=(1,\ 1,\ 1)$ に平行な直線を l_1 とする．また点Dを通り，ベクトル $\vec{b}=(-1,\ -1,\ 1)$ に平行な直線を l_2 とする．このとき，次の問いに答えよ．

(1) l_1 と α の交点をEとし，l_2 と α の交点をFとする．E，Fの座標を求めよ．

(2) $\overrightarrow{DE}$ と $\overrightarrow{DF}$ のなす角を θ $(0 \leqq \theta \leqq \pi)$ とおくとき，$\cos\theta$ の値を求めよ．

(3) △DEFの面積を求めよ．　（首都大学東京）

思考のひもとき

1. 点Pは平面ABC上にある

$\iff$ $\boxed{\overrightarrow{AP}=s\overrightarrow{AB}+t\overrightarrow{AC}\ (s,\ t\text{は実数})}$ と表せる

$\iff$ $\boxed{\overrightarrow{OP}=\overrightarrow{OA}+s\overrightarrow{AB}+t\overrightarrow{AC}\ (s,\ t\text{は実数})}$ と表せる

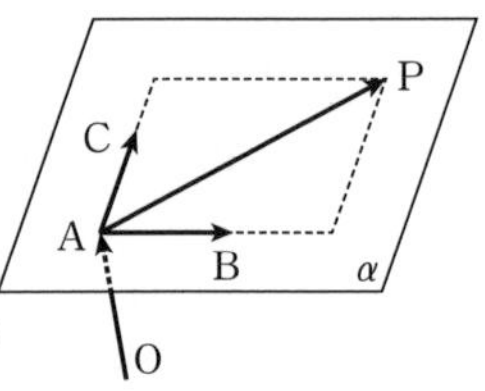

解答

(1) $\overrightarrow{AB}=\begin{pmatrix}1\\-1\\-1\end{pmatrix}$，$\overrightarrow{AC}=\begin{pmatrix}1\\2\\0\end{pmatrix}$ だから，平面 α は

$$\begin{pmatrix}x\\y\\z\end{pmatrix}=\begin{pmatrix}1\\2\\2\end{pmatrix}+s\begin{pmatrix}1\\-1\\-1\end{pmatrix}+t\begin{pmatrix}1\\2\\0\end{pmatrix} \quad (s,\ t\text{は実数}) \quad \cdots\cdots①$$

と表せる．

l_1は

$$\begin{pmatrix} x \\ y \\ z \end{pmatrix}=\begin{pmatrix} 0 \\ 2 \\ 1 \end{pmatrix}+u\begin{pmatrix} 1 \\ 1 \\ 1 \end{pmatrix} \quad (u\text{は実数}) \quad \cdots\cdots②$$

と表せるから，αとl_1の交点Eは，①，②からx，y，zを消去して

$$\begin{pmatrix} 1 \\ 2 \\ 2 \end{pmatrix}+s\begin{pmatrix} 1 \\ -1 \\ -1 \end{pmatrix}+t\begin{pmatrix} 1 \\ 2 \\ 0 \end{pmatrix}=\begin{pmatrix} 0 \\ 2 \\ 1 \end{pmatrix}+u\begin{pmatrix} 1 \\ 1 \\ 1 \end{pmatrix}$$

より

$$\begin{cases} s+t-u=-1 \\ -s+2t-u=0 \\ -s-u=-1 \end{cases} \quad \therefore \begin{cases} s=-\dfrac{1}{4} \\ t=\dfrac{1}{2} \\ u=\dfrac{5}{4} \end{cases} \quad \therefore \ \mathrm{E}\left(\boldsymbol{\frac{5}{4}},\ \boldsymbol{\frac{13}{4}},\ \boldsymbol{\frac{9}{4}}\right)$$

l_2は

$$\begin{pmatrix} x \\ y \\ z \end{pmatrix}=\begin{pmatrix} 0 \\ 2 \\ 1 \end{pmatrix}+v\begin{pmatrix} -1 \\ -1 \\ 1 \end{pmatrix} \quad (v\text{は実数}) \quad \cdots\cdots③$$

と表せるから，αとl_2の交点Fは，①，③からx，y，zを消去して

l_2
l_1
F
E
α
$\vec{b}=(-1,\ -1,\ 1)$
D
$\vec{a}=(1,\ 1,\ 1)$

$$\begin{pmatrix} 1 \\ 2 \\ 2 \end{pmatrix}+s\begin{pmatrix} 1 \\ -1 \\ -1 \end{pmatrix}+t\begin{pmatrix} 1 \\ 2 \\ 0 \end{pmatrix}=\begin{pmatrix} 0 \\ 2 \\ 1 \end{pmatrix}+v\begin{pmatrix} -1 \\ -1 \\ 1 \end{pmatrix}$$

より

$$\begin{cases} s+t+v=-1 \\ -s+2t+v=0 \\ -s-v=-1 \end{cases} \quad \therefore \begin{cases} s=-\dfrac{3}{2} \\ t=-2 \\ v=\dfrac{5}{2} \end{cases} \quad \therefore \ \mathrm{F}\left(\boldsymbol{-\frac{5}{2}},\ \boldsymbol{-\frac{1}{2}},\ \boldsymbol{\frac{7}{2}}\right)$$

(2) $$\overrightarrow{\mathrm{DE}}=\frac{5}{4}\begin{pmatrix} 1 \\ 1 \\ 1 \end{pmatrix}=\frac{5}{4}\vec{a},\quad \overrightarrow{\mathrm{DF}}=\frac{5}{2}\begin{pmatrix} -1 \\ -1 \\ 1 \end{pmatrix}=\frac{5}{2}\vec{b}$$

$\overrightarrow{\mathrm{DE}}$と$\overrightarrow{\mathrm{DF}}$のなす角$\theta$は，$\vec{a}$と$\vec{b}$のなす角と同じであるから

$$\cos\theta=\frac{\vec{a}\cdot\vec{b}}{|\vec{a}||\vec{b}|}=\frac{-1-1+1}{\sqrt{3}\cdot\sqrt{3}}=\mathbf{-\frac{1}{3}}$$

(3)　△DEF の面積を S とすると

$$S=\frac{1}{2}|\overrightarrow{\mathrm{DE}}||\overrightarrow{\mathrm{DF}}|\sin\theta$$

ここで，(2)より

$$|\overrightarrow{\mathrm{DE}}|=\frac{5}{4}\sqrt{3},\quad |\overrightarrow{\mathrm{DF}}|=\frac{5}{2}\sqrt{3},$$

$$\sin\theta=\sqrt{1-\cos^2\theta}=\sqrt{1-\left(-\frac{1}{3}\right)^2}=\frac{2\sqrt{2}}{3}$$

であるから

$$S=\frac{1}{2}\cdot\frac{5}{4}\sqrt{3}\cdot\frac{5}{2}\sqrt{3}\cdot\frac{2}{3}\sqrt{2}=\mathbf{\frac{25}{8}\sqrt{2}}$$

解説

1°　(3)において，次のように解答してもよい．

$$S=\frac{1}{2}\sqrt{|\overrightarrow{\mathrm{DE}}|^2|\overrightarrow{\mathrm{DF}}|^2-(\overrightarrow{\mathrm{DE}}\cdot\overrightarrow{\mathrm{DF}})^2}$$

$$=\frac{1}{2}\sqrt{\left(\frac{5}{4}\sqrt{3}\right)^2\cdot\left(\frac{5}{2}\sqrt{3}\right)^2-\left(-\frac{25}{8}\right)^2}$$

$$=\frac{25}{8}\sqrt{2}$$

2°　平面 α に垂直なベクトルを平面 α の**法線ベクトル**という．法線ベクトルと通る点1つがわかれば，その平面の方程式は求めることができる．

法線ベクトルが $\vec{n}=\begin{pmatrix}a\\b\\c\end{pmatrix}$ で，点 $\mathrm{A}(x_0,\ y_0,\ z_0)$ を通る平面上の任意の点を $\mathrm{P}(x,\ y,\ z)$ とすると

$\vec{n}\perp\overrightarrow{\mathrm{AP}}$ だから $\vec{n}\cdot\overrightarrow{\mathrm{AP}}=0$ より

$$a(x-x_0)+b(y-y_0)+c(z-z_0)=0$$

が成り立つ．

これをこの**平面の方程式**という．

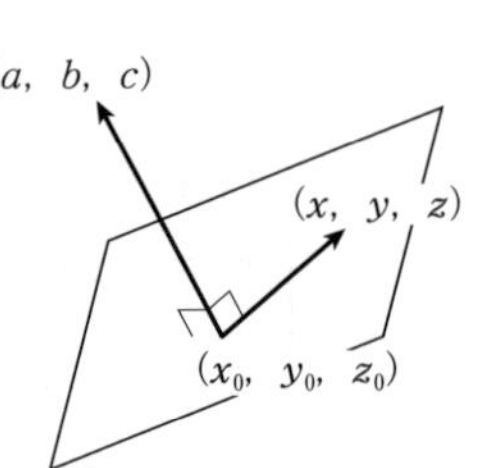

3°　平面αの法線ベクトルは，$\overrightarrow{\mathrm{AB}}$，$\overrightarrow{\mathrm{AC}}$のいずれにも垂直なベクトルである．このことを利用して平面αの方程式を求め，次のように(1)を解答する方法もある．

別解

(1)　平面αの法線ベクトルを $\vec{n}=\begin{pmatrix} a \\ b \\ c \end{pmatrix}$ とすると，$\vec{n}$ は $\overrightarrow{\mathrm{AB}}=\begin{pmatrix} 1 \\ -1 \\ -1 \end{pmatrix}$，$\overrightarrow{\mathrm{AC}}=\begin{pmatrix} 1 \\ 2 \\ 0 \end{pmatrix}$ のいずれにも垂直であるから

$$\begin{cases} \vec{n}\cdot\overrightarrow{\mathrm{AB}}=0 \\ \vec{n}\cdot\overrightarrow{\mathrm{AC}}=0 \end{cases} \qquad \therefore \quad \begin{cases} a-b-c=0 & \cdots\cdots Ⓐ \\ a+2b\quad\ =0 & \cdots\cdots Ⓑ \end{cases}$$

Ⓑより，$a=-2b$ で，これをⒶに代入して整理すると

$$c=-3b \qquad \therefore \quad a:b:c=-2:1:-3=2:-1:3$$

$$\therefore \quad \vec{n}=\begin{pmatrix} 2 \\ -1 \\ 3 \end{pmatrix} \text{とおける．}$$

したがって，平面αは，$\vec{n}=\begin{pmatrix} 2 \\ -1 \\ 3 \end{pmatrix}$を法線ベクトルとし，点A(1，2，2)を通るから

$$2(x-1)-(y-2)+3(z-2)=0 \qquad \therefore \quad 2x-y+3z-6=0 \quad \cdots\cdots ①'$$

と表せる．

$l_1:\begin{pmatrix} x \\ y \\ z \end{pmatrix}=\begin{pmatrix} 0 \\ 2 \\ 1 \end{pmatrix}+u\begin{pmatrix} 1 \\ 1 \\ 1 \end{pmatrix}$　(uは実数)　を①′に代入すると

$2u-(2+u)+3(1+u)-6=0$ より

$$u=\frac{5}{4} \qquad \therefore \quad \mathrm{E}\left(\frac{5}{4},\ \frac{13}{4},\ \frac{9}{4}\right)$$

$l_2:\begin{pmatrix} x \\ y \\ z \end{pmatrix}=\begin{pmatrix} 0 \\ 2 \\ 1 \end{pmatrix}+v\begin{pmatrix} -1 \\ -1 \\ 1 \end{pmatrix}$　(vは実数)　を①′に代入すると

$-2v-(2-v)+3(1+v)-6=0$ より

$$v=\frac{5}{2} \qquad \therefore \quad \mathrm{F}\left(-\frac{5}{2},\ -\frac{1}{2},\ \frac{7}{2}\right)$$

空間ベクトル

108 点A(1, 2, 4)を通り，ベクトル $\vec{n}=(-3,\ 1,\ 2)$ に垂直な平面を α とする．平面 α に関して同じ側に2点P(−2, 1, 7), Q(1, 3, 7)がある．次の問いに答えよ．

(1) 平面 α に関して点Pと対称な点Rの座標を求めよ．

(2) 平面 α 上の点で，PS+QSを最小にする点Sの座標とそのときの最小値を求めよ．　　　　(鳥取大)

思考のひもとき

1. 点Aを通り，$\vec{n}$ に垂直な平面を α とする．

点Sが平面 α 上にある $\iff$ $\boxed{\vec{n}\perp\overrightarrow{AS}}$ $\iff$ $\boxed{\vec{n}\cdot\overrightarrow{AS}=0}$

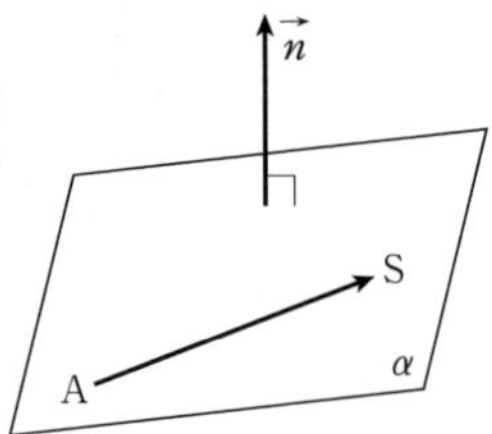

2. 「2点P, Rは平面 α に関して対称」

$\iff$ PRの中点をMとすると

PM⊥ $\boxed{\text{平面}\alpha}$ かつ M∈ $\boxed{\text{平面}\alpha}$

解答

(1) PRの中点をMとすると

$$\begin{cases}\text{PM}\perp\text{平面}\alpha & \cdots\cdots①\\ \text{点Mは平面}\alpha\text{上} & \cdots\cdots②\end{cases}$$

が成り立つ．

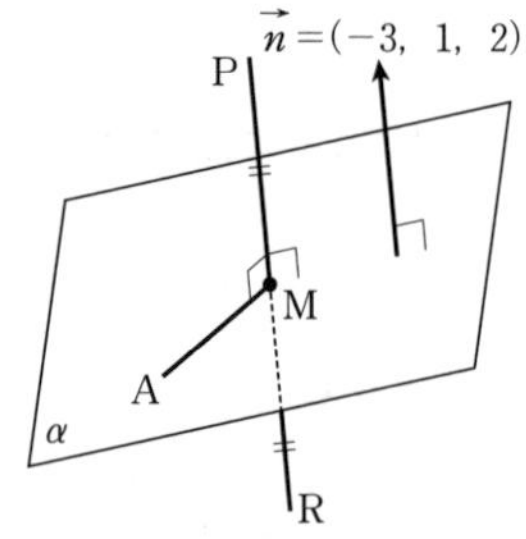

①より，$\overrightarrow{PM}\parallel\vec{n}$ だから $\overrightarrow{PM}=t\vec{n}=t\begin{pmatrix}-3\\1\\2\end{pmatrix}$,

つまり，$\overrightarrow{OM}=\overrightarrow{OP}+\overrightarrow{PM}=\begin{pmatrix}-2\\1\\7\end{pmatrix}+t\begin{pmatrix}-3\\1\\2\end{pmatrix}$ と表せる．

そこで，②より，$\vec{n}\perp\overrightarrow{AM}$ であるから

$\vec{n}\cdot\overrightarrow{AM}=0$ ……③

ここで，$\overrightarrow{AM}=\begin{pmatrix}-3-3t\\-1+t\\3+2t\end{pmatrix}$ だから，③より

$$-3(-3-3t)+(-1+t)+2(3+2t)=0 \qquad \therefore\quad t=-1$$

したがって

$$\overrightarrow{\mathrm{PM}}=-\vec{n}=\begin{pmatrix}3\\-1\\-2\end{pmatrix},\ \overrightarrow{\mathrm{OR}}=\overrightarrow{\mathrm{OP}}+2\overrightarrow{\mathrm{PM}}=\begin{pmatrix}-2\\1\\7\end{pmatrix}+2\begin{pmatrix}3\\-1\\-2\end{pmatrix}$$

より　　R(**4，−1，3**)

(2)　2点P，Qは平面αに関して同じ側にあるから，RとQは反対側にある．また，αは線分PRを垂直二等分する平面であるから

PS＝RS

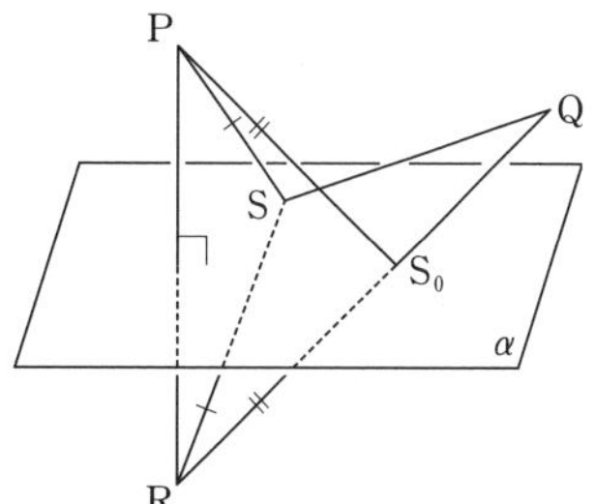

したがって，PS＋QS＝RS＋QS で，この右辺が最小となるのは，3点R，S，Qが同一直線上にあるとき，すなわち，点Sが線分RQと平面αの交点S_0にあるときであり，PS＋QS の最小値はRQの長さとなる．

ここで，$\overrightarrow{\mathrm{RQ}}=\begin{pmatrix}-3\\4\\4\end{pmatrix}$ だから，直線RQは

$$\begin{pmatrix}x\\y\\z\end{pmatrix}=\begin{pmatrix}4\\-1\\3\end{pmatrix}+u\begin{pmatrix}-3\\4\\4\end{pmatrix}\quad (u\text{は実数})$$

と表せる．これと平面αとの交点S_0は，$S_0(4-3u,\ -1+4u,\ 3+4u)$と表せる．

点S_0は平面α上にあるから

$\vec{n}\cdot\overrightarrow{\mathrm{AS_0}}=0$　……④

ここで，$\overrightarrow{\mathrm{AS_0}}=\begin{pmatrix}3-3u\\-3+4u\\-1+4u\end{pmatrix}$ だから④より

$$-3(3-3u)+(-3+4u)+2(-1+4u)=0$$

$$\therefore\quad u=\frac{2}{3}$$

より　　$S_0\left(\mathbf{2},\ \frac{\mathbf{5}}{\mathbf{3}},\ \frac{\mathbf{17}}{\mathbf{3}}\right)$

これが求める点Sであり，求める最小値は

$$\mathrm{RQ}=\sqrt{(-3)^2+4^2+4^2}=\sqrt{\mathbf{41}}$$

解説

1° 平面上で右図のように，方向ベクトルが $\vec{d}$ の直線 l がある．2点 A，B から l へ下ろした垂線の足を A′，B′ とするとき，$\overrightarrow{A'B'}$ を $\overrightarrow{AB}$ の l への**正射影**とよぶ．

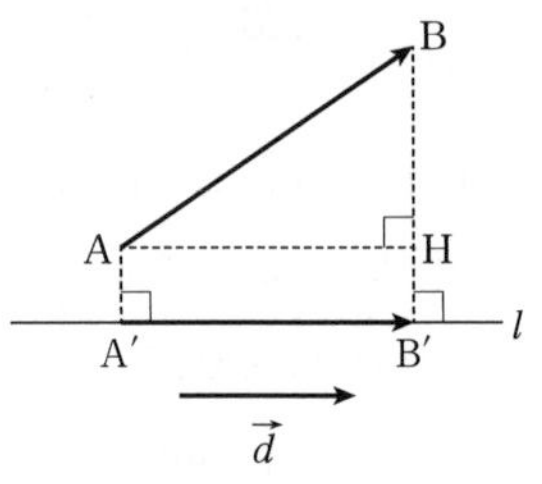

このとき

$$\overrightarrow{A'B'}=\frac{\overrightarrow{AB}\cdot\vec{d}}{|\vec{d}|^2}\vec{d}$$

$$\left(\begin{array}{l}\because\ \ \overrightarrow{A'B'}\,/\!/\,l \text{ より，} \overrightarrow{A'B'}=k\vec{d} \text{ と表せる．}\\ \text{図のように点 H をとると，} \overrightarrow{AH}=\overrightarrow{A'B'}=k\vec{d}\text{，} \overrightarrow{BH}=\overrightarrow{AH}-\overrightarrow{AB}=k\vec{d}-\overrightarrow{AB} \text{ であ}\\ \text{るから，BH}\perp l \text{ より} \quad \overrightarrow{BH}\cdot\vec{d}=k|\vec{d}|^2-\overrightarrow{AB}\cdot\vec{d}=0 \qquad \therefore\ \ k=\dfrac{\overrightarrow{AB}\cdot\vec{d}}{|\vec{d}|^2}\end{array}\right)$$

この公式を用いると，(1)で次のような別解が考えられる．

別解1

(1) $\overrightarrow{PA}=\begin{pmatrix}3\\1\\-3\end{pmatrix}$ の平面 α の法線 $\left(\text{その方向ベクトルは } \vec{n}=\begin{pmatrix}-3\\1\\2\end{pmatrix}\right)$ への正射影ベクトルが $\overrightarrow{PM}$ であるから

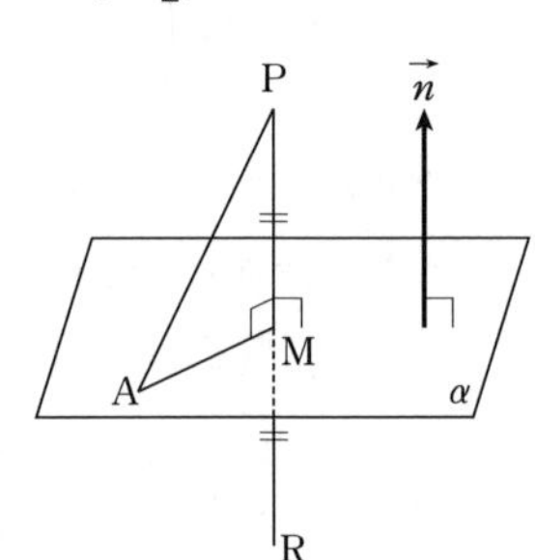

$$\overrightarrow{PM}=\frac{\overrightarrow{PA}\cdot\vec{n}}{|\vec{n}|^2}\vec{n}=\frac{-14}{14}\vec{n}=\begin{pmatrix}3\\-1\\-2\end{pmatrix}$$

したがって

$$\overrightarrow{OR}=\overrightarrow{OP}+\overrightarrow{PR}=\overrightarrow{OP}+2\overrightarrow{PM}$$

$$=\begin{pmatrix}-2\\1\\7\end{pmatrix}+2\begin{pmatrix}3\\-1\\-2\end{pmatrix}=\begin{pmatrix}4\\-1\\3\end{pmatrix}$$

より　　R(4，-1，3)

別解2 （平面の方程式を用いる）

(1) $\vec{n}=\begin{pmatrix}-3\\1\\2\end{pmatrix}$ に垂直で，点 A(1，2，4) を通る平面 α の方程式は

$$-3(x-1)+(y-2)+2(z-4)=0$$

$$\therefore\ \ -3x+y+2z=7 \quad \cdots\cdots①$$

である．

直線PRは点P$(-2,\ 1,\ 7)$を通り，方向ベクトルが$\vec{n}=\begin{pmatrix}-3\\1\\2\end{pmatrix}$であるから，その方程式は

$$\begin{pmatrix}x\\y\\z\end{pmatrix}=\begin{pmatrix}-2\\1\\7\end{pmatrix}+t\begin{pmatrix}-3\\1\\2\end{pmatrix}\quad(t\text{ は実数})\quad\cdots\cdots②$$

となる．

PRの中点をMとすると，Mは直線②と平面αの交点であるから，②を①に代入して

$$-3(-2-3t)+(1+t)+2(7+2t)=7$$

$$\therefore\quad t=-1\qquad\qquad\therefore\quad \mathrm{M}(1,\ 0,\ 5)$$

$$\therefore\quad \overrightarrow{\mathrm{PM}}=\begin{pmatrix}1\\0\\5\end{pmatrix}-\begin{pmatrix}-2\\1\\7\end{pmatrix}=\begin{pmatrix}3\\-1\\-2\end{pmatrix}$$

$$\therefore\quad \overrightarrow{\mathrm{OR}}=\overrightarrow{\mathrm{OP}}+2\overrightarrow{\mathrm{PM}}=\begin{pmatrix}-2\\1\\7\end{pmatrix}+2\begin{pmatrix}3\\-1\\-2\end{pmatrix}=\begin{pmatrix}4\\-1\\3\end{pmatrix}$$

より　　R$(4,\ -1,\ 3)$

(2)　(直線RQの方程式を求める所までは解答と同じ)

$$\text{直線RQ}:\begin{pmatrix}x\\y\\z\end{pmatrix}=\begin{pmatrix}4\\-1\\3\end{pmatrix}+u\begin{pmatrix}-3\\4\\4\end{pmatrix}\quad(u\text{ は実数})\quad\cdots\cdots③$$

と平面αの交点が，求める点$\mathrm{S_0}$だから，③を①に代入すると

$$-3(4-3u)+(-1+4u)+2(3+4u)=7$$

$$\therefore\quad u=\frac{2}{3}$$

よって，求める点Sは

$$\mathrm{S_0}\left(2,\ \frac{5}{3},\ \frac{17}{3}\right)\qquad(\text{以下解答と同じ})$$

109 平行六面体 OADB-CEGF において，辺 OA の中点を M，辺 AD を 2：3 に内分する点を N，辺 DG を 1：2 に内分する点を L とする．また，辺 OC を $k:1-k$ $(0<k<1)$ に内分する点を K とする．このとき，次の問いに答えよ．

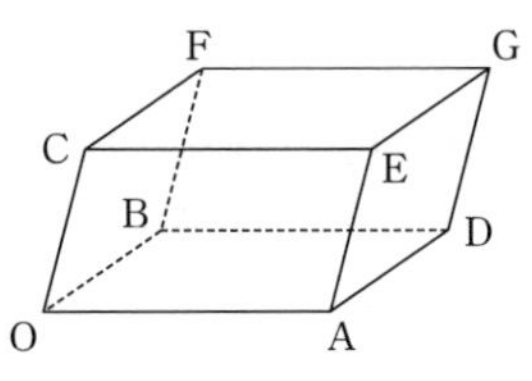

(1) $\overrightarrow{\mathrm{OA}}=\vec{a}$，$\overrightarrow{\mathrm{OB}}=\vec{b}$，$\overrightarrow{\mathrm{OC}}=\vec{c}$ とするとき，$\overrightarrow{\mathrm{MN}}$，$\overrightarrow{\mathrm{ML}}$，$\overrightarrow{\mathrm{MK}}$ を $\vec{a}$，$\vec{b}$，$\vec{c}$ を用いて表せ．

(2) 3 点 M，N，K の定める平面上に点 L があるとき，k の値を求めよ．

(3) 3 点 M，N，K の定める平面が辺 GF と交点をもつような k の値の範囲を求めよ．

（熊本大）

思考のひもとき

1. 点 L が平面 MNK 上にある

$\iff$ $\boxed{\overrightarrow{\mathrm{ML}}=s\overrightarrow{\mathrm{MN}}+t\overrightarrow{\mathrm{MK}}\ (s,\ t\text{ は実数})}$ と表せる

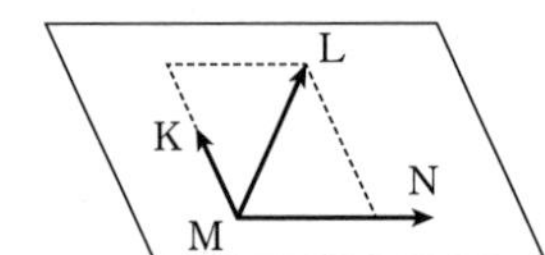

解答

(1)

$$\overrightarrow{\mathrm{MN}}=\overrightarrow{\mathrm{MA}}+\overrightarrow{\mathrm{AN}}=\frac{1}{2}\vec{a}+\frac{2}{5}\vec{b}$$

$$\overrightarrow{\mathrm{ML}}=\overrightarrow{\mathrm{MA}}+\overrightarrow{\mathrm{AD}}+\overrightarrow{\mathrm{DL}}=\frac{1}{2}\vec{a}+\vec{b}+\frac{1}{3}\vec{c}$$

$$\overrightarrow{\mathrm{MK}}=\overrightarrow{\mathrm{MO}}+\overrightarrow{\mathrm{OK}}=-\frac{1}{2}\vec{a}+k\vec{c}$$

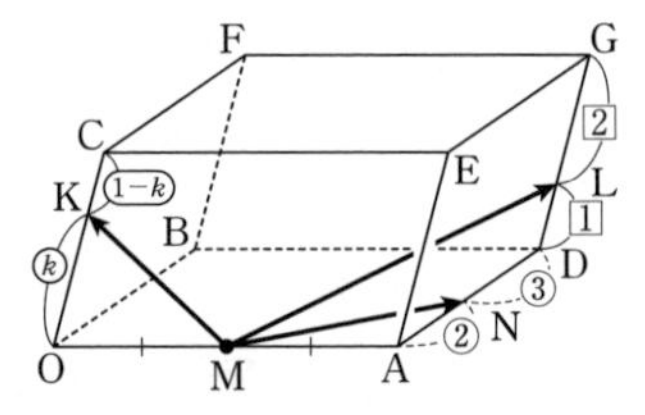

(2) 点 L が平面 MNK 上にあるから，s，t を実数として

$$\overrightarrow{\mathrm{ML}}=s\overrightarrow{\mathrm{MN}}+t\overrightarrow{\mathrm{MK}} \quad \cdots\cdots①$$

と表せる．

(1)の結果を用いると，①は

$$\frac{1}{2}\vec{a}+\vec{b}+\frac{1}{3}\vec{c}=s\left(\frac{1}{2}\vec{a}+\frac{2}{5}\vec{b}\right)+t\left(-\frac{1}{2}\vec{a}+k\vec{c}\right)$$

$$\therefore\ \ \frac{1}{2}\vec{a}+\vec{b}+\frac{1}{3}\vec{c}=\frac{1}{2}(s-t)\vec{a}+\frac{2}{5}s\vec{b}+kt\vec{c} \quad \cdots\cdots②$$

$\vec{a}$，$\vec{b}$，$\vec{c}$ が 1 次独立であることを考えると，②より

$$\begin{cases} \frac{1}{2}=\frac{1}{2}(s-t) \\ 1=\frac{2}{5}s \\ \frac{1}{3}=kt \end{cases} \qquad \therefore \begin{cases} s=\frac{5}{2} \\ t=\frac{3}{2} \\ k=\frac{2}{9} \end{cases}$$

よって，求めるkは　　$\boldsymbol{k=\frac{2}{9}}$

(3)　直線GFが平面MNKと交わるための条件は

$$\overrightarrow{\mathrm{MG}}+u\overrightarrow{\mathrm{GF}}=s\overrightarrow{\mathrm{MN}}+t\overrightarrow{\mathrm{MK}} \quad \cdots\cdots③$$

となる実数s，t，uが存在することである．

③より

$$\frac{1}{2}\vec{a}+\vec{b}+\vec{c}-u\vec{a}=s\left(\frac{1}{2}\vec{a}+\frac{2}{5}\vec{b}\right)+t\left(-\frac{1}{2}\vec{a}+k\vec{c}\right)$$

$$\left(\frac{1}{2}-u\right)\vec{a}+\vec{b}+\vec{c}=\frac{1}{2}(s-t)\vec{a}+\frac{2}{5}s\vec{b}+kt\vec{c} \quad \cdots\cdots④$$

$\vec{a}$，$\vec{b}$，$\vec{c}$が1次独立であることを考えると④より

$$\frac{1}{2}-u=\frac{1}{2}(s-t),\ 1=\frac{2}{5}s,\ 1=kt$$

$k\neq 0$より　$s=\frac{5}{2}$，$t=\frac{1}{k}$，$u=\frac{1}{2}\left(\frac{1}{k}-\frac{3}{2}\right)$となるから，直線GFと平面MNKは交わる．そこで，その交点をHとすると

$$\overrightarrow{\mathrm{MH}}=\overrightarrow{\mathrm{MG}}+\frac{1}{2}\left(\frac{1}{k}-\frac{3}{2}\right)\overrightarrow{\mathrm{GF}}$$

よって，点Hが辺GF上にあるようなkの範囲は

$$0\leqq\frac{1}{2}\left(\frac{1}{k}-\frac{3}{2}\right)\leqq 1$$

より　　$\frac{3}{2}\leqq\frac{1}{k}\leqq\frac{7}{2}$　　　$\therefore$　$\boldsymbol{\frac{2}{7}\leqq k\leqq\frac{2}{3}}$

解説

1°　$\vec{0}$でない3つのベクトル$\vec{a}$，$\vec{b}$，$\vec{c}$が同一平面上にないとき，$\vec{a}$，$\vec{b}$，$\vec{c}$は**1次独立である**という．

このとき

$$l\vec{a}+m\vec{b}+n\vec{c}=l'\vec{a}+m'\vec{b}+n'\vec{c} \iff l=l',\ m=m',\ n=n'$$

空間ベクトル

図形的には

$\vec{a}$，$\vec{b}$，$\vec{c}$ は1次独立である $\iff$ $\vec{a}$，$\vec{b}$，$\vec{c}$ で平行六面体がつくれる

2° (3)について

「点Pが直線GF上にある」

$\iff$ 「$\overrightarrow{MP}=\overrightarrow{MG}+u\overrightarrow{GF}$（$u$ は実数）と表せる」

一方

「点Pが平面MNK上にある」

$\iff$ 「$\overrightarrow{MP}=s\overrightarrow{MN}+t\overrightarrow{MK}$（$s$，$t$ は実数）と表せる」

したがって，直線GFが平面MNKと交点をもつための条件は

$$\overrightarrow{MG}+u\overrightarrow{GF}=s\overrightarrow{MN}+t\overrightarrow{MK}$$

を満たす実数 s，t，u が存在することである．

その交点が辺GF上にあるのは，u が $0\leqq u\leqq 1$ であること，つまり

$$0\leqq\frac{1}{2}\left(\frac{1}{k}-\frac{3}{2}\right)\leqq 1$$

これより答が求まる．

110 四面体OABCにおいて

$$OA=1,\ OB=3,\ OC=2,\ \angle AOB=90^\circ,\ \angle AOC=\angle BOC=120^\circ$$

とする．$\overrightarrow{OA}=\vec{a}$，$\overrightarrow{OB}=\vec{b}$，$\overrightarrow{OC}=\vec{c}$ とおく．次の問いに答えよ．

(1) 平面ABC上に点Hをとり，s，t，u を実数として $\overrightarrow{OH}=s\vec{a}+t\vec{b}+u\vec{c}$ とおく．このとき，$s+t+u=1$ となることを示せ．

(2) (1)の $\overrightarrow{OH}$ が平面ABCに垂直であるとき，s，t，u の値をそれぞれ求めよ．

(3) 平面OAB上に点Kをとり，$\overrightarrow{CK}$ が平面OABに垂直であるとする．このとき，$\overrightarrow{OK}$ を $\vec{a}$，$\vec{b}$ で表し，$\overrightarrow{CK}$ の大きさと四面体OABCの体積を求めよ．（長崎大）

思考のひもとき

1. 点Pは，平面ABCの上にある

$\iff$ $\overrightarrow{AP}=$ $\boxed{t\overrightarrow{AB}+u\overrightarrow{AC}\ (t,\ u \text{ は実数})}$ と表せる

2. $\vec{n}\perp$ 平面ABC $\iff$ $\boxed{\vec{n}\perp\overrightarrow{AB} \text{ かつ } \vec{n}\perp\overrightarrow{AC}}$

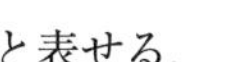

解答

(1)　点Hは平面ABC上にあるから，α，βを実数として

$$\overrightarrow{\mathrm{AH}}=\alpha\overrightarrow{\mathrm{AB}}+\beta\overrightarrow{\mathrm{AC}}\quad\cdots\cdots①$$

と表せる．

①より

$$\overrightarrow{\mathrm{OH}}-\vec{a}=\alpha(\vec{b}-\vec{a})+\beta(\vec{c}-\vec{a})$$

$$\therefore\quad\overrightarrow{\mathrm{OH}}=(1-\alpha-\beta)\vec{a}+\alpha\vec{b}+\beta\vec{c}\quad\cdots\cdots②$$

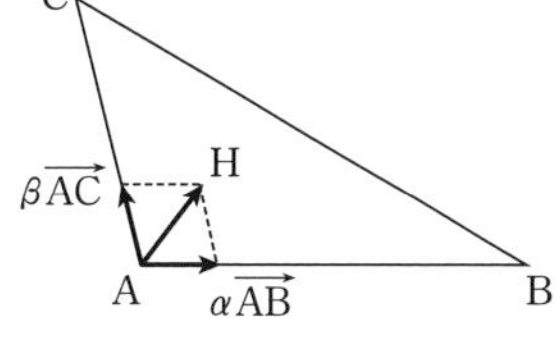

$\vec{a}$，$\vec{b}$，$\vec{c}$は1次独立であるから

$\overrightarrow{\mathrm{OH}}=s\vec{a}+t\vec{b}+u\vec{c}$ と②との係数を比較して

$$\begin{cases}s=1-\alpha-\beta\\t=\alpha\\u=\beta\end{cases}\quad\text{より}\quad s+t+u=1\ \text{となる．}\quad\square$$

(2)　$\overrightarrow{\mathrm{OH}}\perp$平面ABC であるとき

$$\begin{cases}\overrightarrow{\mathrm{OH}}\perp\overrightarrow{\mathrm{AB}}\\\overrightarrow{\mathrm{OH}}\perp\overrightarrow{\mathrm{AC}}\end{cases}\ \text{つまり}\ \begin{cases}\overrightarrow{\mathrm{AB}}\cdot\overrightarrow{\mathrm{OH}}=0\quad\cdots\cdots③\\\overrightarrow{\mathrm{AC}}\cdot\overrightarrow{\mathrm{OH}}=0\quad\cdots\cdots④\end{cases}$$

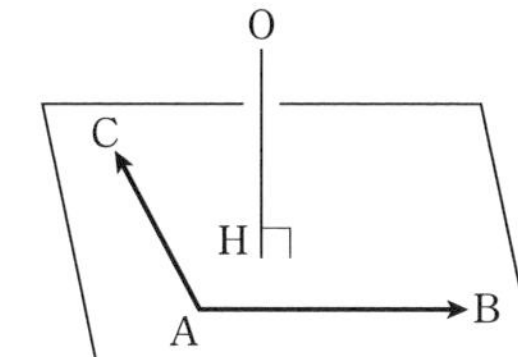

が成り立つ．

ここで，与えられた条件より

$$|\vec{a}|=1,\ |\vec{b}|=3,\ |\vec{c}|=2,$$

$$\vec{a}\cdot\vec{b}=1\cdot3\cdot\cos90^\circ=0,\ \vec{a}\cdot\vec{c}=1\cdot2\cdot\cos120^\circ=-1,\ \vec{b}\cdot\vec{c}=3\cdot2\cdot\cos120^\circ=-3$$

であるから

$$\begin{aligned}\overrightarrow{\mathrm{AB}}\cdot\overrightarrow{\mathrm{OH}}&=(\vec{b}-\vec{a})\cdot(s\vec{a}+t\vec{b}+u\vec{c})\\&=-s|\vec{a}|^2+t|\vec{b}|^2+(s-t)(\vec{a}\cdot\vec{b})-u(\vec{a}\cdot\vec{c})+u(\vec{b}\cdot\vec{c})\\&=-s+9t-2u\end{aligned}$$

$$\begin{aligned}\overrightarrow{\mathrm{AC}}\cdot\overrightarrow{\mathrm{OH}}&=(\vec{c}-\vec{a})\cdot(s\vec{a}+t\vec{b}+u\vec{c})\\&=-s|\vec{a}|^2+u|\vec{c}|^2-t(\vec{a}\cdot\vec{b})+(s-u)(\vec{a}\cdot\vec{c})+t(\vec{b}\cdot\vec{c})\\&=-2s-3t+5u\end{aligned}$$

となるので，③，④より

$$\begin{cases}-s+9t-2u=0\quad\cdots\cdots③'\\-2s-3t+5u=0\quad\cdots\cdots④'\end{cases}$$

(1)より　$u=1-s-t\quad\cdots\cdots⑤$

⑤を③′，④′に代入して u を消去すると

$$\begin{cases}-s+9t-2(1-s-t)=0\\-2s-3t+5(1-s-t)=0\end{cases}\quad\therefore\quad\begin{cases}s+11t=2\\7s+8t=5\end{cases}$$

これより

$$s=\mathbf{\frac{13}{23}},\ t=\mathbf{\frac{3}{23}},\ u=\mathbf{\frac{7}{23}}$$

(3) 点Kは平面OAB上にあるから，k，l を実数として

$$\overrightarrow{\mathrm{OK}}=k\vec{a}+l\vec{b}$$

と表せる．

$\overrightarrow{\mathrm{CK}}\perp$平面OAB であるから

$$\begin{cases}\overrightarrow{\mathrm{CK}}\perp\overrightarrow{\mathrm{OA}}\\\overrightarrow{\mathrm{CK}}\perp\overrightarrow{\mathrm{OB}}\end{cases}\text{すなわち}\begin{cases}\vec{a}\cdot\overrightarrow{\mathrm{CK}}=0\quad\cdots\cdots⑥\\\vec{b}\cdot\overrightarrow{\mathrm{CK}}=0\quad\cdots\cdots⑦\end{cases}$$

ここで

$$\begin{cases}\vec{a}\cdot\overrightarrow{\mathrm{CK}}=\vec{a}\cdot(k\vec{a}+l\vec{b}-\vec{c})=k+1\\\vec{b}\cdot\overrightarrow{\mathrm{CK}}=\vec{b}\cdot(k\vec{a}+l\vec{b}-\vec{c})=9l+3\end{cases}$$

であるから，⑥，⑦より

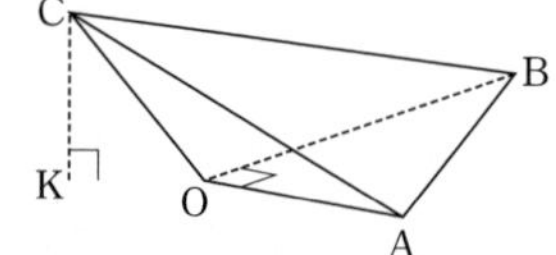

$$\begin{cases}k+1=0\\9l+3=0\end{cases}\quad\therefore\quad\begin{cases}k=-1\\l=-\dfrac{1}{3}\end{cases}$$

よって　$\boldsymbol{\overrightarrow{\mathrm{OK}}=-\vec{a}-\frac{1}{3}\vec{b}}$

四面体OABCにおいて底面を直角三角形OABと考えると，高さは $|\overrightarrow{\mathrm{CK}}|$ であるから，求める体積 V は

$$V=\frac{1}{3}\cdot(\triangle\mathrm{OAB}\text{の面積})\cdot|\overrightarrow{\mathrm{CK}}|$$

$\angle\mathrm{AOB}=90^\circ$ であるから

$$(\triangle\mathrm{OAB}\text{の面積})=\frac{1}{2}\mathrm{OA}\cdot\mathrm{OB}=\frac{3}{2}$$

また　$|\overrightarrow{\mathrm{CK}}|^2=\left|-\vec{a}-\frac{1}{3}\vec{b}-\vec{c}\right|^2$

$$=|\vec{a}|^2+\frac{1}{9}|\vec{b}|^2+|\vec{c}|^2+\frac{2}{3}\vec{a}\cdot\vec{b}+\frac{2}{3}\vec{b}\cdot\vec{c}+2\vec{a}\cdot\vec{c}$$

$$=2$$

より　　$|\overrightarrow{\mathrm{CK}}|=\boldsymbol{\sqrt{2}}$

　ゆえに　　$V=\dfrac{1}{3}\cdot\dfrac{3}{2}\cdot\sqrt{2}=\boldsymbol{\dfrac{\sqrt{2}}{2}}$

111　座標空間において，中心が $\mathrm{A}(0,\ 0,\ a)$ $(a>0)$ で半径が r の球面 $x^2+y^2+(z-a)^2=r^2$ は，点 $\mathrm{B}(\sqrt{5},\ \sqrt{5},\ a)$ と点 $(1,\ 0,\ -1)$ を通るものとする．次の問いに答えよ．

(1)　r と a の値を求めよ．

(2)　点 $\mathrm{P}(\cos t,\ \sin t,\ -1)$ について，ベクトル $\overrightarrow{\mathrm{AB}}$ と $\overrightarrow{\mathrm{AP}}$ を求めよ．さらに内積 $\overrightarrow{\mathrm{AB}}\cdot\overrightarrow{\mathrm{AP}}$ を求めよ．

(3)　△ABP の面積 S を t を用いて表せ．また，t が $0\leqq t\leqq 2\pi$ の範囲を動くとき，S の最小値と，そのときの t の値を求めよ．　　　(金沢大)

思考のひもとき

1.　点 $(a,\ b,\ c)$ を中心とする半径 r の球面の方程式は

$$(x-\boxed{a})^2+(y-\boxed{b})^2+(z-\boxed{c})^2=\boxed{r^2}$$

この球面上のどんな点 $(x,\ y,\ z)$ もこの方程式を満たす．

2.　$(\triangle\mathrm{ABC}\text{ の面積})=\dfrac{1}{2}\sqrt{|\overrightarrow{\mathrm{AB}}|^2|\overrightarrow{\mathrm{AC}}|^2-\boxed{(\overrightarrow{\mathrm{AB}}\cdot\overrightarrow{\mathrm{AC}})^2}}$

解答

$$x^2+y^2+(z-a)^2=r^2 \quad \cdots\cdots①$$

(1)　球面①は，2点 $(\sqrt{5},\ \sqrt{5},\ a)$，$(1,\ 0,\ -1)$ を通るから

$$\begin{cases}5+5+0=r^2\\1+0+(-1-a)^2=r^2\end{cases} \qquad \therefore \quad \begin{cases}r^2=10\\(a+1)^2=9\end{cases}$$

より　　$\boldsymbol{r=\sqrt{10}},\ \boldsymbol{a=2}$　（$\because$　$a+1=\pm3,\ a>0$ より）

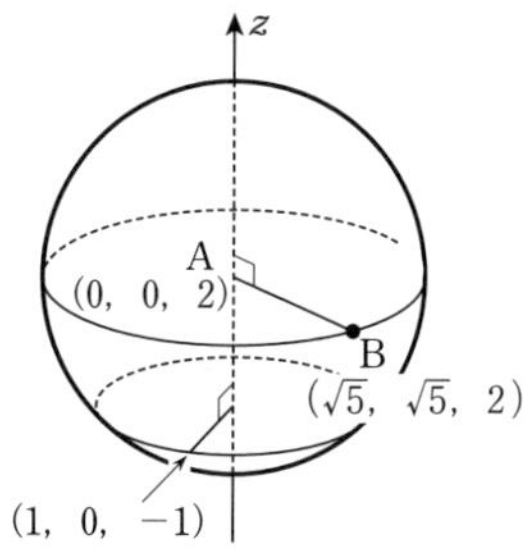

(2)　　$\overrightarrow{\mathrm{AB}}=\begin{pmatrix}\sqrt{5}\\\sqrt{5}\\0\end{pmatrix}$，$\overrightarrow{\mathrm{AP}}=\begin{pmatrix}\cos t\\\sin t\\-3\end{pmatrix}$

であるから

$$\overrightarrow{\mathrm{AB}}\cdot\overrightarrow{\mathrm{AP}}=\boldsymbol{\sqrt{5}(\cos t+\sin t)}$$

(3)
$$S=\frac{1}{2}\sqrt{|\overrightarrow{AB}|^2|\overrightarrow{AP}|^2-(\overrightarrow{AB}\cdot\overrightarrow{AP})^2}$$
$$=\frac{1}{2}\sqrt{100-5(\cos t+\sin t)^2} \qquad (\because \quad |\overrightarrow{AP}|^2=\cos^2 t+\sin^2 t+9=10)$$
$$=\frac{1}{2}\sqrt{95-10\sin t\cos t}$$
$$=\boldsymbol{\frac{1}{2}\sqrt{5(19-\sin 2t)}}$$
$$\geqq\frac{1}{2}\sqrt{5(19-1)} \quad \cdots\cdots②$$
$$=\frac{3}{2}\sqrt{10}$$

②の等号は，$\sin 2t=1$ つまり $2t=\frac{\pi}{2}$，$\frac{5}{2}\pi$ すなわち $t=\frac{\pi}{4}$，$\frac{5}{4}\pi$ のとき．

よって，求める S の最小値は

$$\boldsymbol{\frac{3}{2}\sqrt{10}\quad\left(t=\frac{\pi}{4},\ \frac{5}{4}\pi\ \text{のとき}\right)}$$

解説

1° 2点$(\sqrt{5},\ \sqrt{5},\ a)$，$(1,\ 0,\ -1)$が球面①上にあるから，①に代入すると成り立つので，r と a は求まる．(3)では，**思考のひもとき** の**2.**の公式を用いて面積を求めた．

2° (3)について，$AB=\sqrt{10}$（一定）を底辺と見ると，Sが最小となるのは，高さが最小のときである．この方針で解答すると次のようになる．

別解

(3) 点Pから直線ABへの垂線をPHとすると

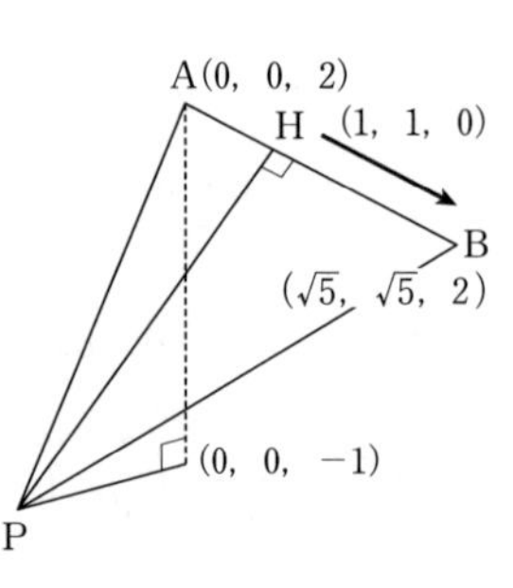

$$S=\frac{1}{2}AB\cdot PH=\frac{\sqrt{10}}{2}PH$$

したがって，Sが最小となるのはPHが最小となるとき．

ここで，点Hは直線AB上にあるから，$H(s,\ s,\ 2)$と表せる．

$\overrightarrow{PH}=\begin{pmatrix} s-\cos t \\ s-\sin t \\ 3 \end{pmatrix}$ は，直線ABの方向ベクトル $\begin{pmatrix} 1 \\ 1 \\ 0 \end{pmatrix}$ に垂直であるから

$$\overrightarrow{\mathrm{PH}}\cdot\begin{pmatrix}1\\1\\0\end{pmatrix}=(s-\cos t)+(s-\sin t)=0$$

$$\therefore\quad s=\frac{1}{2}(\sin t+\cos t)$$

よって

$$|\overrightarrow{\mathrm{PH}}|=\sqrt{\frac{1}{4}(\sin t-\cos t)^2+\frac{1}{4}(-\sin t+\cos t)^2+3^2}$$

$$=\sqrt{\frac{19}{2}-\sin t\cos t}$$

$$=\sqrt{\frac{19}{2}-\frac{1}{2}\sin 2t}$$

これが最小となるのは $\sin 2t=1$ のとき，つまり，$t=\frac{\pi}{4}$，$\frac{5}{4}\pi$ のときで，最小値は

$$\sqrt{\frac{19}{2}-\frac{1}{2}}=3$$

ゆえに

$$(S\text{の最小値})=\frac{\sqrt{10}}{2}\cdot3=\frac{3}{2}\sqrt{10}\quad\left(t=\frac{\pi}{4}\ \text{または}\ \frac{5}{4}\pi\ \text{のとき}\right)$$

(注)　H$(s,\ s,\ 2)$から平面 $z=-1$ へ下ろした垂線の足をKとするとK$(s,\ s,\ -1)$

$$\mathrm{PH}^2=\mathrm{PK}^2+\mathrm{HK}^2$$
$$=\mathrm{PK}^2+3^2$$
$$\geqq 3^2\quad\left(\begin{array}{l}\text{等号は，PとKが一致するとき，}\\ \text{つまり，}t=\frac{\pi}{4},\ \frac{5}{4}\pi\ \text{のとき}\end{array}\right)$$

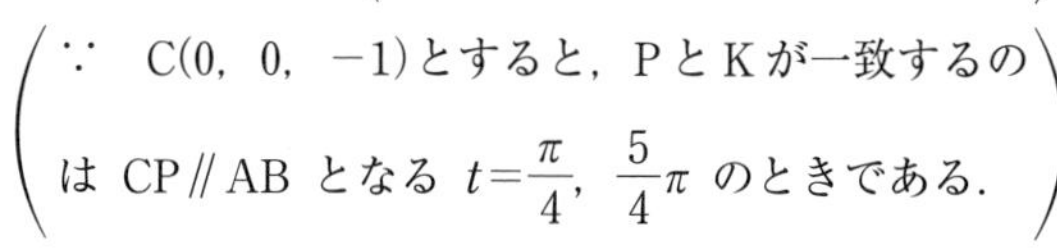
$\left(\begin{array}{l}\because\ \ \mathrm{C}(0,\ 0,\ -1)\text{とすると，PとKが一致するの}\\ \text{は CP}\,/\!/\,\text{AB となる }t=\frac{\pi}{4},\ \frac{5}{4}\pi\ \text{のときである．}\end{array}\right)$

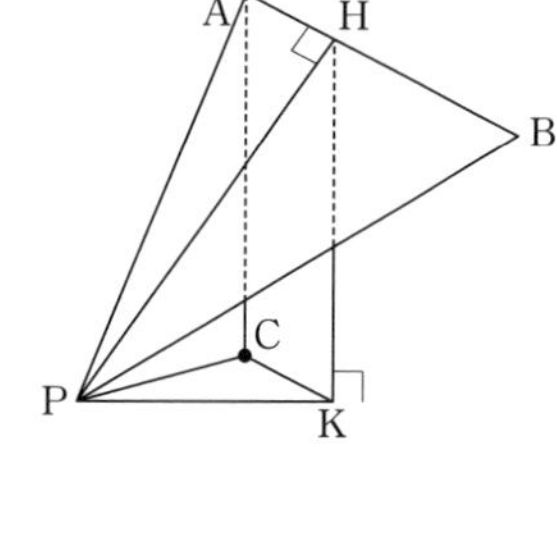

これより，PHが最小となるのは，$t=\frac{\pi}{4}$，$\frac{5}{4}\pi$ のときで

$$(\mathrm{PH}\text{の最小値})=3$$

としてもよい．

112 xyz 空間において，原点Oを中心とする半径1の球面 $S : x^2+y^2+z^2=1$，および S 上の点 A(0，0，1) を考える．S 上の A と異なる点 $P(x_0,\ y_0,\ z_0)$ に対して，2点 A，P を通る直線と xy 平面の交点を Q とする．次の問いに答えよ．

(1) $\overrightarrow{AQ}=t\overrightarrow{AP}$（$t$ は実数）とおくとき，$\overrightarrow{OQ}$ を t，$\overrightarrow{OP}$，$\overrightarrow{OA}$ を用いて表せ．

(2) $\overrightarrow{OQ}$ の成分表示を x_0，y_0，z_0 を用いて表せ．

(3) 球面 S と平面 $y=\dfrac{1}{2}$ の共通部分が表す図形を C とする．点 P が C 上を動くとき，xy 平面上における点 Q の軌跡を求めよ．（金沢大）

思考のひもとき

1. 点 Q が直線 AP 上にある $\iff$ $\overrightarrow{AQ}=$ $\boxed{t\overrightarrow{AP}\ (t \text{ は実数})}$ と表すことができる

2. 点 Q は xy 平面上にある $\iff$ （Q の z 座標）$=\boxed{0}$

解答

(1)
$$\overrightarrow{AQ}=t\overrightarrow{AP}\quad (t \text{ は実数})\quad \cdots\cdots①$$

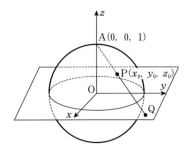

とおくとき

$$\overrightarrow{OQ}-\overrightarrow{OA}=t(\overrightarrow{OP}-\overrightarrow{OA})$$

$$\therefore\quad \boldsymbol{\overrightarrow{OQ}=(1-t)\overrightarrow{OA}+t\overrightarrow{OP}}$$

(2)
$$\overrightarrow{OQ}=(1-t)\begin{pmatrix}0\\0\\1\end{pmatrix}+t\begin{pmatrix}x_0\\y_0\\z_0\end{pmatrix}$$

$$=\begin{pmatrix}tx_0\\ty_0\\1+t(z_0-1)\end{pmatrix}$$

点 Q は，xy 平面上にあるから

$$1+t(z_0-1)=0$$

$$\therefore\quad t=\frac{1}{1-z_0}\quad (\because\quad z_0 \neq 1)$$

よって
$$\boldsymbol{\overrightarrow{OQ}=\frac{1}{1-z_0}\begin{pmatrix}x_0\\y_0\\0\end{pmatrix}}$$

(3)　Q$(X,\ Y,\ 0)$とおくと

$$X=\frac{x_0}{1-z_0},\quad Y=\frac{y_0}{1-z_0}\quad \cdots\cdots ②$$

点PがC上を動くとき

$$\begin{cases} {x_0}^2+{y_0}^2+{z_0}^2=1 \\ y_0=\dfrac{1}{2} \end{cases} \quad \text{つまり} \quad \begin{cases} {x_0}^2+{z_0}^2=\dfrac{3}{4} & \cdots\cdots ③ \\ y_0=\dfrac{1}{2} & \cdots\cdots ④ \end{cases}$$

を満たしながらx_0，y_0，z_0は変化するから，②，④より

$$(1-z_0)Y=\frac{1}{2} \qquad \therefore \quad \begin{cases} z_0=1-\dfrac{1}{2Y} \\ x_0=(1-z_0)X=\dfrac{X}{2Y} \end{cases}$$

これらを③に代入して

$$\left(\frac{X}{2Y}\right)^2+\left(\frac{2Y-1}{2Y}\right)^2=\frac{3}{4}$$

$$\therefore \quad X^2+(2Y-1)^2=3Y^2$$

$$\therefore \quad X^2+Y^2-4Y+1=0$$

$$\therefore \quad X^2+(Y-2)^2=3$$

したがって，xy平面上における点Qの軌跡は

$$\text{円}\ x^2+(y-2)^2=3,\quad z=0$$

すなわち，**中心$(0,\ 2,\ 0)$，半径$\sqrt{3}$のxy平面上の円**である．

解説

1°　点Qは直線AP上にあるから，$\overrightarrow{\mathrm{AQ}}=t\,\overrightarrow{\mathrm{AP}}$（$t$は実数）とおくことができる．始点をOにそろえて書くと，$\overrightarrow{\mathrm{OQ}}-\overrightarrow{\mathrm{OA}}=t(\overrightarrow{\mathrm{OP}}-\overrightarrow{\mathrm{OA}})$となり，(1)の結果が得られる．

(2)では，点Qがxy平面上にあるから，$\overrightarrow{\mathrm{OQ}}$の$z$成分が0で，それより$t=\dfrac{1}{1-z_0}$を得て，$\overrightarrow{\mathrm{OQ}}$が$x_0$，$y_0$，$z_0$で表される．

(3)では，②，③，④から，X，Yについての関係式を導きたいのだから，②，④からx_0，y_0，z_0をX，Yで表し，③に代入すればよい．

第14章　図　形

113　△ABC は AB＝AC で ∠C＝72° である．∠B の二等分線と AC との交点を D とする．次の問いに答えよ．

(1)　△ABC と △BCD は相似であることを示せ．

(2)　AD：DC を求めよ．

(3)　直線 BC 上の点 E を BC＝BE となるようにとる．ただし，E は C と異なる点である．DE と AB の交点を F とするとき，AF：FB を求めよ．　　　(福岡教育大)

思考のひもとき

1.　直線 AB，BC，CA 上の 3 つの点 D，E，F が同一直線上にあるとき

$$\boxed{\frac{AD}{DB}\cdot\frac{BE}{EC}\cdot\frac{CF}{FA}=1}$$　(メネラウスの定理)

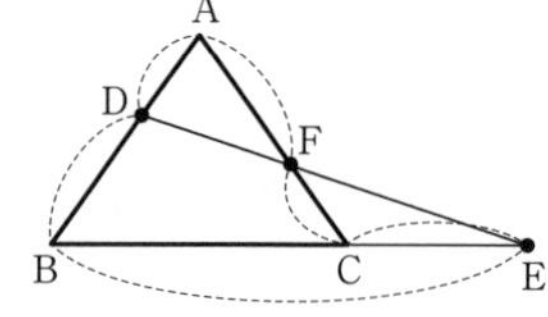

解答

(1)　△ABC と △BCD について

$$\angle BAC=180^\circ-72^\circ\times 2=36^\circ$$

$$\angle CBD=72^\circ\times\frac{1}{2}=36^\circ$$

より

$$\angle BAC=\angle CBD \quad \cdots\cdots ①$$

また

$$\angle ABC=\angle BCD=72^\circ \quad \cdots\cdots ②$$

①，②より，2 角が等しいから

$$\triangle ABC \backsim \triangle BCD \quad \square$$

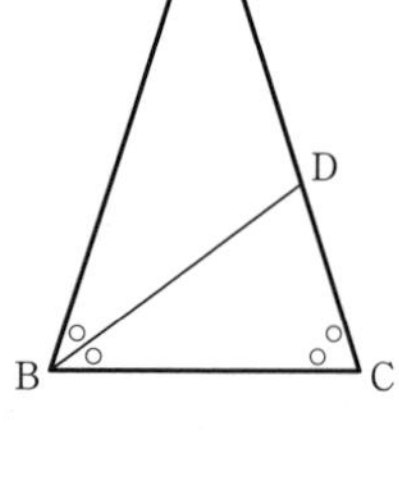

(2)　BD は ∠B の二等分線であるから

$$AD:DC=AB:BC$$

ここで，(1)より，△BCD は二等辺三角形であるから

$$BC=BD$$

また，∠DAB＝∠DBA＝36° であるから

$$AD=BD$$

BC$=a$，AB$=x$ とすると，CD$=$AC$-$AD$=x-a$ となるから，(1)より

$$\mathrm{AB}:\mathrm{BC}=\mathrm{BC}:\mathrm{CD}\ \text{つまり}\ x:a=a:x-a$$

したがって

$$x(x-a)=a^2$$

$$\therefore\quad x^2-ax-a^2=0\quad\cdots\cdots③$$

$x>0$ であるから，③より

$$x=\frac{a+\sqrt{5}\,a}{2}=\frac{1+\sqrt{5}}{2}a$$

よって　　AD：DC$=$AB：BC$=\dfrac{1+\sqrt{5}}{2}:1=\mathbf{1+\sqrt{5}:2}$

(3)　D，F，E が一直線上であるから，メネラウスの定理を用いることができ

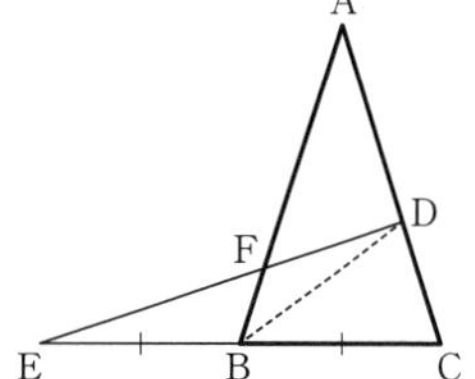

$$\frac{\mathrm{AD}}{\mathrm{DC}}\cdot\frac{\mathrm{CE}}{\mathrm{EB}}\cdot\frac{\mathrm{BF}}{\mathrm{FA}}=1$$

$$\therefore\quad \frac{1+\sqrt{5}}{2}\cdot\frac{2}{1}\cdot\frac{\mathrm{FB}}{\mathrm{AF}}=1$$

よって，求める比は

$$\mathrm{AF}:\mathrm{FB}=\mathbf{1+\sqrt{5}:1}$$

解説

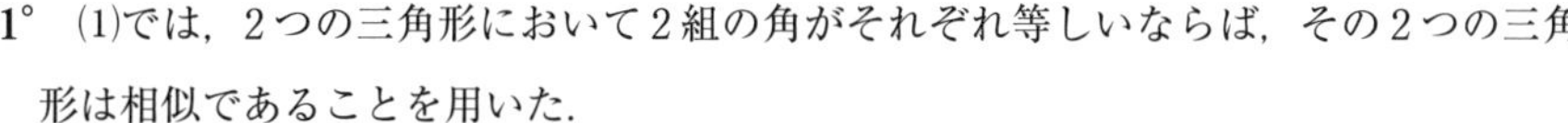
1°　(1)では，2つの三角形において2組の角がそれぞれ等しいならば，その2つの三角形は相似であることを用いた．

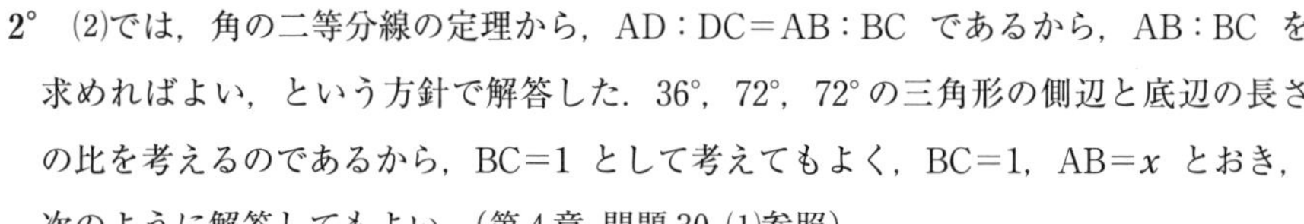
2°　(2)では，角の二等分線の定理から，AD：DC$=$AB：BC であるから，AB：BC を求めればよい，という方針で解答した．36°，72°，72° の三角形の側辺と底辺の長さの比を考えるのであるから，BC$=1$ として考えてもよく，BC$=1$，AB$=x$ とおき，次のように解答してもよい．(第4章 問題30 (1)参照)

$$x:1=1:x-1$$

より　　$x^2-x-1=0$

$x>0$ であるから

$$x=\frac{1+\sqrt{5}}{2}$$

$\therefore$　求める比は　$x:1=1+\sqrt{5}:2$

図形

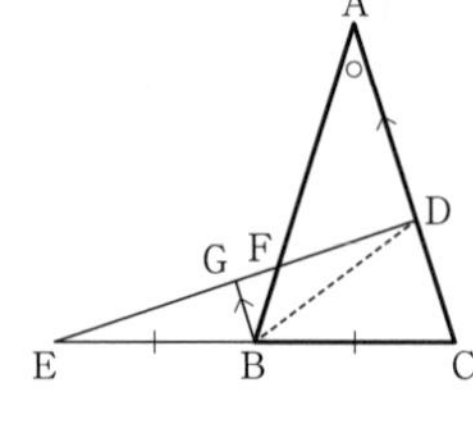

3°　(3)において，メネラウスの定理を用いることを思いつかないときは，補助線を引く必要がある．たとえば，右図のように，AD∥GB となる点Gをとると

$$\mathrm{AF}:\mathrm{FB}=\mathrm{AD}:\mathrm{BG}$$

$$=\mathrm{AD}:\frac{1}{2}\mathrm{CD}$$

$$\left(\because\ \text{中点連結定理より}\ \mathrm{BG}=\frac{1}{2}\mathrm{CD}\right)$$

$$=a:\frac{1}{2}(x-a)$$

$$=a:\frac{-1+\sqrt{5}}{4}a=4:-1+\sqrt{5}\ \ (=1+\sqrt{5}:1)$$

ここで引いた補助線は，メネラウスの定理を証明するときに引く補助線と同じものである．

114　AB≠AC である鋭角三角形ABCの外心をO，重心をGとする．直線OGとAから辺BCに下ろした垂線との交点をH，BCの中点をMとするとき，AH：OMを求めよ．　　（鹿児島大）

思考のひもとき

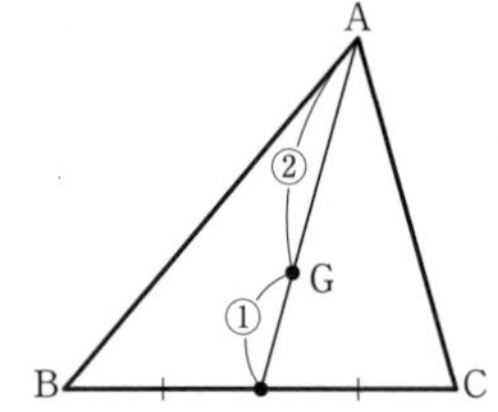

1.　△ABCにおいて
外心Oは各辺の 垂直二等分線 の交点，
重心Gは各中線の交点で，中線を 2：1 に内分する点である．

2.　DE∥BC　⟺　AD：AB＝AE：AC＝DE：BC

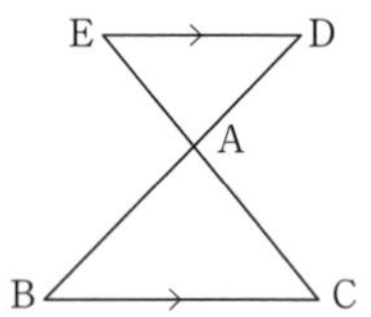

解答

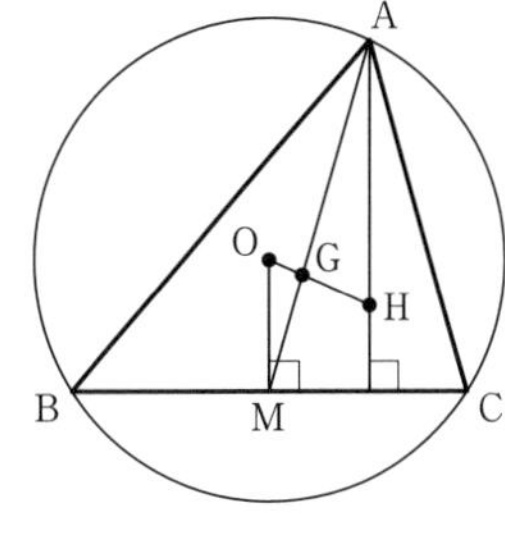

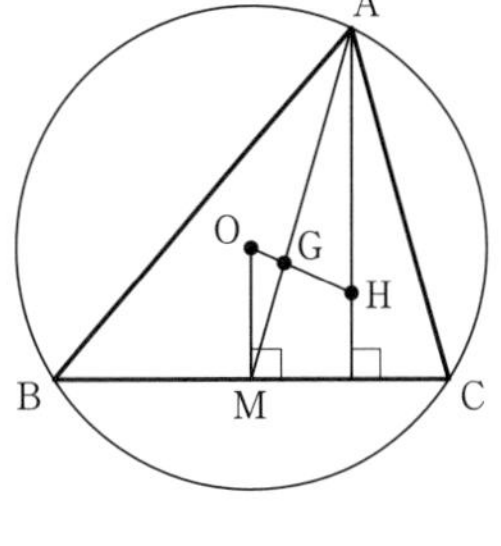

点Gは，△ABCの重心であるから

AG：GM＝2：1

点Oは，△ABCの外心であるから

OM⊥BC

また，AH⊥BC であるから

AH∥OM

よって

AH：OM＝AG：GM

＝**2：1**

解説

1°　解答では，平行線と比例

「OM∥AH ならば，OM：AH＝GM：GA＝GO：GH」

を用いた．OM∥AH より，△GHA∽△GOM を導き

AH：MO＝AG：MG＝2：1 としてもよい．

図1

2°　この問題のHは，△ABCの垂心である．それは次のようにして示すことができる．

図2のように外接円の直径BDをとる．

中点連結定理より　　DC＝2OM

問題の結果から　　AH＝2OM

したがって　　DC＝AH　……①

また，BDは直径だから，その円周角は90°であるから

∠BCD＝∠BAD＝90°

よって　　DC∥AH　……②

①，②より，四角形AHCDは平行四辺形となり　　CH∥DA

∠BAD＝90° だから　　CH⊥AB

同じようにすると　　BH⊥CA

ゆえに，点Hは△ABCの垂心である．□

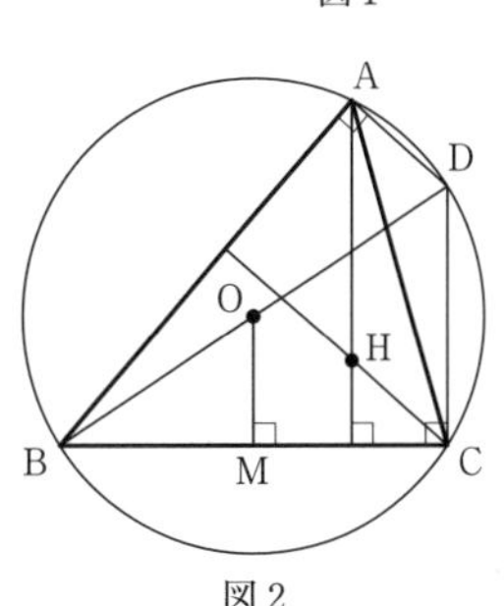

図2

115 (1) 右図Ⅰにおいて，点Oを中心とする円の半径をRとする．この円の弦XY上の任意の点をPとするとき，等式

$$\mathrm{OP}^2=R^2-\mathrm{XP}\cdot\mathrm{YP}$$

が成り立つことを示せ．

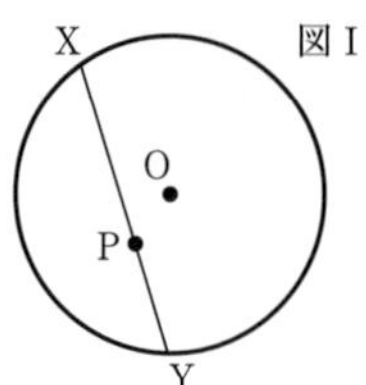

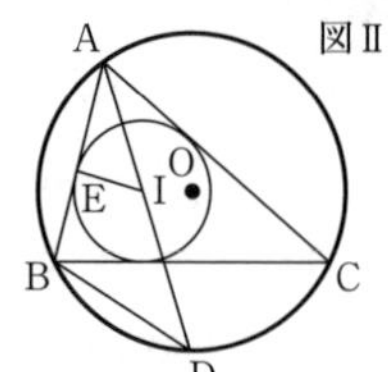

(2) 右図Ⅱの△ABCの外心をO，内心をIとする．△ABCの外接円，内接円の半径をそれぞれR，rとする．また，直線AIと△ABCの外接円の，点Aと異なる交点をD，△ABCの内接円と辺ABとの接点をEとする．このとき，次の(i)，(ii)，(iii)に答えよ．

(i) DB＝DIであることを示せ．

(ii) $\mathrm{AI}\cdot\mathrm{DI}=2Rr$であることを示せ．

(iii) $\mathrm{OI}^2=R^2-2Rr$であることを示せ．　（宮崎大）

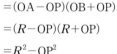

思考のひもとき

1. 円とその円周上にない点Pが与えられているとき，点Pのこの円に関する方べきは，［一定］である．たとえば図において，

$$\mathrm{PX}\cdot\mathrm{PY}=\mathrm{PX'}\cdot\mathrm{PY'}=\mathrm{PX''}\cdot\mathrm{PY''}$$

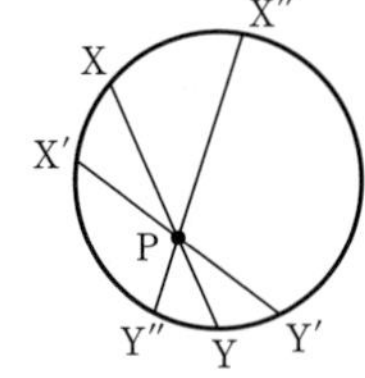

2. 三角形の内心は，3つの［内角の二等分線］の交点である．

解答

(1) 図1のように点Pを通る直径をABとする．

方べきの定理を用いると

$$\begin{aligned}\mathrm{XP}\cdot\mathrm{YP}&=\mathrm{AP}\cdot\mathrm{BP}\\&=(\mathrm{OA}-\mathrm{OP})(\mathrm{OB}+\mathrm{OP})\\&=(R-\mathrm{OP})(R+\mathrm{OP})\\&=R^2-\mathrm{OP}^2\end{aligned}$$

$$\therefore\quad \mathrm{OP}^2=R^2-\mathrm{XP}\cdot\mathrm{YP}\quad\square$$

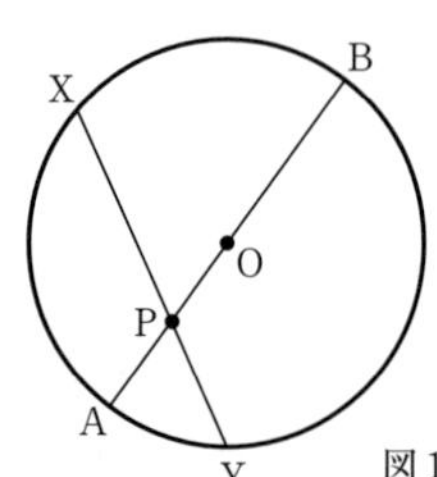

図1

(2) (i) $\angle\mathrm{DBI}=\angle\mathrm{DBC}+\angle\mathrm{CBI}$

$=\angle\mathrm{DAC}+\angle\mathrm{ABI}$

$(\because\ \angle\mathrm{DBC}=\angle\mathrm{DAC},\ \angle\mathrm{CBI}=\angle\mathrm{ABI})$

$=\angle\mathrm{BAI}+\angle\mathrm{ABI}\quad(\because\ \angle\mathrm{DAC}=\angle\mathrm{BAI})$

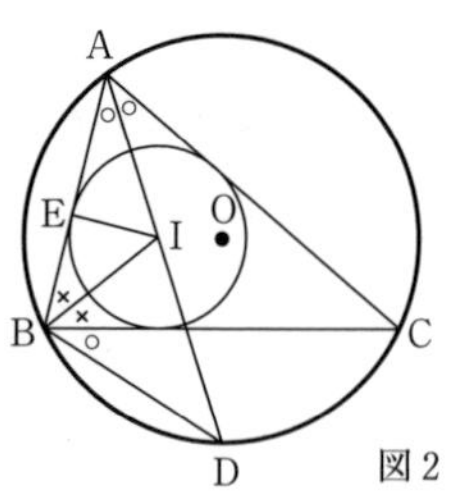

図2

$= \angle \mathrm{DIB}$

∴　$\mathrm{DB}=\mathrm{DI}$　□

(ii)　DA′ が △ABC の外接円の直径となるような点 A′ をとると

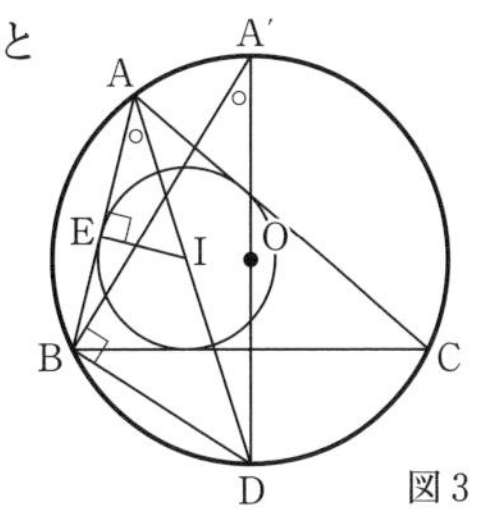

図3

$\triangle \mathrm{AIE} \backsim \triangle \mathrm{A'DB}$

となるから

$\mathrm{AI}:\mathrm{A'D}=\mathrm{IE}:\mathrm{DB}$

$\mathrm{A'D}=2R$，$\mathrm{IE}=r$，(i)の結果を用いると

$\mathrm{AI}:2R=r:\mathrm{DI}$

∴　$\mathrm{AI}\cdot\mathrm{DI}=2Rr$　□

(iii)　(1)において，X，Y，P を A，D，I とすると

$\mathrm{OI}^2=R^2-\mathrm{AI}\cdot\mathrm{DI}$

が成り立つ．そこで，(ii)の結果を用いると

$\mathrm{OI}^2=R^2-2Rr$

となる．□

解説

1°　(2) (ii)において △ABD，△ABC の外接円が一致することに注目すると，次のような別解となる．

別解

(2) (ii)　$\angle \mathrm{IAE}=\theta$ とすると

$\mathrm{AI}\sin\theta=\mathrm{IE}=r$

∴　$\mathrm{AI}=\dfrac{r}{\sin\theta}$　……①

一方，(i)より

$\mathrm{DI}=\mathrm{DB}$

であり，△ABD に正弦定理を用いると

$\dfrac{\mathrm{DB}}{\sin\theta}=2R$

∴　$\mathrm{DI}=2R\sin\theta$　……②

①，②より

$\mathrm{AI}\cdot\mathrm{DI}=\dfrac{r}{\sin\theta}\cdot 2R\sin\theta=2Rr$　□

図
形

116 1辺の長さが a の正八面体の体積と，この正八面体に内接する球，外接する球の半径を求めよ．（名古屋市立大）

思考のひもとき

1. 正八面体は，合同な正三角形 $\boxed{8}$ 個の面で囲まれた立体である．
2. 正八面体 ABCDEF において，BCDE，ABFD，ACFE は $\boxed{\text{正方形}}$ であり，各々の対角線 BD，CE，AF は互いに $\boxed{\text{直交}}$ する．

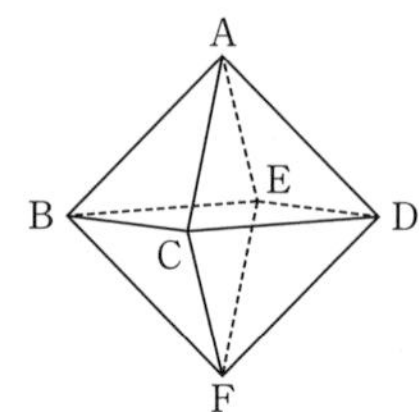

解答

1辺の長さ a の正八面体 ABCDEF は，面 BCDE に関して対称であるから，四角錐 ABCDE の体積を2倍すればよい．この四角錐の底面 BCDE は，1辺の長さ a の正方形で，対角線の交点を G とすると，高さは $AG=BG=\dfrac{a}{\sqrt{2}}$ であるから，四角錐 ABCDE の体積は

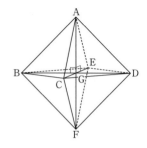

$$\frac{1}{3}\cdot a^2\cdot\frac{a}{\sqrt{2}}$$

よって，1辺の長さ a の正八面体の体積 V は

$$V=2\cdot\frac{1}{3}a^2\cdot\frac{a}{\sqrt{2}}=\boldsymbol{\frac{\sqrt{2}}{3}a^3}$$

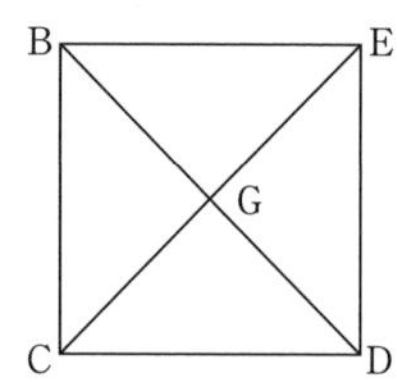

BD，CE，AF は，互いに直交し，二等分し合っているから，正八面体 ABCDEF の外接球の中心は G で，半径 R は

$$R=GB=\boldsymbol{\frac{a}{\sqrt{2}}}$$

BC，DE の中点をそれぞれ M，N とすると，四角形 AMFN に内接する円の半径 r は，点 G から AM への垂線 GH の長さであり，求める内接球の半径である．

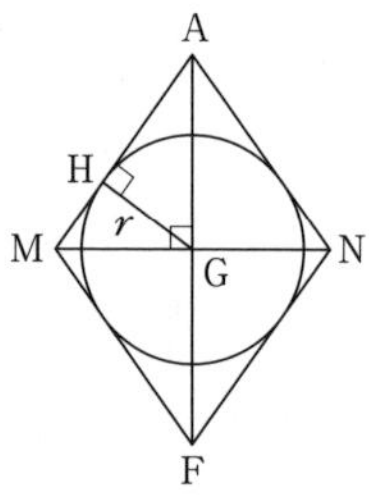

$$\triangle AHG\backsim\triangle AGM,$$

$$GM=\frac{a}{2},\quad AG=\frac{a}{\sqrt{2}},\quad AM=\frac{\sqrt{3}}{2}a$$

であるから

$$r=\frac{1}{\sqrt{3}}\mathrm{AG}=\frac{1}{\sqrt{3}}\cdot\frac{a}{\sqrt{2}}=\boldsymbol{\frac{a}{\sqrt{6}}}$$

解説

1°　解答では，合同な2つの四角錐に分割して体積を求めた．

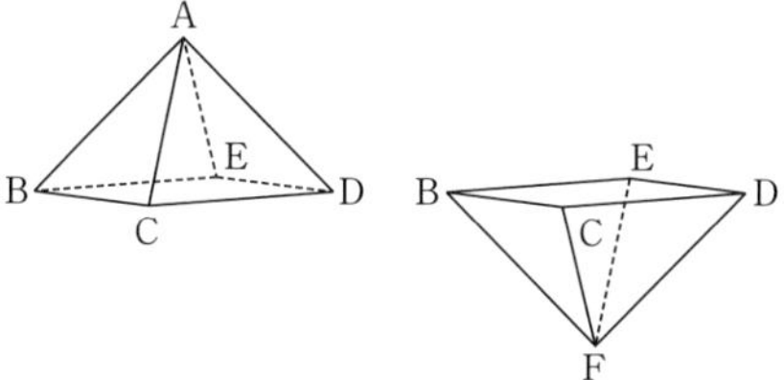

三角錐ABCGの8倍の体積を求めて

$$V=8\cdot\frac{1}{3}\cdot\frac{1}{2}\left(\frac{a}{\sqrt{2}}\right)^2\cdot\frac{a}{\sqrt{2}}=\frac{\sqrt{2}}{3}a^3$$

としてもよい．

2°　正四面体の6つの辺の中点を頂点とする立体は正八面体である．1辺$2a$の正四面体から各頂点を含む4つの1辺aの正四面体をとり除くと，1辺aの正八面体ができる．その体積Vを求めてもよい．1辺が$2a$の正四面体PQRSの体積は

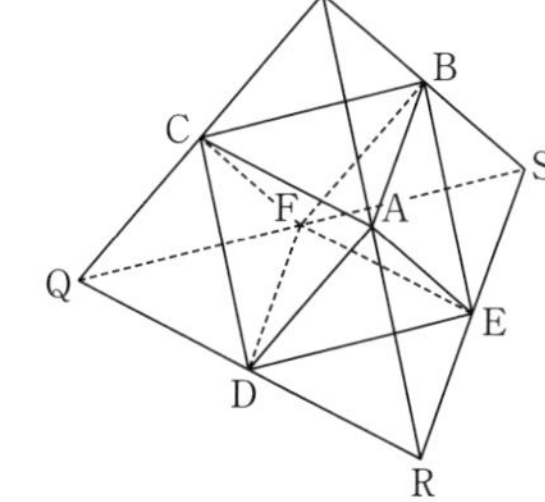

$$底面積=\triangle \mathrm{QRS}=\frac{1}{2}\cdot 2a\cdot\sqrt{3}a=\sqrt{3}a^2$$

$$高さ=\mathrm{PK}=\sqrt{\mathrm{PL}^2-\mathrm{KL}^2}$$

$$=\sqrt{(\sqrt{3}a)^2-\left(\frac{\sqrt{3}}{3}a\right)^2}=\frac{2\sqrt{6}}{3}a$$

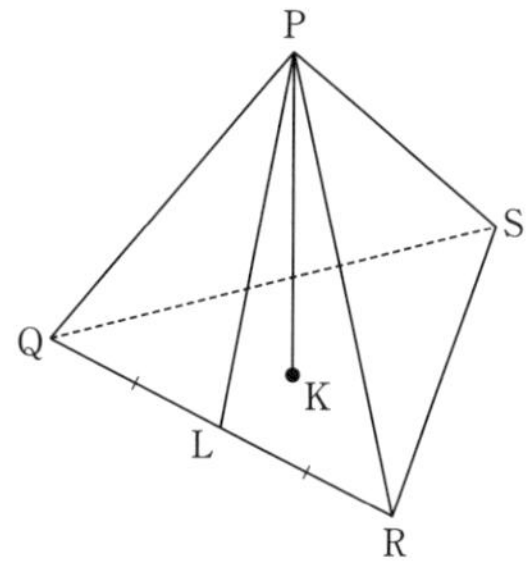

より

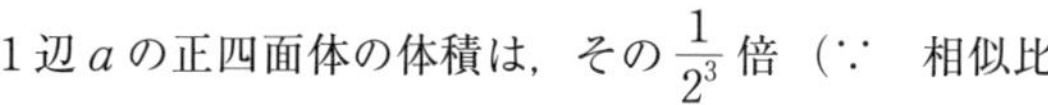

$$\frac{1}{3}\cdot\sqrt{3}a^2\cdot\frac{2\sqrt{6}}{3}a=\frac{2\sqrt{2}}{3}a^3$$

1辺aの正四面体の体積は，その$\frac{1}{2^3}$倍（∵　相似比が2：1）であるから

$$V=\frac{2\sqrt{2}}{3}a^3\cdot\left(1-4\cdot\frac{1}{2^3}\right)=\frac{\sqrt{2}}{3}a^3$$

図形

3° r を求めるために，三角錐 ABCG の体積に注目して

$$\frac{1}{8}\cdot\frac{\sqrt{2}}{3}a^3=\frac{1}{3}\cdot(\triangle \mathrm{ABC})\cdot r=\frac{1}{3}\cdot\frac{\sqrt{3}}{4}a^2\cdot r$$

$$\therefore\quad r=\frac{a}{\sqrt{6}}$$

としてもよい.

117 (1) 正 n 角形の 1 つの内角を求めよ.

(2) 同じ大きさの正 n 角形を並べて平面を隙間なく埋めていけるとき，n はどんな値か.

(3) 同じ大きさの正五角形で正十二面体がつくられる. このように，同じ大きさの正 n 角形で正多面体がつくられるとき，n はどんな値か.（正多面体を 1 つの頂点でつり下げ，その頂点のまわりの形を水平面にうつして考えよ.） （三重大）

思考のひもとき

1. $\angle\mathrm{A}$ を水平面に正射影してできる $\angle\mathrm{A}'$ と大きさを比較すると

$\boxed{\angle\mathrm{A}<\angle\mathrm{A}'}$

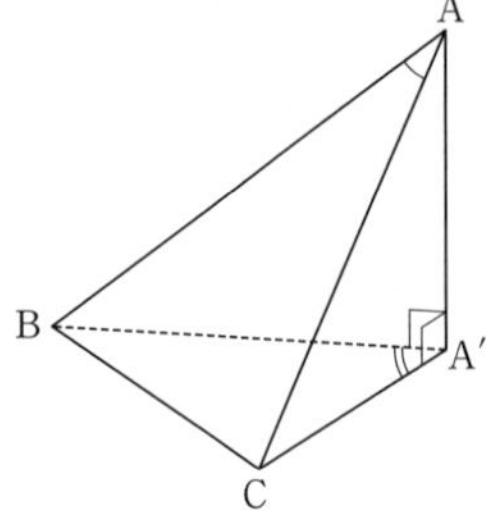

解答

(1) 正 n 角形の内角の和は，$(n-2)\pi$ であるから，1 つの内角は

$$\boldsymbol{\frac{n-2}{n}\pi}$$

(2) 1 つの頂点のまわりに m 個の正 n 角形が集まり隙間なく埋まっているとすると，集まっている角の和は 2π だから

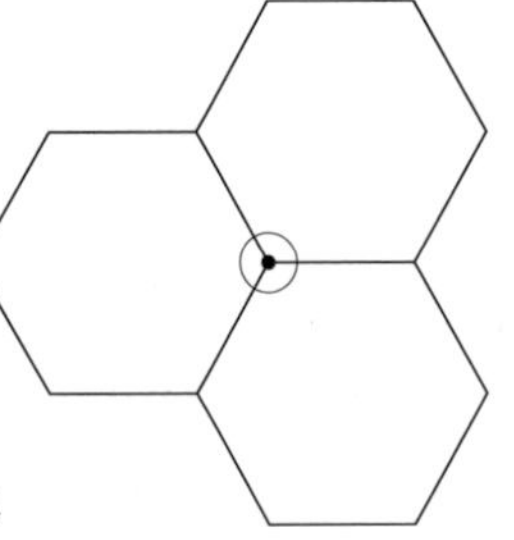

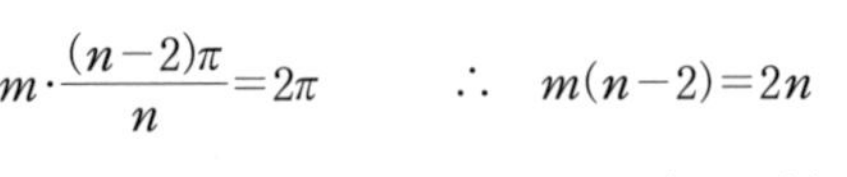

$$m\cdot\frac{(n-2)\pi}{n}=2\pi\qquad\therefore\quad m(n-2)=2n$$

$$\therefore\quad mn-2m-2n=0\qquad\therefore\quad (m-2)(n-2)=4$$

nは，3以上の整数であるから，$n-2 \geqq 1$だから，$m-2>0$である．

したがって

$m-2$	1	2	4
$n-2$	4	2	1

のいずれかとなる．

$\therefore\ (m,\ n)=(3,\ 6),\ (4,\ 4),\ (6,\ 3)$

よって，求めるnの値は

$n=\mathbf{3},\ \mathbf{4},\ \mathbf{6}$

(3)　正多面体は，どの頂点にも同じ個数の正n角形が集まっている．その個数をmとすると，1つの頂点に集まっている角の和は

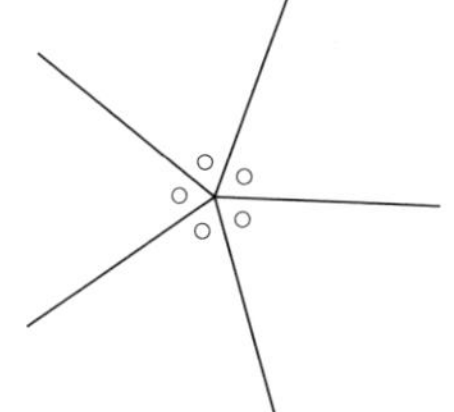

$$m\cdot\frac{(n-2)\pi}{n}$$

一方，1つの頂点でつり下げ，水平面に正射影すると，頂点に集まる内角の正射影は，それぞれ$\dfrac{2\pi}{m}$で，そのm個の和は2π

正射影すると角は大きくなるので

$$m\cdot\frac{(n-2)\pi}{n}<2\pi \qquad \therefore\ m(n-2)<2n$$

$$\therefore\ (m-2)(n-2)<4 \quad \cdots\cdots ①$$

$n \geqq 3$，$m \geqq 3$だから，①より

$m-2$	1	1	2	1	3
$n-2$	1	2	1	3	1

$\therefore\ (m,\ n)=(3,\ 3),\ (3,\ 4),\ (4,\ 3),\ (3,\ 5),\ (5,\ 3)$

これより　　$n=3,\ 4,\ 5$

実際，$n=3$のとき，同じ大きさの正三角形で，正四面体がつくれる．

$n=4$のとき，同じ大きさの正方形で，正六面体がつくれる．

$n=5$のとき，同じ大きさの正五角形で，正十二面体がつくれる．

ゆえに，求めるnは

$n=\mathbf{3},\ \mathbf{4},\ \mathbf{5}$

図形

解説

1° (2)について．隙間なく埋まるのは，各頂点に集まる角の和がちょうど 2π (360°) となるときである．それは，$n=3$, 4, 6 のときで，実際

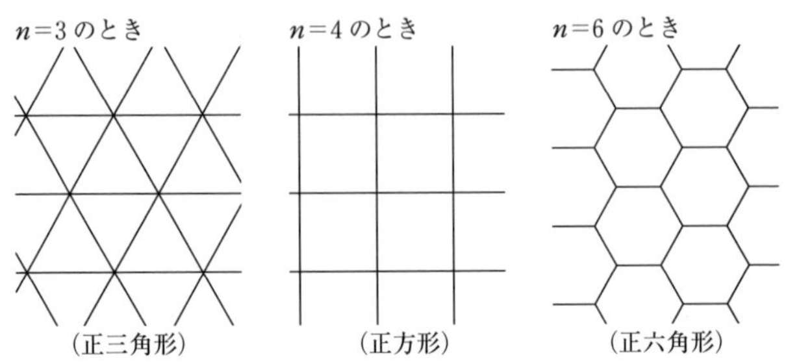

(正三角形)　(正方形)　(正六角形)

のように，正 n 角形 ($n=3$, 4, 6) で平面を隙間なく埋めることができる．

2° (3)では，**思考のひもとき**にある基本事項を用いると

$$m\cdot\frac{(n-2)\pi}{n}<2\pi$$

が成り立つことがわかり，それにより，$n=3$, 4, 5 であることが必要であることがわかる．

実際に，$n=3$, 4, 5 となる正多面体が実現することを示して解答が完了する．

ちなみに　$(m,\ n)=(3,\ 3)$ のときは，正四面体
$(3,\ 4)$ のときは，正六面体
$(4,\ 3)$ のときは，正八面体
$(3,\ 5)$ のときは，正十二面体
$(5,\ 3)$ のときは，正二十面体

となる．

したがって，正多面体は，この5種類しかないのである．

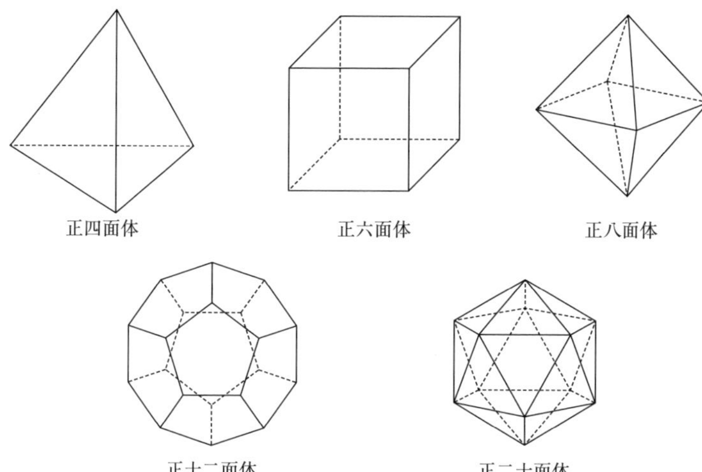

3°　**思考のひもとき**の基本事項は，次のようにして証明できる．

$\triangle$ABC を BC を軸にして平面 A′BC 上にくるように回転する（図1参照）．それを $\triangle$A″BC とする．A′ から BC に下ろした垂線の足を D とする．

$AA' \perp$ 平面 A′BC，$A'D \perp BC$ だから，三垂線の定理より

$$AD \perp BC$$

となる．したがって，$A'A'' \perp BC$ が成り立つ．

$\triangle ABA'$，$\triangle ACA'$ は直角三角形であるから

$$A'B < AB = A''B,\ A'C < AC = A''C \quad \cdots\cdots(*)$$

三角形の辺と角の大小関係を考えると，$(*)$ より

$$\angle BA'A'' > \angle BA''A',\ \angle CA'A'' > \angle CA''A'$$

$$\therefore\quad \angle BA'C = \angle BA'A'' + \angle CA'A'' > \angle BA''A' + \angle CA''A' = \angle BA''C$$

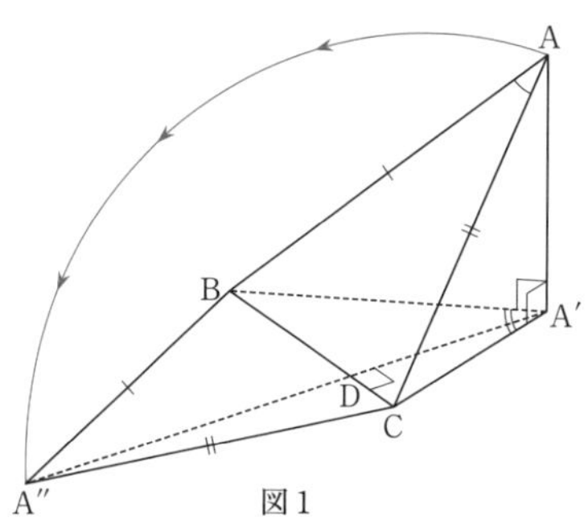

図1

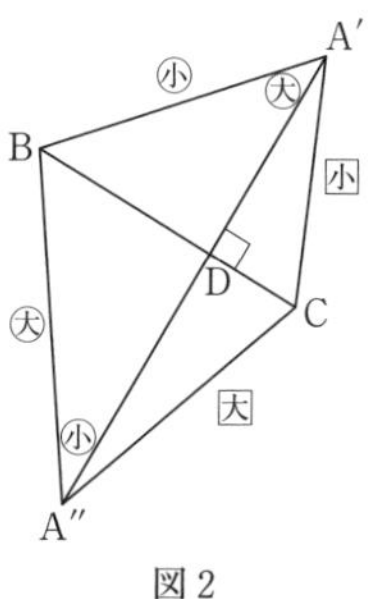

図2

第15章　データの分析

118 [A]　変量 x の値が x_1，x_2，x_3 のとき，その平均値を $\overline{x}$ とする．分散 s^2 を

$$\frac{1}{3}\{(x_1-\overline{x})^2+(x_2-\overline{x})^2+(x_3-\overline{x})^2\}$$

で定義するとき，$s^2=\overline{x^2}-(\overline{x})^2$ となることを示せ．ただし $\overline{x^2}$ は x_1^2，x_2^2，x_3^2 の平均値を表す．（琉球大）

[B]　次の表は，あるクラスの生徒10人に対して行った英語と国語のテストの結果である．ただし，英語の得点を変量 x，国語の得点を変量 y とする．

x	9	9	8	6	8	9	8	9	7	7
y	9	10	4	7	10	5	5	7	6	7

定数 x_0，y_0 と正の定数 c を用いて

$$u=\frac{x-x_0}{c},\quad v=\frac{y-y_0}{c}$$

とするとき，次の問いに答えよ．

(1)　u の平均値 $\overline{u}=0$ とするとき，x_0 の値を求めよ．

(2)　v の分散 $s_v{}^2$ と y の分散 $s_y{}^2$ の比を $1:2$ とするとき，c の値を求めよ．

(3)　x と y の相関係数 r_{xy} を求めよ．また，任意の定数 x_0，y_0 と正の定数 c について，u と v の相関係数 r_{uv} が r_{xy} に等しくなることを示せ．（宮城大）

思考のひもとき

1.　n 個のデータ x_1，x_2，……，x_n の平均値 $\overline{x}$ を，$\overline{x}=\boxed{\frac{1}{n}(x_1+x_2+\cdots\cdots+x_n)}$，

分散 s^2 を，$s^2=\boxed{\frac{1}{n}\{(x_1-\overline{x})^2+(x_2-\overline{x})^2+\cdots\cdots+(x_n-\overline{x})^2\}}$ で定義する．

2.　変量 x の分散 $s_x{}^2$ について，$s_x{}^2=\boxed{\overline{x^2}-(\overline{x})^2}$ が成り立つ．

3.　2つの変量 x，y が，$(x_1,\ y_1)$，$(x_2,\ y_2)$，……，$(x_n,\ y_n)$ のとき，x と y の

共分散 s_{xy} を　$s_{xy}=\frac{1}{n}\{(x_1-\overline{x})(y_1-\overline{y})+(x_2-\overline{x})(y_2-\overline{y})+\cdots\cdots+(x_n-\overline{x})(y_n-\overline{y})\}$

$$=\frac{1}{n}\sum_{k=1}^{n}\boxed{(x_k-\overline{x})(y_k-\overline{y})}$$

相関係数 r を　$r=\boxed{\dfrac{s_{xy}}{s_x s_y}}$

で定義する．ただし，s_x，s_y は，x，y の標準偏差である．

解答

［A］ x，x^2，それぞれの平均値は

$$\overline{x}=\frac{1}{3}(x_1+x_2+x_3),\ \ \overline{x^2}=\frac{1}{3}({x_1}^2+{x_2}^2+{x_3}^2)$$

x の分散 s^2 について

$$s^2=\frac{1}{3}\{(x_1-\overline{x})^2+(x_2-\overline{x})^2+(x_3-\overline{x})^2\}$$

$$=\frac{1}{3}\{{x_1}^2+{x_2}^2+{x_3}^2-2(x_1+x_2+x_3)\overline{x}+3(\overline{x})^2\}$$

$$=\frac{1}{3}({x_1}^2+{x_2}^2+{x_3}^2)-2\cdot\frac{1}{3}(x_1+x_2+x_3)\cdot\overline{x}+(\overline{x})^2$$

$$=\overline{x^2}-2(\overline{x})^2+(\overline{x})^2=\overline{x^2}-(\overline{x})^2$$

ゆえに，$s^2=\overline{x^2}-(\overline{x})^2$ が成り立つ．□

［B］ 変量 x，y の値を左から順にそれぞれ x_1，x_2，……，x_{10}；y_1，y_2，……，y_{10} とする．

(1)
$$\overline{u}=\frac{1}{10}\left(\frac{x_1-x_0}{c}+\frac{x_2-x_0}{c}+\cdots\cdots+\frac{x_{10}-x_0}{c}\right)$$

$$=\frac{1}{c}\cdot\frac{1}{10}(x_1+x_2+\cdots\cdots+x_{10})-\frac{x_0}{c}$$

$$=\frac{1}{c}(\overline{x}-x_0)$$

であるから，$\overline{u}=0$ のとき

$$x_0=\overline{x}=\frac{1}{10}(6+7\times2+8\times3+9\times4)=\mathbf{8}$$

(2) (1)と同様にして，v の平均値 $\overline{v}$ は

$$\overline{v}=\frac{1}{c}(\overline{y}-y_0)$$

したがって，v の分散 ${s_v}^2$ について

$$s_v{}^2=\frac{1}{10}\{(v_1-\overline{v})^2+(v_2-\overline{v})^2+\cdots\cdots+(v_{10}-\overline{v})^2\}$$

$$=\frac{1}{10}\left\{\left(\frac{y_1-\overline{y}}{c}\right)^2+\left(\frac{y_2-\overline{y}}{c}\right)^2+\cdots\cdots+\left(\frac{y_{10}-\overline{y}}{c}\right)^2\right\}$$

$$=\frac{1}{c^2}\cdot\frac{1}{10}\{(y_1-\overline{y})^2+(y_2-\overline{y})^2+\cdots\cdots+(y_{10}-\overline{y})^2\}$$

$$=\frac{1}{c^2}s_y{}^2 \quad \cdots\cdots①$$

が成り立つ.

よって，$s_v{}^2:s_y{}^2=1:2$，つまり，$s_v{}^2=\frac{1}{2}s_y{}^2$ となる c の値は

$$\frac{1}{c^2}=\frac{1}{2} \text{ より} \qquad c=\boldsymbol{\sqrt{2}}$$

(3) x，y の標準偏差 s_x，s_y，x と y の共分散 s_{xy} で，x と y の相関係数 r_{xy} を表すと

$$r_{xy}=\frac{s_{xy}}{s_xs_y}$$

ここで，$\overline{x}=8$，$\overline{y}=\frac{1}{10}(4+5\times2+6+7\times3+9+10\times2)=7$ であるから

$$s_x{}^2=\frac{1}{10}\{(6-8)^2+(7-8)^2\times2+(8-8)^2\times3+(9-8)^2\times4\}=1$$

$$s_y{}^2=\frac{1}{10}\{(4-7)^2+(5-7)^2\times2+(6-7)^2+(7-7)^2\times3+(9-7)^2+(10-7)^2\times2\}$$

$$=4$$

$$s_{xy}=\frac{1}{10}\{1\times2+1\times3+0\times(-3)+(-2)\times0+0\times3+1\times(-2)+0\times(-2)$$
$$+1\times0+(-1)\times(-1)+(-1)\times0\}=0.4$$

$$\therefore \quad r_{xy}=\frac{0.4}{1\times2}=0.2$$

①より $\qquad s_v=\frac{1}{c}s_y$

同様にして $\qquad s_u=\frac{1}{c}s_x$

また $\qquad s_{uv}=\frac{1}{10}\{(u_1-\overline{u})(v_1-\overline{v})+(u_2-\overline{u})(v_2-\overline{v})+\cdots\cdots+(u_{10}-\overline{u})(v_{10}-\overline{v})\}$

ここで，$u_k-\overline{u}=\frac{1}{c}(x_k-\overline{x})$，$v_k-\overline{v}=\frac{1}{c}(y_k-\overline{y})$ ($k=1$，2，……，10) だから

$$s_{uv}=\frac{1}{c^2}\cdot\frac{1}{10}\{(x_1-\overline{x})(y_1-\overline{y})+(x_2-\overline{x})(y_2-\overline{y})+\cdots\cdots+(x_{10}-\overline{x})(y_{10}-\overline{y})\}$$

$$=\frac{1}{c^2}s_{xy}$$

よって　$r_{uv}=\dfrac{s_{uv}}{s_u s_v}=\dfrac{\frac{1}{c^2}s_{xy}}{\frac{1}{c}s_x\cdot\frac{1}{c}s_y}=\dfrac{s_{xy}}{s_x s_y}=r_{xy}$　□

解説

1°　［A］と同様にして，変量 x の値が x_1，x_2，……，x_n であるとき，分散 s^2 について

$$s^2=\overline{x^2}-(\overline{x})^2$$

が成り立つことが示せる．この公式はよく用いられる．

2°　$\sqrt{(分散)}$ を標準偏差といい，s で表すので，分散を s^2 で表すことが多い．

3°　［B］(3)で相関係数 r_{xy} を求めるときには，次のような表をかいて計算するとわかり易い．

	x	y	$x-\overline{x}$	$y-\overline{y}$	$(x-\overline{x})(y-\overline{y})$	$(x-\overline{x})^2$	$(y-\overline{y})^2$
	9	9	1	2	2	1	4
	9	10	1	3	3	1	9
	8	4	0	−3	0	0	9
	6	7	−2	0	0	4	0
	8	10	0	3	0	0	9
	9	5	1	−2	−2	1	4
	8	5	0	−2	0	0	4
	9	7	1	0	0	1	0
	7	6	−1	−1	1	1	1
	7	7	−1	0	0	1	0
計	80	70			4	10	40

表を参照すると

$$s_{xy}=\frac{4}{10}=0.4,\quad s_x=\sqrt{\frac{10}{10}}=1,\quad s_y=\sqrt{\frac{40}{10}}=2$$

$$\therefore\quad r_{xy}=\frac{s_{xy}}{s_x s_y}=\frac{0.4}{1\cdot 2}=0.2$$

119 2つの変量 x，y が右表で与えられるとき，次の問いに答えよ．ただし，n は自然数とする．

No.	1	2	3	……	n
x	1	3	5	……	$2n-1$
y	2	4	6	……	$2n$

(1) 変量 x の平均値 m_x と分散 ${s_x}^2$ を求めよ．

(2) 変量 x と変量 y の相関係数 r を求めよ．

(3) n 個の変量 x に，平均値 $2n$，分散 $4n^2$ からなる n 個のデータを加えた．この $2n$ 個からなるデータの平均値 m_x' と分散 ${s_x}'^2$ をそれぞれ求めよ．

（岐阜薬科大）

思考のひもとき

1. 変量 x の分散 ${s_x}^2$ は

$${s_x}^2=(\boxed{x^2}\text{の平均値})-(\boxed{x}\text{の平均値})^2$$

解答

(1) $x_k=2k-1$ $(k=1,\ 2,\ \cdots\cdots,\ n)$ の平均値 m_x は

$$m_x=\frac{1}{n}\sum_{k=1}^{n}(2k-1)$$

$$=\frac{1}{n}\{n(n+1)-n\}=\boldsymbol{n}$$

${x_k}^2=(2k-1)^2$ $(k=1,\ 2,\ \cdots\cdots,\ n)$ の平均値は

$$\frac{1}{n}\sum_{k=1}^{n}{x_k}^2=\frac{1}{n}\sum_{k=1}^{n}(4k^2-4k+1)$$

$$=\frac{1}{n}\left\{\frac{2}{3}n(n+1)(2n+1)-2n(n+1)+n\right\}$$

$$=\frac{1}{3}(4n^2-1)$$

したがって，変量 x の分散 ${s_x}^2$ は

$${s_x}^2=(x^2\text{の平均値})-(x\text{の平均値})^2$$

$$=\frac{1}{3}(4n^2-1)-n^2$$

$$=\boldsymbol{\frac{1}{3}(n^2-1)}$$

(2) $y_k=2k$ $(k=1,\ 2,\ \cdots\cdots,\ n)$ の平均値 m_y は

$$m_y=\frac{1}{n}\sum_{k=1}^{n}2k=\frac{1}{n}\cdot n(n+1)=n+1$$

$$(y^2\text{の平均値})=\frac{1}{n}\sum_{k=1}^{n}4k^2=\frac{2}{3}(n+1)(2n+1)$$

であるから，yの分散${s_y}^2$は

$$\begin{aligned}{s_y}^2&=(y^2\text{の平均値})-(y\text{の平均値})^2\\&=\frac{2}{3}(2n^2+3n+1)-(n+1)^2\\&=\frac{1}{3}(n^2-1)\end{aligned}$$

また，xとyの共分散s_{xy}は

$$\begin{aligned}s_{xy}&=\frac{1}{n}\sum_{k=1}^{n}(x_k-m_x)(y_k-m_y)\\&=\frac{1}{n}\sum_{k=1}^{n}(2k-1-n)(2k-n-1)\\&=\frac{1}{n}\sum_{k=1}^{n}\{4k^2-4(n+1)k+(n+1)^2\}\\&=\frac{1}{n}\left\{\frac{2}{3}n(n+1)(2n+1)-2(n+1)\cdot n(n+1)+n(n+1)^2\right\}\\&=\frac{1}{3}(n^2-1)\end{aligned}$$

よって，xとyの相関係数rは

$$r=\frac{s_{xy}}{s_xs_y}=\frac{\frac{1}{3}(n^2-1)}{\frac{1}{3}(n^2-1)}=\mathbf{1}$$

(3)　平均値$2n$，分散$4n^2$のn個のつけ加えるデータをz_k $(k=1,\ 2,\ \cdots\cdots,\ n)$とすると，$z$の平均値$m_z$，分散${s_z}^2$は

$$m_z=\frac{1}{n}\sum_{k=1}^{n}z_k=2n,\quad {s_z}^2=4n^2$$

$2n$個からなるデータの平均値${m_x}'$は

$$\begin{aligned}{m_x}'&=\frac{1}{2n}\left\{\sum_{k=1}^{n}x_k+\sum_{k=1}^{n}z_k\right\}\\&=\frac{1}{2}(m_x+m_z)\\&=\frac{1}{2}(n+2n)=\boldsymbol{\frac{3}{2}n}\end{aligned}$$

データの分析

であり，分散 $s_x'^2$ は

$$s_x'^2=\frac{1}{2n}\left\{\sum_{k=1}^{n}x_k^2+\sum_{k=1}^{n}z_k^2\right\}-(m_x')^2$$

ここで，$s_z^2=\frac{1}{n}\sum_{k=1}^{n}z_k^2-m_z^2$ であるから

$$\frac{1}{n}\sum_{k=1}^{n}z_k^2=s_z^2+m_z^2=4n^2+(2n)^2=8n^2$$

よって

$$\begin{aligned}s_x'^2&=\frac{1}{2}\left\{\frac{1}{n}\sum_{k=1}^{n}x_k^2+\frac{1}{n}\sum_{k=1}^{n}z_k^2\right\}-(m_x')^2\\&=\frac{1}{2}\left\{\frac{1}{3}(4n^2-1)+8n^2\right\}-\frac{9}{4}n^2\\&=\boldsymbol{\frac{29}{12}n^2-\frac{1}{6}}\end{aligned}$$

解説

1° (1)において，x の平均値 $m_x=n$ を求めた後，分散の定義を用いて s_x^2 を求めると次のようになる．

$$\begin{aligned}s_x^2&=\frac{1}{n}\sum_{k=1}^{n}(2k-1-n)^2\\&=\frac{1}{n}\sum_{k=1}^{n}\{4k^2-4(n+1)k+(n+1)^2\}\\&=\frac{1}{n}\left\{\frac{2}{3}n(n+1)(2n+1)-2(n+1)\cdot n(n+1)+n(n+1)^2\right\}\\&=\frac{1}{3}(n^2-1)\end{aligned}$$

2° (2)では

> $y=ax+b$ （a，b は定数）のとき
> $\overline{y}=a\overline{x}+b$，$s_y^2=a^2s_x^2$

を用いると，y の平均値 m_y と分散 s_y^2 が次のように求まる．

$y=x+1$　だから

$$m_y=m_x+1=n+1,\quad s_y^2=1^2\cdot s_x^2=s_x^2=\frac{1}{3}(n^2-1)$$

3° (3)において，平均値 $m_x'=\frac{3}{2}n$ を求めた後，分散の定義を用いて $s_x'^2$ を求めると次

のようになる.

分散 $s_x'^2$ は

$$s_x'^2=\frac{1}{2n}\left\{\sum_{k=1}^{n}\left(x_k-\frac{3}{2}n\right)^2+\sum_{k=1}^{n}\left(z_k-\frac{3}{2}n\right)^2\right\}$$

$$=\frac{1}{2n}\sum_{k=1}^{n}\left\{(x_k-n)^2-n(x_k-n)+\frac{1}{4}n^2\right\}$$

$$+\frac{1}{2n}\sum_{k=1}^{n}\left\{(z_k-2n)^2+n(z_k-2n)+\frac{1}{4}n^2\right\}$$

$$=\frac{1}{2}s_x{}^2+\frac{1}{8}n^2+\frac{1}{2}s_z{}^2+\frac{1}{8}n^2$$

$$\left(\begin{array}{l}\because\quad \frac{1}{n}\sum_{k=1}^{n}(x_k-n)^2=s_x{}^2,\ \ \frac{1}{n}\sum_{k=1}^{n}(x_k-n)=0,\\ \qquad \frac{1}{n}\sum_{k=1}^{n}(z_k-2n)^2=s_z{}^2,\ \ \frac{1}{n}\sum_{k=1}^{n}(z_k-2n)=0\end{array}\right)$$

$$=\frac{1}{6}(n^2-1)+2n^2+\frac{1}{4}n^2$$

$$=\frac{29}{12}n^2-\frac{1}{6}$$

データの分析

第16章　確率分布と統計的な推測

120　1から9までの整数が1つずつ書かれた9枚のカードから，6枚のカードを同時に抜き出すという試行について，次の問いに答えよ．なお，必要に応じて問題編巻末の正規分布表を利用してよい．

(1)　この試行において，抜き出された6枚のカードに書かれた整数のうち最小のものをXとする．Xの期待値と標準偏差を求めよ．

(2)　この試行において，抜き出された6枚のカードに書かれた整数のうち最小のものが1であるという事象をAとする．この試行を200回繰り返すとき，事象Aの起こる回数が125回以下である確率を，正規分布による近似を用いて求めよ．

（滋賀大）

思考のひもとき

1.　確率変数Xの分散についての公式：$V(X)=E(X^2)-\{E(X)\}^2$

2.　確率変数Xの確率分布が二項分布$B(n,\ p)$のとき

$$E(X)=\boxed{np},\quad V(X)=\boxed{np(1-p)}$$

nが十分大きいならば，その分布は近似的に正規分布$\boxed{N(np,\ np(1-p))}$に従う．

解答

(1)　Xのとりうる値は，$X=1,\ 2,\ 3,\ 4$であり，1〜9の9枚から6枚のカードの抜き出し方は全部で${}_9\mathrm{C}_6=84$通りある．

$X=1$となるのは，抜き出された6枚のうち1枚が1であることで，その確率は

$$P(X=1)=\frac{1\cdot{}_8\mathrm{C}_5}{84}=\frac{56}{84}$$

$X=2$となるのは，6枚のうち1枚が2で残り5枚が3以上であることで，その確率は

$$P(X=2)=\frac{1\cdot{}_7\mathrm{C}_5}{84}=\frac{21}{84}$$

1 □□□□□　2〜9の8枚から5枚
2 □□□□□　3〜9の7枚から5枚
3 □□□□□　4〜9の6枚から5枚
4 □□□□□　5〜9の5枚から5枚

同様に

$X=3 \iff$「6枚のうち1枚が3で残り5枚が4以上である」

$X=4 \iff$「6枚のうち1枚が4で残り5枚が5以上である」

であるから，それぞれの確率は

$$P(X=3)=\frac{1\cdot{}_6C_5}{84}=\frac{6}{84},\quad P(X=4)=\frac{1\cdot{}_5C_5}{84}=\frac{1}{84}$$

したがって，X の確率分布は下表のようになる．

X	1	2	3	4
$P(X)$	$\frac{56}{84}$	$\frac{21}{84}$	$\frac{6}{84}$	$\frac{1}{84}$

よって，X の期待値 $E(X)$ は

$$E(X)=\sum_{k=1}^{4}kP(X=k)=\frac{1\cdot 56+2\cdot 21+3\cdot 6+4\cdot 1}{84}=\mathbf{\frac{10}{7}}$$

X の分散 $V(X)$ を求めて

$$V(X)=E(X^2)-\{E(X)\}^2=\frac{1^2\cdot 56+2^2\cdot 21+3^2\cdot 6+4^2\cdot 1}{84}-\left(\frac{10}{7}\right)^2$$

$$=\frac{45}{98}$$

ゆえに，X の標準偏差 $\sigma(X)$ は

$$\sigma(X)=\sqrt{V(X)}=\sqrt{\frac{5\cdot 3^2}{2\cdot 7^2}}=\mathbf{\frac{3\sqrt{10}}{14}}$$

(2)　1 回の試行で事象 A：「$X=1$ となる」が起こる確率は

$$P(A)=\frac{56}{84}=\frac{2}{3}$$

この試行を 200 回くり返すうち，A の起こる回数を Y とすると，$Y=k$ となる確率は

$$P(Y=k)={}_{200}C_k\left(\frac{2}{3}\right)^k\cdot\left(1-\frac{2}{3}\right)^{200-k}\quad(k=0,\ 1,\ 2,\ \cdots\cdots,\ 200)$$

であるから，Y は二項分布 $B\left(200,\ \frac{2}{3}\right)$ に従う．

したがって，Y の期待値を m，標準偏差を σ とすると

$$m=200\cdot\frac{2}{3}=\frac{400}{3},\quad \text{分散}：\sigma^2=200\cdot\frac{2}{3}\cdot\frac{1}{3}=\frac{400}{9},\quad \sigma=\sqrt{\frac{400}{9}}=\frac{20}{3}$$

反復試行の回数 $n=200$ は十分大きいから，近似的に，Y は正規分布 $N\left(\frac{400}{3},\left(\frac{20}{3}\right)^2\right)$ に従う．つまり，$Z=\frac{Y-m}{\sigma}=\frac{Y-\frac{400}{3}}{\frac{20}{3}}$ は，標準正規分布 $N(0,\ 1)$ に従うとしてよい．

$$Y \leqq 125 \iff Z \leqq \frac{125-\frac{400}{3}}{\frac{20}{3}} = -1.25$$

ゆえに，A の起こる回数 Y が 125 回以下の確率は

$$P(Y \leqq 125) = P(Z \leqq -1.25) = P(Z \geqq 1.25)$$
$$= 0.5 - 0.3944 = \mathbf{0.1056}$$

解説

1°　(1)で X の確率分布を求めたとき，$\sum_{k=1}^{4} P(X=k)=1$ であることを確かめておきたい．

また，分散を定義に基づいて求めると

$$V(X) = \sum_{k=1}^{4} \{k - E(X)\}^2 P(X=k)$$
$$= \left(1-\frac{10}{7}\right)^2 \cdot \frac{56}{84} + \left(2-\frac{10}{7}\right)^2 \cdot \frac{21}{84} + \left(3-\frac{10}{7}\right)^2 \cdot \frac{6}{84} + \left(4-\frac{10}{7}\right)^2 \cdot \frac{1}{84}$$
$$= \frac{45}{98}$$

この計算をすると，公式 $V(X)=E(X^2)-\{E(X)\}^2$ が役立つことが納得できる．

2°　標準正規分布 $N(0,\ 1)$ の確率密度関数

$f(z)=\frac{1}{\sqrt{2\pi}}e^{-\frac{z^2}{2}}$ のグラフが軸 $z=0$ に関して対称であるから

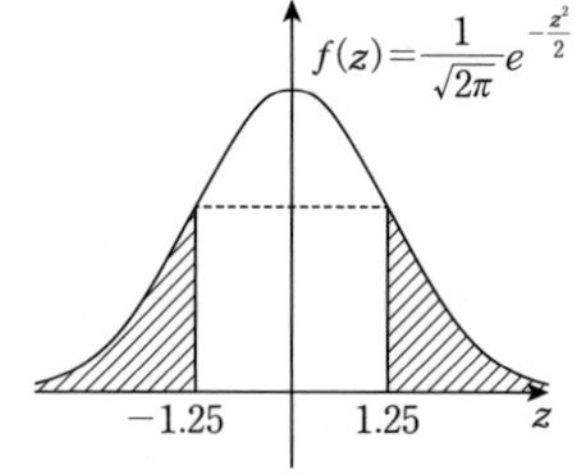

$$P(Z \leqq -1.25) = P(Z \geqq 1.25)$$
$$= 0.5 - P(0 \leqq Z \leqq 1.25)$$

であり，確率 $P(0 \leqq Z \leqq u)$ の値をまとめた正規分布表を参照して，

$P(0 \leqq Z \leqq 1.25) = 0.3944$ を読みとり，解答している．

121　a，b を実数とする．確率変数 X のとり得る値の範囲が $-1 \leqq X \leqq 3$ であり，その確率密度関数 $f(x)$ は

$$\begin{cases} -1 \leqq x \leqq 0 \text{ のとき，} & f(x)=a(x+1), \\ 0<x \leqq 3 \text{ のとき，} & f(x)=bx+a \end{cases}$$

と表されている．また，X の期待値 $E(X)$ は $\dfrac{2}{3}$ である．このとき，次の問いに答えよ．

(1)　a と b の値を求めよ．

(2)　X の分散 $V(X)$ の値を求めよ．

(3)　確率変数 $Y=18X+5$ を考える．Y と同じ期待値，分散をもつ母集団から大きさ 117 の標本を無作為に抽出し，その標本平均を $\overline{Y}$ とする．このとき，標本の大きさ 117 は十分に大きいとみなせるので，$\overline{Y}$ は近似的に正規分布に従うとする(正規分布表は問題編巻末参照)．

(i)　$\overline{Y}$ の期待値と分散を求めよ．

(ii)　$16 \leqq \overline{Y} \leqq 18$ となる確率の近似値を小数点以下第 2 位まで求めよ．

(横浜市立大)

思考のひもとき

1.　連続型確率変数 X がつねに $a \leqq X \leqq b$ のとき，確率密度関数を $f(x)$ とすると

$$\int_a^b f(x)dx=\boxed{1},\quad E(X)=\boxed{\int_a^b xf(x)dx},$$

$$V(X)=E(X^2)-\{E(X)\}^2=\boxed{\int_a^b x^2f(x)dx}-\{E(X)\}^2$$

2.　母平均 m，母標準偏差 σ の母集団から大きさ n の標本を無作為に抽出し，その標本平均を $\overline{X}$ とすると，n が大きいとき，$\overline{X}$ は近似的に正規分布 $\boxed{N\left(m,\ \dfrac{\sigma^2}{n}\right)}$ に従う．

解答

(1)　$f(x)$ は，確率変数 X のとり得る値の範囲が $-1 \leqq X \leqq 3$ で，確率密度関数が $f(x)$ であるから，「$-1 \leqq x \leqq 3$ において，つねに $f(x) \geqq 0$」…(＊)であり

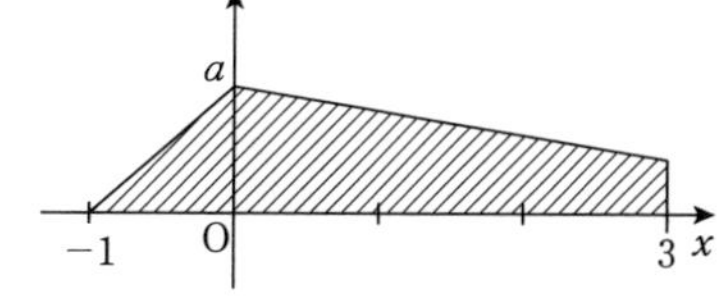

$$\int_{-1}^{3} f(x)dx=1 \quad \cdots\cdots ①$$

統計分布と統計的な推測

ここで

$$\int_{-1}^{3}f(x)dx=\int_{-1}^{0}a(x+1)dx+\int_{0}^{3}(bx+a)dx$$

$$=a\left[\frac{1}{2}x^2+x\right]_{-1}^{0}+\left[\frac{b}{2}x^2+ax\right]_{0}^{3}$$

$$=\frac{7}{2}a+\frac{9}{2}b$$

であるから，①より

$$\frac{7}{2}a+\frac{9}{2}b=1 \qquad \therefore\ 7a+9b=2 \quad \cdots\cdots②$$

また，$E(X)=\dfrac{2}{3}$ であるから

$$\int_{-1}^{3}xf(x)dx=\frac{2}{3} \quad \cdots\cdots③$$

ここで

$$\int_{-1}^{3}xf(x)dx=a\int_{-1}^{0}(x^2+x)dx+\int_{0}^{3}(bx^2+ax)dx$$

$$=a\left[\frac{x^3}{3}+\frac{x^2}{2}\right]_{-1}^{0}+\left[\frac{b}{3}x^3+\frac{a}{2}x^2\right]_{0}^{3}$$

$$=\frac{13}{3}a+9b$$

であるから，③より

$$\frac{13}{3}a+9b=\frac{2}{3} \qquad \therefore\ 13a+27b=2 \quad \cdots\cdots④$$

②，④より

$a=\mathbf{\dfrac{1}{2}}$，$b=\mathbf{-\dfrac{1}{6}}$　((＊)を満たしている)

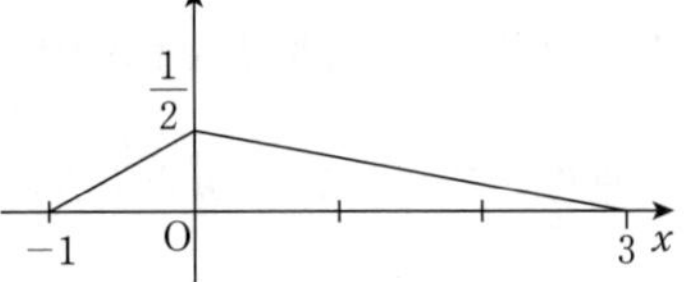

(2)　X の分散は

$$V(X)=E(X^2)-\{E(X)\}^2$$

$$=\int_{-1}^{3}x^2f(x)dx-\left(\frac{2}{3}\right)^2$$

$$=\frac{1}{2}\int_{-1}^{0}(x^3+x^2)dx+\int_{0}^{3}\left(-\frac{1}{6}x^3+\frac{1}{2}x^2\right)dx-\frac{4}{9}$$

$$=\frac{1}{2}\left[\frac{1}{4}x^4+\frac{1}{3}x^3\right]_{-1}^{0}+\left[-\frac{1}{6}\cdot\frac{1}{4}x^4+\frac{1}{2}\cdot\frac{1}{3}x^3\right]_{0}^{3}-\frac{4}{9}$$

$$=\frac{7}{6}-\frac{4}{9}=\mathbf{\frac{13}{18}}$$

(3)　母平均 $m=E(Y)=18E(X)+5=17$，母標準偏差 $\sigma(Y)=\sqrt{V(Y)}=\sqrt{18^2V(X)}=3\sqrt{26}$ の母集団からの十分な大きさの標本の標本平均 $\overline{Y}$ は，近似的に正規分布 $N\left(17,\ \frac{(3\sqrt{26})^2}{117}\right)=N(17,\ 2)$ に従う．

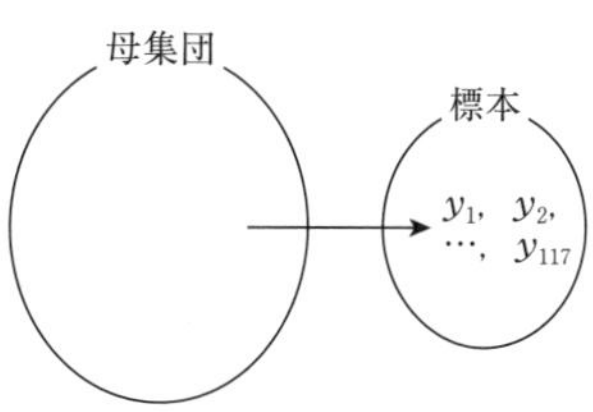

(i)　$\overline{Y}$ の期待値と分散は

$$E(\overline{Y})=\mathbf{17},\ V(\overline{Y})=\mathbf{2}$$

(ii)　$Z=\frac{\overline{Y}-17}{\sqrt{2}}$ は，標準正規分布 $N(0,\ 1)$ に従うから

$$16\leqq\overline{Y}\leqq18 \iff -\frac{1}{\sqrt{2}}\leqq Z\leqq\frac{1}{\sqrt{2}}\fallingdotseq0.707$$

より，求める確率の近似値は

$$P(16\leqq\overline{Y}\leqq18)=2\cdot P(0\leqq Z\leqq0.707)\quad\cdots\cdots⑤$$
$$\fallingdotseq2\cdot P(0\leqq Z\leqq0.71)=2\cdot0.2611\fallingdotseq\mathbf{0.52}$$

解説

1°　(2)では分散の定義に基づいて次のように計算していってもよい．

$$V(X)=\int_{-1}^{3}\left(x-\frac{2}{3}\right)^2 f(x)dx$$
$$=\int_{-1}^{0}\left(x-\frac{2}{3}\right)^2\cdot\frac{1}{2}(x+1)dx+\int_{0}^{3}\left(x-\frac{2}{3}\right)^2\cdot\left(-\frac{1}{6}\right)(x-3)dx=\cdots\cdots$$

2°　(3)の⑤からの計算は

$$P(0\leqq Z\leqq0.70)\leqq P\left(0\leqq Z\leqq\frac{1}{\sqrt{2}}\right)\leqq P(0\leqq Z\leqq0.71)$$

であるから，表より次のようにして結果を得てもよい．

$$0.5160=2\cdot0.2580\leqq2\cdot P\left(0\leqq Z\leqq\frac{1}{\sqrt{2}}\right)\leqq2\cdot0.2611=0.5222$$

$$\therefore\quad P(16\leqq\overline{Y}\leqq18)=0.52$$

122 確率変数Zが平均0，分散1の標準正規分布$N(0,\ 1)$に従うとする．
$P(0 \leqq Z \leqq 1.5)=0.4332$であるとして，次の問いに答えよ．

(1) 確率変数Xは平均40，分散20^2の正規分布$N(40,\ 20^2)$に従うとする．
確率$P(X \leqq 10)$を求めよ．

(2) 母平均40，母分散20^2の母集団から，大きさnの無作為標本を抽出するとき，その標本平均を$\overline{X}$とする．nが十分大きいとき，$\overline{X}$が近似的に従う確率分布を求めよ．また，この確率分布に$\overline{X}$が正確に従うと仮定して，
$P(39 \leqq \overline{X} \leqq 41) \geqq 0.8664$となる$n$の値の範囲を求めよ．　　　　（鹿児島大）

思考のひもとき

1. Xが正規分布$N(m,\ \sigma^2)$に従うとき，$Z=\boxed{\dfrac{X-m}{\sigma}}$は標準正規分布$N(0,\ 1)$に従う．

2. 母平均m，母標準偏差σの母集団から大きさnの無作為標本を抽出するとき，nが大きいならば，標本平均$\overline{X}$は近似的に正規分布$\boxed{N\left(m,\ \dfrac{\sigma^2}{n}\right)}$に従う．

解答

(1) Xが正規分布$N(40,\ 20^2)$に従うとき，$Z=\dfrac{X-40}{20}$とすると，Zは標準正規分布$N(0,\ 1)$に従う．

$$X \leqq 10 \iff Z \leqq -1.5$$

であるから，求める確率は

$$\begin{aligned}P(X \leqq 10)&=P(Z \leqq -1.5)=P(Z \geqq 1.5)\\&=0.5-P(0 \leqq Z \leqq 1.5)\\&=0.5-0.4332=\mathbf{0.0668}\end{aligned}$$

(2) nが十分大きいとき，標本平均$\overline{X}$は近似的に正規分布$N\left(40,\ \dfrac{20^2}{n}\right)$に従う．

$Z=\dfrac{\overline{X}-40}{\dfrac{20}{\sqrt{n}}}$とすると，$Z$は標準正規分布$N(0,\ 1)$に従う．

$$39 \leqq \overline{X} \leqq 41 \iff -\frac{\sqrt{n}}{20} \leqq Z \leqq \frac{\sqrt{n}}{20}$$

であるから

$$P(39 \leqq \overline{X} \leqq 41) = P\left(-\frac{\sqrt{n}}{20} \leqq Z \leqq \frac{\sqrt{n}}{20}\right)$$

したがって　　$P(39 \leqq \overline{X} \leqq 41) \geqq 0.8664$

つまり　　$P\left(0 \leqq Z \leqq \frac{\sqrt{n}}{20}\right) \geqq 0.4332 = P(0 \leqq Z \leqq 1.5)$

となる n の範囲を求めると

$$\frac{\sqrt{n}}{20} \geqq 1.5 \qquad \therefore \quad n \geqq \mathbf{900}$$

123 ［A］　過去の資料から，18 歳の男子の身長の標準偏差は 5.8 cm であることが知られている．いま，18 歳の男子の身長の平均値を信頼度 95％で区間推定するために，何人かを抽出して調査したい．信頼区間の長さ（幅）を 2 cm 以下にするためには，何人以上調査する必要があるか．　　　　（和歌山県立医科大）

［B］　1 回投げると，確率 p $(0<p<1)$ で表，確率 $1-p$ で裏が出るコインがある．このコインを投げたとき，動点 P は，表が出れば $+1$，裏が出れば -1 だけ，数直線上を移動することとする．はじめに，P は数直線の原点 O にあり，n 回コインを投げた後の P の座標を X_n とする．次の問いに答えよ．必要に応じて，問題編巻末の正規分布表を用いてもよい．

(1)　X_1 の平均と分散を，それぞれ p を用いて表せ．また，X_n の平均と分散を，それぞれ n と p を用いて表せ．

(2)　コインを 100 回投げたところ $X_{100}=28$ であった．このとき，p に対する信頼度 95％の信頼区間を求めよ．　　　　（長崎大）

思考のひもとき

1.　母標準偏差 σ が分かっている母集団から抽出された大きさ n の標本について，標本平均を $\overline{X}$ とする．n が大きければ，母平均 m に対する信頼度 95％の信頼区間は

$$\boxed{\overline{X} - 1.96 \cdot \frac{\sigma}{\sqrt{n}}} \leqq m \leqq \boxed{\overline{X} + 1.96 \cdot \frac{\sigma}{\sqrt{n}}}$$

2.　無作為標本の大きさ n が大きいとき，標本比率を R とすると，母比率 p の 95％の信頼区間は

統計分布と統計的な推測

$$\boxed{R-1.96\cdot\sqrt{\frac{R(1-R)}{n}}} \leqq p \leqq \boxed{R+1.96\cdot\sqrt{\frac{R(1-R)}{n}}}$$

99%の信頼区間は

$$\boxed{R-2.58\cdot\sqrt{\frac{R(1-R)}{n}}} \leqq p \leqq \boxed{R+2.58\cdot\sqrt{\frac{R(1-R)}{n}}}$$

解答

［A］ 18歳の男子の身長の平均を m(cm)とする．抽出して調査する人数を n(人)とすると，標本平均 $\overline{X}$(n 人の身長の平均)は正規分布 $N\left(m,\ \frac{5.8^2}{n}\right)$ に従う．

したがって，母平均 m の95%の信頼区間は

$$\overline{X}-1.96\cdot\frac{5.8}{\sqrt{n}} \leqq m \leqq \overline{X}+1.96\cdot\frac{5.8}{\sqrt{n}}$$

この区間の長さ(幅)を2cm以下とするための条件は

$$2\cdot 1.96\cdot\frac{5.8}{\sqrt{n}} \leqq 2 \qquad \therefore\quad n \geqq (1.96)^2\cdot(5.8)^2=129.2\cdots\cdots$$

よって，**130人以上**調査する必要がある．

［B］ (1) 確率変数 X_1 の確率分布は次の表のようになるから

X_1	1	-1
$P(X_1)$	p	$1-p$

X_1 の平均 $E(X_1)$ と分散 $V(X_1)$ は

$$E(X_1)=1\cdot p+(-1)\cdot(1-p)=\mathbf{2p-1}$$

$$E(X_1{}^2)=1^2\cdot p+(-1)^2\cdot(1-p)=1$$

$$V(X_1)=E(X_1{}^2)-\{E(X_1)\}^2=1-(2p-1)^2=\mathbf{4p(1-p)}$$

確率変数 X_1，X_2-X_1，X_3-X_2，……，X_n-X_{n-1} は互いに独立であり，X_k-X_{k-1} の確率分布は X_1 と同様に表のようになるから

X_k-X_{k-1}	1	-1
$P(X_k-X_{k-1})$	p	$1-p$

($k=2,\ 3,\ 4,\ \cdots\cdots$)

$X_n=X_1+(X_2-X_1)+(X_3-X_2)+\cdots\cdots+(X_n-X_{n-1})$ の平均と分散は

$$E(X_n)=E(X_1)+\sum_{k=2}^{n}E(X_k-X_{k-1})=\mathbf{n(2p-1)}$$

$$V(X_n)=V(X_1)+\sum_{k=2}^{n}V(X_k-X_{k-1})=\mathbf{4np(1-p)}$$

(2)　コインを100回投げて，表がa回出たとすると裏は$100-a$回で

$$X_{100}=a-(100-a)=2a-100$$

であるから

$$X_{100}=28 \iff a=64$$

したがって，標本の大きさ$n=100$，標本比率$R=\dfrac{a}{n}=\dfrac{64}{100}=\dfrac{16}{25}$から母平均$p$の95%信頼区間を求めて

$$\frac{16}{25}-1.96\cdot\sqrt{\frac{\frac{16}{25}\cdot\frac{9}{25}}{100}}\leqq p\leqq\frac{16}{25}+1.96\cdot\sqrt{\frac{\frac{16}{25}\cdot\frac{9}{25}}{100}}$$

$\therefore$　**$0.54592\leqq p\leqq 0.73408$**

解説

1°　(1)では，各回の動きX_1，X_2-X_1，X_3-X_2，……，X_n-X_{n-1}が互いに独立であることから，$V\left(X_1+\sum_{k=2}^{n}(X_k-X_{k-1})\right)=V(X_1)+\sum_{k=2}^{n}V(X_k-X_{k-1})$が得られる．

124 問題を解くにあたっては，必要に応じて問題編巻末の正規分布表を用いてもよい．

［A］ あるサイコロを500回投げたところ，1の目が100回出たという．このサイコロの1の目が出る確率は $\frac{1}{6}$ でないと判断してよいか．危険率(有意水準) 3%で検定せよ． （琉球大）

［B］ (1) ある新しい薬を400人の患者に用いたら，8人に副作用が発生した．従来から用いていた薬の副作用の発生する割合を4%とするとき，この新しい薬は従来から用いた薬に比べて，副作用が発生する割合が低いといえるか．二項分布の計算には正規分布を用い，危険率(有意水準)5%で検定せよ．また，危険率(有意水準)1%ではどうか．ただし，400人の患者は無作為に抽出されたものとする．なお，$\sqrt{6}=2.449$ として計算してよい．

(2) この新しい薬を作っているある工場で，大量の製品全体の中から任意に1000個を抽出して検査を行ったところ，20個の不良品があった．この製品全体について不良率を，二項分布の計算には正規分布を用い，95%の信頼度で推定せよ．なお，$\sqrt{10}=3.162$ として計算してよい．また，答は小数第4位を四捨五入して答えよ． （山梨医科大）

思考のひもとき

1. 仮説を立て，有意水準を定め，仮説に基づいて棄却域を求める．実現した確率変数の値(実現値とよぶ)が，棄却域に入れば仮説を［棄却し］，棄却域に入らなければ仮説を［棄却しない］．

2. 母比率 p について．

$p\neq\frac{1}{6}$ と判断してよいか

⟶ $p=\frac{1}{6}$ を仮説に立てて［両側］検定

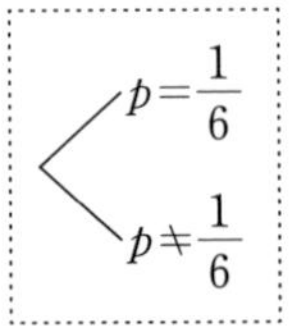

$p<0.04$ と判断してよいか

⟶ $p\leqq0.04$ を前提として考え，

$p=0.04$ を仮説に立てて［片側］検定

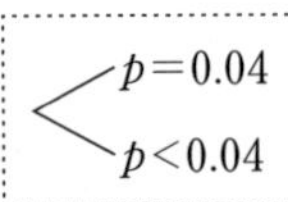

3. 無作為標本の大きさ n が大きいとき，標本比率を R とすると，母比率 p の95%の信頼区間は

$$R-1.96\cdot\sqrt{\frac{R(1-R)}{n}}\leqq p\leqq R+1.96\cdot\sqrt{\frac{R(1-R)}{n}}$$

99％の信頼区間は

$$R-2.58\cdot\sqrt{\frac{R(1-R)}{n}}\leqq p\leqq R+2.58\cdot\sqrt{\frac{R(1-R)}{n}}$$

解答

［A］「このサイコロの1の目が出る確率は $\frac{1}{6}$ である」……(＊) という仮説を立てる.

このサイコロを 500 回投げたときに1の目が出る回数を X とすると，確率変数 X は二項分布 $B\left(500,\ \frac{1}{6}\right)$ に従う.

このとき，X の平均，分散は

$$E(X)=500\cdot\frac{1}{6}=\frac{250}{3},\ V(X)=500\cdot\frac{1}{6}\cdot\frac{5}{6}=\frac{625}{9}=\left(\frac{25}{3}\right)^2$$

サイコロを投げる回数 500 は大きいから，X は近似的に正規分布 $N\left(\frac{250}{3},\ \left(\frac{25}{3}\right)^2\right)$ に従う．そこで，$Z=\frac{X-\frac{250}{3}}{\frac{25}{3}}=\frac{3X-250}{25}$ とおくと，Z は近似的に標準正規分布 $N(0,\ 1)$ に従う.

有意水準 3％で検定するために，$P(0\leqq Z\leqq u)=\frac{1-0.03}{2}=0.485$ を満たす u を表から読み取り　　$u=2.17$

よって，有意水準 3％の Z の棄却域は

$$Z<-2.17,\ 2.17<Z \quad \cdots\cdots①$$

$X=100$ のとき，$Z=\frac{50}{25}=2$ であり，この実現値は棄却域①に入らないから，仮説(＊)を棄却できない.

すなわち，このサイコロの1の目が出る確率は **$\frac{1}{6}$ でないとは判断できない.**

［B］ (1)「この新しい薬は従来から用いた薬と比べて，副作用が発生する割合が低くならなかった」，すなわち，「副作用が発生する比率が $p=0.04$ である」……(＊) という仮説を立てて片側検定を行う.

400 人のうち，副作用を起こす人数を X とすると，X は二項分布 $B(400,\ 0.04)$ に

従うと考えられる．400 は大きいから，X は正規分布 $N(400\cdot 0.04,\ 400\cdot 0.04\cdot 0.96)$，つまり，$N\left(16,\ \left(\dfrac{8\sqrt{6}}{5}\right)^2\right)$ に従うとしてよい．そこで，$Z=\dfrac{X-16}{\dfrac{8\sqrt{6}}{5}}$ とおくと，Z は近似的に標準正規分布 $N(0,\ 1)$ に従う．

$X=8$ を代入すると

$$Z=\frac{8-16}{\dfrac{8\sqrt{6}}{5}}=-\frac{5}{\sqrt{6}}=-\frac{5}{2.449}=-2.04\cdots\cdots$$

ここで，正規分布表より $P(-1.64\leqq Z)\fallingdotseq 0.95$，$P(-2.33\leqq Z)\fallingdotseq 0.99$ であるから

有意水準 5% の棄却域は　　$Z<-1.64$　……①

有意水準 1% の棄却域は　　$Z<-2.33$　……②

$-2.33<-2.04\cdots\cdots<-1.64$ だから，①，②より実現値 $X=8$ から得られた $Z=-2.04\cdots\cdots$ は有意水準 5% の棄却域には入っているが，有意水準 1% の棄却域には入っていない．

よって，仮説（＊）は，**有意水準 5% では**棄却される．すなわち，この新しい薬は**副作用が発生する割合が低いといえるが，有意水準 1% では**仮説（＊）は棄却されない．つまり，**副作用の発生する割合が低いとは判断できない**．

(2)　製品全体についての不良率（母比率）を p とする．

標本の大きさ $n=1000$，標本比率 $R=\dfrac{20}{1000}$ であるから，母比率 p を 95% の信頼度で推定すると，$n=1000$ は十分大きいから p を R でおきかえてもよく

$$R-1.96\cdot\sqrt{\frac{R(1-R)}{n}}\leqq p\leqq R+1.96\cdot\sqrt{\frac{R(1-R)}{n}}$$

ここで，$n=1000$，$R=0.02$ のとき

$$1.96\cdot\sqrt{\frac{R(1-R)}{n}}=1.96\cdot\sqrt{\frac{0.02\cdot 0.98}{1000}}=\frac{1.96\cdot 7}{500\sqrt{10}}=\frac{1.96\cdot 7}{500\cdot 3.162}\fallingdotseq 0.0087$$

であるから，求める信頼区間は

$$0.02-0.0087\leqq p\leqq 0.02+0.0087$$

$\therefore$　$0.0113\leqq p\leqq 0.0287$　　　　$\therefore$　$\mathbf{0.011\leqq p\leqq 0.029}$

解説

1°　[A]は $\dfrac{100-\frac{250}{3}}{\frac{25}{3}}=2<2.17$ であるから，仮説(＊)は棄却されないと解答してもよい．

2°　[A]は，「有意水準 3％で両側検定」を扱う問題である．

有意水準 α（100α％）で両側検定の場合，まず，

$P(0 \leqq Z \leqq u)=\dfrac{1-\alpha}{2}$ となる u を正規分布表から見つける．$P(|Z| \leqq u)=1-\alpha$，つまり，$P(|Z|>u)=\alpha$ であるから，有意水準 α の Z の棄却域は

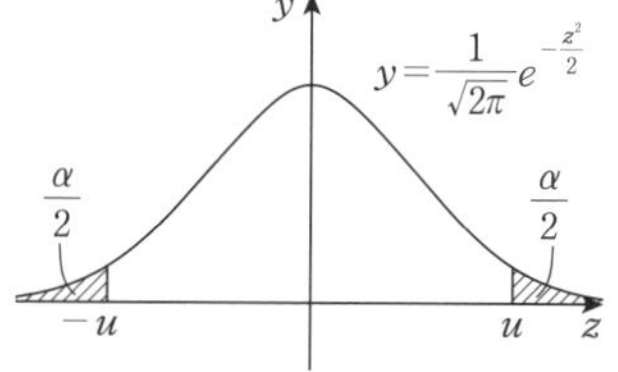

$$Z<-u,\ u<Z$$

[A]では，有意水準 3％（$\alpha=0.03$）で両側検定を行うから，$P(0 \leqq Z \leqq u)=0.4850$ となる $u=2.17$ を正規分布表から見つけて，Z の棄却域

$$Z<-2.17,\ 2.17<Z$$

を得たのである．そして実現値 $X=100$ から求めた $Z=2$ がこの範囲に入っているか調べた．この問題では入っていないので，仮説は棄却されなかった．

有意水準 5％で検定しなさいという問題を考えると，棄却域が

$$Z<-1.96,\ 1.96<Z$$

となり，$Z=2$ がこの範囲に入り，仮説は棄却される．すなわち，有意水準 5％で検定すると，確率は $\dfrac{1}{6}$ でないと判断してよいことになる．

3°　[B](1)は，「有意水準 5％，1％それぞれについての片側検定」を扱う問題である．

まず，$P(0 \leqq Z \leqq u)=\dfrac{1}{2}-\alpha$ となる u を正規分布表から見つける．有意水準 5％（$\alpha=0.05$），1％（$\alpha=0.01$）で片側検定を行うから

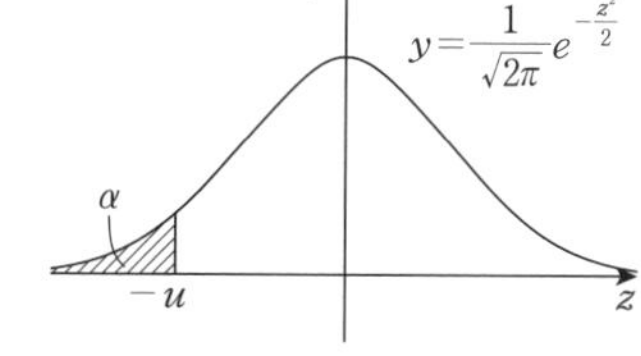

$$P(-u \leqq Z)=0.95,\ P(-u \leqq Z)=0.99$$

となる．$u=1.64$，$u=2.33$ を正規分布表から見つけて，Z の棄却域

$$Z<-1.64 \cdots\cdots ①,\ Z<-2.33 \cdots\cdots ②$$

を得たのである．そして，実現値 $X=8$ から得られた $Z=-2.04\cdots\cdots$ は，棄却域①には入っているが，②には入っていない．よって，仮説(＊)は，有意水準 5％では棄却されるが，有意水準 1％では棄却はされないのである．

国公立標準問題集

CanPass 数学Ⅰ・A・Ⅱ・B・C［ベクトル］〈第３版〉

著　　者	桑　田　孝　泰 古　梶　裕　之
発 行 者	山　﨑　良　子
印刷・製本	日経印刷株式会社
DTP 組版	株式会社シーキューブ
発 行 所	駿台文庫株式会社

〒101-0062　東京都千代田区神田駿河台1-7-4
小畑ビル内
TEL. 編集　03(5259)3302
販売　03(5259)3301
《三②－408pp.》

ISBN978-4-7961-1360-1　Printed in Japan

駿台文庫 Web サイト
https://www.sundaibunko.jp